Vladimir A. Šutilov

Physik des Ultraschalls

Vladimir A. Šutilov

Physik des Ultraschalls

Grundlagen

In deutscher Sprache herausgegeben von
Peter Hauptmann

Mit 73 Abbildungen und 22 Tabellen

AKADEMIE-VERLAG · BERLIN

1984

Владимир Александрович Шутилов
Основы физики Ультразвука

Verlag der Leningrader Universität, Leningrad 1980

Übersetzung aus dem Russischen von
Dr. sc. nat. Peter Hauptmann
Technische Hochschule „Carl Schorlemmer“, Leuna—Merseburg

Erschienen im Akademie-Verlag, DDR - 1086 Derlin, Leipziger Straße 3—4

Lizenznummer: 202 · 100/428/84
Printed in the German Democratic Republic
Gesamtherstellung: VEB Druckhaus „Maxim Gorki“, 7400 Altenburg
Lektor: Renate Trautmann
Herstellerische Betreuung: R. Backs
Einband und Umschlaggestaltung: Helmut Mahnke
LSV 1134
Bestellnummer: 763 277 7 (6790)

04500

Vorwort des Herausgebers

Ultraschall wird in verschiedenen wissenschaftlichen und volkswirtschaftlichen Bereichen angewendet, am augenfälligsten in der Medizin. Als Beispiel seien Ultraschallgeräte zur Schwangerenuntersuchung genannt. Zukunftsträchtige Trends zeichnen sich in der Krebserkennung durch Ultraschall sowie in der Anwendung der Ultraschalltomographie ab. Ohne Zweifel hat sich Ultraschall auch als eine Methode zur zerstörungsfreien Werkstoffprüfung durchgesetzt.

Daneben gibt es viele andere Gebiete, in denen Ultraschall wirkungsvoll eingesetzt wird. In der Elektronik spielt er bei Verzögerungsleitungen, bei Fernbedienung und bei mikroelektronischen Bauelementen auf der Basis von Oberflächenwellen eine wichtige Rolle. Das Ultraschallmikroskop scheint sich zu einem hochwirksamen Instrument bei der Kontrolle mikroelektronischer Bauelemente zu entwickeln. Ultraschall wird zu Emulgierung oder Dispergierung sowie zu Reinigungszwecken angewendet. Mit ihm sind chemische Vorgänge zu beeinflussen. Durch Beschallung von Weinbränden läßt sich der Effekt mehrjähriger Lagerung erreichen, was von volkswirtschaftlicher Bedeutung ist. In der Hydroakustik, z. B. der Fischortung oder Tiefenmessung, wird Ultraschall seit langem angewendet.

In der Schiffs- wie in der Flugzeugindustrie ist es wichtig, die Wirkungen des Ultraschalls auf bestimmte Bauteile, z. B. durch Kavitation, zu kennen, um große Gefahren zu vermeiden.

Für wissenschaftliche Untersuchungen in Form von Geschwindigkeits- oder Absorptionsmessungen stehen Ultraschallmethoden gleichberechtigt neben anderen. Mit ihren Möglichkeiten liefern sie wichtige Informationen zur Struktur, insbesondere der von flüssigen und festen Systemen, und Werkstoffkenndaten.

Mit großer Wahrscheinlichkeit wird Ultraschall in den nächsten Jahren einen wichtigen Platz in der Sensortechnik einnehmen. Zum Beispiel ist er sehr geeignet, um Reaktionsverläufe in der flüssigen Phase zu verfolgen. Der zweite Schritt ist die Steuerung dieser Reaktion nach Rechnerverarbeitung der Ultraschallinformation.

Um zu wissen, was man mit Ultraschall machen kann und wo seine Grenzen liegen, ist die Beschäftigung mit seinen physikalischen Grundlagen notwendig. Hierfür bietet das vorliegende Buch die Möglichkeit. Sein Autor, Professor Dr. V. A. Šutilov, ist einer der angesehensten Spezialisten in der UdSSR auf dem Gebiet des Ultraschalls, das in der UdSSR große Traditionen hat. Ich hatte durch einen längeren Arbeitsaufenthalt an seinem Lehrstuhl die Möglichkeit, ihn kennen und schätzen zu lernen.

Mit seinem Buch schließt Professor Šutilov eine schon lange existierende Lücke. Denn seit der 1953 erschienenen Monographie „Der Ultraschall" von L. Bergmann gibt es kein geschlossenes Werk mit Lehrbuchcharakter, in dem die wichtigsten physikalischen Grundlagen des Ultraschalls behandelt werden. Durch ausführliche Darstellung nichtlinearer Effekte bis zu Moduln dritter Ordnung wird hier modernen Grundlagenuntersuchungen und neuesten Anwendungen Rechnung getragen.

Die physikalischen Zusammenhänge sind übersichtlich und chronologisch dargestellt. Es werden keine speziellen mathematischen Vorkenntnisse vorausgesetzt. So kann das Buch Arbeitsmittel für Physiker wie für Ingenieure sein. Bewußt werden die meßtechnischen Probleme kaum erwähnt, da dies nur auf Kosten der physikalischen Grundlagen erfolgen könnte. Mir ist bekannt, daß vom Autor ein zweiter Band, in dem Ultraschallmeßmethoden behandelt werden, geplant ist. In der englischsprachigen Literatur existiert dazu eine sehr gute Monographie neueren Datums (Methods of Experimental Physics, Vol. 19. Ultrasonics 1981).

Es ist zu wünschen, daß dieses Buch weite Verbreitung findet.

PETER HAUPTMANN

Inhaltsverzeichnis

Vorwort des Autors zur deutschsprachigen Ausgabe

Ich danke den deutschen Kollegen, in erster Linie Dozent Dr. sc. PETER HAUPTMANN, dafür, daß mein Buch deutschen Lesern zugänglich gemacht worden ist. In deutscher Sprache erschien die erste Monographie über Ultraschall, nämlich das Buch L. BERGMANNS, das in vielen Auflagen herausgegeben worden ist. 1956 wurde es in russischer Sprache veröffentlicht. Es wurde zum Handbuch für alle, die sich wissenschaftlich mit unterschiedlichsten Fragen der Physik des Ultraschalls befaßten. Etwas später kam noch ein interessantes Buch in deutscher Sprache heraus, J. MATAUSCHEK: „Einführung in die Ultraschalltechnik", das ebenfalls ins Russische übersetzt wurde. Diese Bücher erfaßten praktisch alle Probleme des Ultraschalls, die zu jener Zeit in der internationalen Literatur behandelt wurden. Von da an entwickelten sich daraus vielfältige, selbständige wissenschaftliche oder technische Richtungen. Vielen dieser Richtungen sind gesonderte Monographien und Lehrbücher gewidmet. Teilweise wird in meinem Buch an diese erinnert. Jeder dieser Publikationen sind in der Regel Informationen aus der allgemeinen Akustik vorangestellt, die für das Verständnis des nachfolgenden Textes notwendig sind. Im Zusammenhang damit schwebte mir vor, in meinem Buch umfassend alle Fragen der allgemeinen Akustik darzustellen, die zur Spezifik des Ultraschalls gehören und die als Basis für die weitere Untersuchung der Möglichkeiten seiner vielfältigen Anwendungen dienen können. Dazu zählen Gebiete wie Biologie, Medizin, Industrie, Hydro- und Geoakustik, nichtlineare Akustik, Molekularakustik, physikalische Akustik von Flüssigkeiten und festen Körpern. Leider besteht durch die Begrenzung des Umfangs nicht die Möglichkeit, alle notwendigen Komplexe mit ausreichender Vollständigkeit darzulegen. Einige mußten sogar ganz weggelassen werden. Ich hoffe, daß diese Probleme in der folgenden Auflage ergänzt werden können. Nichtsdestoweniger halte ich es für notwendig, die Fragen, die man zu den einführenden in die physikalische Akustik zählen kann, ausführlicher zu beleuchten. Dazu gehört vor allem die Akustik des Festkörpers, die sich besonders stürmisch und effektiv sowohl in wissenschaftlicher wie auch in angewandter Richtung entwickelt hat. Ergänzend dazu sei verwiesen auf die Monographie meiner Kollegen I. G. MICHAJLOV, V. A. SOLOVEV und JU. P. SYRNIKOV über Grundlagen der Molekularakustik, die zur physikalischen Akustik von Flüssigkeiten rechnet, und vor allem auf das im Jahre 1982 unter der Redaktion von M. P. ŠASKOL'SKIJ herausgegebene Buch über akustische Kristalle (Nauka, Moskau 1981). In ihm sind viele Informationen über Literaturdaten zu Ultraschalluntersuchungen von Kristallen enthalten. Nützliches Material zu dieser Problematik ist auch in der 1974 erschienenen Monographie von E. DIEULESAINT und D. ROYER, „Ondes elastiques dans les solids" zu finden, die kürzlich ins Russische übersetzt worden und damit dem sowjetischen Leser zugänglich geworden ist.

Nach der Veröffentlichung meines Buches erschienen einige Monographien, die zur

Physik des Ultraschalls gehören und die erwähnt werden müssen. Da ist das Buch des zu früh verstorbenen I. A. VIKTOROV über Oberflächenschallwellen in festen Körpern (Nauka, Moskau 1981), das Buch von A. P. CRACKNELLS, „Ultrasonic“ (Wykeham, London 1980), das Sammelwerk „Cavitation and Inhomogenities in Underwater Acoustics“ unter der Leitung von W. LAUTERBORN (Springer, Berlin 1980), die kleine Enzyklopädie über Ultraschall unter der Redaktion von I. P. GOLJAMINAJA (Sovetskaja ėnciklopedija, Moskau 1979). Als nützliche Ergänzung zur Literatur über Akustik, die es gestattet, einzelne Fragen zur Physik des Ultraschalls tiefgründiger zu studieren, kann man noch das Buch von L. F. LEPENDIN über Akustik (Vysšaja škola, Moskau 1978), nennen, ebenfalls „Theory of Electroacoustics“ von I. MERHAUT (McGraw-Hill, New York 1981), „Acoustical Imaging“, ed. K. Y. WANG (McGraw-Hill, New York 1981) sowie das hervorragende Lehrbuch von S. TEMKINS „Elements of Acoustics“ (John Wiley, New York 1981). In letztem sind neben allgemeinen Darlegungen wesentliche Ausführungen zu Problemen gemacht, die zur Ausbreitung des Ultraschalls im schwach inhomogenen Medium gehören, z. B. in Aerosolen. Diese Problematik ist bisher in keiner Übersichtsdarstellung behandelt worden.

Nichtsdestoweniger verliert die kurze Darlegung der allgemeinen Grundlagen des physikalischen Ultraschalls in meinem Buch nach meiner Meinung nicht ihre Nützlichkeit. Das trifft besonders für den Leser zu, der seine wissenschaftliche oder praktische Tätigkeit der Anwendung der sehr perspektivreichen Ultraschallmethoden widmen will. Zeichen dafür ist wahrscheinlich auch das Interesse, das meinem Buch von deutschen Kollegen und Verlagen entgegengebracht wird. Ich drücke dafür meine Dankbarkeit dem Akademie-Verlag aus. Ebenso danke ich für die eingebrachten Verbesserungen und die schöne Ausgabe des Buches.

Leningrad, 1982 V. A. ŠUTILOV

Vorwort

Unter Ultraschall versteht man im allgemeinen verschiedene elastische Wellen mit Frequenzen oberhalb der Hörschwelle des menschlichen Ohres, d. h. oberhalb 11...16 kHz. Die heutige Ultraschalltechnik gestattet es, Ultraschallschwingungen mit Frequenzen bis zu 10^{10} bis 10^{11} Hz und mehr zu erzeugen und nachzuweisen. Das heißt, es sind Frequenzen realisierbar, die sich dem Frequenzbereich des infraroten Lichtes nähern. Bei so hohen Frequenzen wird die Länge der Ultraschallwellen mit den zwischenmolekularen Abmessungen vergleichbar. Aber selbst bei den niedrigen Ultraschallfrequenzen wird die Ausbreitung von Ultraschallwellen in verschiedenen Medien empfindlich gegenüber Besonderheiten des Aufbaus der Materie auf molekularem, atomarem, Elektronen- und sogar Kernniveau. Infolgedessen haben sich Ultraschallmethoden als sehr informatives Mittel zur Strukturuntersuchung und zur Verfolgung physikalischer Prozesse in Medien erwiesen.

Auf der anderen Seite führten die Besonderheiten der Ultraschallausstrahlung zu einer breiten Ausnutzung des Ultraschalls in unterschiedlichsten Bereichen der Volkswirtschaft. So wird der Ultraschall in der Unterwasserortung, in der Defektoskopie unterschiedlichster Stoffe und Konstruktionen, in der Medizin – sowohl in der Diagnostik als auch in der Wirkung auf verschiedene Organe des menschlichen Körpers –, zur Beschleunigung oder Stimulierung verschiedener technologischer Prozesse, in elektronischen und optischen Anlagen usw. genutzt. Alle diese Anwendungen basieren auf Untersuchungen der physikalischen Prozesse, die in Ultraschallfeldern in den unterschiedlichsten Medien vor sich gehen. Die Resultate solcher Untersuchungen, zu denen sowohl rein wissenschaftliche Probleme als auch angewandte Aufgaben gehören, bilden ein breites Wissensgebiet, das man im allgemeinen „physikalische Akustik" oder „physikalische Ultraakustik" nennt. Dabei ist die Thematik, die zum genannten Gebiet gehört, so vielgestaltig, daß sich selbst innerhalb der physikalischen Ultraakustik genügend starke selbständige Gebiete formiert haben, wie die Molekularakustik, die nichtlineare Akustik, die Quantenakustik, die Akustoelektronik, die Akustooptik und andere. Solchen speziellen Fragen der physikalischen Akustik ist eine Vielzahl von Büchern oder Übersichtsartikeln gewidmet worden. In der Regel beginnen sie mit der Darlegung der einzelnen, unumgänglichen Fragen, die zu den Grundlagen der Physik des Ultraschalls gehören und auf den allgemeinen Gesetzen der Akustik homogener Medien basieren. Andererseits existieren auch in der allgemeinen Akustik nicht wenige gute Bücher, wie das klassische Buch über Theorie des Schalls von L. Rayleigh [1], über Schwingungen und Schall von F. Morse [2], die Monographie von S. N. Rževkin, Kurs der Vorlesungen über die Theorie des Schalls [4], M. A. Isakovič, über allgemeine Akustik [5], E. Skudrzyk, über Grundlagen der Akustik [3]. Die allgemeine Akustik schließt aber einen breiten Kreis von Fragen ein, die hauptsächlich zum Hörschall,

d. h. zum niederfrequenten Schall, gehören und eine Reihe mehr oder weniger enge Themen widerspiegeln, die ihre bestimmte Spezifik haben. Dazu können solche Abschnitte der Akustik zählen wie die musikalische Akustik und Raumakustik, die Bioakustik, die Akustik des Rauschens und der Vibration, die Geoakustik und andere. Damit haben viele Fragen, die die allgemeine Akustik umfassen, keine Beziehung zu dem, was mit der Spezifik des Ultraschalls verbunden ist. Andere Probleme dagegen, die wichtig für die Physik des Ultraschalls sind, werden unzureichend beleuchtet oder einfach weggelassen.

Dieses Buch, das auf Vorlesungen basiert, die viele Jahre an der Leningrader Staatlichen Universität, Physikalische Fakultät, im Kurs „Physikalische Akustik" gelesen wurden, kann als Lehrbuch zu Fragen der allgemeinen Ultraakustik betrachtet werden. So vermag es Grundlage für die Untersuchung spezieller Fragen der Physik des Ultraschalls zu sein. Darin ist der Versuch unternommen, einen möglichst vollständigen Kreis jener Fragen auszuwählen und zu systematisieren, die unmittelbar zur Ausbreitung von Ultraschallwellen in Medien mit unterschiedlichen Elastizitätseigenschaften gehören, und zwar unter Bedingungen, die eng mit der Ausnutzung des Ultraschalls zu wissenschaftlichen und anwendungstechnischen Zielen im Zusammenhang stehen.

Der manchmal gebrauchte Terminus „Ultraakustik" ist nicht sehr günstig wegen der Vorsilbe „Ultra", die, allgemein gesprochen, zu Frequenzen gehört (wie auch die Vorsilbe „Hyper"), aber nicht zum Prozeß der Ausbreitung elastischer Wellen selbst. Da jedoch die Termini „Ultraschall" und „Hyperschall" dauerhaft in das wissenschaftlich-technische Lexikon eingegangen sind, könnte dieses Buch sicher genauso „Grundlagen der Ultraakustik" genannt werden. Sei es, wie es sei, das Buch ist den Fragen der Ausbreitung von Ultraschallwellen in unterschiedlichen Medien gewidmet, die als Kontinua betrachtet werden. Die Ausbreitung des Ultraschalls in einem homogenen Medium erfolgt in Übereinstimmung mit den allgemeinen Gesetzmäßigkeiten der klassischen Akustik. Wie immer geht aber die Quantität (hier die Frequenz) in die Qualität über, und hohe Frequenz, besondere Erzeugungsmethoden (die gestatten, gerichtete Strahlungsbündel zu erhalten), hohe Strahlungsintensitäten und andere Besonderheiten des Ultraschalls verleihen den Fragen seiner Ausbreitung einen besonderen Charakter.

Diese Spezifik drückt sich vor allem in der realen und breit ausgenutzten Möglichkeit der Erzeugung ebener oder quasiebener Wellen aus, in der besonderen Bedeutung der impulsförmigen Abstrahlung, in der Einwirkung von Leistungsschall auf ein Medium und dessen Reaktion auf diese Einwirkung, in der starken Dämpfung von Ultraschallwellen in Gasen und der Möglichkeit der Ausbreitung von Scherwellen in Flüssigkeiten, im deutlichen Erscheinen nichtlinearer akustischer Effekte in Flüssigkeiten und Festkörpern sowie von konstanten Kräften im Ultraschallfeld usw. Entsprechend gehen primär in die Ultraakustik Fragen der Ausbreitung ebener Wellen, ihrer Dämpfung, der Reflexion, der Brechung, des Durchgangs durch Schichten, der Fokussierung, der Streuung, der Analyse nichtlinearer Effekte sowie ponderomotorischer Kräfte im Feld ebener Wellen ein. Es werden Diffraktions- und Interferenzeffekte im Feld realer Strahler von Ultraschallbündeln untersucht. Dies wird mit der Analyse und dem Vergleich der Charakteristiken des Ultraschallfeldes in begrenzten Bündeln und im Feld einer idealen ebenen Welle gekoppelt. Es wird die Ausbreitung verschiedener Typen von Ultraschallwellen in unendlich ausgedehnten und räumlich begrenzten Festkörpern, z. B. Kristallen, betrachtet.

In diesem Buch ist der Versuch unternommen, den genannten Fragen in Verbindung mit anderen Aspekten der Ausbreitung von Ultraschallwellen ausreichend Aufmerksamkeit zu widmen. Es werden auch experimentelle Daten zur Geschwindigkeit und Dämpfung des Ultraschalls in Flüssigkeiten und Gasen sowie zur Geschwindigkeit des Schalls in isotropen Festkörpern und Kristallen angeführt. Neben dem klassischen Material sind Originalquellen ausgenutzt, auf die entsprechende Fußnoten hinweisen.

Das Buch spricht nicht nur Studenten an, sondern zielt auf einen breiten Leserkreis, der mit den Grundlagen der höheren Mathematik und allgemeinen Physik auf dem Niveau der technischen Hochschule vertraut ist. Der Autor hofft, daß es auch nützlich für Aspiranten und wissenschaftlich-technische Mitarbeiter ist, die sich auf das Gebiet des Ultraschalls spezialisiert haben oder es kennenlernen wollen.

Der Autor drückt L. K. Zarembo und I. N. Kanevskij für die wertvollen Hinweise zum Manuskript, I. G. Michajlov für die Hilfe bei der Anfertigung und N. N. Chromova für die Zusammenstellung des experimentellen Materials über die Festkörper seinen herzlichen Dank aus. D. D. Šutilova und B. F. Borisov sei gedankt für die Hilfe bei der Bearbeitung des Manuskripts.

V.A. Šutilov

Wichtigste verwendete Symbole

A	Arbeit
	Schwingungsamplitude
a	Beschleunigung
B	nichtlinearer Modul der Kompressibilität (Volumenelastizität)
C	Kapazität eines Kondensators
c	Schallgeschwindigkeit
$c_{iklj} = c_{nm}$	Elastizitätsmoduln
c_P	spezifische Wärmekapazität bei konstantem Druck
c_V	spezifische Wärmekapazität bei konstantem Volumen
D	Leistung
$\mathbf{D}$	elektrische Induktion
$\overline{D}$	Kennwert der Kavitation
d	Durchlässigkeits- (Transmissions-) Koeffizient
	Dicke
E	EMK
	YOUNG-Modul
$\mathbf{E}$	elektrische Feldstärke
$\mathscr{E}$	effektiver Elastizitätsmodul
F	Kraft
f	Brennweite
f_{ikl}	Piezokoeffizienten
G	Schermodul
I	Ultraschallintensität
	Strom
i	imaginäre Einheit
J	BESSEL-Funktion
	Invariante
K	Kompressionsmodul
	Federsteife
$\mathbf{k}$	Wellenvektor
k	Wellenzahl
	Koeffizient der Biegsamkeit
L	Entfernung
	Selbstinduktivität
l	Verhältnis der Wellenwiderstände
Ma	MACH-Zahl
m	Masse
N	Menge
$\mathbf{n}$	Normaleneinheitsvektor
n	Kennzahl der Polytropie
	Brechungsindex
	nichtlinearer Parameter
n_0	Konzentration (Volumen-)
P	Druck (statischer, Gesamt-)
P_m	LEGENDREsches Polynom
p	Schalldruck
Q	Güte
q	Ladung
	Parameter des Gasinhaltes
R	Radius
R_0	universelle Gaskonstante
R_e	Ohmscher Widerstand
Re	REYNOLDS-Zahl
$\mathbf{r}$	Radiusvektor
r	Reibungskoeffizient
	Polarkoordinate
S	Fläche
s	relative Kompression
T	Temperatur
t	Zeit
U	innere Energie
	Spannung
$\mathbf{u}(\xi, \eta, \zeta)$	Verschiebungsvektor
V	Volumen
v	Geschwindigkeit
W	Energie
w	Energiedichte

Symbol	Bedeutung
x, y, z	Koordinaten eines rechtwinkligen Koordinatensystems
Z	gesamter Wellenwiderstand
$\tilde{Z}$	Gesamtimpedanz
z	spezifischer Wellenwiderstand
$\tilde{z}$	spezifische Impedanz
α	Absorptionskoeffizient
α_T	Wärmeausdehnungskoeffizient
β	Phase Phasenunterschied
γ	Adiabatenexponent
Δ	LAPLACE-Operator
δ_0	zeitlicher Dämpfungskoeffizient
ε_0	Nichtlinearitätskoeffizient
ε_{ik}	Deformation Dielektrizitätskonstante
ζ, η	Verschiebungskomponenten längs der Achsen z, y
η	Viskosität
Θ	Volumenausdehnung
θ	Winkel Kugelkoordinate
ϑ	Dämpfungsdekrement
$\varkappa$	Kompressibilität
Λ	Schallwellenlänge
λ_0	Wärmeleitfähigkeit
λ, μ	LAMÉ-Konstanten
ν	Frequenz
ν_0	POISSON-Koefffizient
ξ	Verschiebung längs der x-Achse
ϱ	Dichte Reflexionskoeffizient
σ	Oberflächenspannung
σ_{ik}	mechanische Spannung
σ_{eff}	effektiver Streuquerschnitt
τ_0	Zeitkonstante der Dämpfung
φ	Potential Drehwinkel
ψ	Azimutalwinkel Potential
ω	Kreisfrequenz

1. Grundlegende Gleichungen der Elastizitätstheorie

1.1. Beschreibung des Gleichgewichts- und Deformationszustandes eines Körpers

Die Ausbreitung von Ultraschallwellen in unterschiedlichen Medien, wobei hier nur Kontinua betrachtet werden, wird von einer periodischen Verschiebung der Medienteilchen aus ihrer Gleichgewichtslage unter dem Einfluß elastischer Kräfte begleitet. Dabei ist unter „Teilchen" ein ausreichend kleines Volumenelement zu verstehen, in dem sich aber eine genügende Anzahl von Molekülen befindet, damit das Medium innerhalb dieses Volumens als homogen angesehen werden kann. Im normalen, nicht angeregten Zustand des Mediums befinden sich alle Teilchen in irgendeiner Gleichgewichtslage, die durch das Gleichgewicht der zwischenmolekularen Kräfte bestimmt wird. Die Gleichgewichtslage eines Teilchens wird durch den Radiusvektor $\boldsymbol{r}$ (Lagevektor) charakterisiert. Dieser wird vom Zentrum irgendeines in bezug auf ein gegebenes Medium nichtbewegten Koordinatensystems, d. h. eines Laborkoordinatensystemes, gezählt. Als solches wird am häufigsten das rechtwinklige Koordinatensystem x, y, z ausgewählt. In einigen Fällen ist es günstiger, das sphärische Koordinatensystem r, ϑ, ψ zu verwenden, das mit dem rechtwinkligen Koordinatensystem über $x = r \sin \vartheta \cos \psi$, $y = r \sin \vartheta \sin \psi$, $z = r \cos \vartheta$ zusammenhängt, oder das zylindrische System r, ϑ, z, in dem $x = r \cos \vartheta$, $y = r \sin \vartheta$, $z = z$ sind. Die Verschiebung des Teilchens aus der Gleichgewichtslage werden wir mit Hilfe des Vektors $\boldsymbol{u}$ beschreiben, der Verschiebungsvektor genannt wird. Damit wird die neue Lage des Teilchens nach seiner Verschiebung durch den Vektor $\boldsymbol{r} + \boldsymbol{u}$ bestimmt. Die Komponenten des Verschiebungsvektors längs der Koordinatenachsen bezeichnen wir entsprechend mit den Symbolen ξ, η und ζ. Die Größe der Verschiebung hängt von der Lage des Teilchens ab. Im allgemeinen dynamischen Fall kann sie sich aber auch mit der Zeit ändern. Somit sind die Verschiebungskomponenten ξ, η und ζ im allgemeinen Fall Funktionen der Koordinaten und der Zeit: $\xi = \xi(x, y, z, t)$, $\eta = \eta(x, y, z, t)$, $\zeta = \zeta(x, y, z, t)$.

Die Verschiebung der Teilchen aus den Gleichgewichtslagen entspricht einer Deformation des Mediums. Für die vollständige Beschreibung des Deformationszustandes eines Körpers in einem gegebenem Zeitpunkt ist es folglich notwendig, den Verschiebungsvektor $\boldsymbol{u}$ als Funktion der Koordinaten x, y, z aufzustellen. Diese Aufgabe löst man, indem man aufeinanderfolgend die Fälle eindimensionaler, zweidimensionaler und dreidimensionaler Deformation betrachtet. Dabei beschränken wir uns von Anfang an, unter Berücksichtigung der Kleinheit der Deformation im akustischen Feld, auf die Betrachtung unendlich kleiner Deformationen.

Eindimensionale Deformation

Wir wählen im nichtdeformierten Körper den Abschnitt Δx auf der x-Achse zwischen den Punkten M und N aus (Abb. 1) und verfolgen seine Verschiebung bei der Deformation des Körpers. Der Punkt M mit der Koordinate x verschiebt sich nach der

Deformation um die Größe ξ und geht in die Lage M' mit den Koordinaten $x + \xi$ über. Somit vergrößert sich die Länge des Abschnittes MN um $\Delta\xi$. Unter Deformation des Abschnittes MN wird das Verhältnis seines Längenzuwachses zur Anfangslänge verstanden, d. h. die Größe $\Delta\xi/\Delta x$. Die Deformation im Punkt M wird bestimmt durch den Ausdruck

$$\varepsilon = \lim_{\Delta x \to 0} \Delta\xi/\Delta x = \mathrm{d}\xi/\mathrm{d}x,$$

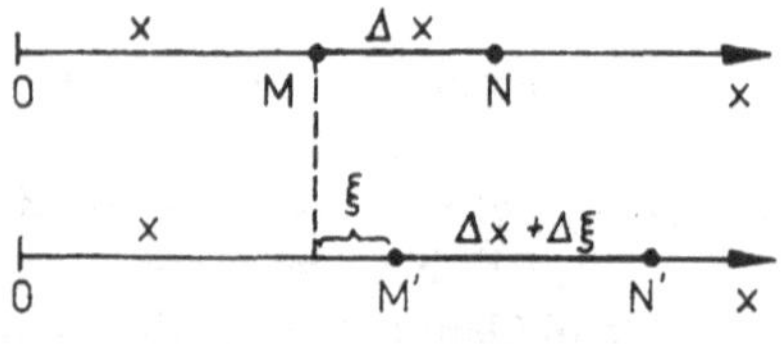

Abb. 1

d. h., die Deformation eines unendlich kleinen Abschnittes ist die Ableitung der Verschiebung nach x und stellt eine infinitesimale Größe dar. Wenn ξ eine lineare Funktion von x ist, d. h. $\varepsilon = \text{const}$ ist, dann wird solch eine Deformation als homogen bezeichnet. In diesem Fall ist $\mathrm{d}\xi/\mathrm{d}x = \Delta\xi/\Delta x$ (gleichmäßige Dehnung eines Stabes). Im allgemeinen Fall gilt $\varepsilon \neq \text{const}$, d. h., die Deformation ist eine Funktion der Koordinaten. Im dynamischen Fall ist $\varepsilon = \varepsilon(x, t)$.

Zweidimensionale Deformation

Betrachten wir nun das ebene Bild der Deformation. Dafür nehmen wir aus der Fläche xy (Abb. 2) den Abschnitt Δr und verfolgen seine Änderung bei der Deformation des Körpers. Es möge der Punkt M, dessen Lage bis zur Deformation durch den Radiusvektor mit den Koordinatenprojektionen x und y charakterisiert wurde, nach der Deformation in die Lage M' verschoben sein. Diese wird durch den Vektor $\boldsymbol{r} + \boldsymbol{u}$

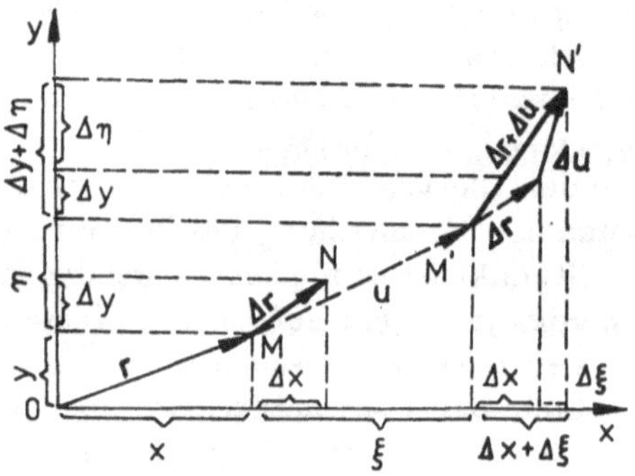

Abb. 2

bestimmt. Folglich ist $\boldsymbol{u}$ der Verschiebungsvektor mit den Komponenten ξ und η. Der Punkt N geht nach der Deformation in den Punkt N' über. Das herausgegriffene Stück, das bis zur Deformation durch den Vektor $\Delta\boldsymbol{r}$ mit den Komponenten Δx und Δy charakterisiert wurde, wird nach der Deformation durch den Vektor $\Delta\boldsymbol{r} + \Delta\boldsymbol{u}$ mit den Komponenten $\Delta x + \Delta\xi$ und $\Delta y + \Delta\eta$ charakterisiert. Die Verhältnisse $\Delta\xi/\Delta x$ und $\Delta\eta/\Delta y$ bestimmen die Dehnungen der Projektionen des herausgegriffenen Abschnittes längs der Achsen. Vollständig charakterisieren diese Beziehungen aber nicht den Deformationszustand, da, wie aus Abbildung 2 zu entnehmen ist, der Vektor $\Delta \boldsymbol{r}$ außer der Dehnung noch eine Drehung in der x,y-Ebene erleidet.

Für die Beschreibung dieser Drehung betrachten wir die Verformung eines Rechtecks, das auf den Projektionen des nichtdeformierten Abschnittes MN mit den Längen $MQ_1 = \Delta x$ und $MQ_2 = \Delta y$ (Abb. 3) aufgebaut ist. Nach der Deformation erleiden

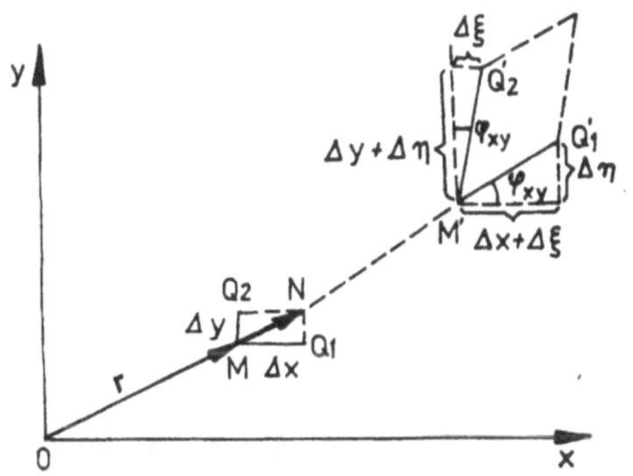

Abb. 3

diese Projektionen eine Dehnung und Scherung. Es erscheinen die von Null verschiedenen Komponenten $\Delta\xi$ und $\Delta\eta$. Wie aus Abbildung 3 zu entnehmen ist, wird der Tangens des Drehwinkels des Abschnittes $M'Q_1'$ durch die Beziehung $\tan\varphi = \Delta\eta/(\Delta x + \Delta\xi)$ bestimmt, der des Abschnittes $M'Q_2'$ durch das Verhältnis $\tan\varphi = \Delta\xi/(\Delta y + \Delta\eta)$. Da wir die Betrachtung auf nur kleine Deformationen beschränken, sind $\Delta\xi$ und $\Delta\eta$ klein im Vergleich zu Δx und Δy. Wenn Δx und Δy gegen Null gehen, haben wir als Maß der Scherung der Abschnitte MQ_1 und MQ_2 in der Ebene xy

$$\varphi_{yx} = \frac{\partial\eta}{\partial x} = \varepsilon'_{yx}, \qquad \varphi_{xy} = \frac{\partial\xi}{\partial y} = \varepsilon'_{xy},$$

während gleichzeitig die Dehnung der Abschnitte MQ_1 und MQ_2 durch die Ableitungen $\partial\xi/\partial x = \varepsilon_{xx}$ und $\partial\eta/\partial y = \varepsilon_{yy}$ charakterisiert wird.

Auf der anderen Seite können wir schreiben

$$\Delta\xi = \frac{\partial\xi}{\partial x}\,\Delta x + \frac{\partial\xi}{\partial y}\,\Delta y = \varepsilon_{xx}\,\Delta x + \varepsilon'_{xy}\,\Delta y,$$

$$\Delta\eta = \frac{\partial\eta}{\partial x}\,\Delta x + \frac{\partial\eta}{\partial y}\,\Delta y = \varepsilon'_{yx}\,\Delta x + \varepsilon_{yy}\,\Delta y,$$

solange die Verschiebungskomponenten Funktionen der Ortskoordinaten sind.

Somit verbinden die Größen ε_{ik} die Komponenten des Vektors $\Delta\boldsymbol{u}$ mit den Komponenten des Vektors $\Delta\boldsymbol{r}$, d. h., sie bilden einen Tensor zweiten Ranges. Diesen kann man in folgender Form darstellen:

$$\varepsilon'_{ik} = \begin{bmatrix} \varepsilon_{11} & \varepsilon'_{12} \\ \varepsilon'_{21} & \varepsilon_{22} \end{bmatrix},$$

wobei die Koordinaten x, y, z durch die Indizes 1, 2, 3 ersetzt wurden. Es ist zu erkennen, daß die nichtdiagonalen Komponenten dieses Tensors $\varepsilon'_{12} = \varphi_{xy}$ und $\varepsilon'_{21} = \varphi_{yx}$ außer der Scherdeformation auch die Drehung des Rechtecks MQ_1NQ_2 als Ganzes beschreiben. Dies wird in Abbildung 4 illustriert. In dieser Abbildung ist die Lageänderung dieses Rechtecks bei der Drehung des Körpers um den Winkel φ relativ zum

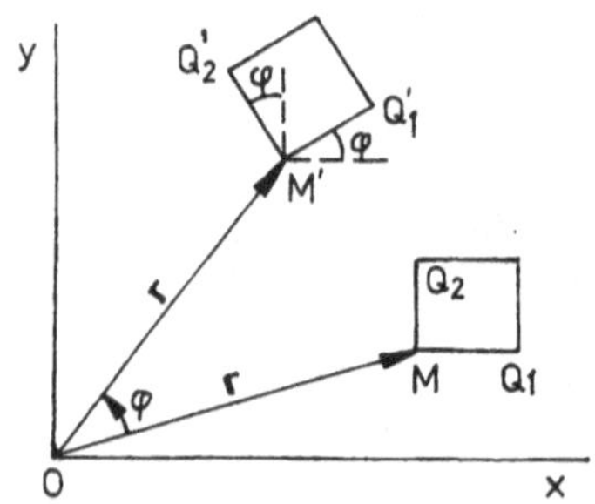

Abb. 4

Koordinatenursprung dargestellt. Bei dieser Bewegung drehen sich sowohl der Abschnitt MQ_1 wie auch der Abschnitt MQ_2 gegen den Uhrzeigersinn um den Winkel φ. In Übereinstimmung mit dem oben definierten geometrischen Sinn kann man ε'_{ik} für diesen Fall schreiben:

$$\varepsilon'_{ik} = \begin{bmatrix} 0 & -\varphi \\ \varphi & 0 \end{bmatrix}. \tag{1.1}$$

Die Form des Rechtecks wird dabei nicht geändert. Der Tensor ε'_{ik} verwandelt sich aber nicht in Null. Folglich müssen wir, um den Teil des Tensors ε'_{ik} zu finden, der die reine Deformation beschreibt, jenen Teil abziehen, der der Drehung des Körpers als Ganzes entspricht.

Ein beliebiger Tensor zweiten Ranges kann als Summe symmetrischer und antisymmetrischer Tensoren dargestellt werden. Das bedeutet, daß man den Tensor ε'_{ik} in der Form $\varepsilon'_{ik} = \varepsilon_{ik} + \varepsilon''_{ik}$ schreiben kann, wo $\varepsilon_{ik} = (\varepsilon'_{ik} + \varepsilon'_{ki})/2$ und $\varepsilon''_{ik} = (\varepsilon'_{ik} - \varepsilon'_{ki})/2$ sind. Es ist leicht zu sehen, daß der Tensor ε_{ik} symmetrisch ist, da $\varepsilon_{ik} = (\varepsilon'_{ik} + \varepsilon'_{ki})/2 = (\varepsilon'_{ki} + \varepsilon'_{ik})/2 = \varepsilon_{ki}$. Der Tensor ε''_{ik} ist antisymmetrisch, weil $\varepsilon''_{ik} = (\varepsilon'_{ik} - \varepsilon'_{ki})/2 = -(\varepsilon'_{ki} - \varepsilon'_{ik})/2 = -\varepsilon''_{ki}$. Entsprechend (1.1) wird die Drehung des Körpers durch den antisymmetrischen Tensor beschrieben. Folglich wird die reine Scherung durch den symmetrischen Tensor ε_{ik} beschrieben, den wir erhalten, indem wir von ε'_{ik} den antisymmetrischen Teil abziehen, d. h., $\varepsilon_{ik} = \varepsilon'_{ik} - \varepsilon''_{ik}$. Dies ergibt einen Tensor zweiten Ranges, der Deformationstensor genannt wird:

$$\varepsilon_{ik} = \begin{bmatrix} \varepsilon_{11} & \frac{1}{2}(\varepsilon'_{12} + \varepsilon'_{21}) \\ \frac{1}{2}(\varepsilon'_{21} + \varepsilon'_{12}) & \varepsilon_{22} \end{bmatrix}.$$

Die Diagonalkomponenten des Tensors widerspiegeln die Dehnungsdeformation längs der Koordinatenachsen. Die nichtdiagonalen Elemente sind dem halben Scherwinkel φ_{12}

in der x,y-Ebene äquivalent:

$$\varepsilon_{12} = \varepsilon_{21} = \frac{1}{2}\,(\varepsilon'_{12} + \varepsilon'_{21}) = \frac{1}{2}\left(\frac{\partial \xi}{\partial y} + \frac{\partial \eta}{\partial x}\right) = \frac{1}{2}\,(\varphi_{xy} + \varphi_{yx}) = \frac{1}{2}\,\varphi_{12}.$$

Dreidimensionale Deformation

Im dreidimensionalen Fall betrachten wir die Deformation eines Volumenelementes in Form eines rechtwinkligen Parallelepipeds, das aus Δx, Δy und Δz aufgebaut wird. Wir erhalten noch eine Deformationskomponente $\partial\zeta/\partial z = \varepsilon_{33}$, die die Dehnung entlang der z-Achse charakterisiert, und Scherkomponenten, die die Scherung in der x,z- und z,y-Ebene ausdrücken. Der Deformationstensor hat in diesem Fall die Form

$$\varepsilon_{ik} = \begin{bmatrix} \varepsilon_{11} & \varepsilon_{12} & \varepsilon_{13} \\ \varepsilon_{21} & \varepsilon_{22} & \varepsilon_{23} \\ \varepsilon_{31} & \varepsilon_{32} & \varepsilon_{33} \end{bmatrix},$$

wo $\varepsilon_{11} = \partial\xi/\partial x$, $\varepsilon_{22} = \partial\eta/\partial y$, $\varepsilon_{33} = \partial\zeta/\partial z$ die Deformationsdehnungen entlang der Achsen x, y, z sind und

$$\varepsilon_{12} = \varepsilon_{21} = \frac{1}{2}\left(\frac{\partial \xi}{\partial y} + \frac{\partial \eta}{\partial x}\right) = \frac{1}{2}\,\varphi_{12},$$

$$\varepsilon_{23} = \varepsilon_{32} = \frac{1}{2}\left(\frac{\partial \eta}{\partial z} + \frac{\partial \zeta}{\partial y}\right) = \frac{1}{2}\,\varphi_{23},$$

$$\varepsilon_{13} = \varepsilon_{31} = \frac{1}{2}\left(\frac{\partial \xi}{\partial z} + \frac{\partial \zeta}{\partial x}\right) = \frac{1}{2}\,\varphi_{13}$$

die halben Scherwinkel in den entsprechenden Ebenen x,y, y,z und x,z.

Somit kann bei kleinen Deformationen der Deformationszustand eines Körpers in der Umgebung des Punktes M mit den Koordinaten x, y, z vollständig durch die sechs unabhängigen Variablen des Deformationstensors ε_{ik} beschrieben werden. Diese kann man in allgemeiner Form darstellen:

$$\varepsilon_{ik} = \frac{1}{2}\left(\frac{\partial u_i}{\partial x_k} + \frac{\partial u_k}{\partial x_i}\right). \tag{1.2}$$

u_i, u_k sind die Komponenten des Verschiebungsvektors; $i, k = 1, 2, 3$.

Die Symmetrie des Tensors ε_{ik} (wie auch anderer Tensoren, die physikalische Eigenschaften ausdrücken) gestattet es, zu einer einfacheren Matrizenform seiner Beschreibung mit einem Index überzugehen: $\varepsilon_{ik} \to \varepsilon_n$, wo $n = 1, 2, 3, 4, 5, 6$. Die Abzählung der Komponenten erfolgt dabei so, wie es im Schema gezeigt wird:

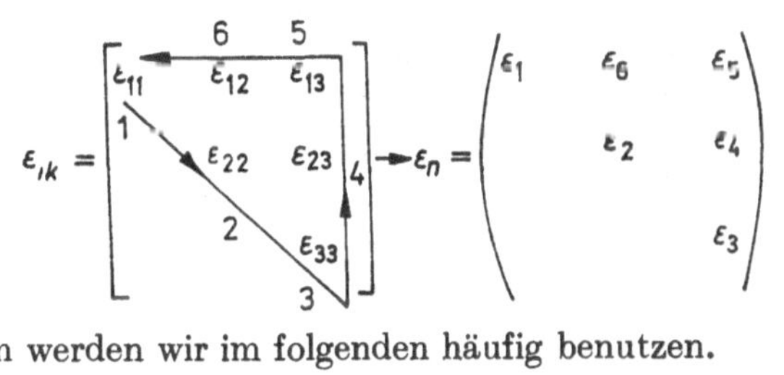

(1.3)

Diese Form werden wir im folgenden häufig benutzen.

Dank der Symmetrie des Deformationstensors kann man ihn auf Hauptachsen transformieren. Die Scherkomponenten verschwinden dabei, und wir erhalten

$$\varepsilon_{ii} = \begin{bmatrix} \varepsilon_{11} & 0 & 0 \\ & \varepsilon_{22} & 0 \\ & & \varepsilon_{33} \end{bmatrix} = \varepsilon_{ik}\delta_{ik},$$

wo δ_{ik} der Einheitstensor ist (KRONECKER-Symbol): $\delta_{ik} = 1$ bei $i = k$, $\delta_{ik} = 0$ bei $i \neq k$.

Als bestimmende Eigenschaft der Hauptachsen gilt, daß sie drei gegeneinander senkrechte Richtungen sind, die bei einer Deformation des Körpers gegenseitig senkrecht bleiben (sie können sich bei einer Rotation des Körpers nicht verdrehen). Bei der Deformation eines Einheitswürfels mit Kanten, die parallel den Hauptachsen sind, bleiben die rechten Winkel zwischen den Kanten erhalten, wogegen die Länge der Kanten gleich $1 + \varepsilon_{11}$, $1 + \varepsilon_{22}$ und $1 + \varepsilon_{33}$ wird. Die Volumenänderung dieses Einheitswürfels infolge der Deformation ist gleich

$$\Theta = (1 + \varepsilon_{11})(1 + \varepsilon_{22})(1 + \varepsilon_{33}) \approx \varepsilon_{11} + \varepsilon_{22} + \varepsilon_{33}$$

unter Berücksichtigung der Kleinheit der Deformation. Somit ist die Invariante des Tensors kleiner Deformationen die Summe seiner Diagonalelemente. Sie stellt die Volumenausdehnung dar:

$$\Theta = \frac{\partial \xi}{\partial x} + \frac{\partial \eta}{\partial y} + \frac{\partial \zeta}{\partial z} = \operatorname{div} \boldsymbol{u}. \tag{1.4a}$$

Die Beziehung (1.4a) gilt, wenn das Kontinuum nicht gestört ist. Deshalb kann sie als mathematischer Ausdruck des Kontinuums betrachtet werden, d. h., sie ist die linearisierte Kontinuitätsgleichung.

Im allgemeinen Fall einer nichtgleichmäßigen veränderlichen Deformation ist die Volumenausdehnung Θ eine Funktion der Ortskoordinaten und der Zeit: $\Theta = \Theta(x, y, z, t)$. Die Kontinuitätsgleichung kann dann bei veränderlicher Deformation auch in der Form

$$\mathrm{d}\Theta/\mathrm{d}t = \operatorname{div} \boldsymbol{v} \tag{1.4b}$$

geschrieben sein, wo $\boldsymbol{v} = \mathrm{d}\boldsymbol{u}/\mathrm{d}t$ der Vektor der Verschiebungsgeschwindigkeit ist.

Exakte Ausdrücke für endliche Deformationen

Die genauen Ausdrücke für die Komponenten des Deformationstensors erhalten wir sofort für den dreidimensionalen Fall, indem wir ohne Näherungen die Änderung des Abstandes $\mathrm{d}L$ zwischen zwei benachbarten Punkten des Körpers infolge seiner Deformation berechnen. Das Quadrat des Abstands zwischen diesen Punkten ist vor der Deformation gleich $(\mathrm{d}L)^2 = (\mathrm{d}x_i)^2$; nach der Deformation verändert es sich zur Größe $(\mathrm{d}L')^2 = (\mathrm{d}x_i + \mathrm{d}u_i)^2$. Da $\mathrm{d}u_i = (\partial u_i/\partial x_k)\,\mathrm{d}x_k$ ist, kann man diesen Ausdruck in der Form

$$(\mathrm{d}L')^2 = (\mathrm{d}x_i)^2 + 2\,\frac{\partial u_i}{\partial x_k}\,\mathrm{d}x_k\,\mathrm{d}x_i + \frac{\partial u_i}{\partial x_k}\,\frac{\partial u_i}{\partial x_l}\,\mathrm{d}x_k\,\mathrm{d}x_l$$

schreiben. Daraus ergibt sich für die Zunahme des Abstandsquadrats für zwei benachbarte Punkte $(\mathrm{d}L')^2 - (\mathrm{d}L)^2 = 2\varepsilon_{ik}\,\mathrm{d}x_i\,\mathrm{d}x_k$, wobei gilt

$$\varepsilon_{ik} = \frac{1}{2}\left(\frac{\partial u_i}{\partial x_k} + \frac{\partial u_k}{\partial x_i} + \frac{\partial u_l}{\partial x_i}\frac{\partial u_l}{\partial x_k}\right), \qquad i, k, l = 1, 2, 3. \tag{1.5}$$

Die Formel (1.5) stellt einen genauen Ausdruck für die Komponenten des Deformationstensors dar. Sie geht in den linearisierten Ausdruck (1.2) im Fall ausreichend kleiner Deformationen über, wenn man den letzten Summanden als Größe zweiter Ordnung vernachlässigen kann.

1.2. Spannungstensor

Im nichtdeformierten Körper befinden sich alle seine Bestandteile im mechanischen Gleichgewicht zueinander. Das bedeutet, daß die Resultierende aller Kräfte, die von anderen Teilen des Körpers auf irgendein innerhalb des Körpers ausgesuchtes Volumenelement wirkt, gleich Null ist. Bei der Deformation wird der Körper aus diesem Gleichgewichtszustand herausgeführt. Als Resultat entstehen in ihm elastische Kräfte, die durch die zwischenmolekularen Wechselwirkungen bedingt sind. Der Wirkungsradius der molekularen Kräfte hat eine Größenordnung, die der Entfernung zwischen den Molekülen entspricht. Deshalb soll er in der Elastizitätstheorie homogener Medien Null gesetzt werden. Somit wirken die bei der Deformation entstehenden inneren Kräfte auf das ausgewählte Volumen des Körpers seitens des dieses umgebenden Teiles nur unmittelbar durch die Oberfläche dieses Volumens. Das heißt, sie sind Oberflächenkräfte. Sie werden wir im weiteren auch betrachten und von Volumenkräften, z. B. vom Typ der Schwerkraft, absehen. Die Oberflächenkräfte sind proportional zur Oberfläche, auf die sie wirken. Die auf die Einheitsfläche bezogene Kraft wird als mechanische Spannung bezeichnet.

Wir nehmen auf der Oberfläche eines willkürlichen Volumens ΔV des deformierten Körpers ein Oberflächenelement $\mathrm{d}S$ (Abb. 5) heraus, das ausreichend klein ist, damit die durch dieses wirkende mechanische Spannung[1] als gleichmäßig angesehen werden kann. Dann bringen wir eine äußere Normale $\boldsymbol{n}$ auf diese Oberfläche. Die auf das Ober-

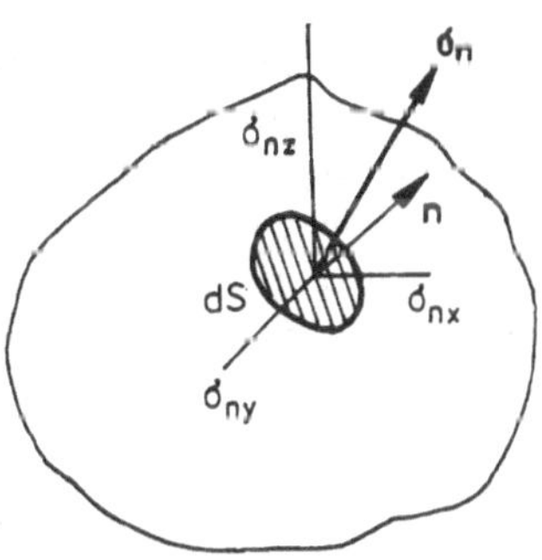

Abb. 5

[1] Im weiteren werden wir an Stelle des Terminus mechanische Spannung den Begriff „Spannung" verwenden.

flächenelement dS wirkende Spannung ist ein Vektor, dessen Richtung im allgemeinen nicht mit der Oberflächennormalen zusammenfällt. Das Vorzeichen der Spannung wird nach Verabredung ausgewählt. Gebräuchlicherweise wird die Spannung als positiv gezählt, wenn die Komponenten einen spitzen Winkel mit der Normalen $\boldsymbol{n}$ bilden. Sie wirkt dann als Dehnungsspannung. Die Spannung hängt von der Lage und Orientierung des Oberflächenelementes dS ab. Deshalb bezeichnet man den Spannungsvektor, der zu einer gegebenen Fläche mit der äußeren Normalen $\boldsymbol{n}$ gehört, mit dem entsprechenden Flächenindex $\boldsymbol{\sigma}_n$. Dieser Vektor $\boldsymbol{\sigma}_n$ kann in seine Komponenten entlang den Koordinatenachsen σ_{nx}, σ_{ny}, σ_{nz} zerlegt werden. Im allgemeinen sind die Spannung $\boldsymbol{\sigma}_n$ und ihre Komponenten Funktionen der Ortskoordinaten und der Zeit.

Um vollständig den Spannungszustand eines Körpers in der Nähe irgendeines Punktes 0 zu charakterisieren, errichten wir um diesen ein rechtwinkliges Parallelepiped mit Kanten, die parallel den Koordinatenachsen sind, sowie Kantenlängen dx, dy und dz, die ausreichend klein sind, damit die auf die Flächen wirkenden Spannungen gleichmäßig sind. Das auf diese Art ausgewählte Volumenelement wird durch Flächen von nur drei Orientierungen begrenzt, für die die äußeren Normalen die Koordinatenachsen x, y, z sind. Die auf diese Flächen wirkenden Spannungen bezeichnen wir entsprechend mit $\boldsymbol{\sigma}_x$, $\boldsymbol{\sigma}_y$, $\boldsymbol{\sigma}_z$ (Abb. 6). Jede dieser Spannungen hat drei Komponenten entlang den

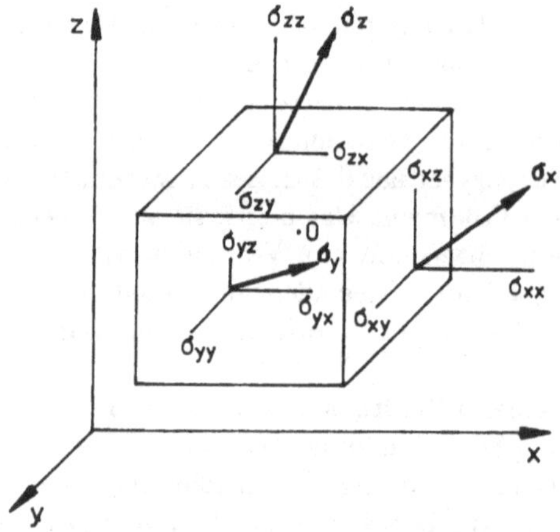

Abb. 6

Koordinatenachsen: $\boldsymbol{\sigma}_x$: σ_{xx}, σ_{xy}, σ_{xz}; $\boldsymbol{\sigma}_y$: σ_{yx}, σ_{yy}, σ_{yz}; $\boldsymbol{\sigma}_z$: σ_{zx}, σ_{zy}, σ_{zz}. Hier kennzeichnet der erste Index (die Zeile) die Fläche, der zweite (die Spalte) die Orientierung der Projektion. Die somit erhaltenen neun skalaren Größen σ_{ik} charakterisieren vollständig den Spannungszustand eines Körpers in der Umgebung des gegebenen Punktes und bilden einen Tensor zweiten Ranges, den sogenannten Spannungstensor. Dieser Tensor ist auch symmetrisch, d. h., es gilt $\sigma_{ik} = \sigma_{ki}$. Somit enthält er auch nur sechs voneinander unabhängige Komponenten, und die Reihenfolge der Indizes hat keine Bedeutung. Ersetzt man die Indizes x, y, z durch 1, 2, 3, dann ist der Spannungstensor folgendermaßen darstellbar:

$$\sigma_{ik} = \begin{bmatrix} \sigma_{11} & \sigma_{12} & \sigma_{13} \\ \sigma_{21} & \sigma_{22} & \sigma_{23} \\ \sigma_{31} & \sigma_{32} & \sigma_{33} \end{bmatrix} \tag{1.6a}$$

oder in Matrizenform

$$\sigma_n = \begin{pmatrix} \sigma_1 & \sigma_6 & \sigma_5 \\ & \sigma_2 & \sigma_4 \\ & & \sigma_3 \end{pmatrix}, \tag{1.6b}$$

wo $n = 1, 2, 3, 4, 5, 6$ der Zählrichtung des in (1.3) dargestellten Schemas entspricht.

Die Symmetrie des Spannungstensors gestattet seine Transformation auf Hauptachsen, in denen die Scherspannung verschwindet und nur die Diagonalkomponenten übrigbleiben:

$$\sigma_{ii} = \begin{bmatrix} \sigma_{11} & 0 & 0 \\ 0 & \sigma_{22} & 0 \\ 0 & 0 & \sigma_{33} \end{bmatrix} = \sigma_{ik}\delta_{ik}. \tag{1.7}$$

Auf ein Volumenelement in der Form eines rechtwinkligen Parallelepipeds mit Kantenlängen, die parallel den Hauptachsen sind, wirken nur ausdehnende (oder komprimierende) Spannungen. Der Spannungstensor (1.6) beschreibt den Spannungszustand in der Umgebung eines gegebenen Körperpunktes. Wenn er sich nicht von Punkt zu Punkt verändert und nicht von der Zeit abhängt, dann entspricht dies einer gleichmäßig konstanten (statischen) Spannung. Im allgemeinen Fall der ungleichmäßigen dynamischen Spannung sind die Tensorkomponenten Funktionen der Ortskoordinaten und der Zeit: $\sigma_{ik} = \sigma_{ik}(x, y, z, t)$.

1.3. Bewegungsgleichung

Im Falle einer ungleichmäßigen Spannung werden auf die Mediumteilchen nichtkompensierte Oberflächenkräfte wirken, die jedem Teilchen eine Beschleunigung vermitteln, die reziprok zu ihrer Masse ist. Um die resultierenden Kräfte durch die Komponenten des Spannungstensors σ_{ik} auszudrücken, betrachten wir die Bewegung eines Volumenelementes, das die Form eines Quaders mit den Kanten dx, dy, dz, die parallel zu den Koordinatenachsen sind (Abb. 7), besitzt. Das Volumen dieses Quaders ist $dV = dx\,dy\,dz$, die Masse ist m, und die Dichte beträgt $\varrho = m/(dV)$. Die Koordinaten des Punktes M bezeichnen wir mit x, y, z. Nun berechnen wir die x-Komponente der resultierenden Kraft, die auf dieses Volumenelement infolge der Differenz der Spannungen an seinen Grenzflächen wirkt. Dafür wählen wir anfangs die x-Komponenten der Spannungen aus. Das sind solche, die auf Flächen wirken, die senkrecht zur x-Achse gelegen sind.

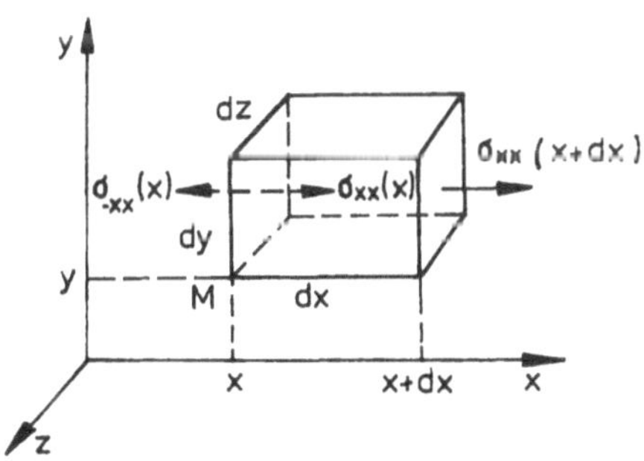

Abb. 7

Auf die Fläche mit der Koordinate x wirkt die Spannung $\sigma_{-x}(x)$ (der Index stellt laut Vereinbarung das Symbol der Normalen dar; die positive Normale zur Fläche mit der Koordinate x ist beispielsweise die Achse $-x$). Ihre Komponente längs der x-Achse, $\sigma_{-xx}(x)$, ist eine skalare Größe. Der Pfeil in Abb. 7 kennzeichnet die Richtung dieser Spannung. Im Gleichgewicht muß gelten $\sigma_{-xx}(x) = \sigma_{xx}(x)$. Die Normalspannung auf der Fläche mit den Koordinaten $x + \mathrm{d}x$ ist $\sigma_{xx}(x + \mathrm{d}x)$. Die resultierende Kraft, die auf die Flächen senkrecht zur x-Achse wirkt, ist dann

$$F_{xx} = [\sigma_{xx}(x + \mathrm{d}x) - \sigma_{xx}(x)]\,\mathrm{d}y\,\mathrm{d}z.$$

Bei ausreichend kleinen Abmessungen des Quaders kann man die Änderung der Spannung längs seiner Kanten als linear annehmen. Dann gilt

$$\sigma_{xx}(x + \mathrm{d}x) = \sigma_{xx}(x) + \frac{\partial\sigma_{xx}}{\partial x}\,\mathrm{d}x$$

und

$$F_{xx} = \frac{\partial\sigma_{xx}}{\partial x}\,\mathrm{d}x\,\mathrm{d}y\,\mathrm{d}z = \frac{\partial\sigma_{xx}}{\partial x}\,\mathrm{d}V.$$

Analog gilt dann für die x-Komponenten der Kräfte, die auf den Flächen senkrecht zu den Achsen y und z anliegen,

$$F_{yx} = \frac{\partial\sigma_{yx}}{\partial y}\,\mathrm{d}V; \qquad F_{zx} = \frac{\partial\sigma_{zx}}{\partial z}\,\mathrm{d}V.$$

Die gesamte x-Komponente der Kraft, die auf das Volumenelement wirkt, ist folglich

$$F_x = \left(\frac{\partial\sigma_{xx}}{\partial x} + \frac{\partial\sigma_{xy}}{\partial y} + \frac{\partial\sigma_{xz}}{\partial z}\right)\mathrm{d}V.$$

Sie vermittelt dem Volumenelement eine Beschleunigung entlang der x-Achse: $m\mathrm{d}^2\xi/\mathrm{d}t^2$, wo ξ die Verschiebung des betrachteten Teilchens entlang der x-Achse ist. Somit lautet die Bewegungsgleichung eines Teilchens (zweites NEWTONsches Gesetz) entlang der x-Achse

$$\frac{\partial\sigma_{xx}}{\partial x} + \frac{\partial\sigma_{xy}}{\partial y} + \frac{\partial\sigma_{xz}}{\partial z} = \varrho\,\frac{\mathrm{d}^2\xi}{\mathrm{d}t^2}. \tag{1.8a}$$

Analog gilt für die anderen zwei Achsen

$$\frac{\partial\sigma_{yx}}{\partial x} + \frac{\partial\sigma_{yy}}{\partial y} + \frac{\partial\sigma_{yz}}{\partial z} = \varrho\,\frac{\mathrm{d}^2\eta}{\mathrm{d}t^2}; \tag{1.8b}$$

$$\frac{\partial\sigma_{zx}}{\partial x} + \frac{\partial\sigma_{zy}}{\partial y} + \frac{\partial\sigma_{zz}}{\partial z} = \varrho\,\frac{\mathrm{d}^2\zeta}{\mathrm{d}t^2}. \tag{1.8c}$$

Ersetzt man die Indizes x, y, z durch 1, 2, 3 und die Koordinaten x, y, z durch x_1, x_2, x_3, dann kann man die Gleichungen (1.8) in einem Ausdruck vereinigen:

$$\partial\sigma_{ik}/\partial x_k = \varrho\,\mathrm{d}v_i/\mathrm{d}t, \qquad i, k = 1, 2, 3. \tag{1.9}$$

Es wird vereinbart, daß über gleichlautende Indizes summiert wird. Dieser Ausdruck stellt selbst eine vollständige Bewegungsgleichung dar. Sie ist eine der grundlegenden Gleichungen der Dynamik homogener Medien. Die Verschiebung $\boldsymbol{u}$ und die Verschiebungsgeschwindigkeit $\boldsymbol{v}$ sind Funktionen der Ortskoordinaten und der Zeit. Deshalb kann man die vollständige Ableitung nach der Zeit in der Gleichung (1.9) in der Form

$$\frac{\mathrm{d}v_i}{\mathrm{d}t} = \frac{\partial v_i}{\partial t} + \frac{\partial v_i}{\partial x_k} v_k$$

darstellen. Das erste Glied beschreibt die Veränderung der Geschwindigkeit des Teilchens mit der Zeit in einem gegebenen Raumpunkt infolge der Kraftwirkung. Das zweite Glied gibt die Änderung der Geschwindigkeit infolge der Verschiebung des Teilchens in benachbarte Punkte des Mediums, die eine andere Bewegungsgeschwindigkeit haben, wieder. Bei geringen Verschiebungen und kleinen Verschiebungsgeschwindigkeiten kann man das zweite Glied vernachlässigen. Es gilt dann $\mathrm{d}v_i/\mathrm{d}t = \partial v_i/\partial t$.

Analog kann man die momentane Dichte des angeregten Mediums in der Summenform $\varrho = \varrho_0 + \Delta\varrho$ darstellen, wo ϱ_0 die Gleichgewichtsdichte des nichtangeregten Mediums ist und $\Delta\varrho$ die Änderung der Dichte durch die Deformation. Bei geringen Deformationen ist $\Delta\varrho \ll \varrho_0$, und man kann die augenblickliche Dichte ϱ gleich ϱ_0 setzen. Dann erreicht der Ausdruck (1.9) die einfachere Form

$$\partial\sigma_{ik}/\partial x_k = \varrho_0\, \partial v_i/\partial t \tag{1.10}$$

oder

$$\partial\sigma_{ik}/\partial x_k = \varrho_0\, \partial^2 u_i/\partial t^2. \tag{1.11}$$

In dieser linearisierten Form ist die Bewegungsgleichung nur für den Fall unendlich kleiner Verschiebungen exakt. In dieser Form wird sie auch in der Akustik unendlich kleiner Amplituden angewendet. Wenn man nichtlineare Glieder berücksichtigt, dann liegt die Ausbreitung von Ultraschallwellen endlicher Amplitude vor. Das werden wir später am Beispiel ihrer Ausbreitung in Flüssigkeiten betrachten.

1.4. Beziehungen zwischen Deformation und Spannung

Bisher haben wir Deformation und Spannung unabhängig voneinander betrachtet. Faktisch zieht die Deformation des elastischen Körpers die Erscheinung innerer Spannungen in ihm nach sich. Diese sind bestrebt, diese Deformationen zu zerstören, d. h. den Gleichgewichtszustand wieder herzustellen. Somit existiert zwischen Spannung und Deformation eine bestimmte Abhängigkeit:

$$\sigma_{ik} = \sigma_{ik}(\varepsilon_{lj}). \tag{1.12}$$

Das Experiment zeigt, daß bei geringen Deformationen die Spannung proportional der Deformation ist. Diese Tatsache wurde zuerst von HOOKE für einfache Deformationen festgestellt und nach ihm als HOOKEsches Gesetz bezeichnet. Es gilt nur für kleine Deformationen und Spannungen. In bezug auf die Akustik unendlich kleiner Amplituden können wir die Betrachtung auf ein ideal elastisches Medium beschränken. Für solch ein Medium existieren lineare Beziehungen zwischen Spannung und Deformation. Da im allgemeinen Fall Spannung und Deformation durch einen Tensor zweiter Stufe bestimmt werden, der sechs unabhängige Komponenten besitzt, soll als natürliche Verallgemeinerung des HOOKEschen Gesetzes eine lineare Abhängigkeit zwischen ihnen existieren. Man kann dann das verallgemeinerte HOOKEsche Gesetz folgendermaßen formulieren: Die Komponenten der Spannung in einem gegebenen Punkt des Körpers sind lineare und homogene Funktionen aller Deformationskomponenten, d. h.,

$$\begin{aligned}
\sigma_1 &= c_{11}\varepsilon_1 + c_{12}\varepsilon_2 + c_{13}\varepsilon_3 + c_{14}\varepsilon_4 + c_{15}\varepsilon_5 + c_{16}\varepsilon_6;\\
\sigma_2 &= c_{21}\varepsilon_1 + c_{22}\varepsilon_2 + c_{23}\varepsilon_3 + c_{24}\varepsilon_4 + c_{25}\varepsilon_5 + c_{26}\varepsilon_6;\\
\sigma_3 &= c_{31}\varepsilon_1 + c_{32}\varepsilon_2 + c_{33}\varepsilon_3 + c_{34}\varepsilon_4 + c_{35}\varepsilon_5 + c_{36}\varepsilon_6;\\
\sigma_4 &= c_{41}\varepsilon_1 + c_{42}\varepsilon_2 + c_{43}\varepsilon_3 + c_{44}\varepsilon_4 + c_{45}\varepsilon_5 + c_{46}\varepsilon_6;\\
\sigma_5 &= c_{51}\varepsilon_1 + c_{52}\varepsilon_2 + c_{53}\varepsilon_3 + c_{54}\varepsilon_4 + c_{55}\varepsilon_5 + c_{56}\varepsilon_6;\\
\sigma_6 &= c_{61}\varepsilon_1 + c_{62}\varepsilon_2 + c_{63}\varepsilon_3 + c_{64}\varepsilon_4 + c_{65}\varepsilon_5 + c_{66}\varepsilon_6
\end{aligned} \tag{1.13a}$$

oder in verallgemeinerter Form (in Matrizenschreibweise):

$$\sigma_n = c_{nm}\varepsilon_m, \qquad n, m = 1, 2, 3, 4, 5, 6, \tag{1.13b}$$

mit der Summationsvorschrift, daß über den gleichlautenden (blinden) Index (Zeilenindex) summiert wird. In der Tensorform, wenn für die Spannungs- und Deformationskomponenten zwei Indizes erhalten bleiben sollten (wie beispielsweise in der Gleichung (1.11)), wird das verallgemeinerte HOOKEsche Gesetz die Form

$$\sigma_{ik} = c_{iklj}\varepsilon_{lj} \tag{1.13c}$$

haben. Die Proportionalitätskoeffizienten c_{nm} bezeichnet man als lineare Elastizitätsmoduln oder Konstanten der Steifheit. Sie haben die gleiche Dimension wie die Spannung. Die 36 Größen c_{nm} bilden einen Tensor vierten Ranges, der Tensor der Elastizitätsmoduln genannt wird. In der Elastizitätstheorie wird gezeigt [6, 7], daß dieser Tensor symmetrisch ist, d. h. $c_{nm} = c_{mn}$ $(c_{ikjl} = c_{jlik})$, so daß er 21 unabhängige Konstanten enthält und folgende Form hat:

$$c_{nm} = \begin{vmatrix}
c_{11} & c_{12} & c_{13} & c_{14} & c_{15} & c_{16}\\
c_{12} & c_{22} & c_{23} & c_{24} & c_{25} & c_{26}\\
c_{13} & c_{32} & c_{33} & c_{34} & c_{35} & c_{36}\\
c_{14} & c_{42} & c_{43} & c_{44} & c_{45} & c_{46}\\
c_{15} & c_{52} & c_{53} & c_{54} & c_{55} & c_{56}\\
c_{16} & c_{62} & c_{63} & c_{64} & c_{65} & c_{66}
\end{vmatrix}.$$

In dieser Form charakterisiert der Tensor c_{nm} die Elastizität eines Mediums, das keine Symmetrieelemente besitzt. Die Anwesenheit solcher Symmetrieelemente führt dazu, daß die Anzahl der von Null verschiedenen Elastizitätsmoduln geringer wird sowie die Anzahl der unabhängigen Moduln abnimmt. In Tabelle 1 sind die Matrizen der Elastizitätsmoduln für verschiedene kristallographische Systeme angeführt. Wie aus dieser Tabelle zu ersehen ist, werden die elastischen Eigenschaften der Kristalle, z. B. des hexagonalen Systems, schon durch nur fünf voneinander unabhängige Elastizitätsmoduln charakterisiert. Für Kristalle mit kubischer Symmetrie erniedrigt sich die Zahl

Tabelle 1. Matrizen der Elastizitätsmoduln für verschiedene Gruppen von Kristallen

Gruppe	System	Klasse	Anzahl der unabhängigen Moduln	Matrix	Beispiel
1	2	3	4	5	6
I	triklin	C_1, S_2	21	$\begin{matrix} c_{11} & c_{12} & c_{13} & c_{14} & c_{15} & c_{16} \\ & c_{22} & c_{23} & c_{24} & c_{25} & c_{26} \\ & & c_{33} & c_{34} & c_{35} & c_{36} \\ & & & c_{44} & c_{45} & c_{46} \\ & & & & c_{55} & c_{56} \\ & & & & & c_{66} \end{matrix}$	Kupfervitriol
II	monoklin	C_2, C_{2h}, C_6	13	$\begin{matrix} c_{11} & c_{12} & c_{13} & 0 & 0 & c_{16} \\ & c_{22} & c_{23} & 0 & 0 & c_{26} \\ & & c_{33} & 0 & 0 & c_{36} \\ & & & c_{44} & c_{45} & 0 \\ & & & & c_{55} & 0 \\ & & & & & c_{66} \end{matrix}$	Gips
III	rhombisch	$D_2 = V$, C_{2v}, D_{2h}	9	$\begin{matrix} c_{11} & c_{12} & c_{13} & 0 & 0 & 0 \\ & c_{22} & c_{23} & 0 & 0 & 0 \\ & & c_{33} & 0 & 0 & 0 \\ & & & c_{44} & 0 & 0 \\ & & & & c_{45} & 0 \\ & & & & & c_{66} \end{matrix}$	Seignettesalz
IV	tetragonal	C_4, C_{4h}, C_{4v}	7	$\begin{matrix} c_{11} & c_{12} & c_{13} & 0 & 0 & c_{16} \\ & c_{11} & c_{13} & 0 & 0 & -c_{16} \\ & & c_{33} & 0 & 0 & 0 \\ & & & c_{44} & 0 & 0 \\ & & & & c_{44} & 0 \\ & & & & & c_{66} \end{matrix}$	Scheelit
V	tetragonal	S_4, D_{2d}, D_4, D_{4h}	6	$\begin{matrix} c_{11} & c_{12} & c_{13} & 0 & 0 & 0 \\ & c_{11} & c_{13} & 0 & 0 & 0 \\ & & c_{33} & 0 & 0 & 0 \\ & & & c_{44} & 0 & 0 \\ & & & & c_{44} & 0 \\ & & & & & c_{66} \end{matrix}$	Dihydro-ammonium-phosphat
VI	trigonal	C_3, C_{3i}	7	$\begin{matrix} c_{11} & c_{12} & c_{13} & c_{14} & -c_{25} & 0 \\ & c_{11} & c_{13} & -c_{14} & c_{25} & 0 \\ & & c_{33} & 0 & 0 & 0 \\ & & & c_{44} & 0 & -c_{25} \\ & & & & c_{44} & c_{14} \\ & & & & & \frac{1}{2}(c_{11}-c_{12}) \end{matrix}$	Dolomit
VII	trigonal	D_3, D_{3v}, D_{3d}	6	$\begin{matrix} c_{11} & c_{12} & c_{13} & c_{14} & 0 & 0 \\ & c_{11} & c_{13} & -c_{14} & 0 & 0 \\ & & c_{33} & 0 & 0 & 0 \\ & & & c_{44} & 0 & 0 \\ & & & & c_{44} & c_{14} \\ & & & & & \frac{1}{2}(c_{11}-c_{12}) \end{matrix}$	α-Quarz, Turmalin

Tabelle 1 (Fortsetzung)

Gruppe	System	Klasse	Anzahl der unabhängigen Moduln	Matrix	Beispiel
1	2	3	4	5	6
VIII	hexagonal	C_{3h}, D_{3h}, C_6, D_6, C_{6n}, C_{6v}, D_{6h}	5	$\begin{matrix} c_{11} & c_{12} & c_{13} & 0 & 0 & 0 \\ & c_{11} & c_{13} & 0 & 0 & 0 \\ & & c_{33} & 0 & 0 & 0 \\ & & & c_{44} & 0 & 0 \\ & & & & c_{44} & 0 \\ & & & & & \frac{1}{2}(c_{11}-c_{12}) \end{matrix}$	β-Quarz, Cadmiumsulfid
IX	kubisch	T, O, T_h, T_d, O_h	3	$\begin{matrix} c_{11} & c_{12} & c_{12} & 0 & 0 & 0 \\ & c_{11} & c_{12} & 0 & 0 & 0 \\ & & c_{11} & 0 & 0 & 0 \\ & & & c_{44} & 0 & 0 \\ & & & & c_{44} & 0 \\ & & & & & c_{44} \end{matrix}$	Alkalihalogenidkristalle

der unabhängigen Moduln auf drei. Dabei muß man im Auge haben, daß sich die angeführten Tabellen der Elastizitätskonstanten auf eine vollständig definierte Lage der Koordinatenachsen relativ zu den kristallographischen Achsen beziehen. Im isotropen Körper können natürlich die Elastizitätsmoduln nicht von den Richtungen der Koordinatenachsen abhängen, was zu folgenden Bedingungen führt [8]:

$$c_{12} = c_{13} = c_{23}, \quad c_{44} = c_{55} = c_{66} = (c_{11} - c_{12})/2, \quad c_{11} = c_{22} = c_{33}. \tag{1.14}$$

Die übrigbleibenden Moduln sind Null. Das bedeutet, daß die Elastizität isotroper Festkörper durch zwei unabhängige Moduln bestimmt wird. Diese Moduln sind die LAME-Koeffizienten, die definitionsgemäß folgendermaßen eingeführt werden: $\lambda = c_{12} = c_{13} = c_{23}$; $\mu = c_{44} = c_{55} = c_{66}$. Es ist dann in Übereinstimmung mit (1.14) $c_{11} = c_{22} = c_{33} = \lambda + 2\mu$. Wenn die Spannungs- und Deformationskomponenten mit zwei Indizes darzustellen sind, dann lautet das HOOKEsche Gesetz für den isotropen Festkörper

$$\sigma_{ik} = \lambda\Theta\delta_{ik} + 2\mu\varepsilon_{ik}, \qquad i, k = 1, 2, 3, \tag{1.15}$$

wo $\Theta = \varepsilon_{11} + \varepsilon_{22} + \varepsilon_{33}$ die Volumenausdehnung ist.

Man muß darauf hinweisen, daß die Größe der Elastizitätsmoduln c_{nm} davon abhängt, ob sie bei adiabatischen oder isothermen Deformationsprozessen bestimmt wurden. Man unterscheidet dann isotherme und adiabatische Werte der Elastizitätsmoduln. Da der Prozeß der Ultraschallausbreitung ein adiabatischer ist, werden wir im weiteren die adiabatischen Werte der Moduln im Blickfeld haben.

Da (1.13) eine lineare homogene Gleichung ist, kann man sie bezüglich der Deformationskomponenten ε_m lösen. Dies gibt ein Gleichungssystem $\varepsilon_m = k_{mn} \cdot \sigma_n$, das die Deformationen mit den Spannungen verbindet. Die Proportionalitätskonstanten k_{mn} kann man elastische Suszeptibilitäten oder Elastizitätskoeffizienten nennen. Sie bilden auch einen Tensor vierten Ranges mit den gleichen Eigenschaften wie der Tensor der Elastizitätsmoduln. Die Dimension der Elastizitätskoeffizienten ist reziprok zur mechanischen Spannung.

1.5. Energie der elastischen Deformation

Es soll die Energie eines elastisch deformierten Körpers berechnet werden. Der Verschiebungsvektor $\boldsymbol{u}$ sei infolge der Deformation des Körpers um die kleine Größe du_i verändert. Die Elementararbeit, die dabei durch die Kräfte der inneren Spannungen verrichtet wird, ist das Produkt aus der Kraft $F_i = \partial\sigma_{ik}/\partial x_k$ und der Verschiebung du_i. wobei über das gesamte Volumen des Körpers integriert wird: $\mathrm{d}A = \int_V (\partial\sigma_{ik}/\partial x_k)\,(\mathrm{d}u_i)\,\mathrm{d}V$, Es gilt

$$\mathrm{d}A = \oint \sigma_{ik}(\mathrm{d}u_i)\,\mathrm{d}S - \int_V \sigma_{ik}\frac{\partial}{\partial x_k}(\mathrm{d}u_i)\,\mathrm{d}V.$$

Für ein unendlich ausgedehntes Medium, das im Unendlichen nicht deformiert sei, ist das erste Integral, das Oberflächenintegral, Null, da an der Oberfläche $\sigma_{ik} = 0$ ist. Das zweite Integral kann man in die Form $\int \sigma_{ik}\,\mathrm{d}(\partial u_i/\partial x_k)\,\mathrm{d}V$ umschreiben. Dabei wurde von der Beziehung $(\partial/\partial x_k)\,(\mathrm{d}u_i) = \mathrm{d}(\partial u_i/\partial x_k)$ Gebrauch gemacht. Der Integrand stellt dabei die Arbeit im Einheitsvolumen dar, die durch die Kräfte der inneren Spannungen verrichtet wird:

$$\mathrm{d}A' = -\sigma_{ik}\,\mathrm{d}\left(\frac{\partial u_i}{\partial x_k}\right). \tag{1.16}$$

Wenn eine linear-elastische Deformation vorliegt und wenn man berücksichtigt, daß der Spannungstensor σ_{ik} symmetrisch ist, gilt

$$\sigma_{ik}\,\mathrm{d}\left(\frac{\partial u_i}{\partial x_k}\right) = \sigma_{ik}\,\mathrm{d}\left[\frac{1}{2}\left(\frac{\partial u_i}{\partial x_k} + \frac{\partial u_k}{\partial x_i}\right)\right] = \sigma_{ik}\,\mathrm{d}\varepsilon_{ik};$$

ε_{ik} ist dabei der Deformationstensor. Somit wird für die Arbeit

$$\mathrm{d}A' = -\sigma_{ik}\,\mathrm{d}\varepsilon_{ik} \tag{1.17}$$

erhalten. Für den reversiblen adiabatischen Prozeß ist diese Arbeit gleich der Änderung der inneren Energie des Körpers (bezogen auf sein Einheitsvolumen) zu setzen,

$$\mathrm{d}U = -\mathrm{d}A' = \sigma_{ik}\,\mathrm{d}\varepsilon_{ik}. \tag{1.18}$$

Hieraus ergibt sich dann die Möglichkeit, den Spannungstensor aus der inneren Energie zu bestimmen,

$$\sigma_{ik} = (\partial U/\partial\varepsilon_{ik})_{\mathrm{ad}} \tag{1.19}$$

oder in allgemeinerer Form unter Berücksichtigung von (1.16)

$$\sigma_{ik} = \left[\frac{\partial U}{\partial(\partial u_i/\partial x_k)}\right]_{\mathrm{ad}}. \tag{1.20}$$

Setzt man in (1.18) die Spannung σ_{ik} aus dem HOOKEschen Gesetz (1.13c) ein, dann erhalten wir $\mathrm{d}U = c_{ikjl}\varepsilon_{jl}\,\mathrm{d}\varepsilon_{ik}$. Nach der Integration ergibt dies $U = c_{ijkl}\varepsilon_{ik}\varepsilon_{jl}/2$. Diese Formel drückt die potentielle Energie eines elastisch deformierten Körpers in linearer Näherung aus. Sie enthält die Deformation in zweiter Potenz. Deshalb werden die linearen Elastizitätsmoduln c_{ikjl} (oder c_{nm} in anderer Schreibweise) Elastizitätsmoduln zweiter Ordnung genannt.

Für den isotropen Festkörper, dessen Elastizität durch zwei lineare Moduln charakterisiert wird, kann man einen Ausdruck für die innere Energie erhalten, indem man diese in eine Reihe nach Potenzen bezüglich kleiner Deformationen ε_{ik} entwickelt. Dabei muß unbedingt berücksichtigt werden, daß im nichtdeformierten Zustand, d. h. bei $\varepsilon_{ik} = 0$, keine Spannung vorhanden sein soll, d. h. $\sigma_{ik} = 0$. Da $\sigma_{ik} = \partial U/\partial \varepsilon_{ik}$ gilt, folgt daraus, daß in der Zerlegung von U nach Potenzen von ε_{ik} die linearen Glieder herausfallen müssen. Im weiteren wird uns nur die Überschußenergie interessieren, weil das konstante Glied der Zerlegung auch Null gesetzt werden kann. Was die quadratischen Glieder angeht (wie auch die höherer Ordnung), so sind sie auf der Basis folgender Überlegung aufschreibbar. Da die innere Energie eine skalare Größe ist, muß auch jedes Glied in der Entwicklung von U skalar sein. Aus den Komponenten des symmetrischen, linearisierten Tensors ε_{ik} kann man zwei unabhängige Skalare zweiter Potenz bilden: das Quadrat der Summe der Diagonalkomponenten $(\varepsilon_{ii})^2 = \Theta^2$ und die Summe der Quadrate aller Komponenten ε_{ik}^2 [6].

Nachdem die innere Energie in eine Potenzreihe nach ε_{ik} entwickelt worden ist, erhalten wir

$$U = \lambda\Theta^2/2 + \mu\varepsilon_{ik}^2, \tag{1.21}$$

wenn bis zum quadratischen Glied entwickelt wurde. λ und μ sind die vorher eingeführten LAMÉ-Konstanten. Differenziert man diesen Ausdruck nach ε_{ik}, so erhält man schließlich das HOOKEsche Gesetz für den isotropen Festkörper in der Form (1.15).

Im allgemeinen Falle sind die Korrelationen zwischen Spannung und Deformation nichtlinear. Um diese Nichtlinearitäten zu berücksichtigen, muß man den genauen Ausdruck für den Deformationstensor anwenden, also (1.5), und in den Beziehungen (1.13) die Glieder mit höheren Potenzen hinsichtlich der Deformation einbeziehen. Wozu die Berücksichtigung der Nichtlinearität der Elastizität in der Theorie der Ausbreitung von Ultraschallwellen führt, werden wir später ausführlicher behandeln. In den Kapiteln 4 und 5 geschieht das im Zusammenhang mit der Betrachtung von ebenen Wellen in einem Medium, das durch einen Elastizitätsmodul charakterisiert wird. Im Kapitel 10 wird kurz auf die Nichtlinearität fester Körper eingegangen.

1.6. Einfachere Deformationen und entsprechende Moduln

In Übereinstimmung mit (1.15) kann die Elastizitätsgleichung für ein isotropes Medium in folgender Form geschrieben werden:

$$\begin{aligned} &\sigma_{11} = (\lambda + 2\mu)\,\varepsilon_{11} + \lambda\varepsilon_{22} + \lambda\varepsilon_{33} = \lambda\Theta + 2\mu\varepsilon_{11};\\ &\sigma_{22} = \lambda\Theta + 2\mu\varepsilon_{22}; \qquad \sigma_{33} = \lambda\Theta + 2\mu\varepsilon_{33};\\ &\sigma_{32} = \sigma_{23} = 2\mu\varepsilon_{32}; \qquad \sigma_{13} = \sigma_{31} = 2\mu\varepsilon_{13}; \qquad \sigma_{12} = \sigma_{21} = 2\mu\varepsilon_{12}. \end{aligned} \tag{1.22}$$

Diese Gleichungen sind hinsichtlich der Deformationskomponenten lösbar und ergeben

$$\varepsilon_{11} = \frac{2(\lambda + \mu)\,\sigma_{11} - \lambda\sigma_{22} - \lambda\sigma_{33}}{2\mu(3\lambda + 2\mu)}$$
$$\varepsilon_{22} = \frac{-\lambda\sigma_{11} + 2(\lambda + \mu)\,\sigma_{22} - \lambda\sigma_{33}}{2\mu(3\lambda + 2\mu)}; \quad (1.23)$$
$$\varepsilon_{33} = \frac{-\lambda\sigma_{11} - \lambda\sigma_{22} + 2(\lambda + \mu)\,\sigma_{33}}{2\mu(3\lambda + 2\mu)}.$$

Eine Analyse der Gleichungen (1.22), (1.23) gestattet, einige einfachere Deformationsfälle auszusuchen. Diese können sich im dynamischen Regime in einem isotropen Festkörper in Form entsprechender elastischer Wellen ausbreiten.

Eindimensionale Spannung (Dehnung eines Stabes)

Es soll von allen Komponenten des Spannungstensors nur die Komponente $\sigma_{11} = \sigma_{xx} = \sigma$ von Null verschieden sein. Die übrigen σ_{ik} seien Null. Aus (1.23) folgt für diesen Fall

$$\varepsilon_{11} = \frac{(\lambda + \mu)\,\sigma}{\mu(3\lambda + 2\mu)}; \qquad \varepsilon_{22} = \varepsilon_{33} = -\frac{\lambda\sigma}{2\mu(3\lambda + 2\mu)}. \quad (1.24)$$

Somit ruft die positive Normalspannung, die längs der x-Achse wirkt, eine Dehnung in dieser Richtung und eine Kompression in Querrichtung hervor. (Alle Elastizitätsmoduln, darunter auch die LAMÉ-Konstanten, sind positive Größen.) Insofern müssen die Deformationen längs der Achsen y und z in einem homogenen Medium von entsprechenden Spannungen begleitet sein. Die Anfangsbedingungen für die eindimensionale Spannung können dann nur bei Vorhandensein freier seitlicher Oberflächen erfüllt werden. Folglich wird der betrachtete Fall bei der Dehnung eines Stabes realisiert, der längs der x-Achse orientiert ist.

Der Koeffizient vor der Spannung in der ersten Gleichung (1.24) stellt dem Sinn nach den Elastizitätskoeffizienten des gedehnten Stabes dar. Seine reziproke Größe ist der effektive Elastizitätsmodul, den man in diesem Fall den YOUNGschen Modul nennt:

$$E = \frac{(3\lambda + 2\mu)\,\mu}{\lambda + \mu}. \quad (1.25)$$

Unter Berücksichtigung von (1.25) nimmt die erste Formel (1.24) die Form $\varepsilon_{11} = \sigma/E$ an. Somit charakterisiert der YOUNG-Modul die Steifheit des Stabes im Vergleich zu seiner Querdehnung (Kompression). Er bestimmt zudem die mechanische Spannung, bei der die Größe der Deformation gleich Eins werden muß, d. h., bei der sich die Länge des Stabes verdoppelt hat (selbstverständlich die Gültigkeit des HOOKEschen Gesetzes vorausgesetzt). Werte des YOUNG-Moduls für einige isotrope Körper sind in Tabelle 2 angeführt.

Das absolute Verhältnis von Quer- zu Längsdeformation des Stabes, d. h. der relativen Kompression zur relativen Verlängerung, die durch die Längsspannung hervorgerufen

Tabelle 2. YOUNG-Modul, POISSON-Koeffizient und Schermodul für einige isotrope Festkörper

Material	$E \cdot 10^{-10}$ N/m²	ν_0	$G \cdot 10^{-10}$ N/m²
Wolfram	36,0	0,27	13,3
Stahl 3	22–24	0,30	8,5–8,8
Eisen	21	0,28	8,2
Kupfer	12,0	0,35	4,6
Messing	9–10	0,35	3,0–3,7
Gold	8,0	0,41	2,9
Aluminium	7,0	0,34	2,6
Zinn	5,4	0,33	2,0
Blei	1,6	0,44	0,6
Geschmolzener Quarz	7,4	0,18	3,2
Kronglas	7,2	0,25	2,9
Flintglas	5,5	0,23	2,4
Porzellan	6,0	0,23	2,4
Eis	1,0	0,33	0,4
Plexiglas	0,5	0,35	0,15

wurde, wird POISSON-Koeffizient genannt (ν_0):

$$\nu_0 = \left|\frac{\varepsilon_{22}}{\varepsilon_{11}}\right| = \left|\frac{\varepsilon_{33}}{\varepsilon_{11}}\right| = \varepsilon_{22}\frac{E}{\sigma} = \frac{\lambda}{2(\lambda + \mu)}. \tag{1.26}$$

Somit gilt $\varepsilon_{22} = \varepsilon_{33} = -\nu_0\sigma/E$. Das bedeutet, daß die Querschnittsverringerung des Stabes bei seiner Längsdehnung durch die Steifheit E/ν_0 charakterisiert wird. ν_0 hat für unterschiedliche Medien einen Wert zwischen 0,2 und 0,5. Der YOUNG-Modul und der POISSON-Koeffizient sind zwei unabhängige Größen, die vollständig die elastischen Eigenschaften eines isotropen Festkörpers bestimmen. Ihre Werte sind in Tabelle 2 angeführt.

Löst man die Gleichungen (1.25) und (1.26) nach den LAME-Konstanten auf, so sind sie darstellbar in Abhängigkeit von E und ν_0:

$$\lambda = \nu_0 E[(1 + \nu_0)(1 - 2\nu_0)]^{-1}, \tag{1.27}$$

$$\mu = E[2(1 + \nu_0)]^{-1}. \tag{1.28}$$

Eindimensionale Dehnung

Es soll nur eine Deformation der Längsdehnung, z. B. längs der x-Achse, möglich sein, d. h. $\varepsilon_{11} = \varepsilon_{xx} \neq 0$. Die übrigen Komponenten des Deformationstensors ε_{ik} sind gleich Null. Solch eine Situation wird insbesondere in einer longitudinalen Ultraschallwelle auftreten, die sich in einem größeren isotropen Festkörper, den man als unbegrenzt in y- und z-Richtung annimmt, ausbreitet. Dann gilt in Übereinstimmung mit dem HOOKEschen Gesetz (1.22)

$$\sigma_{11} = (\lambda + 2\mu)\,\varepsilon_{11}, \qquad \sigma_{22} = \sigma_{33} = \lambda\varepsilon_{11}. \tag{1.29}$$

In diesem Fall entstehen an der Grenze des Mediumteils, das deformiert wird, Transversalspannungen. Die Steifheit dieses Mediums im Verhältnis zu seiner Längsdehnung wird durch den Modul

$$c_{11} = \lambda + 2\mu. \tag{1.30}$$

charakterisiert. Drückt man die LAME-Konstanten durch E und ν_0 mit Hilfe der Gleichungen (1.27) und (1.28) aus, erhalten wir $c_{11} = E[2(1 + \nu_0)(1 - \nu_0)]^{-1}$. Hieraus folgt, daß bei einem beliebigen Wert ν_0 der E-Modul immer kleiner als c_{11} ist. Physikalisch bedeutet dies, daß das Fehlen einer Querverkürzung die Dehnung des Mediums „erschwert", was einem größeren Wert seiner effektiven Steifheit bei der eindimensionalen Dehnung entspricht.

Reine Scherung

In der x,y-Ebene soll eine Scherkraft (Tangentialkraft) $\sigma_{12} = \sigma_t$ wirken. Die anderen Komponenten des Spannungstensors seien Null. Aus (1.23) folgt in diesem Fall: $\varepsilon_{12} = \varepsilon_{21} = \sigma_t/(2\mu)$. Entsprechend der Definition in (1.2) kennzeichnet die Komponente ε_{12} des Deformationstensors die Hälfte des Scherwinkels in der x,y-Ebene: $\varepsilon_{12} = \varphi_{12}/2$. Demzufolge ist der gesamte Scherwinkel in dieser Ebene $\varphi = \sigma_t/\mu = \sigma_t/G$. Die LAME-Konstante μ ist somit selbst der Schermodul G, der die Größe des Scherwinkels φ bei gegebener Tangentialspannung σ_t bestimmt. Die Korrelation dieses Moduls mit dem YOUNG-Modul E und dem POISSON-Koeffizienten ν_0 wird durch die Beziehung (1.28) gegeben, aus der folgt, daß der Schermodul 2,5—3mal kleiner als der YOUNG-Modul ist. Zahlenwerte des Schermoduls für verschiedene isotrope Festkörper sind auch in Tabelle 2 angeführt.

Allseitige Kompression

Solange auf ein Volumenelement in der Form eines Würfels, dessen Kanten parallel zu den Achsen x, y, z orientiert sind, gleiche Kompressionsspannungen $-\sigma_{11} = -\sigma_{22} = -\sigma_{33} = P$ einwirken, fehlen Tangentialspannungen. Dann nimmt (1.22) folgende Form an:

$$-P = \lambda\Theta + 2\mu\varepsilon_{11}, \qquad -P = \lambda\Theta + 2\mu\varepsilon_{22},$$
$$-P = \lambda\Theta + 2\mu\varepsilon_{33}, \qquad \varepsilon_{12} = \varepsilon_{23} = \varepsilon_{13} = 0.$$

Addiert man diese Gleichungen, so erhalten wir

$$P = -\left(\lambda + \frac{2}{3}\mu\right)\Theta. \tag{1.31}$$

Dieser Ausdruck stellt das HOOKEsche Gesetz für die allseitige Kompression dar. Die Größe

$$K = \lambda + (2/3)\,\mu \tag{1.32}$$

trägt die Bezeichnung Kompressionsmodul oder Modul der Volumenelastizität. Ersetzen wir in (1.32) die Ausdrücke für λ und μ aus (1.27) und (1.28), so erhalten wir eine Beziehung zwischen dem Kompressionsmodul, dem E-Modul und dem POISSON-Koeffizienten: $K = E[3(1 - 2\nu_0)]^{-1}$. Hieraus folgt, daß der Grenzwert ν_0 für ein nichtkomprimiertes Medium ($K = \infty$) 0,5 beträgt. Mit (1.32) und (1.30) finden wir noch eine Beziehung zwischen c_{11} und K:

$$c_{11} = K + (4/3)\,\mu. \tag{1.33}$$

Die (negative) Kompressionsspannung P wird als positiver Druck bezeichnet. Folglich wird für das Vorzeichen des Druckes die umgekehrte Definition angewendet: Als positiv wird der Druck gezählt, der ins Innere des betrachteten Volumens gerichtet ist. Einem positiven Druck entspricht eine negative Volumenausdehnung Θ ($K > 0$), wie (1.31) zeigt. Wenn die Dichte des Mediums innerhalb eines betrachteten Elementes mit dem Volumen V_0 $\varrho_0 = m/V_0$ beträgt und nach einer Deformation $\varrho = \varrho_0 + \Delta\varrho$ ist, dann ist die relative Änderung der Dichte $\Delta\varrho/\varrho_0 = -\Delta V/V_0$. Dabei ist $\Delta V = V - V_0$ und V das Volumen des deformierten Elementes. Die Größe $\Delta\varrho/\varrho_0 = s$ wird als relative Kompression bezeichnet. Das HOOKEsche Gesetz kann dargestellt werden in der Form

$$s = P/K. \tag{1.34}$$

Ein Medium mit fehlender Scherelastizität

Wenn ein Medium ideale Fluidität besitzt (ideale Flüssigkeit, Gas), dann besitzt es keine Scherelastizität, d. h., für solch ein Medium ist der Schermodul G gleich Null. Folglich wird die Elastizität eines ideal fluiden, isotropen Mediums nur durch eine Elastizitätskonstante charakterisiert, die dann dem Kompressionsmodul K gleich ist (s. (1.32)). Durch das Fehlen von Scherspannungen, die auf irgendein aus dem Medium herausgegriffenes Oberflächenelement wirken könnten, wirkt nur eine Normalspannung (oder Druck), die eine skalare Größe ist, auf dieses Element. Somit unterliegt ein beliebiges Volumenelement des Mediums nur einer allseitigen Kompression. In den folgenden Kapiteln betrachten wir die Ausbreitung von Ultraschallwellen gerade in solchen Medien. Danach gehen wir zu Medien über, die durch eine große Anzahl linearer Elastizitätsmoduln charakterisiert sind.

2. Ausbreitung von Ultraschallwellen in Flüssigkeiten und Gasen

2.1. Akustische Kennzeichen einer idealen Flüssigkeit

In den folgenden Kapiteln betrachten wir die Ausbreitung von Ultraschallwellen in einem unbegrenzten Medium, das nur Volumenelastizität, aber keine Formelelastizität und Viskosität besitzt. Das heißt, es liegt ein ideal fließfähiges System vor. In Übereinstimmung mit dem in Abschnitt 1.6. Gesagten sind in solch einem Medium, dem wir die Eigenschaften einer ideal komprimierbaren Flüssigkeit zuschreiben, elastische Deformationen nur in Form einer allseitigen Kompression möglich. Folglich können sich in ihm auch nur elastische Wellen eines Typs — Kompressionswellen (oder Verdünnungswellen) — ausbreiten. Dies vereinfacht natürlich wesentlich eine Analyse der Anregungen und gestattet gleichzeitig, grundlegende akustische Beziehungen für einen allgemeineren Wellentyp zu erhalten, der sowohl in Flüssigkeiten (und in Gasen) als auch in Festkörpern existieren kann. In letzteren können, wie wir sahen, auch andere elastische Deformationen vorkommen. Denen entsprechen dann andere Wellentypen, mit denen wir uns aber später beschäftigen werden. Die Beziehungen, die wir für Kompressionswellen in einer idealen Flüssigkeit erhalten, werden aber auch für andere Wellen gültig sein. Deshalb haben sie in den grundlegenden Zügen allgemeine Bedeutung für verschiedene Wellentypen in unterschiedlichen Medien. Reale Flüssigkeiten besitzen eine gewisse Formelastizität. Solch eine Elastizität zeigt sich aber spürbar nur bei sehr großen Deformationsgeschwindigkeiten, die bedeutend über den Geschwindigkeiten liegen, die Ultraschallschwingungen der höchsten Frequenz entsprechen, mit der sie sich in Flüssigkeiten ohne wesentliche Dämpfung ausbreiten können. Dies ist die Grundlage dafür, daß die Deformationsgeschwindigkeit in einer Ultraschallwelle als ausreichend klein angesehen werden kann, damit man die Scherelastizität realer Flüssigkeiten vollständig vernachlässigen kann.

In einer viskosen Flüssigkeit ist auch die Bildung von viskosen Scherwellen möglich. Wie aber später gezeigt wird, werden solche Wellen in ganz geringer Entfernung von der Quelle absorbiert. Man braucht sie nicht zu berücksichtigen. Die Existenz der Viskosität in einer realen Flüssigkeit, wie auch anderer Verlustmechanismen für die Energie elastischer Schwingungen, führt auch zur Dämpfung der Ultraschallkompressionswellen im Prozeß ihrer Ausbreitung in solch einem dissipativen Medium. Diese Dämpfung ist aber nicht sehr groß, verglichen mit der der viskosen Wellen, und man kann sie in erster Näherung auch vernachlässigen. Wir werden sie später in den Ergebnissen für die ideale Flüssigkeit nachträglich berücksichtigen.

Dank dem Fehlen von Scherspannungen in einer idealen Flüssigkeit wirken die in ihr existierenden Spannungen (Drücke) immer senkrecht auf ein Flächenelement, das aus der Flüssigkeit herausgegriffen sei. Die Druckkraft, die dann an einem Volumenelement anliegt, geht durch sein Trägheitszentrum und ruft nur eine Vorwärtsbewegung der Teilchen hervor. Somit muß die Bewegung der Teilchen in einer idealen Flüssigkeit wirbelfrei sein, was mathematisch durch die Bedingung

$$\operatorname{rot} \boldsymbol{v} = 0 \tag{2.1}$$

ausgedrückt wird. $\boldsymbol{v}$ ist die Verschiebungsgeschwindigkeit der Teilchen.

Als grundlegende akustische Parameter einer Flüssigkeit werden wir ihre Dichte ϱ, den Druck P und die Verschiebung $\boldsymbol{u}$ der Teilchen aus der Gleichgewichtslage oder die Verschiebungsgeschwindigkeit $\boldsymbol{v} = \mathrm{d}\boldsymbol{u}/\mathrm{d}t$ betrachten. Dabei werden wir jede der genannten Größen als zusammengesetzt aus einer konstanten Komponente und einem Zusatzglied, das sich in der akustischen Welle ändert, d. h. von den Ortskoordinaten und der Zeit abhängt, betrachten:

$$\begin{aligned} P &= P_0 + p(x, y, z, t), \\ \varrho &= \varrho_0 + \Delta\varrho(x, y, z, t), \\ \boldsymbol{V} &= \boldsymbol{v}_0 + \boldsymbol{v}(x, y, z, t). \end{aligned} \tag{2.2}$$

P_0 ist der statische Druck (z. B. der Atmosphärendruck in einem Gas oder der innere Druck einer Flüssigkeit); ϱ_0 ist die Dichte des nichtangeregten Mediums, die dem Druck P_0 entspricht; $\boldsymbol{v}_0$ ist die Geschwindigkeit bei konstantem Fluß, die wir im weiteren gleich Null setzen werden, d. h., es gilt dann $\boldsymbol{V} = \boldsymbol{v}$. Da weiterhin $P_0 = \text{const}$ und $\varrho_0 = \text{const}$ sind, ist $\mathrm{d}P = \mathrm{d}p$ und $\mathrm{d}\varrho = \mathrm{d}(\Delta\varrho)$. Bei der Differentiation der Größen P, ϱ und $\boldsymbol{v}$ kann man somit keinen Unterschied zwischen ihren vollständigen und variablen Werten machen. Bei der Ausbreitung von Kompressionswellen in einem Medium existieren auch Temperaturschwankungen, die an sich zur Einführung eines vierten variablen akustischen Parameters, der Temperatur T des Mediums, führen sollten. Aber wenn angenommen wird, daß der Ausbreitungsprozeß der Ultraschallwellen adiabatisch vor sich geht, und man dann die entsprechenden adiabatischen Elastizitätsmoduln anwendet und Verluste auf Grund der endlichen Wärmeleitfähigkeit des Mediums vernachlässigt, dann braucht man diesen Parameter nicht zu betrachten. Die Zunahme der Temperatur in der akustischen Welle kann man mit Hilfe der bekannten thermodynamischen Beziehung für den adiabatischen Kompressionsprozeß finden:

$$\frac{T_0 + \Delta T}{T_0} = \left(\frac{P}{P_0}\right)^{\frac{\gamma-1}{\gamma}}, \tag{2.3}$$

T_0 ist die Gleichgewichtstemperatur; $\gamma = c_P/c_V$ das Verhältnis der spezifischen Wärmen.

Eine beliebige Aufgabe der Akustik einer idealen Flüssigkeit führt somit zum Aufsuchen der Parameter p, ϱ und $\boldsymbol{v}$ als Funktion der Zeit und der Ortskoordinaten. Die Kopplung zwischen diesen Parametern gibt dann die Bewegungsgleichung, Kontinuitätsgleichung und die Elastizitätsgleichung, d. h. die Gleichungen, die im Kapitel 1 für den allgemeinen Fall eines anisotropen Mediums, das Formelastizität besitzt, aufgeführt worden sind. Im speziellen Fall, bezogen auf fluide Medien, bilden diese Gleichungen das Gleichungssystem der Hydrodynamik (in Euler-Schreibweise), das die Grundlage des Systems der akustischen Gleichungen für Flüssigkeiten und Gase ist.

2.2. Gleichungen der Hydrodynamik

Die Bewegungsgleichung

Setzen wir den Wert des Spannungstensors $\sigma_{ik} = -p \cdot \delta_{ik}$ in (1.9) ein, erhalten wir die Bewegungsgleichung für eine ideale Flüssigkeit (oder Gas) in der Form

$$-\frac{\partial p}{\partial x_k}\,\delta_{ik} = \varrho\,\frac{\mathrm{d}v_i}{\mathrm{d}t} = \varrho\left(\frac{\partial v_i}{\partial t} + \frac{\partial v_i}{\partial x_k}\,v_k\right) \tag{2.4}$$

oder in Vektorform

$$-\nabla p = \varrho\,\frac{\mathrm{d}\boldsymbol{v}}{\mathrm{d}t} = \varrho\,\frac{\partial \boldsymbol{v}}{\partial t} + (\boldsymbol{v}\cdot\nabla)\,\boldsymbol{v},$$

wo ϱ die momentane Dichte $\varrho = \varrho_0 + \Delta\varrho$ ist. Das Minuszeichen entspricht der ausgewählten Konvention des positiven Druckes.

Diese Gleichungen kann man linearisieren, indem man die gemischten Ableitungen vernachlässigt und annimmt, daß $\varrho \approx \varrho_0$ $(\Delta\varrho/\varrho_0 \ll 1)$. In diesem Fall haben wir in Analogie zu (1.10)

$$\nabla p = \varrho_0\,\frac{\partial \boldsymbol{v}}{\partial t}. \tag{2.5}$$

In solch einer linearisierten Form kann man die Bewegungsgleichung als exakt ansehen nur für hypothetische, unendlich kleine Anregungen.

Das Geschwindigkeitspotential

Der wirbelfreie Charakter der Bewegung in einer idealen Flüssigkeit gestattet es, den angenehmeren skalaren Parameter statt der vektoriellen Größe der Geschwindigkeit $\boldsymbol{v}$ einzuführen. Die Bedingung, daß die Teilchen keine Rotation ausführen (s. (2.1)), äußert sich in den Projektionen der Komponenten auf die Koordinatenachsen wie folgt:

$$\frac{\partial v_x}{\partial y} - \frac{\partial v_y}{\partial x} = 0, \qquad \frac{\partial v_y}{\partial z} - \frac{\partial v_z}{\partial y} = 0, \qquad \frac{\partial v_z}{\partial x} - \frac{\partial v_x}{\partial z} = 0. \tag{2.6}$$

Diese Bedingung gestattet es, eine skalare Funktion $\varphi\,(x, y, z, t)$ per Definition

$$\boldsymbol{v} = -\nabla\varphi \tag{2.7}$$

derart einzuführen, daß wirklich die linken Seiten der Gleichungen (2.6) Null werden. In Analogie zur potentiellen Energie, deren Differentiation nach den Ortskoordinaten den Wert der wirkenden Kraft bestimmt, bezeichnet man die Funktion $\varphi(x, y, z, t)$ als Geschwindigkeitspotential. In Übereinstimmung mit der Definition (2.7) sind die Komponenten des Geschwindigkeitsvektors $\boldsymbol{v}$ mit dieser Funktion durch die Beziehungen

$$v_x = -\partial\varphi/\partial x, \qquad v_y = -\partial\varphi/\partial y, \qquad v_z = -\partial\varphi/\partial z \tag{2.8}$$

gekoppelt.

Ersetzt man in der Bewegungsgleichung (2.5) die Verschiebungsgeschwindigkeit $\boldsymbol{v}$ durch das Geschwindigkeitspotential laut (2.7), so erhalten wir

$$\nabla p = \varrho_0 \frac{\partial}{\partial t} (\nabla \varphi) = \nabla(\varrho_0) \frac{\partial \varphi}{\partial t}.$$

Daraus ergibt sich noch eine andere Form der Bewegungsgleichung mit dem Geschwindigkeitspotential:

$$p = \varrho_0 \, \partial\varphi/\partial t. \tag{2.9}$$

Gleichung (2.9) definiert gleichzeitig den Wechseldruck durch das Geschwindigkeitspotential φ. Die genaue Bewegungsgleichung mit dem Geschwindigkeitspotential hat die Form $p = \varrho \, \mathrm{d}\varphi/\mathrm{d}t$.

Die Kontinuitätsgleichung

Die Kontinuitätsgleichung in der Form (1.4a) oder (1.4b), die der mathematische Ausdruck für die Homogenität eines Mediums ist, besitzt das gleiche Aussehen für beliebige Medien. Ersetzt man in (1.4b) die Volumenausdehnung durch die Kompression $s = -\Theta$, so erhält man die Kontinuitätsgleichung in folgender Art:

$$-\frac{1}{\varrho} \frac{\mathrm{d}\varrho}{\mathrm{d}t} = \operatorname{div} \boldsymbol{v}. \tag{2.10}$$

Da $\varrho = \varrho(x_i, t)$ ist, lautet die vollständige Ableitung $\mathrm{d}\varrho/\mathrm{d}t = \partial\varrho/\partial t + v_i \, \partial\varrho/\partial x$. Die exakte Kontinuitätsgleichung kann deshalb noch in folgender Form geschrieben werden:

$$-\frac{\partial \varrho}{\partial t} = \frac{\partial \varrho}{\partial x_i} v_i + \varrho \frac{\partial v_i}{\partial x_i} = \frac{\partial}{\partial x_i} (\varrho v_i)$$

oder (2.11)

$$-\partial\varrho/\partial t = \nabla(\varrho \boldsymbol{v}).$$

Unter der Bedingung $\Delta\varrho \ll \varrho_0$ kann in erster Näherung $\varrho \approx \varrho_0$ und $\mathrm{d}\varrho/\mathrm{d}t \approx \partial\varrho/\partial t$ gesetzt werden. Dann erhalten wir die „linearisierte" Kontinuitätsgleichung $-\partial\varrho/\partial t = \varrho_0 \operatorname{div} v$, die wiederum nur für den Fall unendlich kleiner Anregungen gültig ist.

Ersetzt man im letzten Ausdruck den Geschwindigkeitsvektor $\boldsymbol{v}$ durch das Geschwindigkeitspotential φ entsprechend der Definition (2.7), so erhalten wir noch eine Form der Kontinuitätsgleichung:

$$\frac{\partial \varrho}{\partial t} = \varrho_0 \operatorname{div} (\nabla \varphi) = \varrho_0 \, \Delta \varphi, \tag{2.12}$$

wo Δ der LAPLACE-Operator ist.

Die Impulserhaltungsgleichung

Die Bewegungsgleichung und die Kontinuitätsgleichung kann man zu einer Gleichung vereinigen, die oft in hydrodynamischen und akustischen Rechnungen verwendet wird. Multipliziert man Gleichung (2.11) mit v_i und addiert die i-te Komponente der

Gleichung (2.4), so erhält man

$$\frac{\partial}{\partial t}(\varrho v_i) = -\frac{\partial}{\partial x_k}(\varrho v_i v_k + p\delta_{ik}); \qquad (2.13)$$

δ_{ik} ist der Einheitstensor. Gleichung (2.13) drückt die Impulserhaltung eines Einheitsvolumens in einem idealen Medium in differentieller Schreibweise aus. Die Bedeutung dieser Gleichung wird anschaulich nach Integration über irgendein im nichtbewegten Raum fixiertes Gebiet mit dem Volumen V und der Oberfläche S. Die Integration liefert

$$\frac{\partial}{\partial t}\int\limits_V \varrho v_i \,\mathrm{d}V = -\oint\limits_S (\varrho v_i v_k + p\delta_{ik})\, n_k \,\mathrm{d}S, \qquad (2.14)$$

wobei $\boldsymbol{n}$ der Einheitsvektor der äußeren Normalen zur Oberfläche S ist. Der linke Teil dieser Gleichung drückt die Änderung der Bewegungsmenge im fixierten Volumen des nichtbewegten Raumes aus, der rechte den Impulsstrom durch die Oberfläche, die dieses Volumen begrenzt. Da die Impulsänderung die Kraft bestimmt, die auf die Oberfläche des herausgegriffenen Volumens wirkt, bestimmt das Oberflächenintegral im rechten Teil der Gleichung (2.14) die Komponenten dieser Kraft: $F_i = -\int\limits_S \Pi_{ik} n_k \,\mathrm{d}S$, wo der Tensor

$$\Pi_{ik} = \varrho v_i v_k + p\delta_{ik} \qquad (2.15)$$

seiner Bedeutung nach Spannungstensor genannt werden kann. Die Gleichungen (2.13) bis (2.15) werden in dieser Form von uns später zur Berechnung des Ultraschallstrahlungsdruckes gebraucht.

In der linearisierten Form nimmt die Impulserhaltungsgleichung (2.13) die Form $\partial(\varrho_0 v_i)/\partial t = -\partial p/\partial x_i$ an.

2.3. Zustandsgleichung für Flüssigkeiten und Gase

Wir haben in 1.6 die Elastizitätsgleichung für eine ideale, komprimierbare Flüssigkeit (Gas) erhalten, und zwar in der Form des Hookeschen Gesetzes für die allseitige Kompression (1.34):

$$p = Ks, \qquad (2.16)$$

K ist der lineare Modul der Volumenelastizität oder der Kompressionsmodul; $s = \Delta\varrho/\varrho_0$, $p = P - P_0$ der überschüssige Druck. Die linearisierte Gleichung (2.16) ist nur bei ausreichend kleinen Deformationen gültig. Man kann dann eine lineare Beziehung zwischen Druck und Dichte der Flüssigkeit (Gas) annehmen. Im allgemeinen ist die Korrelation zwischen Druck und Dichte nichtlinear. Die genaue Elastizitätsgleichung muß folgendermaßen geschrieben werden:

$$P = P(\varrho), \qquad (2.17)$$

wo $\varrho = \varrho_0 + \Delta\varrho$. Da in den meisten praktischen Fällen, mit denen man in der Akustik zu tun hat, die Ungleichung $\Delta\varrho \ll \varrho_0$ erfüllt ist, kann die Funktion (2.17) in eine TAYLOR-Reihe nach $\Delta\varrho$ entwickelt werden,

$$P = P_0 + \left(\frac{\mathrm{d}p}{\mathrm{d}\varrho}\right)_{\varrho=\varrho_0} \Delta\varrho + \frac{1}{2!}\left(\frac{\mathrm{d}^2p}{\mathrm{d}\varrho^2}\right)_{\varrho=\varrho_0} \Delta\varrho^2 + \cdots \tag{2.18}$$

oder

$$P - P_0 = \varrho_0 \left(\frac{\mathrm{d}p}{\mathrm{d}\varrho}\right)_{\varrho=\varrho_0} s + \frac{\varrho_0^2}{2}\left(\frac{\mathrm{d}^2p}{\mathrm{d}\varrho^2}\right)_{\varrho=\varrho_0} s^2 + \cdots \tag{2.19}$$

P_0 ist der konstante Druck, der der Dichte ϱ_0 entspricht. Der Koeffizient beim linearen Glied der Kompression s stellt den weiter vorn schon eingeführten Kompressionsmodul K dar. Er ist definiert durch

$$K = \varrho_0 \left(\frac{\mathrm{d}p}{\mathrm{d}\varrho}\right)_{\varrho=\varrho_0}. \tag{2.20}$$

Der entsprechende Koeffizient bei s^2 ist

$$\varrho_0^2 \left(\frac{\mathrm{d}^2p}{\mathrm{d}\varrho^2}\right)_{\varrho=\varrho_0} = B. \tag{2.21}$$

Er hat die Dimension eines Druckes und kann als nichtlinearer Modul der Volumenelastizität bezeichnet werden (als Modul „dritter“ Ordnung).

Bei kleiner Kompression kann man die quadratischen Glieder in (2.18) und (2.19) vernachlässigen. Es gilt dann angenähert

$$P \approx P_0 + \left(\frac{\mathrm{d}p}{\mathrm{d}\varrho}\right)_{\varrho=\varrho_0} \Delta\varrho, \quad \text{d. h.} \quad P - P_0 = p \approx \varrho_0 \left(\frac{\mathrm{d}p}{\mathrm{d}\varrho}\right)_{\varrho=\varrho_0} s \approx Ks. \tag{2.22}$$

Solch eine „linearisierte“ Gleichung (2.17) ist dem Fall äquivalent, daß die Ableitung $\mathrm{d}p/\mathrm{d}\varrho$ durch das Verhältnis endlicher Differenzen von Druck und Dichte ersetzt werden kann:

$$\frac{P - P_0}{\varrho - \varrho_0} \approx \left(\frac{\mathrm{d}p}{\mathrm{d}\varrho}\right)_{\varrho=\varrho_0} = \tan\alpha,$$

wo α der Anstiegswinkel der Tangente an der Kurve $p(\varrho)$ im Punkt $\varrho = \varrho_0$ ist (Abb. 8).

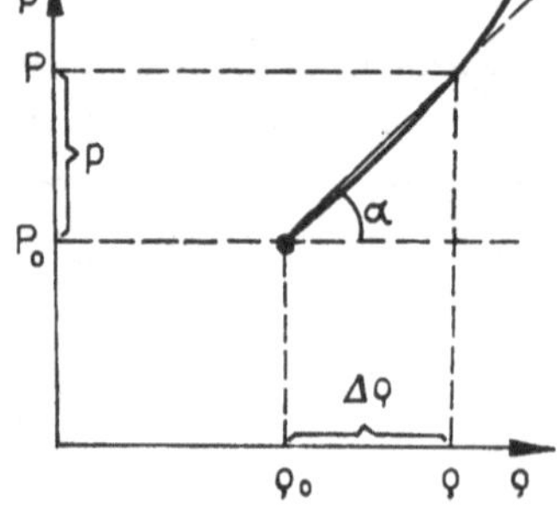

Abb. 8

Das ist nur bei ausreichend kleinen Änderungen der Dichte $\Delta\varrho$ möglich. Somit gilt die lineare Gleichung (2.16) formal nur für den Fall „unendlich kleiner“ Anregungen exakt.

Die Gleichung (2.17) stellt die rheologische Zustandsgleichung dar. Ihre endgültige Form hängt vom Charakter der Kompression und den Eigenschaften des realen Mediums ab. Bei isothermer Kompression eines idealen Gases ist der Zusammenhang zwischen Druck und Dichte durch das BOYLE-MARIOTTEsche Gesetz gegeben:

$$P/P_0 = \varrho/\varrho_0. \tag{2.23}$$

Der Zusammenhang ist also linear. Der Kompressionsmodul (der isotherme) ist in diesem Falle gleich $K_{\text{iso}} = \varrho_0(\mathrm{d}p/\mathrm{d}\varrho)_{T=\text{const}} = P_0$. P_0 ist der statische Druck.

Wie schon erwähnt wurde, ist der Ausbreitungsprozeß des Schalls (oder Ultraschalls) ein nahezu adiabatischer Prozeß. Deshalb sollte als rheologische Zustandsgleichung des Gases die POISSON-Gleichung angewendet werden:

$$P/P_0 = (\varrho/\varrho_0)^\gamma, \tag{2.24}$$

wo $\gamma = c_P/c_V$ das Verhältnis der spezifischen Wärmen bei konstantem Druck und konstantem Volumen ist. Diese Gleichung ist nichtlinear. Den Kompressionsmodul (in diesem Falle den adiabatischen) finden wir auf der Grundlage der Beziehung (2.10):

$$K_{\text{ad}} = \varrho_0 \left(\frac{\mathrm{d}p}{\mathrm{d}\varrho}\right)_{\varrho=\varrho_0} = \gamma P_0. \tag{2.25}$$

Folglich ist die „Steifheit“ eines Gases bei seiner adiabatischen Kompression um das γ-fache größer als die Steifheit bei der isothermen Kompression. Die linearisierte adiabatische Zustandsgleichung eines Gases nimmt dann folgende Form an:

$$p = \gamma P_0 s. \tag{2.26}$$

Eine Zustandsgleichung in expliziter Form für Flüssigkeiten aufzustellen gelingt nicht. Aber in Analogie zu den Gasen kann man schreiben

$$P/P_0 = (\varrho/\varrho_0)^n. \tag{2.27}$$

Das ist die sogenannte TAIT-Gleichung. n ist ein empirischer Parameter, der die Nichtlinearität der Elastizität der gegebenen Flüssigkeit charakterisiert.

In linearisierter Form erhält man für die adiabatische Zustandsgleichung einer Flüssigkeit die Darstellung

$$p = K_{\text{ad}} s. \tag{2.28}$$

$K_{\text{ad}} = \varrho_0(\mathrm{d}p/\mathrm{d}\varrho)^{\text{ad}}_{\varrho=\varrho_0}$ ist der lineare adiabatische Kompressionsmodul, der mit dem isothermen über die bekannte thermodynamische Beziehung

$$K_{\text{ad}} = K_{\text{iso}} \left(1 + \frac{\alpha_T{}^2 T K_{\text{iso}}}{\varrho_0 c_V}\right) \tag{2.29}$$

verbunden ist. T stellt die absolute Temperatur dar. α_T ist der Wärmeausdehnungskoeffizient.

Im folgenden werden wir die adiabatischen Zustandsgleichungen anwenden und dabei in der Rechnung den adiabatischen Wert des Kompressionsmoduls K_{ad} oder die ihm reziproke Größe

$$\varkappa_{ad} = K_{ad}^{-1} = \varrho_0^{-1}(d\varrho/dp)_{p\to 0}^{ad}$$

berücksichtigen. $\varkappa_{ad}$ wird adiabatische Kompressibilität des Mediums genannt. Dieser adiabatische Modul (oder Kompressibilität) charakterisiert die Elastizität des Mediums bei seiner dynamischen Kompression, der isotherme dagegen bei statischer (unendlich langsamer) Kompression. Deshalb nennt man manchmal den adiabatischen Modul (die Kompressibilität) dynamischen Modul (oder Kompressibilität) und den isothermen den statischen. Der adiabatische Wert des linearen Kompressionsmoduls oder der Kompressibilität eines Mediums wird unmittelbar aus den Meßdaten der Ausbreitungsgeschwindigkeit von Ultraschallwellen im Medium bestimmt. In Tabelle 3 sind die Werte des Kompressionsmoduls K_{ad}, der adiabatischen Kompressibilität $\varkappa_{ad}$, des inneren Druckes P_0 und des Parameters n für einige reine Flüssigkeiten angegeben. Die Nichtlinearität der Elastizität der Flüssigkeiten äußert sich bedeutend stärker (auf Grund der dichten Packung) als die der Gase. Für Gase hat $n = \chi = c_P/c_V$ einen Wert von ungefähr 1,3 bis 1,5. Trotzdem werden wir diese Nichtlinearität vernachlässigen und uns in erster Linie auf die Betrachtung kleiner Deformationen (im Grenzfall unendlich kleiner) beschränken, für die die lineare Gleichung (2.28) gültig ist.

Tabelle 3. Elastizitätscharakteristika von Flüssigkeiten bei 20 °C

Flüssigkeit	$P_0 \cdot 10^{-8}$ Pa	$\varkappa_{ad} \cdot 10^{10}$ m²/N	$K_{ad} \cdot 10^{-10}$ N/m²	n
Destilliertes Wasser	3,2	4,5	0,22	7,6
Ethylalkohol	1,0	9,1	0,11	10,6
Tetrachlorkohlenstoff	1,3	7,1	1,4	11,8
Benzen	1,9	6,3	0,16	9,4
Dichlorethan	2,3	7,4	0,13	8,7
Glyzerin	4,8	2,0	0,5	10,4
Quecksilber	24,5	0,33	3,0	12,0

2.4. Wellengleichung

Die Bewegungsgleichung $p = \varrho_0\, \partial\varphi/\partial t$, die Kontinuitätsgleichung $\Delta\varphi = (\partial\varrho/\partial t)/\varrho_0$ und die Zustandsgleichung $p = Ks$ bilden ein geschlossenes System linearer Gleichungen für die drei veränderlichen akustischen Größen p, ϱ und φ. Da die Dichte eine Funktion des Druckes ist, kann die Ableitung $\partial\varrho/\partial t$ in der Kontinuitätsgleichung in folgender Form dargestellt werden:

$$\partial\varrho/\partial t = (\partial\varrho/\partial p)_0\, \partial p/\partial t. \tag{2.30}$$

Die Ableitung $\partial p/\partial t$ finden wir, indem wir die Bewegungsgleichung differenzieren:

$$\partial p/\partial t = \varrho_0\, \partial^2\varphi/\partial t^2. \tag{2.31}$$

Setzt man (2.30) unter Berücksichtigung von (2.31) in die Kontinuitätsgleichung (2.12) ein, so erhält man

$$\Delta\varphi = (1/c_0^2)\,(\partial^2\varphi/\partial t^2), \tag{2.32}$$

wo

$$c_0^2 = (\mathrm{d}p/\mathrm{d}\varrho)_{\varrho=\varrho_0} \tag{2.33}$$

die Ausbreitungsgeschwindigkeit einer unendlich kleinen Deformation ist ($\Delta\varrho \to 0$) oder die Schallgeschwindigkeit in Nullnäherung. Den Wert c_0 finden wir, indem wir die Zustandsgleichung (2.22) differenzieren:

$$c_0 = \sqrt{K/\varrho_0} = \sqrt{1/\varkappa\varrho_0}\,; \tag{2.34}$$

K und $\varkappa$ sind der Kompressionsmodul und die Kompressibilität bei einem adiabatischen Prozeß.

Die Gleichung (2.32) wird Wellengleichung genannt. Sie besitzt allgemeinen Charakter für verschiedene Anregungstypen und ist eine fundamentale Gleichung der Akustik. Der physikalische Sinn der Wellengleichung folgt aus seiner Ableitung: $\Delta\varphi$ ist die Geschwindigkeit der Volumenkompression des Mediums; die Änderung der Dichte mit der Zeit entsprechend (2.30) ist durch die Änderung des Druckes bedingt, der sich der Bewegungsgleichung, d. h. dem zweiten NEWTONschen Gesetz unterordnet; schließlich wird die Beziehung zwischen Druck und Dichte durch das HOOKEsche Gesetz, d. h. die Zustandsgleichung (2.22) gegeben, die die Ausbreitungsgeschwindigkeit einer Kompression in einem elastischen Medium bestimmt.

Das LAPLACE-Potential der Geschwindigkeit hat im dreidimensionalen Fall folgende Form:

— in cartesischen Koordinaten

$$\Delta\varphi = \frac{\partial^2\varphi}{\partial x^2} + \frac{\partial^2\varphi}{\partial y^2} + \frac{\partial^2\varphi}{\partial z^2}. \tag{2.35}$$

— in Kugelkoordinaten (r, θ, ψ)

$$\Delta\varphi = \frac{1}{r^2}\frac{\partial}{\partial r}\left(r^2\frac{\partial\varphi}{\partial r}\right) + \frac{1}{r^2\sin\theta}\frac{\partial}{\partial\theta}\left(\sin\theta\frac{\partial\varphi}{\partial\theta}\right) + \frac{1}{r^2\sin^2\theta}\frac{\partial^2\varphi}{\partial\psi^2}, \tag{2.36}$$

— in zylindrischen Koordinaten (r, θ, z)

$$\Delta\varphi = \frac{1}{r}\frac{\partial}{\partial r}\left(r\frac{\partial\varphi}{\partial r}\right) + \frac{1}{r^2}\frac{\partial^2\varphi}{\partial\theta^2} + \frac{\partial^2\varphi}{\partial z^2}.$$

Wenn das Geschwindigkeitspotential (und mit ihm auch die übrigen akustischen Parameter) nur von einer Koordinate abhängt, dann entspricht dies dem eindimensionalen Fall. Wenn diese Koordinate eine der cartesischen Koordinaten ist, haben wir es mit eindimenslonalen ebenen Anregungswellen zu tun. Ebene akustische Wellen werden praktisch nur im Ultraschallbereich realisiert und bilden die bekannte Spezifik des Ultraschalls. Wir werden deshalb im folgenden die Fragen betrachten, die zur Ausbreitung idealer ebener Wellen gehören. Wir werden im weiteren die Grenzen der Anwendbarkeit der erhaltenen Resultate auf den realen ebenen Ultraschallschwinger berücksichtigen.

2.5. Ebene Wellen

Im eindimensionalen ebenen Fall, in dem das Potential nur von x und t abhängt, nimmt die Wellengleichung (2.32) die Form

$$\frac{\partial^2 \varphi}{\partial x^2} = \frac{1}{c_0^2} \frac{\partial^2 \varphi}{\partial t^2}. \tag{2.37}$$

an. Gleichung (2.37) ist eine lineare Differentialgleichung zweiter Ordnung. Ihre Lösung kann erhalten werden, indem x und t durch die Variablen ξ und η ersetzt werden,

$$\xi = x - c_0 t, \qquad \eta = x + c_0 t. \tag{2.38}$$

Die ursprünglichen Variablen sind durch $x = (\xi + \eta)/2$ und $t = (\eta - \xi)/2$ mit den neuen verbunden.

Wenn man berücksichtigt, daß das Potential φ von den Größen x und t über die neuen Variablen ξ und η abhängt, d. h. $\varphi = \varphi(\xi, \eta)$ mit $\xi = \xi(x, t)$ und $\eta = \eta(x, t)$, dann finden wir für die Ableitungen, die in (2.37) eingehen,

$$\frac{\partial^2 \varphi}{\partial x^2} = \frac{\partial}{\partial x}\left(\frac{\partial \varphi}{\partial x}\right) = \frac{\partial}{\partial x}\left(\frac{\partial \varphi}{\partial \xi}\frac{\partial \xi}{\partial x} + \frac{\partial \varphi}{\partial \eta}\frac{\partial \eta}{\partial x}\right) = \frac{\partial}{\partial x}\left(\frac{\partial \varphi}{\partial \xi} + \frac{\partial \varphi}{\partial \eta}\right)$$
$$= \frac{\partial^2 \varphi}{\partial \xi^2} + 2\frac{\partial^2 \varphi}{\partial \xi\, \partial \eta} + \frac{\partial^2 \varphi}{\partial \eta^2};$$

analog

$$\frac{\partial^2 \varphi}{\partial t^2} = \frac{\partial}{\partial t}\left(\frac{\partial \varphi}{\partial t}\right) = c_0^2\left(\frac{\partial^2 \varphi}{\partial \xi^2} - 2\frac{\partial^2 \varphi}{\partial \xi\, \partial \eta} + \frac{\partial^2 \varphi}{\partial \eta^2}\right).$$

Setzt man diese Resultate in (2.37) ein, so erhält man $4\partial^2\varphi/\partial\xi\partial\eta = 0$, d. h.

$$\frac{\partial^2 \varphi}{\partial \xi\, \partial \eta} = \frac{\partial}{\partial \eta}\left(\frac{\partial \varphi}{\partial \xi}\right) = 0. \tag{2.39}$$

Hieraus folgt, daß die Ableitung $\partial\varphi/\partial\xi$ nicht von η abhängt und nur eine Funktion der Variablen ξ ist, d. h. $\partial\varphi/\partial\xi = f(\xi)$. Integriert man diesen Ausdruck nach ξ, so erhält man

$$\varphi = \int f(\xi)\, \mathrm{d}\xi + f'(\eta). \tag{2.40}$$

Hier ist der erste Summand eine Funktion nur von ξ, der zweite nur von η. Bezeichnet man diese Summanden entsprechend durch $f_1(\xi)$ und $f_2(\eta)$, dann gilt $\varphi = f_1(\xi) + f_2(\eta)$ oder, wenn man zu den vorigen Variablen x und t zurückkehrt,

$$\varphi = f_1(x - c_0 t) + f_2(x + c_0 t). \tag{2.41}$$

Die erhaltene Lösung beschreibt zwei ebene Anregungswellen: die einlaufende Welle, d. h. die Welle, die sich längs der positiven Richtung der x-Achse mit der Geschwindigkeit c_0 ausbreitet, und die auslaufende Welle, die sich in der umgekehrten Richtung mit der gleichen Geschwindigkeit ausbreitet. Wenn zum Zeitpunkt $t = 0$ die Funktion f_1 im Punkt $x = x_0$ den Wert $f_1(x_0)$ hatte, dann wird zum Zeitpunkt t die Anregung, die durch diese Funktion beschrieben wird, die Koordinaten $x = x_0 + c_0t$ erreichen. Da $x - c_0t = x_0$ gilt, ist $f_1(x - c_0t) = f_1(x_0)$. Das bedeutet, daß der Anfangswert der Anregung $f_1(x_0)$ sich mit der Geschwindigkeit c_0 in Richtung der positiven x-Achse ausbreitet. Das gleiche kann man über die auslaufende Welle sagen. Wir werden im folgenden diese Welle nicht berücksichtigen, solange sie sich von der einlaufenden nur durch die Ausbreitungsrichtung unterscheidet.

Somit ist die Lösung der Wellengleichung in der Form (2.41) oder in der Form einer Funktion, die die einlaufende Welle beschreibt,

$$\varphi = f(x - c_0t), \tag{2.42}$$

charakteristisch nicht als Funktionsform, sondern in der Art des Argumentes, das einer ebenen eindimensionalen akustischen Welle entspricht. Die Form der Welle kann willkürlich entsprechend der willkürlichen Art der Funktion f sein. Sie muß aber die Bedingung erfüllen, daß man die komplizierte Funktion $f(x - c_0t)$ in eine FOURIER-Reihe zerlegen kann, d. h. man sie sich als Summe harmonischer Komponenten vorstellen kann. Infolge des Superpositionsprinzips, das für lineare Differentialgleichungen gültig ist, zu denen auch die Wellengleichungen (2.32) und (2.37) zu zählen sind, wird jede dieser Komponenten eine Teillösung sein. Das gleiche gilt für eine beliebige Summe dieser Teillösungen, zu denen auch die Summe der ein- und auslaufenden Welle gehört. Also kann man sich eine beliebige komplizierte Anregung als Superposition harmonischer Schwingungen vorstellen. Die Analyse dieser komplizierten Anregung kann man dann auf eine Analyse der Ausbreitung sinusförmiger (monochromatischer) Wellen zurückführen, die wir in den folgenden Kapiteln dann auch betrachten werden.

2.6. Schallgeschwindigkeit

Die Größe c_0, die in der Wellengleichung (2.37) und ihren Lösungen (2.41) oder (2.42) auftritt, stellt die Ausbreitungsgeschwindigkeit von elastischen Deformationswellen dar, im gegebenen Fall von Kompressions- (Dehnungs-) Wellen. Sie wird als Schall- bzw. Ultraschallgeschwindigkeit bezeichnet. Ihre Größe wird durch Formel (2.34) bestimmt: $c_0 = \sqrt{(K/\varrho_0)}$. Diese Gleichung ist nur für unendlich kleine Anregungen exakt (für Schallwellen unendlich kleiner Amplitude). Die Berücksichtigung der Nichtlinearität der Elastizität für reale Wellen endlicher Amplitude führt zu einer Korrektur in der Größe der Geschwindigkeit. Wie wir aber weiter unten sehen werden, ist diese Korrektur klein, da die Schallgeschwindigkeit praktisch einen konstanten Wert in einem ausreichend großen Amplitudenbereich behält. Dies wird auch durch direkte Experimente bestätigt [9, 10].

Da die Schallgeschwindigkeit c_0 durch den adiabatischen Kompressionsmodul K bestimmt wird, hängt sie im idealen Medium nicht von der Frequenz ab, d. h., Dispersion fehlt. Im realen Medium liegt auf Grund der verschiedenen Relaxationsprozesse Schalldispersion vor. Sie nimmt aber einen relativ kleinen Frequenzbereich ein. In der Darstellung der Frequenzabhängigkeit der Schallgeschwindigkeit tritt eine Dispersionsstufe auf, deren Größe aber einige Prozent nicht übersteigt. Deshalb kann man auch in realen Medien die Größe c_0 als praktisch frequenzunabhängig betrachten, und man braucht keinen Unterschied zwischen der „Schallgeschwindigkeit“ und der „Ultraschallgeschwindigkeit“ zu machen.

Die Schallgeschwindigkeit in Gasen kann man berechnen, indem man den Ausdruck für den adiabatischen Kompressionsmodul eines Gases (2.25) verwendet:

$$c_0 = \sqrt{\gamma P_0/\varrho_0}. \tag{2.43}$$

Für Luft bei Atmosphärendruck und 0°C ($P_0 = 9{,}8 \cdot 10^4$ Pa, $\varrho_0 = 1{,}29 \cdot 10^{-3}$ g/cm³, $\gamma = 1{,}41$) liefert die Rechnung $c_0 = 3{,}33 \cdot 10^4$ cm s^{-1}. Dem isothermen Prozeß ($\gamma = 1$) entspricht bei gleichen Bedingungen der Wert $c_0 = 1{,}8 \cdot 10^4$ cm s^{-1}. Das Experiment liefert $c_0 = 3{,}32 \cdot 10^4$ cm s^{-1}. Dies beweist die adiabatische Schallausbreitung. Für andere Gase stimmen die experimentellen Resultate der Schallgeschwindigkeit ebenfalls gut mit den Berechnungen auf der Basis der molekular-kinetischen Theorie überein. Wendet man die Gleichung nach Clapeyron an, $P_0/\varrho_0 = RT$ mit der universellen Gaskonstanten R und der absoluten Temperatur T, so erhalten wir entsprechend (2.43) $c_0 = \sqrt{(\gamma RT)}$, d. h., die Schallgeschwindigkeit im idealen Gas wächst mit der Temperatur wie $T^{1/2}$ (ungefähr um 60 cm/s · grd bei Zimmertemperatur) und hängt nicht vom statischen Druck ab. Letzteres erklärt sich dadurch, daß die Schallgeschwindigkeit durch das Verhältnis des statischen Druckes zur Dichte bestimmt wird, der bei statischer Kompression infolge des Boyle-Mariotteschen Gesetzes konstant bleibt. Das Anwachsen von c_0 mit der Temperatur kann man dadurch erklären, daß sich die Elastizität des Gases, bedingt durch den Impulsaustausch, mit Temperaturerhöhung vergrößert.

Mit gleicher Genauigkeit die Schallgeschwindigkeit in Flüssigkeit zu berechnen ist unmöglich. Es fehlen für Flüssigkeiten zufriedenstellende Modelle, die die Berechnung der Kompressibilität gestatten würden. Die Berechnung von c_0 für Flüssigkeiten kann deshalb nur auf der Basis experimenteller Daten oder des isothermen Kompressionsmoduls K_{iso} (gemessen mit statischen Methoden) erfolgen. Letzterer ist mit dem adiabatischen Modul durch (2.29) verknüpft. Die Berechnung ist außerdem unmittelbar auf der Basis des adiabatischen Kompressionsmoduls möglich, der seinerseits aus Daten von akustischen Messungen nach der Formel $K = \varrho_0 c_0^2$ bestimmt wird. Der Wert c_0 für destilliertes Wasser bei 20 °C beträgt $1{,}49 \cdot 10^3$ m s^{-1}. In anderen Flüssigkeiten bei dieser Temperatur variiert die Geschwindigkeit zwischen 0,9 und $2{,}0 \cdot 10^3$ m s^{-1}. In einigen flüssigen Metallen erreicht sie $3 \cdot 10^3$ m s^{-1}. Die Geschwindigkeitswerte für einige Gase und Flüssigkeiten sind in Tabelle 4 aufgeführt. Gleichzeitig sind die Dichte ϱ_0 und das Produkt aus Dichte und Geschwindigkeit, spezifischer Wellenwiderstand genannt, aufgeschrieben.

Im Unterschied zu den Gasen nimmt die Schallgeschwindigkeit in fast allen Flüssigkeiten monoton und ausreichend empfindlich (um 2 bis 6 m/s grd) mit der Temperatur ab [10]. Ausnahmen davon sind nur Wasser und einige flüssige Metalle (z. B. Tellur). Die Schallgeschwindigkeit in Wasser wächst bei tiefen Temperaturen mit dem Temperaturkoeffizienten $dc_0/dT \approx 2{,}5$ m/s grd, erreicht einen maximalen Wert bei 1550 m s^{-1} für 67 °C und nimmt danach wie bei normalen Flüssigkeiten ab (Abb. 9). In diesem Geschwindigkeitsverhalten zeigt sich die bekannte Anomalie des Wassers, die mit

Tabelle 4. Akustische Charakteristika einiger Flüssigkeiten und Gase bei Normaldruck

Stoff	Chemische Formel	T °C	$\varrho_0 \cdot 10^3$ kg m^{-3}	c_0 m s^{-1}	$\varrho_0 c_0 \cdot 10^{-4}$ kg/m^2 s
1	2	3	4	5	6
Stickstoff	N_2	−197	0,815	869	71
		20	1,17	351	0,04
Anilin	C_3H_4O	20	1,022	1656	170
Argon	Ar	−189	1,424	863	123
Azeton	CH_3CHCH_3	20	0,792	1192	94
Benzen	C_6H_6	20	0,878	1326	116
Bromoform	$CHBr_3$	20	2,890	928	268
Brombenzen	C_6H_5Br	50	1,454	1074	156
Wasser	H_2O	20	0,998	1490	150
Wasserstoff	H_2	−252,7	0,355	1127	40
		20	0,10	1284	0,013
Luft	...	20	1,29	343	0,045
Helium	He	−269,1	0,125	180	2,3
		0	0,18	965	0,017
Hexan	C_6H_{14}	20	0,654	1083	71
Glyzerin	$C_3H_8O_3$	20	1,260	1923	242
Diazetyl	$C_4H_6O_2$	25	0,990	1236	122
Dioxan	$C_4H_8O_2$	20	1,033	1389	143
Dichlorethan	$C_2H_4Cl_2$	20	1,250	1240	156
Diethylphthalat	$C_6H_4(C_3O_2H_5)_2$	25	1,121	1470	165
Isopentan	C_5H_{12}	0	0,641	950	61
Indium	In	156	7,033	2215	1558
Kalium	K	75	0,824	1882	155
Kerosin	—	34	0,825	1295	107
Xylol	C_8H_{10}	20	0,860	1330	114
Sauerstoff	O_2	−183,6	1,143	911	104
		20	1,33	328	0,044
Schwefelsäure	H_2SO_4	15	1,84	1440	257
Ameisensäure	HCOOH	20	1,216	1287	156
Essigsäure	CH_3COOH	20	1,050	1150	121
Spindelöl	—	25	0,866	1431	124
Leinöl	—	31	0,932	1772	163
Olivenöl	—	32	0,904	1381	125
Transformatorenöl	—	25	0,865	1415	122
Nitrobenzen	$C_6H_5NO_2$	20	1,207	1473	178
Oktan	C_8H_{18}	20	0,703	1197	84
Zinn	Sn	230	6,96	2462	1720
Paraldehyd	$C_6H_{12}O_3$	20	0,994	1204	120
Pentan	C_5H_{12}	20	1,263	1158	146
Pyridin	$C_6H_{15}N$	20	0,982	1445	142
Quecksilber	Hg	20	13,59	1451	1972
Schwefelkohlenstoff	CS_2	20	1,263	1158	146
Amylalkohol	$C_5H_{11}OH$	20	0,816	1294	106
Benzylalkohol	C_7H_7OH	20	1,045	1540	161
Butylalkohol	C_4H_9OH	20	0,810	1268	103
Methylalkohol	CH_3OH	20	0,792	1123	89
Propyl	C_3H_7OH	20	0,804	1223	98
Ethylalkohol	C_2H_5OH	20	0,789	1180	93
Toluol	C_7H_8	20	0,866	1328	115

Tabelle 4 (Fortsetzung)

Stoff	Chemische Formel	T °C	$\varrho_0 \cdot 10^3$ kg m^{-3}	c_0 m s^{-1}	$\varrho_0 c_0 \cdot 10^{-4}$ kg/m^2 s
1	2	3	4	5	6
Kohlendioxid	CO_2	20	1,85	268	0,052
Essiganhydrid	$(CH_3CO)_2O$	24	1,075	1384	149
Formamid	$HCONH_2$	20	1,139	1550	177
Chlorbenzen	C_6H_5Cl	20	1,107	1291	143
Chloroform	$CHCl_3$	20	1,489	1005	149
Zyklohexan	C_6H_{12}	20	0,779	1284	100
Zink	Zn	450	6,54	2700	1750
Tetrachlorkohlenstoff	CCl_4	20	1,595	938	150
Ethylacetat	$CH_3COOC_2H_5$	20	0,900	1176	106
Ethylbrom	C_2H_5Br	25	1,430	890	127

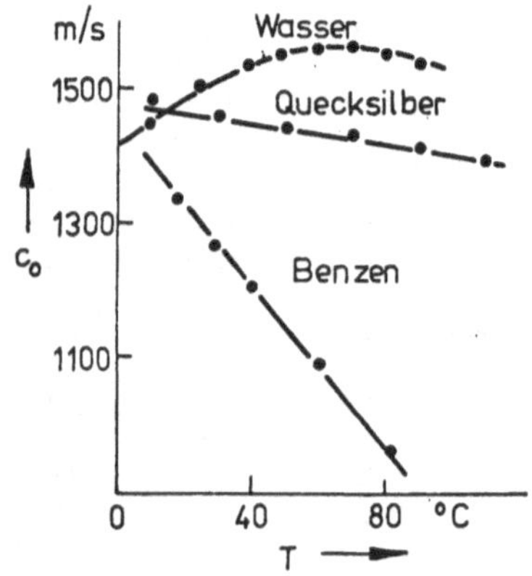

Abb. 9

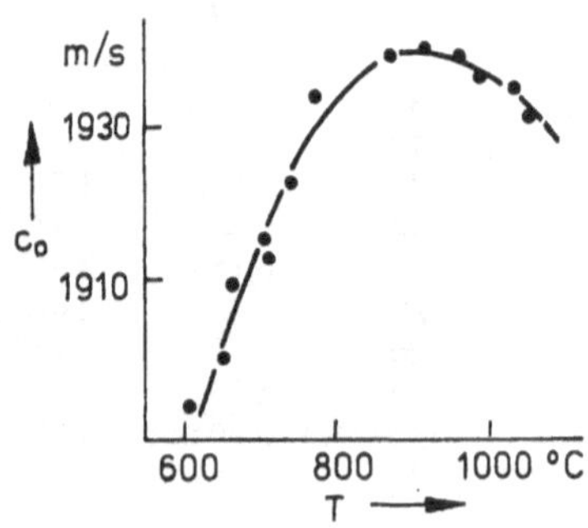

Abb. 10

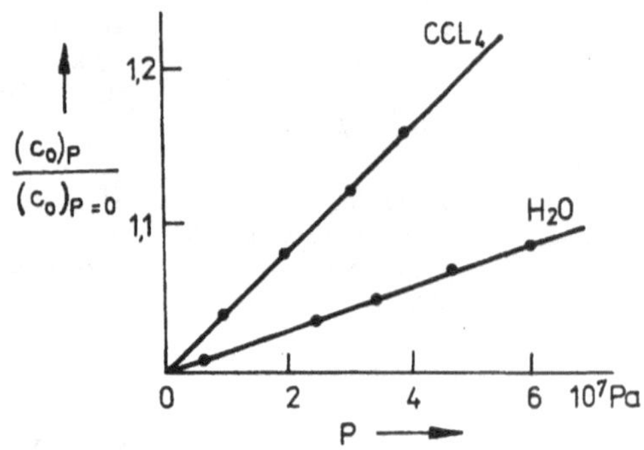

Abb. 11

Besonderheiten des Strukturaufbaus verbunden ist. Diese Besonderheiten führen dazu, daß sich die Packungsdichte seiner Moleküle mit der Temperaturerhöhung vergrößert. Ähnliche Strukturanomalien beobachtet man in flüssigem Tellur oder Antimon. In einigen flüssigen Metallen führt ein Umbau der Struktur zu relativ komplizierter Temperaturabhängigkeit, was am Beispiel des Wismuts [11] in Abbildung 10 gezeigt wird.

Mit Vergrößerung des statischen Druckes erhöht sich in allen Flüssigkeiten die Geschwindigkeit. Häufig wird bis zu einigen 10^8 Pascal eine annähernd lineare Abhängigkeit festgestellt. Als Beispiel wird in Abbildung 11 die Abhängigkeit der Schallgeschwindigkeit vom Druck in Wasser und Tetrachlorkohlenstoff bei 20 °C dargestellt. Aus den Daten ist zu entnehmen, daß die Schallgeschwindigkeit in Wasser mit 10^{-6} m/s · Pa wächst, wogegen in Tetrachlorkohlenstoff und anderen organischen Flüssigkeiten der Koeffizient dc_0/dp ungefähr 3 bis $4 \cdot 10^{-6}$ m/s · Pa beträgt [12].

3. Ebene sinusförmige Wellen unendlich kleiner Amplitude

3.1. Gleichungen einer ebenen monochromatischen Welle

In Übereinstimmung mit dem in Abschnitt 2.5. Gesagten gehen wir jetzt zur Beschreibung des interessanteren Falles über, in dem die Quelle der Ultraschallwellen nach einem harmonischen Gesetz mit der Frequenz ω schwingt. Dann kann das Geschwindigkeitspotential $\varphi(x, t)$ folgendermaßen dargestellt werden:

$$\varphi(x, t) = \Psi(x) \sin(\omega t + \beta); \tag{3.1}$$

β ist ein willkürlicher Anfangsphasenwinkel. Häufig wird auch eine komplexe Schreibweise der Gleichung (3.1) angewendet,

$$\varphi(x, t) = \mathrm{Re}\,[\Psi(x)\,\mathrm{e}^{\mathrm{i}(\omega t+\beta)}] = \mathrm{Re}\,[\tilde{\Psi}(x)\,\mathrm{e}^{\mathrm{i}\omega t}] \tag{3.2}$$

oder

$$\varphi(x, t) = \mathrm{Im}\,[\tilde{\Psi}(x)\,\mathrm{e}^{\mathrm{i}\omega t}]. \tag{3.3}$$

$\tilde{\Psi}(x)$ wird im allgemeinen als komplex angesehen für die Berechnung der Anfangsphase β: $\tilde{\Psi}(x) = \Psi(x)\,\mathrm{e}^{\mathrm{i}\beta}$. Die Schreibweisen (3.1) bis (3.3) sind vollständig äquivalent, da sich Real- und Imaginärteil der Funktion $\exp(\mathrm{i}a)$ ($\sin a$ und $\cos a$) nur durch eine konstante Anfangsphase unterscheiden, die im Modul $\tilde{\Psi}(x)$ berücksichtigt wird und bei der Betrachtung nur einer Schwingung nicht wesentlich ist. Die komplexe Schreibweise vereinfacht die Berechnung erheblich. Wir wenden sie deswegen häufig an, wobei wir das Vorzeichen Re (oder Im) weglassen.

Setzt man die Ausdrücke (3.2) oder (3.1) in die Wellengleichung (2.37) ein, so erhält man

$$\frac{\partial^2 \tilde{\Psi}(x)}{\partial x^2} + k^2 \tilde{\Psi}(x) = 0; \tag{3.4}$$

$k = \omega/c_0$ ist die Wellenzahl. Im allgemeinen Fall einer willkürlich orientierten Welle wird die Wellenzahl mit dem Einheitsvektor der Normalen zur Wellenfront $\boldsymbol{n}$ multipliziert. Der Wellenvektor $\boldsymbol{k} = k\boldsymbol{n}$ bestimmt dann auch die Ausbreitungsrichtung der Welle. Im betrachteten Fall ist $\boldsymbol{k} = k_x = k$. Die erhaltene eindimensionale Differentialgleichung (3.4) trägt die Bezeichnung Helmholtz-Gleichung[1]. Die allgemeine Lösung dieser Gleichung lautet $\tilde{\Psi}(x) = \tilde{A}\mathrm{e}^{-\mathrm{i}kx} + \tilde{B}\,\mathrm{e}^{+\mathrm{i}kx}$; die willkürlichen Konstanten (komplexe Amplituden) $\tilde{A}$ und $\tilde{B}$ müssen die Grenzbedingungen befriedigen.

Am Ende erhalten wir somit

$$\varphi(x, t) = \tilde{A}\,\mathrm{e}^{\mathrm{i}(\omega t-kx)} + \tilde{B}\,\mathrm{e}^{\mathrm{i}(\omega t+kx)}. \tag{3.5}$$

[1] Im dreidimensionalen Fall hat die Helmholtz-Gleichung die Form $\Delta\Psi + k^2\Psi = 0$.

Diese Lösung beschreibt zwei monochromatische Wellen, eine in positiver x-Richtung (die einlaufende Welle), die andere in negativer Richtung (die auslaufende Welle). Wir wollen nur die erste betrachten und annehmen, daß die Anfangsphase Null ist. Dann gilt

$$\varphi(x, t) = \varphi_{\max} \, e^{i(\omega t - kx)} \tag{3.6}$$

oder

$$\varphi(x, t) = \varphi_{\max} \sin(\omega t - kx), \tag{3.7}$$

wo $\varphi_{\max}$ die Amplitude des Geschwindigkeitspotentials ist und x die Entfernung, die die Welle durchlaufen hat. Berücksichtigt man, daß die Kreisfrequenz $\omega = 2\pi\nu$ ist, mit ν für die unmittelbar meßbare Schwingungsfrequenz, dann ist (3.7) in der Form

$$\varphi(x, t) = \varphi_{\max} \sin 2\pi \left(\nu t - \frac{\nu x}{c_0}\right)$$

darstellbar. Aus dieser Schreibweise ist zu ersehen, daß sich bei $x = \text{const}$ die Schwingungsphase um 2π in der Zeit $T = \nu^{-1}$ ändert, der sogenannten Periode der vollständigen Schwingung. Räumlich ($t = \text{const}$) geht die Phasenänderung um 2π auf einer Entfernung $x = c_0/\nu = \Lambda$ vor sich, der sogenannten Wellenlänge.

3.2. Grundlegende lineare Beziehungen zwischen Ultraschallgrößen

Es sollen die Korrelationen zwischen den Größen, die sich im Feld von Ultraschallwellen unendlich kleiner Amplitude ändern, d. h. die Beziehungen in linearer Näherung, gefunden werden.

Das Geschwindigkeitspotential für die einlaufende Welle in der Form (3.7) wird nach der Zeit differenziert und mit ϱ_0 multipliziert:

$$p = \varrho_0 \frac{\partial \varphi}{\partial t} = \varrho_0 \omega \varphi_{\max} \cos(\omega t - kx) = p_{\max} \cos(\omega t - kx), \tag{3.8}$$

mit $p_{\max}$ als Druckamplitude. Die Geschwindigkeit der Teilchenverschiebung (die Schwingungsgeschwindigkeit) wird analog (2.8) durch Differentiation von φ nach x bestimmt:

$$v_x = v = -\frac{\partial \varphi}{\partial x} = k \varphi_{\max} \cos(\omega t - kx) = v_{\max} \cos(\omega t - kx), \tag{3.9}$$

wo $v_{\max}$ die Geschwindigkeitsamplitude ist.

Vergleicht man die Formeln (3.8) und (3.9), so sehen wir, daß Druck und Verschiebungsgeschwindigkeit in der einlaufenden Welle hinsichtlich der Phase übereinstimmen und miteinander über die Beziehung

$$p = \varrho_0 c_0 v = v_{\max} \varrho_0 c_0 \cos(\omega t - kx) \tag{3.10}$$

verbunden sind. Für die auslaufende Welle (in negativer x-Richtung) $\varphi = \varphi_{\max} \sin(\omega t + kx)$ erhalten wir in analoger Weise

$$p = -\varrho_0 c_0 v = -\varrho_0 c_0 v_{\max} \cos(\omega t - kx) = \varrho_0 c_0 v_{\max} \cos(\omega t - kx + \pi), \tag{3.11}$$

d. h., Druck und Geschwindigkeit befinden sich hier in Gegenphase. Somit entspricht in der einlaufenden Welle die Kompressionsphase ($p > 0$) dem positiven Vorzeichen der Verschiebungsgeschwindigkeit (natürlich wird dieses Vorzeichen durch die entsprechende Auswahl der positiven Richtung des Ortskoordinatensystems bestimmt); in der Dehnungsphase ($p < 0$) ist die Verschiebungsgeschwindigkeit negativ. In der auslaufenden Welle sind die Beziehungen zwischen dem Vorzeichen von Druck und Geschwindigkeit gerade umgekehrt.

Es ist unschwer zu zeigen, daß die Beziehung (3.10) bei beliebiger Form des Wellenprofils (unendlich kleiner Amplitude) erfüllt wird. So sei eine einlaufende Welle in der Form (2.42) gegeben. Wenn man für das Argument $x - c_0 t$ die Bezeichnung ξ einführt, so findet man nach Differentiation

$$p = \varrho_0 \frac{\partial \varphi(\xi)}{\partial t} = \varrho_0 \frac{\partial \varphi(\xi)}{\partial \xi} \frac{\partial \xi}{\partial t} = - \varrho_0 c_0 \frac{\partial \varphi(\xi)}{\partial \xi},$$

$$v = - \frac{\partial \varphi(\xi)}{\partial x} = - \frac{\partial \varphi(\xi)}{\partial \xi} \frac{\partial \xi}{\partial x} = - \frac{\partial \varphi(\xi)}{\partial \xi},$$

d. h. $p = \varrho_0 c_0 v$, was mit dem Resultat (3.10) übereinstimmt, das für eine sinusförmige Welle erhalten wurde. In (3.10) und (3.11) sind p und v beliebige lokale Werte des Schalldruckes und der Verschiebungsgeschwindigkeit. Für die Amplitudenwerte in der einlaufenden Welle haben wir entsprechend

$$p_{\max} = \varrho_0 c_0 v_{\max}. \tag{3.12}$$

Die Größe $\varrho_0 c_0 = z_0$ wird spezifischer Wellenwiderstand (akustischer) des Mediums genannt. Diese Bezeichnung kommt daher, daß der Koeffizient $\varrho_0 c_0$ in (3.10) und (3.11) die Größe der Verschiebungsgeschwindigkeit bei gegebenem akustischen Druck bestimmt. Die Druckkraft, die auf die Fläche S wirkt, ist gleich $F_p = \varrho_0 c_0 S v$. Entsprechend kann die Größe $\varrho_0 c_0 S$ vollständiger akustischer Widerstand des Mediums auf der Fläche S genannt werden.

Werte des spezifischen Wellenwiderstandes für verschiedene Flüssigkeiten und Gase sind in der letzten Spalte der Tabelle 4 angeführt. Aus dieser Tabelle ist zu erkennen, daß die Wellenwiderstände von Flüssigkeiten um drei bis vier Größenordnungen größer als die Wellenwiderstände von Gasen sind. Das bedeutet, daß bei ein und derselben Druckamplitude die Verschiebungsgeschwindigkeit der Teilchen in der Flüssigkeit in der Amplitude um das $10^3 - 10^4$fache kleiner als in Gasen ist. Umgekehrt ist bei gegebener Amplitude der Verschiebungsgeschwindigkeit der Druck in Flüssigkeiten um drei bis vier Größenordnungen höher als in Gasen. Da die Teilchenverschiebungsgeschwindigkeit (oder Schwingungsgeschwindigkeit genannt) des Mediums durch die Schwingungen der Oberfläche der Quelle gegeben wird (unter der Bedingung kontinuierlicher Abstrahlung), bedeutet dies, daß ein und dieselbe Quelle, die Ultraschall in die Flüssigkeit und in ein Gas ausstrahlt und dabei mit gleicher Geschwindigkeitsamplitude schwingt, einen Wechseldruck in Flüssigkeiten erzeugt, der um das $10^3 - 10^4$fache größer als in Gasen ist. In festen Körpern ($\varrho_0 \approx 10^4$ kg m^{-3}) ist für Kompressionswellen ($c_0 \approx 5 \cdot 10^3$ m s^{-1}) $z_0 = \varrho_0 c_0 \approx 5 \cdot 10^7$ kg/m^2 s, d. h. um etwa das 10fache größer als in Flüssigkeiten. Folglich ist der Druck, der von derselben Schallquelle erzeugt wurde und in den Festkörper abgestrahlt wird, um das gleiche größer als der Druck in der Flüssigkeit. Natürlich werden dabei Medien mit unterschiedlichem Wellenwiderstand verschiedene Rückwirkungen auf die Quelle haben, indem sie ihre Schwingungen dämpfen. Die Betrachtung dieser Frage ist aber nicht Aufgabe dieses Kapitels, das sich nur mit der Ausbreitung des Schalls beschäftigt.

Druck und Schwingungsgeschwindigkeit sind in der einlaufenden ebenen Welle in Phase, und ihr Zusammenhang wird durch eine reelle Größe charakterisiert, den spezifischen Wellenwiderstand $\varrho_0 c_0$.

Im allgemeinen unterscheiden sich Druck und Geschwindigkeit hinsichtlich der Phase, z. B. in der auslaufenden ebenen Welle. Deshalb wird im allgemeinen der Zusammenhang zwischen diesen beiden Größen durch eine komplexe Zahl charakterisiert, die spezifische akustische Impedanz genannt wird: $p/v = \tilde{z} = \tilde{z}_0 + iy$. Der Imaginärteil bestimmt die Phasenverschiebung zwischen p und v. Das Produkt der spezifischen Impedanz mit der Fläche S, auf die der Druck p wirkt, gibt dann entsprechend die vollständige Impedanz: $\tilde{Z} = \tilde{z}S$.

Mit der Bestimmung und Berechnung der Impedanzen werden wir uns noch mehrfach im weiteren beschäftigen. Hier soll als ein Beispiel der Zusammenhang zwischen Druck und Schwingungsgeschwindigkeit in einem Feld von überlagerten ein- und auslaufenden Wellen mit gleicher Amplitude gesucht werden. Der gesamte Druck in diesem Feld ist entsprechend (3.5)

$$p(x, t) = p_{\max}[e^{i(\omega t - kx)} + e^{i(\omega t + kx)}].$$

Für die gesamte Schwingungsgeschwindigkeit, wobei (3.5) gemeinsam mit den Ausdrücken (3.10) und (3.11) zu berücksichtigen ist, haben wir

$$v(x, t) = [p_{\max}/(\varrho_0 c_0)]\,[e^{i(\omega t - kx)} - e^{i(\omega t + kx)}].$$

Die spezifische akustische Impedanz ist in diesem Fall

$$\tilde{z} = \frac{p(x, t)}{v(x, t)} = \varrho_0 c_0 \frac{e^{i(\omega t - kx)} + e^{i(\omega t + kx)}}{e^{i(\omega t - kx)} - e^{i(\omega t + kx)}}.$$

Kehren wir zur ebenen einfallenden monochromatischen Welle zurück und berücksichtigen die für sie erhaltenen Ausdrücke und Beziehungen zwischen Druck und Geschwindigkeit in der Form (3.10) und (3.11), dann finden wir die Korrelationen dieser Parameter mit anderen veränderlichen akustischen Größen.

Die Mediumteilchen, die in der Ultraschallwelle mit der Geschwindigkeit[1]

$$v = v_{\max} \sin(\omega t - kx) \tag{3.13}$$

schwingen, werden einer Beschleunigung

$$a = \partial v/\partial t = \omega v_{\max} \cos(\omega t - kx) = \omega v_{\max} \sin(\omega t - kx + \pi/2)$$

unterliegen, die der Geschwindigkeit in der Phase um $\pi/2$ vorauseilt und die Amplitude

$$a_{\max} = \omega v_{\max} \tag{3.14}$$

[1] Für eine einzelne Welle ist die Schreibweise sin oder cos gleichberechtigt.

hat. Die Verschiebung der Teilchen aus der Gleichgewichtslage finden wir, indem wir (3.13) integrieren:

$$\xi = \int v \, dt = -\frac{v_{max}}{\omega} \cos(\omega t - kx) = \frac{v_{max}}{\omega} \sin(\omega t - kx - \pi/2).$$

Es ist zu erkennen, daß die Verschiebung der Mediumteilchen der Geschwindigkeit in der Phase um 90° und der Beschleunigung um 180° nacheilt. Die Verschiebungsamplitude $\xi_{max} = A$ — im weiteren werden wir sie Schwingungsamplitude im Ultraschallfeld nennen — ist mit der Amplitude der Schwingungsgeschwindigkeit durch die Beziehung $\xi_{max} = A = v_{max}/\omega$ verbunden. Setzt man $v_{max} = \omega A$ in (3.14) ein, so erhalten wir $a_{max} = \omega^2 A$. Somit ist die Beschleunigung, der die Mediumteilchen bei $A = \text{const}$ unterliegen, proportional dem Quadrat der Schwingungsfrequenz. Bei Ultraschallfrequenzen kann sie die Erdbeschleunigung um das Hunderttausendfache übertreffen.

Wir wollen noch Ausdrücke für die relative Deformation (Kompression) und die veränderliche Dichte in der Ultraschallwelle anführen. In einer Welle unendlich kleiner Amplitude ist die Kompression s mit dem akustischen Druck p durch eine lineare Zustandsgleichung (2.22) verbunden:

$$s = \Delta\varrho/\varrho_0 = p/K = (p_{max}K) \sin(\omega t - kx),$$

wo K der Kompressionsmodul ist. Weiterhin gilt

$$\Delta\varrho = (\varrho_0 p_{max}/K) \sin(\omega t - kx), \tag{3.15}$$

d. h., die Dichte schwingt phasengleich mit dem Druck und hat die Amplitude

$$\varrho_{max} = \varrho_0 p_{max}/K = p_{max}/c_0^2. \tag{3.16}$$

Bei einer Dichteänderung in einem Medium ändert sich sein Brechungsindex n. Die Korrelation zwischen dem Brechungsindex und der Dichte kann man auf der Basis der bekannten LORENTZ-Beziehung finden,

$$\frac{n^2 - 1}{n^2 + 2} \frac{1}{\varrho} = \frac{n_0^2 - 1}{n_0^2 + 2} \frac{1}{\varrho_0}, \tag{3.17}$$

wo n_0 der Brechungsindex des nicht angeregten Mediums ist. Setzt man in (3.17) $n = n_0 + \Delta n$, $\varrho = \varrho_0 + \Delta\varrho$ und vernachlässigt man Glieder, die quadratisch hinsichtlich Δn sind, so erhält man nach einigen einfachen Rechnungen

$$\Delta n \approx \frac{(n_0^2 - 1)(n_0^2 + 2)}{6n_0\varrho_0} \Delta\varrho = \frac{N_0}{\varrho_0} \varrho_{max} \sin(\omega t - kx),$$

d. h., der Brechungsindex schwingt in Phase mit der Dichte (und dem Druck) mit der Amplitude $n_{max} = (\varrho_{max}/\varrho_0) N_0$, wo $N_0 = (n_0^2 - 1)(n_0^2 + 2)/(6n_0)$ ist.

In Tabelle 5 ist eine Zusammenstellung aller Formeln gegegeben, die eine Ultraschallwelle charakterisieren. Diese Formeln gestatten, den Amplitudenwert eines beliebigen Parameters des Ultraschallfeldes zu berechnen, wenn eine der Größen A, v_{max}, a_{max}, p_{max}, ϱ_{max}, s_{max} oder n_{max} sowie die Werte ω, ϱ_0 und c_0, die leicht experimentell bestimmt werden können, bekannt sind.

Tabelle 5. Die linearen Beziehungen zwischen den Amplitudengrößen der Parameter des Ultraschallfeldes ebener Wellen

	A	v_{max}	a_{max}	p_{max}	ϱ_{max}	s_{max}	n_{max}
A	A	$\frac{v_{max}}{\omega}$	$\frac{a_{max}}{\omega^2}$	$\frac{p_{max}}{\omega\varrho_0 c_0}$	$\frac{\varrho_{max} c_0}{\omega\varrho_0}$	$\frac{c_0}{\omega} s_{max}$	$\frac{c_0}{\omega N_0} n_{max}$
v_{max}	ωA	v_{max}	$\frac{a_{max}}{\omega}$	$\frac{p_{max}}{\varrho_0 c_0}$	$\frac{\varrho_{max} c_0}{\varrho_0}$	$c_0 s_{max}$	$\frac{c_0}{N_0} n_{max}$
a_{max}	$\omega^2 A$	ωv_{max}	a_{max}	$\frac{\omega p_{max}}{\varrho_0 c_0}$	$\frac{\omega c_0 \varrho_{max}}{\varrho_0}$	$\omega c_0 s_{max}$	$\frac{\omega^2 c_0}{N_0} n_{max}$
p_{max}	$\varrho_0 c_0 \omega A$	$\varrho_0 c_0 v_{max}$	$\frac{\varrho_0 c_0 a_{max}}{\omega}$	p_{max}	$c_0^2 \varrho_{max}$	$\varrho_0 c_0^2 s_{max}$	$\frac{\varrho_0 c_0^2}{N_0} n_{max}$
ϱ_{max}	$\frac{\omega\varrho_0 A}{c_0}$	$\frac{\varrho_0 v_{max}}{c_0}$	$\frac{\varrho_0 a_{max}}{\omega c_0}$	$\frac{p_{max}}{c_0^2}$	ϱ_{max}	$\varrho_0 s_{max}$	$\frac{\varrho_0}{N_0} n_{max}$
s_{max}	$\frac{\omega A}{c_0}$	$\frac{v_{max}}{c_0}$	$\frac{a_{max}}{\omega c_0}$	$\frac{p_{max}}{K}$	$\frac{\varrho_{max}}{\varrho_0}$	s_{max}	$\frac{n_{max}}{N_0}$
n_{max}	$\frac{\omega A_0 N_0}{c_0}$	$\frac{N_0}{c_0} v_{max}$	$\frac{N_0 a_{max}}{\omega c_0}$	$\frac{N_0 p_{max}}{K}$	$\frac{N_0}{\varrho_0} \varrho_{max}$	$N_0 s_{max}$	n_{max}

3.3. Energetische Charakteristika des Ultraschallfeldes

Bei der Ausbreitung einer Ultraschallwelle vollführt jedes Mediumteilchen eine Schwingungsbewegung um die Gleichgewichtslage mit der Geschwindigkeit v, die von einer periodischen Änderung der Dichte und des Druckes in der Umgebung des Teilchens begleitet wird. Dabei sind in der ebenen Welle Druck und Geschwindigkeit in Phase. Das bedeutet, daß die Druckkraft eine positive Arbeit vollführt. Bei fehlender Absorption kann diese Arbeit nicht in Wärme übergeführt werden, sondern sie muß aufrechterhalten werden in Form von Energie der Schwingungsbewegung der Teilchen des elastischen Mediums, d. h. von Schallenergie. Somit wird im Prozeß der Abstrahlung des Ultraschalls durch eine schwingende Quelle ihre Energie einem angrenzenden Medium in Form von Schallenergie weitergegeben. Diese Schallenergie breitet sich im Medium aus und füllt den ganzen Raum, der als Ultraschallfeld bezeichnet wird, aus. Die Energie jedes Volumenelementes in diesem Feld ist die Summe von kinetischer Energie der schwingenden Teilchen und potentieller Energie der elastischen Deformation. Die kinetische Energie eines Teilchens mit dem Volumen V_0 und der Dichte ϱ_0 ist

$$W_{kin} = \frac{1}{2} \varrho_0 V_0 v^2 = \frac{1}{2} \varrho_0 V_0 v_{max}^2 \sin^2 (\omega t - kx). \tag{3.18}$$

Die potentielle Energie dieses Teilchens W_{pot} ist jener Arbeit gleich, die man ausüben muß, um das Volumen V_0 auf V zu verändern. Die relative Volumenänderung, bedingt durch eine unendlich kleine Änderung der Kompression vom Wert s auf $s + ds$, beträgt $d\Theta = -ds$. Die absolute Volumenänderung, die dieser Kompression entspricht, ist $dV = -V_0\,ds$. Die dabei ausgeführte Arbeit $-p\,dV = pV_0\,ds$ ist gemäß (2.28) $dA = pV_0\,ds = KsV_0\,ds$. Die gesamte Arbeit erhalten wir durch Integration über die

Kompression von 0 bis s:

$$A = W_{\text{pot}} = \int_0^s V_0 K s \, ds = V_0 K s^2/2.$$

Setzen wir hier $K = \varrho_0 c_0^2$ und $s = v/c_0$, so erhalten wir

$$W_{\text{pot}} = (\varrho_0 V_0/2)\, v_{\max}^2 \sin^2 (\omega t - kx). \tag{3.19}$$

Man muß erwähnen, daß kinetische und potentielle Energie untereinander gleich sind und sich mit gleicher Phase ändern. Das heißt, daß kein Austausch zwischen ihnen vor sich geht.

Addiert man die Ausdrücke (3.18) und (3.19), so erhält man die gesamte Energie im Volumen V_0:

$$W = W_{\text{kin}} + W_{\text{pot}} = \varrho_0 V_0 v_{\max}^2 \sin^2 (\omega t - kx). \tag{3.20}$$

Teilt man diesen Ausdruck durch V_0, so erhält man die augenblickliche Energiedichte, d. h. die Energie im Einheitsvolumen des Mediums $w = W/V_0 = \varrho_0 v_{\max}^2 \sin^2 (\omega t - kx)$. Die mittlere Energiedichte ist $\overline{w} = \varrho_0 v_{\max}^2/2 = p_{\max}^2/(2\varrho_0 c_0^2) = p_{\max}^2/(2K)$. Sie ist eines der grundlegenden energetischen Charakteristika des Schallfeldes.

Man muß bemerken, daß das erhaltene Resultat für den Fall des unbegrenzten Ultraschallfeldes gilt. Es ist aber auch richtig für andere Fälle, in denen sich die Stoffmenge im Ultraschallfeld nicht verändert, d. h. die mittlere Dichte eines Volumenelementes des Mediums unverändert bleibt. Wenn diese Bedingung nicht erfüllt wird, ist die mittlere Dichte der kinetischen Energie nicht der mittleren Dichte der potentiellen Energie gleich. Dies wird in Kapitel 5 gezeigt werden.

Anstelle der Amplitudenwerte von Druck und Geschwindigkeit kann man ihre Effektivwerte nach der Definition $p_{\text{eff}} = p_{\max}/\sqrt{2}$, $v_{\text{eff}} = v_{\max}/\sqrt{2}$ einführen. Dann nehmen die Ausdrücke für die mittlere Energiedichte die Form $\overline{w} = \varrho_0 v_{\text{eff}}^2 = p_{\text{eff}}^2/(\varrho_0 c_0^2)$ an.

Wie schon erwähnt wurde, geht in einer Ultraschallwelle des Typs (3.7) ein Energietransport von der Quelle in Richtung der Wellenausbreitung vor sich. Als energetisches Maß der Abstrahlung wird der Begriff Energieflußdichte oder Intensität des Ultraschalls eingeführt. Unter Intensität des Ultraschalls wird die Energiemenge verstanden, die in der Zeiteinheit durch eine Einheitsfläche transportiert wird, die senkrecht zur Ausbreitungsrichtung der Ultraschallwelle angeordnet ist. Da sich die Schallenergie mit der Geschwindigkeit c_0 ausbreitet, wird die Intensität durch das Produkt der Energiedichte mit der Geschwindigkeit c_0 bestimmt:

$$I = \overline{w} c_0 = \frac{v_{\max}^2}{2} \varrho_0 c_0 = \frac{p_{\max}^2}{2} \frac{1}{\varrho_0 c_0} = \frac{v_{\max} p_{\max}}{2} \tag{3.21}$$

oder mit Effektivwerten $I = v_{\text{eff}}^2 \varrho_0 c_0 = p_{\text{eff}}^2/(\varrho_0 c_0) = v_{\text{eff}} p_{\text{eff}}$.

Die Intensität ist im Gegensatz zur Energiedichte eine vektorielle Größe. Sie charakterisiert den gerichteten Energiefluß. Das bedeutet, daß bei der Überlagerung einer ein- und einer auslaufenden Welle ihre Energiedichten addiert, die Intensitäten dagegen subtrahiert werden. Die Gesamtintensität im Feld zweier entgegenlaufender Wellen mit gleicher Amplitude ist somit Null. Mit der Intensität kann man gleichzeitig den Begriff der Leistung der Schallstrahlung durch eine Fläche S einführen:

$$D = IS = \frac{v_{\max}^2}{2} \varrho_0 c_0 S = \frac{p_{\max}^2}{2} \frac{S}{\varrho_0 c_0} = \frac{(p_{\max} S)\, v_{\max}}{2}. \tag{3.22a}$$

In dieser Formel wird angenommen, daß die Intensität über der Fläche S konstant ist. Im allgemeinsten Fall ist die Schalleistung als Integral über die Fläche definiert:

$$D = \int_S [\boldsymbol{I}(S) \cdot \boldsymbol{n}]\, \mathrm{d}S. \tag{3.22b}$$

Somit stellt die Strahlungsintensität selbst eine spezifische Leistung dar, d. h. die Leistung, die zur Einheitsfläche gehört. Wenn man die Leistung in W mißt und die Fläche in cm², dann erhält man für die Intensitätsmessung die Einheit 1 W/cm², die am verbreitetsten ist.

Wir bemerken, daß die Formeln für die Ultraschallintensität (3.21) oder die akustische Leistung (3.22a) analog den Formeln für die Wechselstromleistung sind, die in Form JOULEscher Wärme an einem Ohmschen Widerstand R umgesetzt wird:

$$D = \frac{I_{\max}^2}{2} R_{\mathrm{E}} = \frac{U_{\max}^2}{2R_{\mathrm{E}}} = \frac{I_{\max} U_{\max}}{2} = I_{\mathrm{eff}} U_{\mathrm{eff}}.$$

Das Analoge zum Strom ist die Schwingungsgeschwindigkeit v, zur elektrischen Spannung U die Kraft des Schalldruckes $F_p = pS$ und zum Ohmschen Widerstand R_{E} der akustische Wellenwiderstand $\varrho_0 c_0 S$. Außerdem gilt analog, daß, wie die Größe R_{E} in einem elektrischen Kreis die irreversiblen Verluste der Stromquelle durch Umwandlung in JOULEsche Wärme in einem aktiven Element bestimmt, der akustische Wellenwiderstand die irreversiblen „Leistungsverluste" der akustischen Quelle in Form von Abstrahlung in das anliegende Medium charakterisiert. Deshalb nennt man den akustischen Wellenwiderstand noch Strahlungswiderstand.

Zahlenbeispiele. Logarithmische Skala von Intensitäten und Amplituden

Wir führen eine zahlenmäßige Abschätzung für charakteristische Schall- und Ultraschallintensitäten durch.

Die Empfindlichkeit des menschlichen Ohres bei $\nu = 1000$ Hz (Gebiet der maximalen Empfindlichkeit) entspricht der Amplitude des Schalldruckes $p_{\max} \approx 10^{-4}$ Pa. Bei der Ausbreitung solchen Schalls in Luft beträgt die Amplitude der Schwingungsgeschwindigkeit $v_{\max} = p_{\max}/(\varrho_0 c_0) \approx 3 \cdot 10^{-8}$ cm s^{-1}, die Amplitude der Kompression $s_{\max} = v_{\max}/c_0 \sim 10^{-9}$, die Schwingungsamplitude $A = v_{\max}/\omega \approx 5 \cdot 10^{-9}$ cm $= 0{,}5$ Å und die Intensität $I = 0{,}5\, \varrho_0 c_0 v_{\max}^2 \approx 20 \cdot 10^{-16}$ W/cm². Die Schmerzschwelle des menschlichen Ohres bei der gleichen Frequenz (die Schallschwingungen werden schon als Schmerzempfindung wahrgenommen) entspricht der Druckamplitude $p_{\max} \approx 10^2$ Pa. Dabei sind die Amplituden von Schwingungsgeschwindigkeit, Kompression, Verschiebung und Intensität in der Luft die folgenden: $v_{\max} \approx 30$ cm s^{-1}; $s_{\max} = 10^{-3}$; $A \approx 50$ μm; $I \approx 2 \cdot 10^{-3}$ W/cm².

Für Ultraschallschwingungen in Wasser mit der Frequenz $\nu = 1$ MHz und der leicht zu realisierenden Intensität 1 W/cm² finden wir die Druckamplitude nach der Formel $p_{\max} = \sqrt{(I \varrho_0 c_0)}$. Für Wasser ($\varrho_0 c_0 = 1{,}5 \cdot 10^5$ g/(cm² s)) ergibt dies $p_{\max} = 17 \cdot 10^4$ Pa. Die Amplituden von Schwingungsgeschwindigkeit, Kompression, Verschiebung haben dabei die Werte 10 cm/s, 10^{-4} und 200 Å.

Gegenwärtig ist es mit der Ultraschalltechnik möglich, in einer Flüssigkeit in einem Feld ebener Wellen eine Intensität der Größenordnung von einigen Hundert Watt pro Quadratzentimeter zu realisieren. Im fokussierten Feld sind sogar einige Tausend und Zehntausend Watt pro Quadratzentimeter möglich. Und das ist alles bei Frequenzen von einigen MHz realisierbar. Nehmen wir als Grenzintensität eines ebenen Strahlers $I = 1000\ \mathrm{W/cm^2}$. Dieser Intensität in Wasser entspricht eine Druckamplitude von $55 \cdot 10^5$ Pa. v_{max} ist $4\ \mathrm{m\,s^{-1}}$, $s_{max} = 3 \cdot 10^{-3}$ und $A \approx 1\ \mu\mathrm{m}$ (bei 1 MHz). Es sei noch bemerkt, daß selbst bei solch kolossalen Intensitäten die Größe der relativen Kompression 10^{-3} nicht übersteigt. Somit wird die weiter vorn angenommene Bedingung der Kleinheit der Deformation im akustischen Feld für Flüssigkeiten sogar bis hinauf zu Intensitäten von einigen $10\ \mathrm{W/cm^2}$ erfüllt.

Die Gegenüberstellung der angeführten Zahlenbeispiele zeigt, daß der Bereich der akustischen Intensitäten außerordentlich breit ist: er umfaßt etwa 20 Größenordnungen. Deshalb wird in der Akustik und der Ultraakustik oft eine logarithmische Skala verwendet, in der das Verhältnis zweier Intensitäten I_1 und I_2 als Pegeldifferenz $\Delta\beta = 10 \log(I_1/I_2)$ definiert ist und in Dezibel gezählt wird. Der gesamte Bereich der akustischen Intensitäten von 10^{-16} bis $10^4\ \mathrm{W/cm^2}$ paßt sich in der logarithmischen Skala in einen Pegelunterschied von ungefähr 200 dB ein. Bei einer gegebenen Pegeldifferenz in dB kann das Intensitätsverhältnis nach der Beziehung $I_1/I_2 = 10^{\Delta\beta/10}$ gefunden werden. Folglich entspricht 1 dB dem Intensitätsverhältnis $I_1/I_2 = 10^{0,1} \approx 1{,}26$, d. h., der Unterschied in den Intensitäten beträgt etwa 25%.

Da die Intensität proportional zum Quadrat der Amplitude ist, gilt für das Verhältnis der Amplituden zweier akustischer Wellen, z. B. für die Druckamplituden,

$$\Delta\beta = 20 \log \frac{p_{max\,1}}{p_{max\,2}} \quad \text{und} \quad \frac{p_{max\,1}}{p_{max\,2}} = 10^{\frac{\Delta\beta}{20}}, \tag{3.23}$$

so daß z. B. ein Pegelunterschied von 40 dB einem Amplitudenverhältnis von $p_{max\,1}/p_{max\,2} = 100$; 60 dB — 1000; 80 dB — 10^4; 100 dB — 10^5 usw. entspricht.

3.4. Dämpfung monochromatischer Ultraschallwellen

Bisher haben wir die Ausbreitung von Ultraschallwellen in einem idealen Medium ohne Energieverluste betrachtet. In einem realen Medium geht ein Teil der Energie der Ultraschallwellen in Wärme über. Ursache dafür sind verschiedene Dissipationsprozesse. Dabei verringern sich kontinuierlich Intensität und Amplitude der Ultraschallwelle im Ausbreitungsprozeß. Die Welle wird gedämpft. Solch eine Dämpfung der Welle, die mit dem Übergang eines Teils der Energie in Wärme verbunden ist, wird Absorption[1] genannt. Die innere Reibung (Viskosität) ist die grundlegende Ursache für die Ultraschallabsorption in den meisten realen Medien. Außerdem kann die Dissipation der akustischen Energie durch die Wärmeleitfähigkeit des Mediums und verschiedene molekulare Prozesse bedingt sein. Die letzteren fallen aus dem Rahmen der klassischen Akustik (d. h. der der Kontinua) heraus und bilden die Grundlage der sogenannten Molekularakustik [13].

Die Dämpfung des Ultraschalls auf Grund der inneren Reibung kann man leicht berechnen, indem man die Viskosität des Mediums einführt und berücksichtigt, daß die viskosen Spannungen Funktionen der Geschwindigkeitsgradienten der Teilchenverschiebung sind. Dabei kann man die viskosen Spannungen in erster Näherung als proportional zur ersten Potenz der Deformationsgeschwindigkeit ansehen (Newtonsches Reibungsgesetz). Wir beschränken uns nach wie vor auf die Betrachtung ebener Wellen, die sich längs der x-Achse ausbreiten. Wenn man zur elastischen Spannung σ für die

[1] Ursache für die Dämpfung einer Ultraschallwelle können auch nichtdissipative Prozesse sein, wie Diffraktion, Streuung an Inhomogenitäten des Mediums usw. Wir werden unter Absorption die Dämpfung der Welle verstehen, die nur durch dissipative Verluste bedingt ist.

eindimensionale Deformation $\partial\xi/\partial x$ (unter Berücksichtigung der Scherelastizität) die viskose Spannung hinzufügt, die proportional zur Geschwindigkeit dieser Deformation ist, $\eta\, \partial^2\xi/\partial x\, \partial t = \eta\, \partial v/\partial x$, so erhält man die eindimensionale rheologische Zustandsgleichung

$$\sigma = c_{11} \frac{\partial\xi}{\partial x} + \eta \frac{\partial v}{\partial x}, \tag{3.24}$$

wo der effektive Modul c_{11} für die eindimensionale Deformation durch die Beziehung (1.33), $c_{11} = K + (4/3)\, G$, bestimmt ist. Analog zu diesem Ausdruck kann man den Koeffizienten der Viskosität η in Summenform darstellen:

$$\eta = \eta_V + (4/3)\, \eta_S. \tag{3.25}$$

In (1.33) charakterisiert der Modul K die Elastizität des Mediums in bezug auf seine Volumenkompression und G die in bezug auf die Scherung. Die Scherelastizität kann man im Vergleich zur Volumenelastizität bei Flüssigkeiten und Gasen vernachlässigen. Man setzt in (3.24) $c_{11} = K$. Analog charakterisiert das Glied η_V in (3.25) die Viskosität des Mediums in bezug auf eine Volumenkompression und kann deshalb Volumenviskosität genannt werden. η_S ist die Scherviskosität, die die viskosen Verluste bei einer Scherdeformation charakterisiert. In der Mehrzahl aller einfachen Flüssigkeiten sind diese Verluste bedeutend höher als bei Volumendeformation. Deshalb kann man die Volumenviskosität in diesen Medien vernachlässigen[1], indem man schreibt

$$\eta = (4/3)\, \eta_S. \tag{3.26}$$

Setzt man (3.24) in die linearisierte Bewegungsgleichung (1.11) für den eindimensionalen Fall ein, so erhalten wir eine Wellengleichung für die Verschiebung ξ:

$$K \frac{\partial^2\xi}{\partial x^2} + \eta \frac{\partial^3\xi}{\partial x^2\, \partial t} = \varrho_0 \frac{\partial^2\xi}{\partial t^2}$$

oder für die Verschiebungsgeschwindigkeit $v = \partial\xi/\partial t$ entlang der x-Achse:

$$K \frac{\partial^2 v}{\partial x^2} + \eta \frac{\partial^3 v}{\partial x^2\, \partial t} = \varrho_0 \frac{\partial^2 v}{\partial t^2}. \tag{3.27}$$

Für eine sinusförmige Anregung $v(x, t) = \tilde{v}(x) \exp i\omega t$ erhalten wir

$$(K + i\omega\eta) \frac{\partial^2\tilde{v}(x)}{\partial x^2} + \varrho_0\omega^2\tilde{v}(x) = 0. \tag{3.28}$$

Der Vergleich dieser Gleichung mit der Helmholtz-Gleichung für das Geschwindigkeitspotential[2] in einem nichtviskosen Medium (3.4) legt einen einfacheren, wenn auch

---

[1] Über die Rolle der Volumenviskosität bei der Absorption des Ultraschalls sei auf die zitierte Literatur über die Molekularakustik verwiesen.

[2] Wie schon festgestellt wurde, kann an Stelle des Geschwindigkeitspotentials in (3.4) eine beliebige akustische Variable erscheinen, unter anderem auch die Schwingungsgeschwindigkeit v.

formalen Lösungsweg nahe. Dazu führen wir den komplexen Modul

$$\tilde{\mathscr{E}} = K + \mathrm{i}\,\omega\eta \tag{3.29}$$

ein, die komplexe Geschwindigkeit $\tilde{c}_0 = \sqrt{\tilde{\mathscr{E}}/\varrho_0}$ und die entsprechende komplexe Wellenzahl

$$\tilde{k} = \omega/\tilde{c}_0 = \omega/\sqrt{\tilde{\mathscr{E}}/\varrho_0}. \tag{3.30}$$

Dann nimmt Gleichung (3.28) folgende Form an:

$$\frac{\partial^2 \tilde{v}(x)}{\partial x^2} + \tilde{k}^2 \tilde{v}(x) = 0, \tag{3.31}$$

d. h., der Form nach ist sie identisch mit Gleichung (3.4). Demnach ist eine Lösung der Gleichung (3.31) die Funktion $\tilde{v}(x) = \tilde{A}\,\mathrm{e}^{-\mathrm{i}\tilde{k}x} + \tilde{B}\,\mathrm{e}^{\mathrm{i}\tilde{k}x}$, die zwei ebene Wellen beschreibt, deren Anfangsphasen durch die komplexen Koeffizienten $\tilde{A}$ und $\tilde{B}$ beschrieben werden. Wenn man wie vorher nur die einlaufende Welle betrachtet und ihre Anfangsphase gleich Null setzt, d. h. $\tilde{v}(x) = v(x)$ und $\tilde{A} = v_{\max 0} = v_{\max}$ $(x = 0)$, erhalten wir die Lösung (3.27) in der Form

$$v(x, t) = v_{\max}\,\mathrm{e}^{\mathrm{i}\omega t}\,\mathrm{e}^{-\mathrm{i}\tilde{k}x}. \tag{3.32}$$

Um den physikalischen Sinn dieser Lösung aufzuzeigen, trennen wir die komplexe Wellenzahl $\tilde{k}$ in Real- und Imaginärteil auf. Gemäß (3.30) und (3.29) haben wir

$$\tilde{k} = \frac{\omega\sqrt{\varrho_0}}{\sqrt{K + \mathrm{i}\omega\eta}} = \frac{k}{\sqrt{1 + \mathrm{i}\omega\eta/K}}, \tag{3.33}$$

wo $k = \omega(\varrho_0/K)^{1/2} = \omega/c_0$ der Realteil der Wellenzahl ist, der gleich dem Verhältnis von Frequenz zu Schallgeschwindigkeit ist.

Wie aus (3.28) zu entnehmen ist, charakterisiert der Koeffizient $\omega\eta$ die Größe der viskosen Spannung bei der Frequenz ω, der Modul K dagegen die der elastischen Spannungen. In der Mehrzahl der praktischen Fälle sind die viskosen Kräfte viel kleiner als die elastischen, weshalb man $\omega\eta/K \ll 1$ setzen kann. Dann haben wir entsprechend (3.33)

$$\tilde{k} = k\left(1 + \mathrm{i}\,\frac{\omega\eta}{K}\right)^{-1/2} \cong k - \mathrm{i}\,\frac{\omega\eta k}{2K} = k - \mathrm{i}\,\frac{\omega^2\eta}{2\varrho_0 c_0^3}.$$

Wenn man die Bezeichnung Im $(\tilde{k}) = \alpha_0$ einführt,

$$\tilde{k} = k + \mathrm{i}\alpha_0 \tag{3.34}$$

erhält man damit aus Gleichung (3.32)

$$v(x, t) = v_{\max 0}\,\mathrm{e}^{\mathrm{i}(\omega t - \tilde{k}x)} = v_{\max 0}\,\mathrm{e}^{-\alpha_0 x}\,\mathrm{e}^{\mathrm{i}(\omega t - kx)}. \tag{3.35}$$

Diese Beziehung beschreibt eine ebene einlaufende Welle (Ausbreitungsrichtung ist die positive x-Achse), deren Amplitude nach einem exponentiellen Gesetz abfällt,

$$v_{\max} = v_{\max 0}\,\mathrm{e}^{-\alpha_0 x}, \tag{3.36}$$

von $v_{max} = v_{max\,0}$ bei $x = 0$ bis zum Wert $v_{max} \exp(-\alpha_0 x)$ in der Entfernung x vom Koordinatenursprung. Somit stellt die Größe

$$\alpha_0 = \omega^2\eta/(2\varrho_0 c_0^2) = 2\pi\nu^2\eta/(\varrho_0 c_0^3) \tag{3.37}$$

den Koeffizienten der Ultraschallabsorption als Resultat viskoser Verluste dar. Er zeigt an, in welcher Entfernung $x = \alpha_0^{-1}$ sich die Wellenamplitude auf den e-ten Teil verringert. Er hat die Dimension einer reziproken Länge, und er wird in cm^{-1} oder m^{-1} gemessen. Der Index Null widerspiegelt, daß dieser Absorptionskoeffizient auf der Grundlage linearer Beziehungen der Hydrodynamik berechnet wurde. Die erhaltene Größe α_0 widerspiegelt also die Absorption sinusförmiger Wellen unendlich kleiner Amplitude. Streng gesprochen ist die Welle, die durch (3.35) beschrieben wird, schon nicht mehr monochromatisch. Aber in realen Fällen, bei nicht zu großen α_0, kann man die Abweichung von der Monochromasie in Entfernungen von einigen Wellenlängen vernachlässigen. Man betrachtet die Welle (3.35) als sinusförmig und berücksichtigt einen schwachen Abfall der Amplitude laut Gleichung (3.36).

Wie aus dem Ausdruck (3.37) zu entnehmen ist, wächst der Absorptionskoeffizient in einem gegebenen Medium mit dem Quadrat der Frequenz. Deshalb muß man als Parameter, der die Absorptionsfähigkeit eines gegebenen Mediums charakterisiert, nicht den Absorptionskoeffizienten α_0 betrachten, sondern das Verhältnis α_0/ν^2:

$$\alpha_0/\nu^2 = 2\pi^2\eta/(\varrho_0 c_0^3). \tag{3.38}$$

Wenn man im Ausdruck (3.25) für η die Volumenviskosität η_0 vernachlässigt und damit die Energieverluste der Ultraschallwelle als nur durch die Scherviskosität bedingt annimmt, erhält man in Analogie zu (3.26) für den Absorptionskoeffizienten

$$\alpha_0/\nu^2 = 8\pi^2\eta_S/(3\varrho_0 c_0^3). \tag{3.39}$$

Mit dieser Beziehung ist es nun möglich, α_0/ν^2 für das gegebene Medium über den bekannten Viskositätswert η_S, der mit voskosimetrischen Methoden bestimmt worden ist, zu berechnen. Die Formel (3.39) hat zuerst STOKES erhalten. Deshalb werden die nach ihr berechneten Werte α_0/ν^2 STOKESsche Werte genannt. Es zeigt sich, daß die experimentellen Werte immer größer als die STOKESschen sind. Das wird durch die Vernachlässigung der Volumenviskosität (die in einigen organischen Flüssigkeiten einen Beitrag liefert, der den Beitrag der Scherviskosität um zwei bis drei Größenordnungen übersteigt) verursacht wie auch durch andere Verlustmechanismen, insbesondere durch Verluste, die durch die Wärmeleitfähigkeit des Mediums hervorgerufen werden.

Dank der endlichen Wärmeleitfähigkeit realer Medien geht zwischen den Schritten Kompression und Ausdehnung in der Schallwelle ein Wärmeaustausch vor sich, der die Adiabasie des Prozesses stört und zu einem zusätzlichen Energieverlust führt. Unter Berücksichtigung der Wärmeleitfähigkeit hat der Ausdruck α_0/ν^2 die Form

$$\frac{\alpha_0}{\nu^2} = \frac{2\pi^2}{\varrho_0 c_0^3}\left(\eta + \frac{\gamma - 1}{c_P}\lambda_0\right), \tag{3.40}$$

wo c_P die spezifische Wärme bei konstantem Druck ist, $\gamma = c_P/c_V$ der Adiabatenexponent und λ_0 der Koeffizient der Wärmeleitfähigkeit des Mediums. Diese Gleichung wurde von KIRCHHOFF erhalten und wird deshalb STOKES-KIRCHHOFF-Gleichung genannt.

Tabelle 6. Absorption von Ultraschallwellen in einigen Flüssigkeiten und Gasen

Medium	T °C	$\eta_S \cdot 10^5$ Pa s	$\alpha_0/\nu^2 \cdot 10^{17}$, s^2 cm^{-1} nach (3.40)	exp.	Frequenzbereich in MHz
Wasser	20	100	8,5	25	7 ÷ 250
Methanol	20	60	15	34	1 ÷ 250
Äthanol	20	120	22	54	1 ÷ 220
Azeton	20	35	7	30	5 ÷ 70
Toluol	20	60	7,8	80	1 ÷ 70
Benzen	20	64	8,7	900	1 ÷ 170
Xylol	25	70	8,4	78	1 ÷ 15
Cyclohexan	21	66	10	77	15
Nitrobenzen	25	200	14	80	1 ÷ 15
Tetrachlorkohlenstoff	20	96	20	500	1 ÷ 100
Schwefelsäure	20	37	5	6000	1 ÷ 10
Essigsäure	18	122	17	90000	0,5
Ethylacetat	25	45	8,3	500	1,0
Glyzerin	20 ÷ 25	$14 \cdot 10^4$	250	2500	0,1 ÷ 10^4
Olivenöl	21 ÷ 25	$0{,}8 \cdot 10^4$	1100	1200	1 ÷ 4
Rizinusöl	21	$10 \cdot 10^4$	8400	7800	1 ÷ 4
Gelatinelösung in Wasser (1,5%)	20	10^6	$8 \cdot 10^5$	48	5
Polystyren in Benzen (4%)	20	1660	200	890	5
Polyvinylalkohol in Wasser (10%)	20	$17 \cdot 10^3$	1400	83	5
Quecksilber	20	155	5,4	6	20 ÷ 50
Zink	420	130	3,3	3,7	20 ÷ 50
Wismut	300	170	6,2	9,3	20 ÷ 50
Helium	−269		204	231	15
	+18	2,0	5200	$3 \cdot 10^4$	0,6
Argon	−188		10,1	10,5	44
	+20	2,2	$19 \cdot 10^2$	$19 \cdot 10^3$	0,4
Wasserstoff	−256		5,6	5,6	44
	+20	0,9	1700	35800	0,6
Sauerstoff	−186		7,3	8,6	44
	+20	1,9	1800	19000	0,6
Luft	20	1,8	12400	$(2 \div 3) \cdot 10^4$	0,2 ÷ 0,1
Kohlendioxid	16,6	1,4	$13 \cdot 10^3$	$3 \cdot 10^4$	0,3

Die Größe des Korrekturgliedes in (3.40) wird im Grunde genommen durch die Wärmeleitfähigkeit λ_0 bestimmt. Die Verluste infolge der Wärmeleitfähigkeit spielen in Gasen und in flüssigen Metallen eine Rolle. In Flüssigkeiten übersteigen sie meistens nicht einige Prozent der viskosen Verluste. Man vernachlässigt sie dann und sagt, daß der Unterschied zwischen den STOKESschen und experimentellen Größen α_0/ν^2 durch die Volumenviskosität bedingt ist.

Was die Frequenzabhängigkeit des Ultraschallabsorptionskoeffizienten angeht, so zeigt das Experiment, daß in einem großen Frequenzgebiet das Verhältnis α_0/ν^2 wirklich einen konstanten Wert beibehält. Wenn Relaxation auftritt, wird eine Relaxationsstufe beobachtet, nach der die Größe α_0/ν^2 auf einen neuen konstanten Wert fällt, der dem STOKESschen Wert angenähert ist. Die Relaxationen verschiedener molekularer Prozesse treten in einem relativ engen Frequenzgebiet auf, das charakteristisch für das gegebene Medium ist, und äußert sich sowohl in der α_0/ν^2- wie auch der Dispersionskurve. Zur Veranschaulichung der Größe der Ultraschallabsorption in verschiedenen Medien dient Tabelle 6. Gleichzeitig sind hier die Werte α_0/ν^2 für diese Medien angegeben, die nach Gleichung (3.40) berechnet wurden. Wie aus dieser Tabelle zu entnehmen ist, fallen die theoretischen und experimentellen Daten für einatomige Flüssigkeiten und Gase fast zusammen. Dagegen können die $(\alpha_0/\nu^2)_{\exp}$-Werte für Stoffe mit komplizierten Molekülen im MHz-Bereich die nach der STOKES-KIRCHHOFF-Gleichung berechneten Werte um einige Größenordnungen übersteigen. Die experimentellen Daten nähern sich den berechneten erst im GHz-Bereich an (s. z. B. Benzen, Toluol und Azeton). Für Polymerlösungen, die eine gewaltige „makroskopische" Scherviskosität besitzen, übersteigen die STOKESschen α_0/ν^2-Werte die experimentellen um einige Größenordnungen [110, 111, 112]. Das kann dadurch erklärt werden, daß die Ultraschallabsorption in solchen Lösungen im Grunde genommen durch die Mikroviskosität bestimmt wird, die nahezu der Viskosität des Lösungsmittels gleich ist. Die „Makroviskosität" dieser Lösungen wird durch die Wechselwirkung der Polymerketten bestimmt, die praktisch nicht an der Ultraschallabsorption beteiligt sind. Mit Temperaturerhöhung verringert sich in einfachen Flüssigkeiten außerhalb des Relaxationsgebietes in der Regel die Ultraschallabsorption. Das passiert infolge der Abnahme der Scherviskosität. Mit Druckerhöhung vergrößert sich die Absorption. In Gasen tritt eine umgekehrte Abhängigkeit auf: Die Ultraschallabsorption in Gasen wächst mit Erhöhung der Temperatur und nimmt mit Druckzunahme ab.

Wie schon erwähnt wurde, braucht die Amplitudenabnahme der Ultraschallwelle nicht nur durch dissipative Prozesse bedingt zu sein. Man kann sie deshalb durch einen Schwächungskoeffizienten charakterisieren, der im allgemeinen Fall eine Summe darstellt: $\alpha_0 = \sum_i \alpha_{0i}$, wo α_{0i} der Dämpfungskoeffizient ist, der zum Beispiel durch Absorption infolge von Scher- und Volumenviskosität, durch Wärmeleitung und andere Absorptionsmechanismen hervorgerufen wurde, aber auch durch Streuung an Inhomogenitäten, Diffraktion der Welle und anderes bedingt sein kann. Wenn eine Funktion für die Amplitudenabnahme der Welle mit der Entfernung gegeben ist, $v_{\max} = v_{\max}(x)$, dann kann im allgemeinen ihr Dämpfungskoeffizient α_0 nach folgender Formel berechnet werden:

$$\alpha_0 = (-1/v_{\max 0})\,(\mathrm{d}v_{\max}/\mathrm{d}x). \tag{3.41}$$

α_0 bestimmt somit die relative Amplitudenabnahme der Welle mit der Einheitsentfernung. Diese Größe charakterisiert die Dämpfung einer Welle mit der Entfernung, d. h. im Raum. Man kann sie deshalb räumlichen Dämpfungskoeffizienten nennen.

Eine Welle, die sich mit der Geschwindigkeit c_0 ausbreitet, durchläuft eine Entfernung x in der Zeit $t = x/c_0$. Setzt man $x = c_0 t$ in die Formel (3.36), so erhält man das Gesetz für den zeitlichen Amplitudenabfall

$$v_{\max} = v_{\max 0}\, \mathrm{e}^{-\alpha_0 t c_0} = v_{\max 0}\, \mathrm{e}^{-t/\tau_0},$$

wobei die Bezeichnung

$$\tau_0 = (\alpha_0 c_0)^{-1} \tag{3.42}$$

eingeführt wurde. Der Koeffizient τ_0, der die Dimension der Zeit besitzt, trägt die Bezeichnung Zeitkonstante der Dämpfung. Er charakterisiert die Dämpfung der Welle mit der Zeit: Entsprechend (3.42) nimmt die Wellenamplitude in der Zeit $t = \tau_0$ auf den e-ten Teil ab. Die Größe

$$\delta_0 = \tau_0^{-1} = \alpha_0 c_0 \tag{3.43}$$

kann als zeitlicher Dämpfungskoeffizient bezeichnet werden. Wenn die Dämpfung durch STOKESsche Absorption bedingt ist, kann man entsprechend der Definition von δ_0 die STOKESsche Formel (3.39) in der Form $\delta_0 = 8/3(\pi^2\nu^2\eta_S/\{\varrho_0 c_0^2\})$ schreiben.

Als ein weiteres Charakteristikum der Dämpfung von Ultraschallwellen kann man auch das logarithmische Dämpfungsdekrement einführen. Es ist als der natürliche Logarithmus des Amplitudenverhältnisses zweier aufeinanderfolgender Schwingungen definiert, d. h. zweier benachbarter Wellen (Abb. 12): $\vartheta = \ln(v_{\max 1}/v_{\max 2})$. Setzt man $v_{\max 1} = v_{\max 0}\, e^{-\delta_0 t}$, dann ist $v_{\max 2} = v_{\max 0}\, e^{-\delta_0(t+T)}$, wobei T die Periode einer Schwingung ist. Demzufolge gilt

$$\vartheta = \ln(e^{\delta_0 T}) = \delta_0 T = \delta_0/\nu = \alpha_0 c_0/\nu = \alpha_0 \Lambda, \tag{3.44}$$

wo $\Lambda = c_0/\nu$ die Wellenlänge ist.

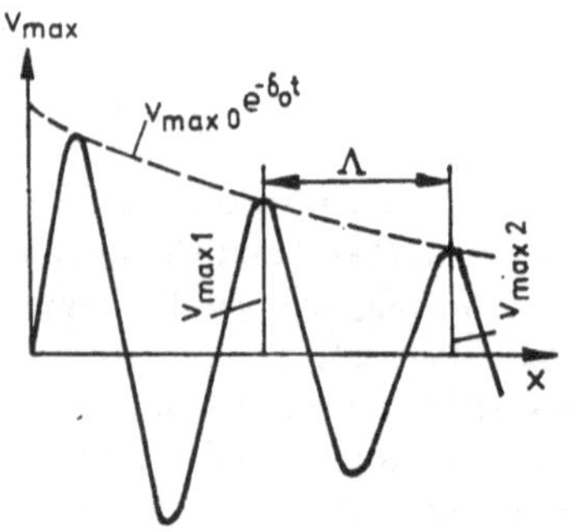

Abb. 12

Auf diese Art charakterisiert der dimensionslose Parameter $\alpha_0\Lambda$ (das „Dekrement") den Amplitudenabfall der Ultraschallwelle im Bereich einer Schwingungsperiode. Die Abweichung von der Monochromasie der Welle infolge ihrer Dämpfung kann man vernachlässigen, wenn die Bedingung $\alpha_0\Lambda \ll 1$ erfüllt wird.

Der hier eingeführte Dämpfungskoeffizient α_0 charakterisiert laut seiner Definition, die aus (3.36) und (3.41) folgt, die Amplitudendämpfung einer Ultraschallwelle und kann deshalb Amplitudenkoeffizient der Dämpfung genannt werden. Da die Amplitudencharakteristika untereinander durch lineare Beziehungen verbunden sind (s. Tab. 5), ist das exponentielle Dämpfungsgesetz (3.36) mit dem Koeffizienten α_0 für jeden beliebigen akustischen Parameter gültig, z. B. für die Druckamplitude,

$$p_{\max} = p_{\max 0}\, e^{-\alpha_0 x}, \tag{3.45}$$

für die Verschiebungsamplitude, $A = A_0\, e^{-\alpha_0 x}$, usw.

Die Energie einer Ultraschallwelle ist proportional zum Quadrat seiner Amplitude. Deshalb kann man das Gesetz für den Abfall z. B. der Intensität des Ultraschalls mit zunehmendem Abstand von der Schallquelle in folgender Form schreiben:

$$I = I_0\, e^{-2\alpha_0 x} = I_0\, e^{-\alpha'_0 x}, \tag{3.46}$$

wo

$$\alpha_0' = 2\alpha_0 \tag{3.47}$$

der Dämpfungskoeffizient der Energie ist, der uns anzeigt, in welcher Entfernung von der Schallquelle $x = 1/\alpha_0'$ die Energie der Ultraschallwelle unendlich kleiner Amplitude sich auf den e-ten Teil verringert hat.

Den Koeffizienten α_0' kann man auch auf andere Weise definieren. Für die Energiedichte haben wir analog zu (3.46) den Ausdruck

$$\overline{w} = \overline{w}_0 \, e^{-\alpha'_0 x}, \tag{3.48}$$

wo $\overline{w}_0$ die Energiedichte bei $x = 0$ ist. Wenn man hier den Wert $x = c_0 t$ einsetzt, erhält man $\overline{w} = \overline{w}_0 \exp(-\alpha_0' c_0 t)$. In der Zeiteinheit nimmt die Energiedichte der Welle, d. h. die Energie im Einheitsvolumen, den Wert $\overline{w} = \overline{w}_0 \exp(-\alpha_0' c_0)$ an. Wenn die Dämpfung klein ist, d. h. $\alpha_0' c_0 \ll 1$, kann man diesen Ausdruck genähert durch eine Reihenentwicklung, in der nur die linearen Glieder berücksichtigt werden, darstellen:

$$\overline{w} \approx \overline{w}_0(1 - \alpha_0' c_0) = \overline{w}_0 - \overline{w}_0 \alpha_0' c_0. \tag{3.49}$$

Die Größe $\overline{w}_0 - \overline{w} = \Delta\overline{w}_{\text{Abs}}$ kann man als die mittlere Energiemenge ansehen, die im Einheitsvolumen des Mediums in der Zeiteinheit absorbiert wurde. Aus (3.49) haben wir: $\Delta\overline{w}_{\text{Abs}} \approx \overline{w}_0 c_0 \alpha_0'$. Nun ist aber $\overline{w}_0 c_0$ laut (3.21) die Intensität des Ultraschalls I_0 bei $x = 0$ (d. h. $t = 0$). Demzufolge erhalten wir für den Koeffizienten α_0'

$$\alpha_0' \cong \Delta\overline{w}_{\text{Abs}}/I_0, \tag{3.50}$$

d. h., der Energieabsorptionskoeffizient des Ultraschalls α_0' kann als das Verhältnis der mittleren Energie, die im Einheitsvolumen in der Zeiteinheit absorbiert wurde, zur Intensität des Ultraschalls, d. h. zur Gesamtenergie, die in dieses Volumen in der Zeiteinheit gelangt ist, definiert werden. Für den Amplitudenkoeffizienten α_0 haben wir dann entsprechend (3.47) $\alpha_0 = \Delta\overline{w}_{\text{Abs}}(2I_0)$. Solch eine Definition von α_0' und α_0 erweist sich in einer Reihe von Fällen als sehr angenehm, weil sie den Ultraschallabsorptionskoeffizienten ohne Berechnung der komplexen Wellenzahl zu ermitteln gestattet.

Wenn das Gesetz für den Abfall der Wellenenergie mit der Entfernung bekannt ist, dann wird der energetische Dämpfungskoeffizient nach der Formel

$$\alpha_0' = -\frac{1}{\overline{w}_0}\frac{d\overline{w}(x)}{dx} = -\frac{1}{I_0}\frac{dI(x)}{dx} \tag{3.51}$$

gefunden. Auf analoge Art wird der zeitliche Dämpfungskoeffizient nach der bekannten Abhängigkeit der Wellenamplitude oder ihrer Energie von der Zeit berechnet:

$$\delta_0 = -\frac{1}{v_{\max 0}}\frac{dv_{\max}(t)}{dt} = -\frac{1}{2I_0}\frac{dI(x)}{dt}, \tag{3.52}$$

wo der Index Null zum Moment $t = 0$ gehört.

Es ist zu bemerken, daß bei einem exponentiellen Dämpfungsgesetz, ausgedrückt durch (3.45) oder (3.48), das charakteristisch für die Absorption ebener Wellen unendlich kleiner Amplitude ist, die Formeln (3.51), (3.52) und (3.41) konstante Dämpfungskoeffizienten liefern. Im allgemeinen Fall können diese entfernungsabhängig sein (oder zeitabhängig).

Die Dämpfung des Ultraschalls wird oft in logarithmischer Skala (in Dezibel) angegeben. Um den Zusammenhang zwischen dem Absorptionskoeffizienten, der in dieser Skala gemessen worden ist, und dem Koeffizienten α_0, der in reziproken Zentimetern gemessen wurde, zu zeigen, nutzen wir die Beziehungen für die Druckamplituden aus, d. h. (3.45) und (3.23). Setzt man in ihnen $x = 1$ cm, dann erhalten wir $p_{\max 0}/p_{\max} = 10^{\Delta\beta/20}$, woraus $\Delta\beta = 20\alpha_0 \log e = 8{,}69\alpha_0 = 4{,}34\alpha_0'$ folgt. α_0' ist der Absorptionskoeffizient der Intensität, gemessen in reziproken Zentimetern. Die Änderung des Ultraschallpegels mit der Zeit kann man in Dezibel je Sekunde messen. Wenn der zeitliche Koeffizient der Amplitudendämpfung δ_0 oder der Intensität δ_0' bekannt ist (in s^{-1}), dann haben wir für die Umrechnung der Dämpfung in Dezibel je Sekunde den Zusammenhang $\Delta\beta' = 8{,}68\delta_0 = 4{,}34\delta_0'$.

Betrachten wir einige Zahlenbeispiele und nutzen dabei die experimentellen Daten, die in Tabelle 6 angeführt worden sind, aus.

Für Luft gilt bei Normalbedingungen und der Frequenz 1 MHz $\alpha_0 = (3 \cdot 10^{-13}) \cdot 10^{12}$ cm^{-1} $= 0{,}3$ cm^{-1} $= 2{,}6$ dB/cm. Das bedeutet, daß sich die Amplitude des Schalldruckes in Luft bei 1 MHz auf den e-ten Teil auf einer Entfernung von ungefähr 0,3 cm verringert. Die Ultraschallwellenlänge in Luft beträgt bei dieser Frequenz $\Lambda = c_0/\nu \approx 0{,}03$ cm. Das Dekrement ist dabei $\vartheta = \alpha_0\Lambda = 0{,}01$. Folglich ist das Amplitudenverhältnis zweier benachbarter Wellen $\exp(\alpha_0\Lambda) = 1{,}01$, d. h., auf einer Entfernung, die der Wellenlänge gleich ist, verringert sich die Amplitude um $\approx 1\%$, so daß man die Abweichung von der Monochromasie der Welle selbst bei so großer Dämpfung vernachlässigen kann.

Bei der gleichen Frequenz von 10^6 Hz ist der Ultraschallabsorptionskoeffizient in Wasser $\alpha_0 = 25 \cdot 10^{-5}$ cm^{-1} ($2{,}2 \cdot 10^{-3}$ dB/cm). Das bedeutet, daß sich die Ultraschallwellenamplitude in Wasser auf den e-ten Teil auf einer Entfernung von ungefähr 40 m verringert. Das Dekrement ist dabei $\vartheta = \alpha_0 c_0/\nu \approx 4 \cdot 10^{-5}$, d. h., die Amplitudenverkleinerung auf dem Abschnitt einer Wellenlänge ist eine vernachlässigbar kleine Größe.

Nehmen wir nun eine stark absorbierende Flüssigkeit, z. B. Glyzerin. Für dieses haben wir bei der gleichen Frequenz $\alpha_0 = 0{,}025$ cm^{-1} (0,22 dB/cm) und $\alpha_0\Lambda = 5 \cdot 10^{-3}$. Mit Erhöhung der Frequenz wächst das Dämpfungsdekrement (proportional zur Frequenz).

Aus den angeführten Abschätzungen folgt, daß man wenigstens in kleinen Volumina eines geringviskosen Mediums die Ultraschallausbreitung in bezug auf monochromatische Wellen ohne Berücksichtigung der Absorption betrachten kann. Man muß die Dämpfung zusätzlich in den Fällen berücksichtigen, wenn der Einfluß der Absorption eine wesentliche Rolle in der untersuchten Erscheinung spielen kann.

3.5. Scherwellen in Flüssigkeiten

Einem idealen Medium schreiben wir Abwesenheit von Scherspannungen zu und nehmen an, daß es nur Volumenelastizität besitzt, die durch den Kompressionsmodul K charakterisiert wird. In realen Flüssigkeiten, in denen man auch die Scherelastizität vernachlässigen kann, können im MHz-Bereich wenigstens Scherspannungen entstehen. Sie werden durch die von Null verschiedene Scherviskosität η_S hervorgerufen („viskose Spannungen"). Folglich können sich in einer realen Flüssigkeit auch Scherwellen (Transversalwellen) ausbreiten, die tangential zur Schwingungsebene erregt werden. Diese Wellen müssen selbstverständlich gedämpft werden, da die oben betrachtete Dämpfung longitudinaler Wellen hauptsächlich durch die Existenz einer Scherkomponente der Spannung in der Welle hervorgerufen wird.

Die Bewegungsgleichung für eine ebene Scherwelle, die sich längs der x-Achse ausbreitet mit einer Verschiebung ζ längs der z-Achse, läßt sich folgendermaßen schreiben:

$$\frac{\partial^2\zeta}{\partial t^2} = \frac{G^*}{\varrho_0}\,\frac{\partial^2\zeta}{\partial x^2}, \tag{3.53}$$

wo G^* der effektive Schermodul ist. Nach der allgemeinen Definition ist dieser gleich dem Verhältnis der Tangentialspannung σ_{zx} zur entsprechenden Deformation $\varepsilon_{zx} = \partial\zeta/\partial x$:

$$G^* = \sigma_{zx}/\varepsilon_{zx}. \tag{3.54}$$

Die viskose Spannung σ_{zx} ist in einer NEWTONschen Flüssigkeit (für die $\eta_S = \text{const}$ ist) der Deformationsgeschwindigkeit proportional, $\sigma_{zx} = \eta_S(\partial\varepsilon_{zx}/\partial t) = \eta_S(\partial v_z/\partial x)$. Für einen sinusförmigen Prozeß mit der Frequenz ω ist $\partial/\partial t = \mathrm{i}\omega$, somit $\sigma_{zx} = \mathrm{i}\omega\eta_S\varepsilon_{zx}$. Damit ist entsprechend (3.54) $G^* = \mathrm{i}\omega\eta_S$. Da gleichzeitig $\partial\zeta/\partial t = v = \mathrm{i}\omega\zeta$ gilt, nimmt Gleichung (3.53) die Form der bekannten Diffusionsgleichung an,

$$\partial v/\partial t = (\eta_S/\varrho_0)\,(\partial^2 v/\partial x^2). \tag{3.55}$$

Um die Absorption und Geschwindigkeit einer Scherwelle zu finden, die durch die Viskosität verursacht ist, werden wir die Lösung dieser Gleichung in der Form einer einlaufenden, ebenen, gedämpften Welle vom Typ (3.35) suchen, d. h.

$$v = v_{\max 0} \exp \mathrm{i}(\omega t - \tilde{k}x) \tag{3.56}$$

mit der komplexen Wellenzahl $\tilde{k}$, die durch die Beziehung (3.34)

$$\tilde{k} = k^* + \mathrm{i}\alpha_S \tag{3.57}$$

definiert ist. $k^* = \omega/c^*$ ist der Realteil der Wellenzahl, der gleich dem Verhältnis der Frequenz zur Ausbreitungsgeschwindigkeit der gesuchten Welle ist; α_S ist ihr Absorptionskoeffizient. Setzt man den Ausdruck (3.56) in (3.55) ein, so erhält man $-\mathrm{i}\omega = \eta_S\tilde{k}^2/\varrho_0$, woraus mit $\sqrt{(-\mathrm{i})} = (1 - \mathrm{i})\sqrt{(1/2)}$ folgt

$$\tilde{k} = \mathrm{i}\sqrt{\mathrm{i}\omega\varrho_0/\eta_S} = \sqrt{\frac{\pi\nu\varrho_0}{\eta_S}}\,(1 - \mathrm{i}), \tag{3.58}$$

$\nu = \omega/2\pi$ ist die Frequenz. Somit nimmt die Gleichung der gesuchten Welle die Form

$$v = v_{\max 0} \exp \mathrm{i}\left[\omega t - \sqrt{\pi\nu\varrho_0/\eta_S}\,(1 - \mathrm{i})\,x\right] \tag{3.59}$$

an. Die Amplitude dieser Welle ändert sich nach dem exponentiellen Gesetz

$$v_{\max} = v_{\max 0} \exp\left(-\sqrt{\pi\nu\varrho_0/\eta_S}\cdot x\right) \tag{3.60}$$

mit dem Dämpfungskoeffizienten

$$\alpha_S = \operatorname{Im}\tilde{k} = \sqrt{\pi\nu\varrho_0/\eta_S}\,. \tag{3.61}$$

Die Ausbreitungsgeschwindigkeit c^* dieser Welle finden wir aus der Beziehung $c = \omega/k^*$, wo k^* der Realteil der komplexen Wellenzahl (3.57) ist, d. h. analog (3.58) $k^* = \alpha_S = \left(\sqrt{\nu\varrho_0/\eta_S}\right)$. Folglich ist

$$c^* = \omega\sqrt{\eta_S}/\sqrt{\pi\nu\varrho_0} = 2\sqrt{\pi\nu\eta_S/\varrho_0}, \tag{3.62}$$

d. h., die Ausbreitungsgeschwindigkeit einer viskosen Scherwelle hängt wesentlich von der Frequenz des Ultraschalls ab. Sie beträgt zum Beispiel in Wasser für eine Frequenz von 1 MHz bei Zimmertemperatur ($\eta_S = 10^{-3}$ Pa s, $\varrho_0 = 1$ g cm^{-3}) 400 cm s^{-1}, bei gleichen Bedingungen in Glyzerin ($\eta_S = 1{,}4$ Pa s; $\varrho_0 = 1{,}26$ g cm^{-3}) 10^4 cm s^{-1}.

Als Konstante, die die Absorption von Scherwellen charakterisiert, bietet sich entsprechend (3.61) die Größe $\alpha_S/\sqrt{\nu} = \sqrt{\pi\varrho_0/\eta_S}$ an. Für Wasser beträgt sie bei Zimmertemperatur ungefähr 18 $\sqrt{s}$/cm, für Glyzerin ungefähr 0,5 $\sqrt{s}$/cm. Somit ist selbst bei der niedrigsten Ultraschallfrequenz von 20 kHz $= 2 \cdot 10^4$ s^{-1} der Absorptionskoeffizient einer Scherwelle in Wasser $\alpha_S = 2 \cdot 10^3$ cm^{-1}, in Glyzerin $\alpha_S = 50$ cm^{-1}. In Luft beträgt der Absorptionskoeffizient $\alpha_S = 400$ cm^{-1}, d. h., er ist kleiner als in Wasser. Die Dichte der Luft wurde mit $\varrho_0 = 10^{-3}$ g cm^{-3} und die Viskosität mit $\eta_S = 10^{-5}$ Pa s eingesetzt. Für Longitudinalwellen beträgt der Absorptionskoeffizient bei der gleichen Frequenz in Wasser 10^{-7} cm^{-1}, in Glyzerin 10^{-5} cm (s. Tab. 6). Bei der Frequenz $\nu = 2$ MHz vergrößert sich der Absorptionskoeffizient der Scherwelle um eine Größenordnung, der der longitudinalen Wellen wächst um vier Größenordnungen (da $\alpha_0 \sim \nu^2$). Infolge solch eines Unterschiedes in der Frequenzabhängigkeit können α_0 und α_S bei einer gewissen Frequenz gleich sein. Das ist tatsächlich für Wasser bei ungefähr 10^{12} Hz und für Glyzerin bei etwa 10^{10} Hz der Fall. Bei solch hohen Frequenzen kann man aber nicht mehr die Scherelastizität der Flüssigkeiten vernachlässigen, die mit Erhöhung der Geschwindigkeit der Scherdeformation, d. h. der Frequenz, anwächst [13, 14]. Im MHz-Bereich ist in nicht zu viskosen Flüssigkeiten der Absorptionskoeffizient für Scherwellen um einige Größenordnungen höher als der für longitudinale Wellen. Wie aus den durchgeführten Abschätzungen zu entnehmen ist, wird die Scherwelle auf einer sehr kleinen Entfernung von der Schallquelle gedämpft: ihre Amplitude nimmt auf den e-ten Teil auf der Entfernung $\Delta = \alpha_S^{-1} = \sqrt{(\eta_S/(\pi\nu\varrho_0))}$ ab. Diese Strecke wird Eindringtiefe genannt. Für die oben angeführten Beispiele beträgt diese Größe etwa $2 \cdot 10^{-2}$ cm für Glyzerin und $2 \cdot 10^{-3}$ cm für Wasser.

Das Dämpfungsdekrement einer Scherwelle finden wir nach der Definition (3.44), die $\vartheta = \alpha_S c^*/\nu = 2\pi$ liefert. Somit ist das Dämpfungsdekrement einer viskosen Scherwelle (das durch den Logarithmus des Verhältnisses benachbarter Amplituden definiert ist) frequenzunabhängig und konstant. Die Konstante ist eine ziemlich große Zahl, was zeigt, daß eine Scherwelle in der Flüssigkeit praktisch auf einer Entfernung gedämpft wird, die einer Wellenlänge entspricht. Deshalb kann man nur von viskosen Spannungen sprechen, die nah an der Oberfläche einer tangential schwingenden Schallquelle existieren und die in einer dünnen Grenzschicht der Flüssigkeit abklingen. Diese Spannungen können sich in Rückwirkungen auf die Quelle äußern, in der Übertragung einer Scherwelle durch elastische Körper über eine dünne Flüssigkeitsschicht, in der Bildung von Wirbelströmen in einer Flüssigkeitsschicht nah der Quelle, in zusätzlichen Verlusten bei der Reflexion einer longitudinalen Welle in einem viskosen Medium bei schrägem Einfall auf eine feste Grenze [15] und in anderen ähnlichen Effekten.

Viskose Verluste können insbesondere an den Grenzen eines realen Ultraschallbündels entstehen, das von einer nichtangeregten Flüssigkeit umgeben ist. Unter der Voraussetzung der Kontinuitätserhaltung an der Grenze werden die schwingenden Flüssigkeitsteilchen in der Grenzschicht des Bündels viskose Spannungen im nichtangeregten Medium hervorrufen [16]. Dabei wird ein Teil der Energie des Bündels in viskose Wellen transformiert, die in einer Tiefe Δ von der Grenze des Bündels entfernt gedämpft werden, d. h., im begrenzten Bündel werden zusätzliche Energieverluste auftreten. Eine angenäherte Berechnung dieser Verluste als Verhältnis des mittleren Energieflusses, der durch die Grenze des Bündels gestreut worden ist, zu seiner Intensität liefert die Größe

$$\gamma^* = c^*/(8c_0) = [1/(4c_0)]\sqrt{\eta_S \pi \nu/\varrho_0} \tag{3.63}$$

[16], die durch die Geschwindigkeit der viskosen Welle c^* (3.62) und die Schallgeschwindigkeit c_0 im gegebenen Medium bestimmt ist. Da die Geschwindigkeit c^* mit der Ultraschallfrequenz wächst und c_0 konstant ist, steigt mit Zunahme der Frequenz auch der Anteil der viskosen Verluste an den Grenzen des Bündels. Mit Frequenzerhöhung vergrößert sich auch die Absorption der Volumenwellen, die durch den Absorptionskoeffizienten α_0 laut (3.38) bestimmt wird. Es ist deshalb interessant, die viskosen Energieverluste an der Bündelgrenze ΔI_{Gr} den Verlusten in seinem Volumen ΔI_{Vol} gegenüberzustellen. Für ein Bündel mit quadratischem Querschnitt der Größe a^2 ergibt dies bei Ausnutzung der Beziehungen (3.63) und (3.39) und Vernachlässigung der Volumenviskosität ($\eta = \eta_S$)

$$\frac{\Delta I_{\mathrm{Gr}}}{\Delta I_{\mathrm{Vol}}} = \frac{2\gamma^*}{a\alpha_0} = \frac{c_0^2}{4\pi^2 a}\sqrt{\frac{\pi\varrho_0}{\eta_S \nu^3}} = \frac{\alpha_S}{k^2 a}, \tag{3.64}$$

wo $k = 2\pi/\Lambda$ die Wellenzahl für Volumenwellen ist.

Die viskosen Verluste an den Grenzen des Bündels nehmen also mit Zunahme der Ultraschallfrequenz ab, ebenfalls mit Anwachsen der Querabmessungen des Bündels und mit Vergrößerung der Viskosität. Sie werden vergleichbar ($I_{\mathrm{Gr}} = I_{\mathrm{Vol}}$) bei $k^2 a = \alpha_S$. Für Wasser ist zum Beispiel bei $ka = 10$ nach (3.64) bei $\nu^* \approx 10^8$ Hz Gleichheit vorhanden. Bei niedrigeren Frequenzen übersteigen die Verluste an den Grenzen sogar die Verluste im Volumen des Bündels. Aber die Bedingung $ka = 10$ ($a \approx 1{,}5\Lambda$) ist nicht vereinbar mit der Bedingung, daß das Bündel gerichtet ist, d. h. $ka \gg 1$ ($a \gg \Lambda$). Mit Vergrößerung des Parameters ka fällt die Frequenz ν^* schnell ab. So beträgt sie bei Wasser für $ka = 100$ schon ungefähr 1 MHz. Bei höheren Frequenzen werden die Verluste an den Grenzen des Bündels kleiner als die Verluste im Volumen; dabei wird für hohe Frequenzen auch die Bedingung $ka \gg 1$ verstärkt. Es soll noch bemerkt werden, daß in realen Bündeln die Geschwindigkeitsgradienten an ihren Grenzen infolge der Diffraktionsverwaschung der Grenzen angeglichen worden sind.

Somit kann man bei hohen Ultraschallfrequenzen die Rolle der viskosen Verluste an den Bündelgrenzen vernachlässigen und die Resultate beibehalten, die für ebene longitudinale Wellen und für reale Ultraschallbündel mit ausreichend großen Querabmessungen (im Vergleich zur Wellenlänge) in einem ausreichend großen Volumen einer realen Flüssigkeit erhalten worden sind.

4. Ebene Wellen endlicher Amplitude

4.1. Nichtlineare Glieder in den Gleichungen der Hydrodynamik

Wie schon wiederholt erwähnt, kann man die linearisierten Gleichungen der Hydrodynamik (2.5), (2.12) und (2.16) nur für unendlich kleine Anregungen als exakt ansehen. Die Lösung der linearen Wellengleichung

$$v = v_{\max} \sin \omega(t - x/c_0) \tag{4.1}$$

beschreibt, streng gesprochen, eine hypothetische Welle „unendlich kleiner Amplitude". Jede reelle Ultraschallwelle hat dagegen eine endliche Amplitude, und für ihre strenge Beschreibung muß man von den exakten (nichtlinearen) Gleichungen der Hydrodynamik ausgehen. Im eindimensionalen Fall haben diese Gleichungen für ein Medium ohne Verluste entsprechend den Formeln (2.4) und (2.11) die Form

$$\frac{\partial v}{\partial t} + v \frac{\partial v}{\partial x} = -\frac{1}{\varrho} \frac{\partial p}{\partial x} \tag{4.2}$$

(Bewegungsgleichung);

$$\frac{\partial \varrho}{\partial t} + v \frac{\partial \varrho}{\partial x} = -\varrho \frac{\partial v}{\partial x} \tag{4.3}$$

(Kontinuitätsgleichung), wo $\varrho = \varrho_0 + \Delta\varrho(x, t)$ die gesamte lokale Dichte des Mediums ist, die mit dem Druck p über die adiabatische Zustandsgleichung verbunden ist,

$$p = p(\varrho). \tag{4.4}$$

Im allgemeinen ist diese Gleichung auch nichtlinear. Sie kann als unendliche Taylor-Reihe nach Potenzen von $\Delta\varrho$ dargestellt werden,

$$p = P - P_0 = \left(\frac{\partial p}{\partial \varrho}\right)_{\varrho=\varrho_0} \Delta\varrho + \frac{1}{2!}\left(\frac{\partial^2 p}{\partial \varrho^2}\right)_{\varrho=\varrho_0} \Delta\varrho^2 + \frac{1}{3!}\left(\frac{\partial^3 p}{\partial \varrho^3}\right)_{\varrho=\varrho_0} \Delta\varrho^3 + \cdots,$$

oder nach Potenzen der relativen Kompression $\Delta\varrho/\varrho_0 = s$,

$$p = \varrho_0\left(\frac{\partial p}{\partial \varrho}\right)_{\varrho=\varrho_0} s + \frac{\varrho_0^2}{2!}\left(\frac{\partial^2 p}{\partial \varrho^2}\right)_{\varrho=\varrho_0} s^2 + \frac{\varrho_0^3}{3!}\left(\frac{\partial^3 p}{\partial \varrho^3}\right)_{\varrho=\varrho_0} s^3 + \cdots. \tag{4.5}$$

Wir führen eine Abschätzung der nichtlinearen Glieder in den Gleichungen (4.2) bis (4.4) aus, indem wir die erhaltenen Beziehungen der linearen Akustik ausnutzen. Nehmen wir eine sinusförmige Erregung an, z. B. in der Form (4.1), so haben wir

$$\left|v\frac{\partial v}{\partial x}\right|_{\max} \equiv b = \frac{\omega v_{\max}^2}{c_0}; \quad \left|\frac{\partial v}{\partial t}\right| \equiv a = \omega v_{\max}; \quad \left|\frac{b}{a}\right| = \frac{v_{\max}}{c_0};$$

$$\left|v\frac{\partial \varrho}{\partial x}\right|_{\max} \equiv b' = \frac{\omega v_{\max}\varrho_{\max}}{c_0}; \quad \left|\frac{\partial \varrho}{\partial t}\right| \equiv a' = \omega \varrho_{\max}; \quad \frac{b'}{a'} = \frac{v_{\max}}{c_0}.$$

Somit ist das Verhältnis des nichtlinearen Gliedes zum linearen in beiden EULER-Gleichungen ein und dieselbe Größe, deren Maximalwert gleich dem Verhältnis der Amplitude der Schwingungsgeschwindigkeit $v_{\max}$ zur Schallgeschwindigkeit c_0 ist. Der Terminologie der Hydrodynamik entlehnt, in der das Verhältnis der Strömungsgeschwindigkeit zur Schallgeschwindigkeit als MACH-Zahl bezeichnet wird, kann man die Größe $v_{\max}/c_0$ akustische MACH-Zahl nennen:

$$\mathrm{Ma} = \frac{v_{\max}}{c_0} = s_{\max} = \frac{\varrho_{\max}}{\varrho_0} = \frac{2\pi A}{\Lambda} = \frac{p_{\max}}{K} \approx \frac{p_{\max}}{P_0}. \tag{4.6}$$

Das Verhältnis des quadratischen Gliedes zum linearen in der Zustandsgleichung (4.5) hat folglich die gleiche Größenordnung.

Die Ultraschallintensität, die in der Laborpraxis bei physikalischen Messungen verwendet wird, übersteigt normalerweise nicht 0,01 bis 0,1 W/cm². Solchen Intensitäten entspricht eine MACH-Zahl der Größenordnung 10^{-5} bis 10^{-6}. Dabei wird die Bedingung, daß die Amplituden der akustischen Parameter klein im Vergleich zu ihren mittleren Werten sind, d. h.

$$\mathrm{Ma} = s_{\max} \ll 1, \tag{4.7}$$

gut erfüllt. Dies gestattet, die nichtlinearen Glieder in den Gleichungen (4.2) bis (4.5) bei der Beschreibung realer Wellen kleiner Amplituden zu vernachlässigen. Diese Wellen gehorchen ausreichend genau den Gesetzen der linearen Akustik.

Gemäß den Abschätzungen in Abschnitt 3.4. entspricht einer relativ hohen Ultraschallintensität $I = 1\,\mathrm{W/cm^2}$ in Wasser ($v_{\max} \approx 0{,}1\,\mathrm{m\,s^{-1}}$, $c_0 \approx 1500\,\mathrm{m\,s^{-1}}$) ein $\mathrm{Ma} = 6 \cdot 10^{-5}$. Bei sehr großer Intensität (100 W/cm²) erreicht die MACH-Zahl Werte um 10^{-3}, die man als Grenzwerte für ebene Ultraschallwellen in Flüssigkeiten und Festkörpern ansehen kann. In Gasen werden solche MACH-Zahlen bei relativ geringen Amplituden erreicht. Ursache ist ihre geringe Dichte. Da aber nur ein geringer Wirkungsgrad der Ultraschallabstrahlung in Gasen möglich ist, kann man im Ultraschallbereich keine großen MACH-Zahlen realisieren. Somit behält die Ungleichung (4.7) praktisch für beliebige Ultraschallwellen ihre Gültigkeit.

Nichtsdestoweniger beginnen bei ausreichend hoher Ultraschallintensität die Effekte der endlichen Amplitude („nichtlineare Effekte") offensichtlich zu wirken. Bei der Analyse der Ausbreitung solcher Wellen ist es dann notwendig, in den Gleichungen (4.2) bis (4.5) nichtlineare Glieder zu berücksichtigen, ungeachtet ihrer Kleinheit. In diesem Zusammenhang muß erwähnt werden, daß der in der Literatur anzutreffende Terminus „Welle endlicher Amplitude" unter experimentellem Aspekt nicht sonderlich günstig ist, weil jede beliebige reale Welle eine endliche Amplitude hat. Nichtlineare Effekte treten nicht in jeder realen Welle auf, sondern nur bei ausreichend großer Amplitude dieser Welle. Bei welchem Wert das ist, hängt von der Empfindlichkeit der Apparatur und der Methode zur Registrierung des gegebenen, konkreten nichtlinearen Effektes ab. In theoretischer Hinsicht hat dieser Terminus einen vollständig definierten Sinn. Er weist auf die Berücksichtigung nichtlinearer Glieder in den Gleichungen der Hydrodynamik und der Folgerungen daraus hin. In eben diesem Sinne wird dieser Terminus auch in der hier vorliegenden Darlegung beibehalten. Die reale Ultraschallwelle, in der faktisch nichtlineare Effekte auftreten, werden wir einfach „Welle großer Amplitude" nennen. Vereinbarungsgemäß werden dabei starke Stoßwellen (die zum Beispiel bei Explosionen oder Entladungen entstehen) aus der Betrachtung ausgeklammert. Solche Wellen hätten eine MACH-Zahl, die nahe Eins ist. Sie gehorchen anderen Ausbreitungsgesetzen (siehe z. B. [17, 18]). Wir wollen jetzt betrachten, wozu die Berücksichtigung nichtlinearer Glieder in den Gleichungen der Hydrodynamik führt, wobei wir einstweilen dissipative Prozesse vernachlässigen. Deren Rolle werden wir später aufklären.

4.2. Exakte Lösung des nichtlinearen Systems für ein nichtdissipatives Medium

Das System nichtlinearer Differentialgleichungen (4.2), (4.3) ist schon im 19. Jahrhundert durch eine Reihe von Autoren mit unterschiedlichen Methoden gelöst worden. Die verallgemeinertste von ihnen ist die RIEMANN-Methode. Sie basiert auf der Annahme einer allgemeinen Abhängigkeit zwischen Druck und Dichte in der Form (4.4). Wenn man die frühere Bezeichnung

$$c^2 = \mathrm{d}p/\mathrm{d}\varrho \tag{4.8}$$

einführt, kann man (4.2) und (4.3) in die Form

$$\frac{\partial v}{\partial t} + v\,\frac{\partial v}{\partial x} + c^2\,\frac{\partial(\ln\varrho)}{\partial x} = 0, \qquad \frac{\partial(\ln\varrho)}{\partial t} + v\,\frac{\partial(\ln\varrho)}{\partial x} + \frac{\partial v}{\partial x} = 0$$

umschreiben. Wir multiplizieren die zweite der Gleichungen mit $+c$ und $-c$ und addieren sie darauf zur ersten. Wir erhalten dann

$$\begin{aligned} &\frac{\partial}{\partial t}\,(v + c\ln\varrho) + (v + c)\,\frac{\partial}{\partial x}\,(v + c\ln\varrho) = 0,\\ &\frac{\partial}{\partial t}\,(v - c\ln\varrho) + (v - c)\,\frac{\partial}{\partial x}\,(v - c\ln\varrho) = 0. \end{aligned} \tag{4.9}$$

Wir führen neue Variable ein:

$$v + c\ln\varrho \equiv 2g, \qquad v - c\ln\varrho \equiv 2h; \tag{4.10}$$

$$\xi \equiv x - t(v + c), \qquad \eta \equiv x - t(v - c). \tag{4.11}$$

Nachdem die Differentiationen in (4.9) ausgeführt worden sind, kommen wir zum einfachen Gleichungssystem $c\,\partial g/\partial\eta = 0$; $c\,\partial h/\partial\xi = 0$. Dabei ist berücksichtigt worden, daß die Größen g und h über die mittelbaren Variablen ξ und η von x und t abhängen. Da $c \neq 0$ ist, muß $\partial g/\partial\eta = \partial h/\partial\xi = 0$ sein. Daraus ist zu entnehmen, daß g nicht von η abhängt, aber h. Andererseits ist h nicht von ξ abhängig, dagegen g. Somit gilt $g = f_1(\xi)$, $h = f_2(\eta)$. Da analog zu (4.10) $g + h = v$ ist, gilt $v = f_1(\xi) + f_2(\eta)$. Ersetzen wir hier die Werte ξ und η nach (4.11), dann erhalten wir die exakte Lösung $v(x, t) = f_1[x - t(c + v)] + f_2[x + t(c - v)]$. Diese Lösung stellt die Gesamtheit von zwei ebenen Wellen dar, die sich in zueinander entgegengesetzten Richtungen längs der x-Achse ausbreiten. Bei einer harmonischen Schwingung der Quelle $v(x = 0) = v_{\max} \sin \omega t$ haben wir die exakte Lösung

$$v(x,t) = v_{\max} \sin \omega \left(t - \frac{x}{c + v}\right), \tag{4.12}$$

die sich von der einer Welle unendlich kleiner Amplitude (4.1) nur durch die Ausbreitungsgeschwindigkeit unterscheidet.

4.3. Ausbreitungsgeschwindigkeit von Wellen endlicher Amplitude

Die Lösung (4.12) beschreibt eine ebene Welle, die sich in einem nichtdissipativen System längs der positiven x-Achse mit der Phasengeschwindigkeit

$$c' = c + v(x, t) \tag{4.13}$$

ausbreitet. c' hängt jetzt von v ab, d. h. von x und t, und kann deshalb lokale Geschwindigkeit genannt werden. Somit ist die lokale Geschwindigkeit die Ausbreitungsgeschwindigkeit einer gegebenen Phase der Welle, die durch einen bestimmten Wert der Schwingungsgeschwindigkeit v charakterisiert wird. Die Größe c in (4.13) wird manchmal „Orts-Schallgeschwindigkeit" genannt. Sie ist die übliche Schallgeschwindigkeit und wird durch die Beziehung (4.8) definiert. Sie kann durch Differentiation der adiabatischen Zustandsgleichung, dargestellt in Form der Reihe (4.5), nach der Dichte gefunden werden. Die Kleinheit der akustischen MACH-Zahl, d. h. der relativen Kompression $s = \Delta\varrho/\varrho_0$ in einer Ultraschallwelle, gestattet es, mit ausreichender Genauigkeit sich auf die quadratischen Glieder dieser Reihe zu beschränken:

$$p \approx Ks + (B/2)\, s^2, \tag{4.14}$$

wobei K (Kompressionsmodul) und B („nichtlinearer" Modul) durch (2.20) und (2.21) definiert sind.

Differenziert man (4.14) nach der Dichte, so erhält man auf der Basis von (4.8)

$$c = \left(\frac{\mathrm{d}p}{\mathrm{d}\varrho}\right)^{1/2} = \left(\frac{K}{\varrho_0} + \frac{Bs}{\varrho_0}\right)^{1/2} = c_0 \left(1 + \frac{B}{2K}\, s\right). \tag{4.15}$$

$c_0 = (K/\varrho_0)^{1/2}$ ist entsprechend (2.34) die Ausbreitungsgeschwindigkeit einer Welle unendlich kleiner Amplitude. Der zweite Summand in den Klammern ist ein kleines

Korrekturglied für diese Geschwindigkeit. Dieses rührt vom quadratischen Glied in (4.14) her. Wenn man nun die lineare Beziehung zwischen relativer Kompression und Schwingungsgeschwindigkeit $s = v/c_0$ ausnutzt und diese in (4.15) einsetzt, erhält man

$$c = c_0 + (B/2K)\, v. \tag{4.16}$$

Die Berücksichtigung des quadratischen Gliedes in der Zustandsgleichung führt somit zu einer Abhängigkeit der üblichen, der „Ortsgeschwindigkeit" c von der veränderlichen Größe v. Diese Abhängigkeit ist nur durch die elastische Nichtlinearität des Mediums bedingt, die ihrerseits, wie Gleichung (4.16) zeigt, durch das Verhältnis der Koeffizienten des quadratischen und linearen Gliedes der adiabatischen Zustandsgleichung (4.14) bestimmt wird. Infolgedessen wird das Verhältnis B/K nichtlinearer Parameter des Mediums genannt.

Setzt man nun (4.16) in (4.13) ein, so erhält man einen Ausdruck für die lokale Geschwindigkeit:

$$c' = c_0 + (B/2K)\, v + v = c_0 + \varepsilon_0 v(x, t), \tag{4.17}$$

wo $\varepsilon_0 = (B/K + 2)/2$ ist.

Die lokale Geschwindigkeit c', mit der sich verschiedene Phasen einer Welle endlicher Amplitude (4.12) ausbreiten, ist also um v größer als die „Ortsgeschwindigkeit". Dieses Zusatzglied ist nur durch die Berücksichtigung der Nichtlinearität in den Gleichungen der Hydrodynamik bedingt ((4.2) und (4.3)). Eine elastische Nichtlinearität des Mediums verstärkt dieses Zusatzglied um das ε_0-fache. Der Koeffizient ε_0 in (4.17) ist demzufolge ein bestimmtes Charakteristikum der Nichtlinearität der elastischen Eigenschaften des Mediums und kann deshalb Nichtlinearitätskoeffizient genannt werden. Der Nichtlinearitätsparameter B/K oder der Koeffizient ε_0 können ohne weiteres berechnet werden, wenn die Zustandsgleichung des Mediums in expliziter Form gegeben ist.

Für einen isothermen Prozeß in einem idealen Gas ist die Zustandsgleichung durch das Boyle-Mariottesche Gesetz gegeben:

$$P/P_0 = \varrho/\varrho_0.$$

Für diesen Fall sind $c = (\mathrm{d}P/\mathrm{d}\varrho)^{1/2} = (P_0/\varrho_0)^{1/2} = c_0$, $B = \varrho_0^2(\mathrm{d}^2P/d\varrho^2) = 0$, $B/K = 0$, $\varepsilon_0 = 1$, $c' = c_0 + v$. Damit unterscheidet sich selbst bei linearer Zustandsgleichung die lokale Geschwindigkeit von c_0 infolge der Nichtlinearität der hydrodynamischen Gleichungen (4.2) und (4.3).

Für einen adiabatischen Prozeß in einem Gas kann als Zustandsgleichung die Poisson-Gleichung (2.24) dienen:

$$P = P_0(\varrho/\varrho_0)^\gamma. \tag{4.18}$$

Wenn man diese Gleichung zweimal nach der Dichte im Punkt $\varrho = \varrho_0$ differenziert und mit ϱ_0^2 multipliziert, so erhält man analog zu (2.21)

$$B = \varrho_0^2(\mathrm{d}^2P/\mathrm{d}\varrho^2)_{\varrho=\varrho_0} = \gamma(\gamma - 1)\, P_0.$$

In diesem Fall ist der adiabatische Kompressionsmodul $K = \varrho_0(\mathrm{d}P/\mathrm{d}\varrho)_{\varrho=\varrho_0} = \gamma P_0$.

Daraus folgt

$$B/K = \gamma - 1 \tag{4.19}$$

und

$$\varepsilon_0 = (\gamma + 1)/2. \tag{4.20}$$

Gemäß (4.16), (4.17), (4.19) und (4.20) erhalten wir

$$c = c_0 + \frac{\gamma - 1}{2} v; \qquad c' = c_0 + \frac{\gamma + 1}{2} v. \tag{4.21}$$

Es soll hier unterstrichen werden, daß die Ausdrücke (4.20) und (4.21), die auf der Grundlage von Näherungsgleichungen erhalten wurden, sich tatsächlich für die Beschreibung des adiabatischen Prozesses als exakt erwiesen haben. Das wurde dadurch erreicht, daß wir zweimal genäherte Beziehungen anwendeten: die Zustandsgleichung in der Form (4.14) und die lineare Beziehung zwischen Kompression und Schwingungsgeschwindigkeit, die in zweiter Näherung eine kompliziertere Form hat (siehe den folgenden Abschnitt).

Die Ausbreitung von Ultraschallwellen in Flüssigkeiten ist auch ein adiabatischer Prozeß, für den aber bisher eine theoretisch begründete Zustandsgleichung in expliziter Form nicht existiert. Versuche zur Kompressibilität einfacher Flüssigkeiten und fester isotroper Körper zeigen aber, daß die adiabatische Zustandsgleichung für diese Medien durch eine Gleichung genähert dargestellt werden kann, die analog (4.18) als empirische TAIT-Gleichung bezeichnet werden kann:

$$P/P_0 = (\varrho/\varrho_0)^n. \tag{4.22}$$

Der Exponent n ist dem Parameter in der POISSON-Gleichung äquivalent. Dieser empirische Parameter ist gemäß (4.19) und (4.20) mit dem eingeführten B/K und ε_0 durch die Beziehungen $n = (B/K) + 1 = 2\varepsilon_0 - 1$ korreliert.

Der nichtlineare Parameter B/K für Flüssigkeiten kann mit verschiedenen Methoden gemessen worden sein. Alle Methoden basieren auf der Untersuchung der Ultraschallausbreitung von Wellen großer Amplitude [19, 20]. In Tabelle 7 sind experimentelle Werte B/K für eine Reihe von Flüssigkeiten angeführt [21, 22]. Auch für einige Gase sind die Werte dieses Parameters angegeben. Sie entsprechen den empirischen Verhältnissen der Wärmekapazitäten γ. Wie aus Tabelle 7 zu erkennen ist, übersteigt die Nichtlinearität der Flüssigkeiten bedeutend die der Gase. Deshalb zeigen sich nichtlineare Effekte, die bei der Ausbreitung von Ultraschallwellen großer Amplitude in Flüssigkeiten entstehen, in Flüssigkeiten bedeutend klarer als in Gasen, obwohl der hohe „innere" Druck nicht zuläßt, daß große MACH-Zahlen in Flüssigkeiten realisiert werden.

Den nichtlinearen Parameter B/K oder den Koeffizienten ε_0 kann man angenähert auch auf der Basis thermodynamischer Beziehungen aus der Temperatur- und Druckabhängigkeit der Schallgeschwindigkeit berechnen. Tatsächlich kann man die Unterschiede der Ortsgeschwindigkeiten verschiedener Punkte des Wellenprofils der Abhängigkeit der Schallgeschwindigkeit von Druck und Temperatur zuschreiben. Diese haben in diesen Punkten unterschiedliche Werte, die eindeutig mit der Schwingungsgeschwindigkeit und den thermodynamischen Charakteristika des gegebenen Mediums verbunden sind. Die Änderung der „Ortsgeschwindigkeit" $(B/2K)\,v$ in (4.17) kann man

Tabelle 7. Werte des Parameters B/K für einige Flüssigkeiten und Gase

Medium	T °C	B/K exp.	B/K* theor.
Flüssiger Stickstoff	−195	3,1	—
Amylacetat	20	5,1	—
Azeton	20	8,6	—
Benzin A-70	20	10,2	—
Benzen	20	8,4	6,8
Wasser	20	6,6	5,2
Glyzerin	20	9,4	8,8
Dichlorethan	20	7,6	—
Xylol	20	8,7	—
Transformatorenöl	20	6,5	—
Quecksilber	20	—	10,5
Terpentin	20	9,5	—
Ethylalkohol	20	9,6	8,0
Methylalkohol	20	8,0	7,6
Propylalkohol	20	8,9	8,0
Butylalkohol	20	8,6	8,4
Hexylalkohol	20	9,7	—
Schwefelkohlenstoff	20	—	5,4
Toluol	20	9,4	7,9
Tetrachlorkohlenstoff	30	10,8	9,2
Chloroform	20	10,6	—
Ethylacetat	20	5,0	—
Ethylester	20	3,1	—
Gasförmiger Stickstoff	−195	—	0,40
Ammoniak	20 ÷ 40	—	0,40
Argon	0	—	0,67
Wasserstoff	0 ÷ 17	—	0,40
Luft	0 ÷ 100	—	0,40
Wasserdampf	100	—	0,33
Helium	18	—	0,63
Sauerstoff	13 ÷ 200	—	0,40
Kohlendioxid	4 ÷ 11	—	0,36

* B/K wurde für Flüssigkeiten nach der Formel (4.24) berechnet; für Gase wurde B/K entsprechend der Definition $B/K = \gamma - 1$ bestimmt, wobei γ der Adiabatenexponent ist.

somit folgendermaßen darstellen:

$$\Delta c = \left(\frac{\partial c}{\partial P}\right)_T \Delta P + \left(\frac{\partial c}{\partial T}\right)_P \Delta T, \tag{4.23}$$

wobei ΔP und ΔT die Druck- und Temperaturdifferenzen in den Punkten mit der Schwingungsgeschwindigkeit v sind. Die Druck- und Temperaturabhängigkeit für einen adiabatischen Prozeß wird durch die bekannte thermodynamische Beziehung $\Delta T = T_0 \alpha_{T\text{isobar}}/(\varrho_0 c_P)$ gegeben. Dabei ist $\alpha_{T\text{isobar}} = (1/V_0)\,(\mathrm{d}V/\mathrm{d}T)_P$ der isobare Wärmeausdehnungskoeffizient, T_0 die Gleichgewichtstemperatur des Mediums und c_P die Wärmekapazität bei konstantem Druck. Der Druck in der Schallwelle ist (in erster Näherung) mit der Schwingungsgeschwindigkeit durch die Beziehung $\Delta P = p = \varrho_0 c_0 v$

verbunden. Wenn man diese Werte für P und T in (4.23) einsetzt, erhält man

$$\frac{B}{K} = \left(2\varrho_0 c_0 \left(\frac{\partial c}{\partial P}\right)_T + \frac{2c_0 T_0 \alpha_{T\,\mathrm{isobar}}}{P c_P} \left(\frac{\partial c}{\partial T}\right)_P\right) \cdot v. \tag{4.24}$$

Für eine Reihe von Flüssigkeiten sind in Tabelle 7 die nach dieser Beziehung berechneten Werte B/K für Zimmertemperatur dargestellt. Obwohl diese Werte etwas niedriger als die gemessenen liegen, übersteigt der Unterschied zwischen ihnen nicht die Streuung zwischen den Meßdaten B/K, die durch verschiedene Methoden erhalten wurden.

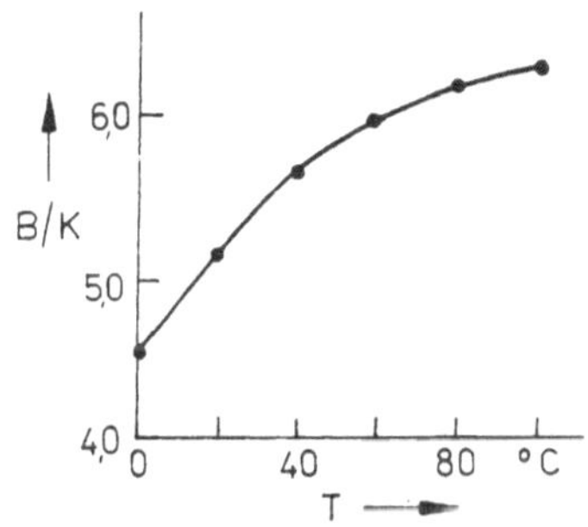

Abb. 13

Da alle Größen, die in die Formel (4.24) eingehen, mit großer Genauigkeit gemessen werden, gestattet sie solche Details zu verfolgen, wie die Änderung des nichtlinearen Parameters B/K mit der Temperatur, dem Druck, der Konzentration des gelösten Stoffes usw. Es müssen außer den akustischen Meßgrößen c_0, $(\partial c/\partial P)_T$ und $(\partial c/\partial T)_P$ die Werte ϱ_0, α_T und c_P bekannt sein. Für jene Flüssigkeiten, für die diese Daten existieren, gestattet eine Berechnung nach (4.24) beispielsweise die Angabe der Temperaturabhängigkeit des Parameters B/K. In Abbildung 13 ist dies für Wasser illustriert. Analog kann man beobachten, daß B/K mit Erhöhung des hydrostatischen Druckes anwächst oder mit der Konzentration von Salzen in Wasser [23].

Eine Abschätzung der Summanden in Gleichung (4.24) zeigt, daß der zweite Summand nur einige Prozent des ersten beträgt. Deshalb kann man B/K aus den Daten der isothermen Druckabhängigkeit der Geschwindigkeit grob berechnen, indem die Näherungsformel $B/K \approx 2\varrho_0 c_0 (\partial c/\partial P)_T$ angewendet wird. α_T und c_P brauchen dazu nicht bekannt zu sein.

4.4. Beziehungen zwischen den akustischen Parametern in zweiter Näherung

Die Berücksichtigung von nichtlinearen Gliedern in den hydrodynamischen Gleichungen führt zu komplizierteren Abhängigkeiten zwischen den Parametern des Ultraschallfeldes im Vergleich zu den einfachen Formeln, die in Tabelle 5 angeführt worden sind. Die nichtlinearen Korrekturen an diesen Formeln sind leicht auf der Grundlage der Beziehungen (4.13) und (4.17) zu berechnen:

$$c' = c + v = c_0 + \varepsilon_0 v \tag{4.25}$$

mit $c = \sqrt{(\mathrm{d}P/\mathrm{d}\varrho)}$. Wenden wir die adiabatische Beziehung zwischen P und ϱ (4.22) an,

$$P/P_0 = (\varrho/\varrho_0)^n = (\varrho/\varrho_0)^{2\varepsilon_0 - 0}, \tag{4.26}$$

wo $P = P_0 + p$, $\varrho = \varrho_0 + \Delta\varrho$ sind, dann haben wir

$$c = c_0(\varrho/\varrho_0)^{\varepsilon_0 - 1} = c_0(P/P_0)^{(\varepsilon_0 - 1)(2\varepsilon_0 - 1)} \tag{4.27}$$

und aus Gleichung (4.25)

$$c = c_0 + (\varepsilon_0 - 1)\, v \tag{4.28}$$

mit $c_0 = (\mathrm{d}p/\mathrm{d}\varrho^{1/2}_{\varrho=\varrho_0})$. Aus (4.27) und (4.28) erhalten wir

$$v = \frac{c_0}{\varepsilon_0 - 1}\left[\left(\frac{\varrho}{\varrho_0}\right)^{\varepsilon_0 - 1} - 1\right] = \frac{c_0}{\varepsilon_0 - 1}\left[\left(\frac{P}{P_0}\right)^{\frac{\varepsilon_0 - 1}{2\varepsilon_0 - 1}} - 1\right]. \tag{4.29}$$

Löst man diese Gleichungen mit einer Genauigkeit bis zu quadratischen Gliedern, so findet man den Zusammenhang der Schwingungsgeschwindigkeit v in der einlaufenden Welle mit der veränderlichen Dichte $\Delta\varrho$ und dem Druck p in zweiter Näherung wie folgt:

$$v = \frac{c_0}{\varrho_0}\Delta\varrho + \frac{\varepsilon_0 - 2}{2} c_0 \frac{\Delta\varrho^2}{\varrho_0^2}, \tag{4.30}$$

$$v = \frac{p}{\varrho_0 c_0} - \frac{\varepsilon_0}{2(2\varepsilon_0 - 1)} \frac{p^2}{P_0 \varrho_0 c_0}. \tag{4.31}$$

In der auslaufenden Welle verändern sich alle Vorzeichen.

Löst man die Gleichungen (4.30) und (4.31) hinsichtlich p und $\Delta\varrho$, so erhält man in zweiter Näherung für die einlaufende Welle

$$p = \varrho_0 c_0 v + (\varepsilon_0/2)\, \varrho_0 v^2; \tag{4.32}$$

$$\Delta\varrho = \frac{\varrho_0}{c_0} v - \frac{\varepsilon_0 - 2}{2} \frac{\varrho_0}{c_0^2} v^2. \tag{4.33}$$

Somit erweist sich eine lineare Beziehung zwischen Druck und Schwingungsgeschwindigkeit $p/v = \varrho_0 c_0$ in zweiter Näherung als falsch. Für die auslaufende Welle müssen die Vorzeichen vor den ersten Summanden in den Ausdrücken (4.32) und (4.33) verändert werden.

Die Beziehung zwischen Druck und Dichte in zweiter Näherung erhielten wir schon früher, z. B. in Form der Gleichung (4.14). Wenn man dort berücksichtigt, daß $s = \Delta\varrho/\varrho_0$, $K = \varrho_0 c_0^2$ und $B/K = 2\varepsilon_0 - 2$ ist, kann man

$$p = c_0^2 \Delta\varrho + (\varepsilon_0 - 1)\,(c_0^2/\varrho_0)\,(\Delta\varrho)^2 \tag{4.34}$$

schreiben oder

$$\Delta\varrho = p/c_0^2 - (\varepsilon_0 - 1)\, p^2/(\varrho_0 c_0^2). \tag{4.35}$$

Man muß unterstreichen, daß die akustischen Parameter p, $\Delta\varrho$ und v, die in die Gleichungen (4.30) bis (4.35) in erster Potenz eingehen, in zweiter Näherung genommen werden müssen. In den quadratischen Gliedern kann man den Austausch der Variablen untereinander nach den Formeln der linearen Akustik, d. h. nach Tabelle 5, durchführen. Die Berücksichtigung quadratischer Glieder in diesen Variablen führt zu Größen dritter und vierter Ordnung, die man in zweiter Näherung vernachlässigen kann.

4.5. Verzerrung einer Welle endlicher Amplitude im Ausbreitungsprozeß

Unter Berücksichtigung des Ausdruckes (4.17) nimmt die Gleichung der einlaufenden ebenen Welle endlicher Amplitude (4.12) die Form

$$v(x, t) = v_{\max} \sin \omega[t - x/(c_0 + \varepsilon_0 v)] \tag{4.36}$$

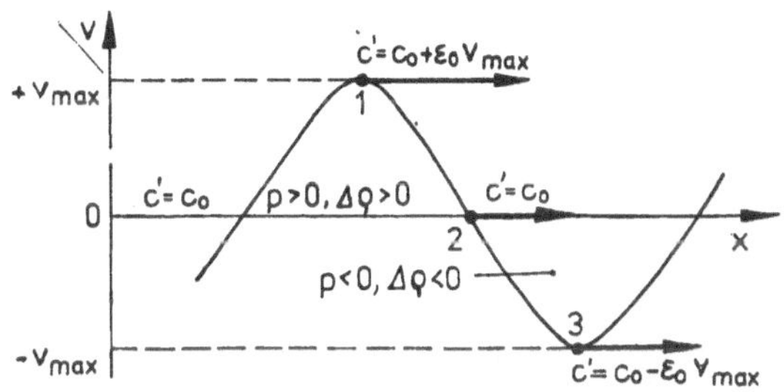

Abb. 14

an. In Abbildung 14 ist das „Profil" einer Welle dargestellt worden, die durch (4.36) beschrieben wird, d. h. die augenblickliche Verteilung der Schwingungsgeschwindigkeit v (oder eines beliebigen anderen veränderlichen akustischen Parameters, wie ϱ, p, s usw.) längs der x-Achse. Entsprechend (4.36) bewegt sich jeder Punkt dieses Profils, der durch die Schwingungsgeschwindigkeit v charakterisiert wird, längs der x-Achse mit einer unterschiedlichen lokalen Phasengeschwindigkeit $c' = c_0 + \varepsilon_0 v$, die von v abhängt. So entspricht zum Beispiel der Punkt 1 der maximalen positiven Schwingungsgeschwindigkeit $v_{\max}$, d. h. der maximalen Kompression, mit der Geschwindigkeit $c'_{\max} = c_0 + \varepsilon_0 v_{\max}$. Der Punkt 3 ist die Phase der maximalen Ausdehnung, mit der minimalen lokalen Geschwindigkeit $c'_{\min} = c_0 - \varepsilon_0 v_{\max}$. Der Punkt 2 entspricht der Phase der Nullkompression, mit der Geschwindigkeit $c' = c_0$, d. h. mit der Schallgeschwindigkeit unendlich kleiner Amplitude. Die übrigen „Punkte" in der Kompressionshalbwelle ($v > 0$, $p > 0$, $\Delta\varrho > 0$) breiten sich mit einer Geschwindigkeit $c' > c_0$ aus. In der Halbwelle der Ausdehnung ($v < 0$, $p < 0$, $\Delta\varrho < 0$) ist die Geschwindigkeit $c' < c_0$. Folglich werden sich in einem Koordinatensystem, das sich längs der x-Achse mit der Geschwindigkeit c_0 bewegt, alle Punkte des Wellenprofils mit der Geschwindigkeit $\pm \varepsilon_0 v$ relativ zu den „Nullpunkten", die in diesem System unbeweglich bleiben, verschieben. Infolgedessen wird sich eine an der Quelle ($x = 0$, $t = 0$) sinusförmige Welle[1] im Ausbreitungsprozeß so verzerren, wie es in Abbildung 15 gezeigt wird.[2] Ab einer gewissen Entfernung nimmt

[1] Streng gesprochen wird sich die bei endlicher Amplitude der harmonischen Schwingungen der Quelle bildende Welle von einer sinusförmigen unterscheiden. Diesen Unterschied kann man aber vernachlässigen im Vergleich mit der nachfolgenden Verformung der Wellenform im Ausbreitungsprozeß.

[2] Häufig wird diese Wellenverformung auch Aufsteilung genannt.

sie eine Form an, die ähnlich einem Sägezahn ist (Stoßwelle), und später die einer sich „umkehrenden“ Welle. Die in Abbildung 15 gestrichelt dargestellte Form eines Wellenprofils ist aber physikalisch irreal. Ihr würden drei Werte der Schwingungsgeschwindigkeit v in ein- und demselben Punkt x entsprechen. Die RIEMANN-Lösung, die zu solch einem Resultat führt, hat folglich nur solange physikalischen Sinn, solange die Funktion (4.36) ihre Eindeutigkeit beibehält. Die Vieldeutigkeit dieser Funktion erscheint ab einer gewissen Entfernung von der Quelle, x_S, die man aus folgender Bedingung bestimmen kann: In dieser Entfernung wird der Abfall der Vorderfront unendlich groß, d. h. $(\partial v/\partial x)_{x=x_S} = \infty$. Außerdem ist der Punkt $x = x_S$ der Wendepunkt der Funktion $v(x, t)$, folglich gilt $(\partial^2 v/\partial x^2)_{x=x_S} = 0$. Aus diesen Bedingungen und Differentiation von (4.36) nach x finden wir

$$x_S = c_0^2/(\varepsilon_0 \omega v_{max}) = c_0 \Lambda/(2\pi\varepsilon_0 v_{max}). \tag{4.37}$$

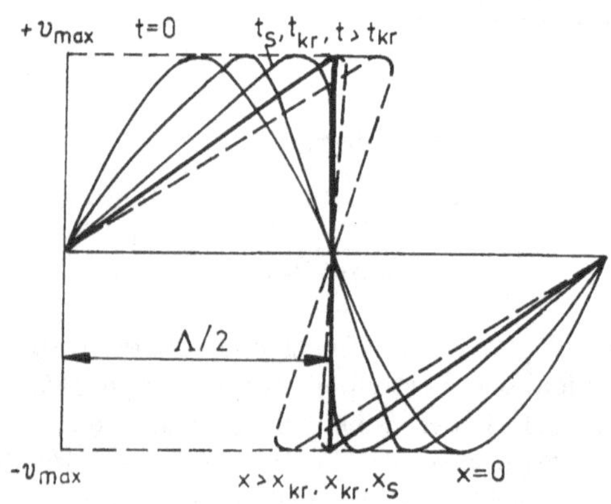

Abb. 15

Somit können die Ausgangsgleichungen der Hydrodynamik eine adäquate Beschreibung einer Welle endlicher Amplitude nur bis zu Koordinatenwerten $x < x_S$ geben. Für $x > x_S$ hören sie auf, gültig zu sein. Der Grund dafür besteht darin, daß in der Bewegungsgleichung (4.2) das Glied vernachlässigt worden ist, das die innere Reibung $\eta(\partial/\partial t)\,(\partial v/\partial x)$ berücksichtigt (s. 3.4.). In einem realen, wenig viskosen Medium kann man dieses Glied wirklich bei der Analyse der Ausbreitung einer sinusförmigen Anregung weglassen. Bei der Verzerrung der Form einer Welle infolge nichtlinearer Effekte wächst dagegen der Geschwindigkeitsgradient $\partial v/\partial x$ an der Vorderfront der Welle, und zusammen mit ihm vergrößern sich auch die Reibungskräfte. Nahe $x = x_S$ ist der Gradient $\partial v/\partial x \to \infty$, und die stark anwachsenden viskosen Verluste behindern die weitere Verzerrung der Wellenform. Die Welle wird stark gedämpft, sogar in einem schwach viskosen Medium.

Wenn man wie früher im Rahmen der Vorstellungen über ein hypothetisches, ideales Medium bleibt, in dem vollständig die innere Reibung fehlt, dann bedeutet die Vieldeutigkeit der RIEMANN-Lösung bei $x > x_S$ für solch ein Medium die Bildung einer ebenen Unstetigkeit. Diese führt zur Reflexion der Welle. Obwohl in einem realen Medium bei reellen Amplituden der Ultraschallwellen der Vorgang bis zur Unstetigkeit in der Regel nicht erreicht wird,[1] wird der Terminus „Entfernung bis zur Unstetigkeit“ manchmal in der nichtlinearen Akustik angewendet.

Wenn man sich vorstellt, daß dissipative Prozesse nur bei $\partial v/\partial x \to \infty$ existieren und wenn man die Unstetigkeit behindert, dann wird sich die Verzerrung der Wellenform auch hinter dem Punkt $x = x_S$ akkumulieren. Das führt zur Bildung einer sägezahnförmigen Welle vom Typ einer Stoßwelle.[2] Die Entfernung x_{kr}, auf der sich die sägezahnförmige Welle gebildet hat, kann man aus der Bedingung finden, daß auf dieser Entfernung der Wellenkamm die benachbarte Wellensenke einholt. Dabei durchläuft der Wellenkamm, der sich im Verhältnis zur Wellensenke mit der Relativgeschwindigkeit $2\varepsilon_0 v_{max}$ verschiebt, einen zusätzlichen Weg, der der halben Wellenlänge ($\Lambda/2$) gleich ist, in der Zeit $t_{kr} = \Lambda/(4\varepsilon_0 v_{max})$. In dieser Zeit entfernt sich die Welle als Ganzes mit der mittleren Ausbreitungsgeschwindigkeit c_0 von der Quelle um die Entfernung

$$x_{kr} = c_0 t = c_0 \Lambda/(4\varepsilon_0 v_{max}). \tag{4.38}$$

Auf diesem Weg hat sich auch die sägezahnförmige Welle bei $v_{max} = \text{const}$ formiert. Wir werden diese Entfernung kritische Entfernung nennen. Die Größe x_{kr}, wie auch der früher erhaltene Wert x_S, hängen von der Wellenlänge ab, d. h. von der Frequenz des Ultraschalls. Deshalb kann man die dimensionslose kritische Entfernung (in Wellenlängen oder Zahl von Schwingungsperioden)

$$N_{kr} = \frac{x_{kr}}{\Lambda} = \frac{t_{kr}}{T} = \frac{c_0}{4\varepsilon_0 v_{max}} \tag{4.39}$$

einführen. Wenn man die Grenzverzerrung in einer idealen sägezahnförmigen Welle als Eins annimmt, dann wird die Größe $1/N_{kr}$ den Grad der Verzerrung auf einer Strecke, die der Wellenlänge oder einer Periode entspricht, charakterisieren:

$$\Delta = 1/N_{kr} = 4\varepsilon_0 v_{max}/c_0 = 4\varepsilon_0 \,\mathrm{Ma}. \tag{4.40}$$

Diese Größe hängt natürlich von der Mach-Zahl und den nichtlinearen Eigenschaften des Mediums ab. In Tabelle 8 sind die Werte Δ für einige Ultraschallintensitäten in zwei Flüssigkeiten, die gleiche Schallwellenwiderstände haben, sich aber wesentlich in den nichtlinearen Eigenschaften unterscheiden, und in Luft unter Normalbedingungen angegeben. Dort sind auch die Amplituden der Verschiebungsgeschwindigkeit v_{max}, die ihnen entsprechenden Mach-Zahlen, die Schallgeschwindigkeit c_0 und die Mediumdichte ϱ_0 gezeigt. In der letzten Spalte der Tabelle sind die kritischen Entfernungen für zwei Frequenzen ($x_{kr} = c_0/(\nu\Delta)$) angeführt. Entsprechend dieser Tabelle kann die nichtlineare Verzerrung in Gasen bei den angeführten Intensitäten unmittelbar an der Quelle einen bedeutenden Wert erreichen. Nun ist es aber so, daß in Gasen außer der schon erwähnten geringen Effektivität der Ultraschallabstrahlung eine sehr große Absorption der Ultraschallwellen existiert. In Flüssigkeiten übersteigt die nichtlineare Verzerrung, bezogen auf die Wellenlänge, nicht 1%, selbst bei den größten Mach-

[1] Solche Unstetigkeiten in Form von Abtrennungen werden manchmal in plastischen Metallen beobachtet, die eine geringe Absorption aufweisen, z. B. in monokristallinem Aluminium, das der Einwirkung von Leistungsschall unterliegt.

[2] Bezüglich sägezahnförmiger Ultraschallwellen kann man auch von schwachen periodischen Stoßwellen sprechen und dabei diese von aperiodischen starken Stoßwellen unterscheiden, die zum Beispiel bei gewaltigen Explosionen entstehen.

Tabelle 8. Charakteristika der Verformung von Ultraschallwellen verschiedener Intensität für einige Medien bei $T = 20\,°C$

Medium	ε_0	ϱ_0 g/cm³	c_0 m/s	$P_0\ 10^{-5}$ Pa	I W/cm²	v_{max} m/s	$p_{max}\ 10^{-5}$ Pa	Ma	Δ	x_{kr}, cm 0,5 MHz	x_{kr}, cm 10 MHz
Tetrachlorkohlenstoff	6	1,6	940	1300	0,1	0,035	0,54	$4 \cdot 10^{-5}$	10^{-3}	190	9,0
					5	0,25	3,8	$3 \cdot 10^{-4}$	$7 \cdot 10^{-3}$	27	1,4
					100	1,1	17,3	$1{,}2 \cdot 10^{-3}$	$3 \cdot 10^{-2}$	6,3	0,3
Wasser	4	1,0	1490	3200	0,1	0,036	0,54	$2{,}4 \cdot 10^{-5}$	$4 \cdot 10^{-4}$	750	37
					5	0,25	3,8	$1{,}7 \cdot 10^{-4}$	$3 \cdot 10^{-3}$	100	5
					100	1,1	17,3	$7 \cdot 10^{-4}$	$1{,}1 \cdot 10^{-2}$	28	1,4
Luft	1,2	$1{,}3 \cdot 10^{-3}$	330	1,0	0,1	2,0	0,01	$6 \cdot 10^{-3}$	0,03	2,0	0,1
					5	14	0,07	$4 \cdot 10^{-2}$	0,2	0,3	

Zahlen von $\approx 10^{-3}$. Bei den mittleren Intensitäten der Größenordnung von 1 W/cm² ist die Verzerrung, die auf der Strecke einer Wellenlänge erfolgt, eine geringfügige kleine Größe, die man immer vernachlässigen kann. Dabei ist vorausgesetzt, daß die Wellenform an der Quelle ideal sinusförmig ist und sich beim Durchlaufen eines Weges von einigen Wellenlängen wenig verändert. Die relativ schwache Absorption des Ultraschalls in vielen schwach viskosen Flüssigkeiten läßt aber faktisch eine „Akkumulation" dieser Verzerrung im Ausbreitungsprozeß zu, was zur Bildung von Wellen führt, die sehr ähnlich der Sägezahnform sind. Dies passiert in vergleichsweise geringer Entfernung von der Ultraschallquelle und wird unmittelbar durch das Experiment bestätigt. Als Beispiel sind in Abbildung 16 die Oszillogramme des Druckes in einer ebenen Welle angeführt, die in Wasser bei verschiedenen Entfernungen von der Quelle für eine Frequenz von 1 MHz und eine Ultraschallintensität von $I \approx 50$ W/cm² erhalten wurden [24]. Aus der Abbildung ist zu sehen, daß in einer Entfernung $x = x_{kr}$ die Wellenform wirklich nah der sägezahnförmigen ist (Abb. 16c)), ohne daß sich die Amplitude wesentlich verringert. Dabei wächst die Absorption der Welle stark an, und die weitere Verzerrung verzögert sich auf Grund der Amplitudenverringerung. Im weiteren glätten die dissipativen Prozesse den Druckgradienten und verringern damit die Verzerrung.

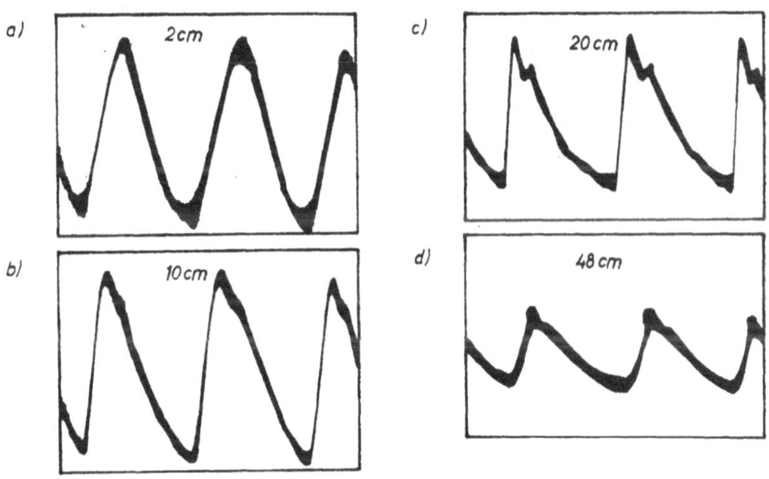

Abb. 16

Die Verzerrung der Wellenform im Ausbreitungsprozeß in Flüssigkeiten zeigt sich auch deutlich bei der Beobachtung der Lichtdiffraktion in Ultraschallwellen hoher Amplitude. Das Wesen dieser Erscheinung besteht darin, daß die Änderung des optischen Brechungsindexes des Mediums, die eine Änderung der Mediumdichte in der Ultraschallwelle mit sich bringt (s. 3.2.), äquivalent der Bildung eines Phasendiffraktionsgitters ist. An dessen Ausgang nimmt die ursprünglich ebene Front des Lichtbündels eine „wellenartige" Form an, die die Form des Profils der Ultraschallwelle wiederholt. Dank der Phasenmodulation des Lichtbündels durch den Ultraschall wird gewöhnlich im Fokus eines Spektrographen ein Diffraktionsbild beobachtet. In diesem Bild ist die Verteilung der Lichtintensität nach den Diffraktionsordnungen eindeutig

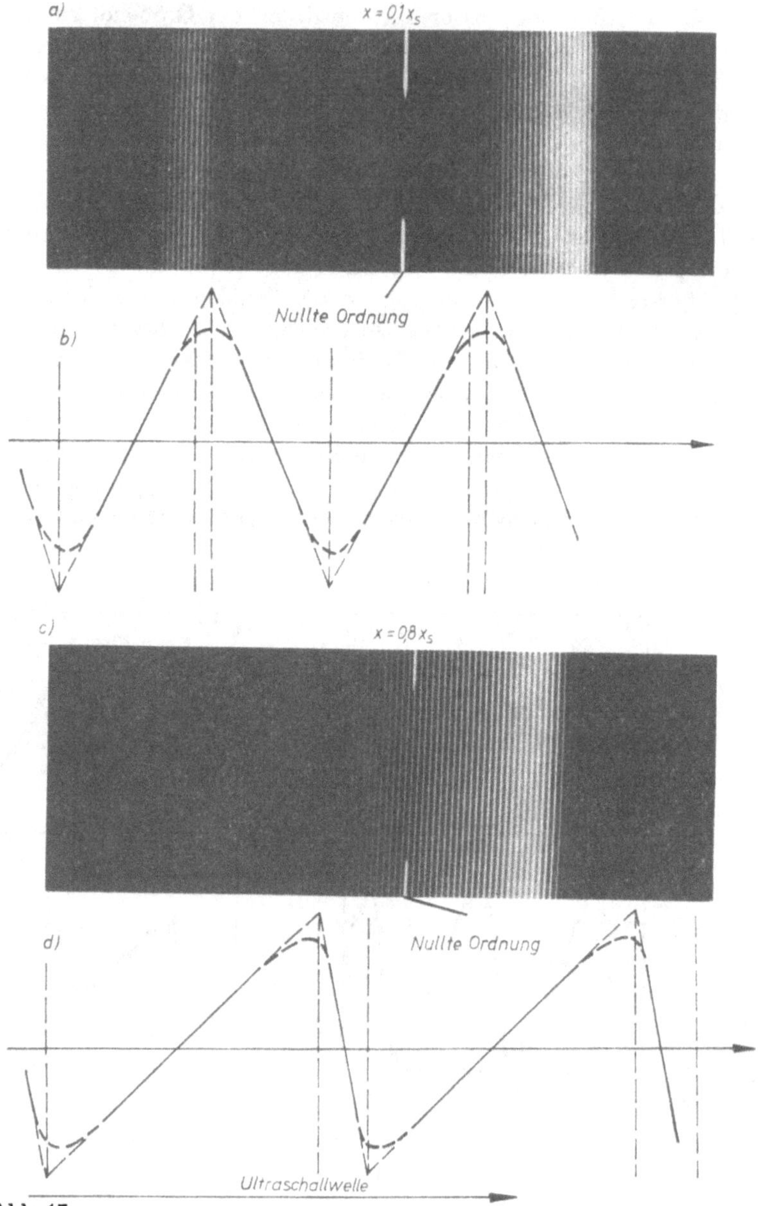

Abb. 17

mit der Frontensteilheit der Ultraschallwelle korreliert. Wenn die Ultraschallwellen eine sinusartige Form haben, dann ist das durch sie erzeugte Diffraktionsbild symmetrisch. Bei einer Verzerrung der Wellenform erscheint in der Intensitätsverteilung des Lichtes nach den Diffraktionsordnungen eine charakteristische Asymmetrie, die es zuläßt, die Form des Profils der Ultraschallwelle zu reproduzieren [25]. In Abbildung 17 sind zwei Diffraktionsbilder (a), b)) und die ihnen entsprechenden Profilformen der Ultraschallwelle (c), d)) in Wasser für zwei Entfernungen von der Quelle (5 cm, 30 cm) dargestellt. Sie sind für eine Anfangsintensität des Ultraschalls von 15 W/cm² bei einer Frequenz von 570 kHz erhalten worden [26]. Unter diesen Bedingungen wurde eine maximale Verzerrung der Wellenform – ungefähr 90% – in einer Entfernung von $1{,}5x_{kr}$ von der Quelle beobachtet.

Somit ist auf Grund der dissipativen Prozesse, die in einem schwach viskosen Medium bei der Verzerrung der Wellenform noch verstärkt werden, die Entfernung von der Quelle, auf der die Verzerrung einen Grenzwert erreicht, größer als der Wert x_{kr}, der durch (4.38) bestimmt wurde. Die Tiefe der Vorderfront bei der maximalen Verzerrung bleibt außerdem immer endlich. Nichtsdestoweniger behalten die Größen x_{kr} und x_S, berechnet für ein ideales Medium, ihre Bedeutung als bequeme räumliche Parameter bei der Berechnung verschiedener nichtlinearer Effekte. Zu diesen Effekten, die sich als Folge der Wellenformverzerrung einstellen, gehören die Veränderung der spektralen Zusammensetzung der Welle endlicher Amplitude im Ausbreitungsprozeß, die Besonderheiten der Absorption solcher Wellen, die nichtlineare Wechselwirkung von Ultraschallbündeln usw.

4.6. Spektralanalyse einer Welle endlicher Amplitude

Die Verzerrung der Wellenform im Ausbreitungsprozeß ist der Entstehung von höheren Harmonischen in der Welle im Verhältnis zur Frequenz des Grundtones ω, der durch die Quelle vorgegeben ist, äquivalent. Es ist nicht schwer zu zeigen, daß die Wellengleichung (4.36) außer der Grundfrequenz noch harmonische Anteile von Vielfachen der Grundfrequenz enthält. Dazu schreiben wir (4.36) in der Form

$$v(x,t) = v_{\max} \sin \omega \left[t - \frac{x}{c_0}\left(1 + \frac{\varepsilon_0 v}{c_0}\right)^{-1}\right].$$

Zerlegt man den Ausdruck in den runden Klammern in eine Reihe nach Potenzen von $\varepsilon_0 v/c_0$ und beschränkt sich auf die ersten zwei Glieder dieser Entwicklung, dann erhält man

$$v(x,t) \approx v_{\max} \sin\left[(\omega t - kx) + \omega(\varepsilon_0 v/c_0^2)\, x\right], \tag{4.41}$$

wo $k = \omega/c_0$ die Wellenzahl ist. Es ist auch davon ausgegangen worden, daß die MACH-Zahlen klein sind. Berücksichtigt man den Ausdruck (4.37), so kann man das letzte Glied in den eckigen Klammern als

$$(\omega\varepsilon_0 v/c_0^2)\, x \equiv \beta_0 = (v/v_{\max})\,(x/x_S) \tag{4.42}$$

darstellen. Dieses Glied vergrößert sich mit der Entfernung, die die Welle von der Quelle durchlaufen hat. Der Amplitudenwert wird mit Eins vergleichbar in Entfernungen, die nah x_S sind, und bei ausreichend kleiner MACH-Zahl. Wenn man sich auf kleine Entfernungen beschränkt ($x \ll x_S$), dann kann man $\beta_0 \ll 1$, $\sin \beta_0 \approx \beta_0$, $\cos \beta_0 \approx 1$ setzen, und die Zerlegung des Sinus der Summe zweier Argumente in (4.41) gibt in diesem Fall

$$v(x,t) \approx v_{\max} \sin(\omega t - kx) + \left(\frac{v_{\max}}{c_0}\right)^2 \frac{\omega\varepsilon_0}{2}\, x \sin 2(\omega t - kx). \tag{4.43}$$

Somit erhalten wir in erster Näherung nach β_0 außer der Welle des Grundtones die zweite Harmonische (den ersten Oberton) mit der Amplitude $v_{\max 2} = (v_{\max}/c_0^2)\,(\omega\varepsilon_0/2)\,x$. Die Amplitude der zweiten Harmonischen, die proportional zum Quadrat der MACH-Zahl und zur Frequenz des Grundtones ist, wächst in dieser Näherung mit dem Abstand von der Quelle. In der nächsten Näherung nach β_0 würden wir die dritte Harmonische, die vierte usw. erhalten, in Übereinstimmung mit der sich akkumulierenden Verzerrung der Welle im Ausbreitungsprozeß. Wenn die Welle sägezahnförmig wird, wird ihr Spektrum durch die FOURIER-Reihe für eine sägezahnförmige Funktion bestimmt, d. h

$$v(x, t) = \frac{2}{\pi}\, v'_{\max} \sum_{n=1}^{\infty} \frac{1}{n} \sin n(\omega t - kx), \tag{4.44}$$

wo man unter $v'_{\max}$ die Amplitude der sägezahnförmigen Welle versteht, d. h. den Spitzenwert der Schwingungsgeschwindigkeit, der im idealen Bild, dargestellt in Abbildung 15, dem Wert der Amplitude der sinusförmigen Welle $v_{\max}$ an der Quelle entspricht. Entsprechend (4.44) existiert zwischen der Amplitude der sägezahnförmigen Welle $v'_{\max}$ und der Amplitude ihrer ersten Harmonischen ($n = 1$) die Beziehung $v_{\max 1} = (2/\pi)\, v'_{\max}$. Daraus folgt, daß sogar bei unveränderter Amplitude der Welle im Verformungsprozeß die Amplitude der ersten Harmonischen zur Erhaltung der Energiebilanz abnehmen muß, was die genäherte Formel (4.43) nicht widerspiegelt.

Um ein detailliertes Bild von der Änderung der spektralen Zusammensetzung der Welle zu haben, ohne Einschränkung auf kleine Werte von x/x_S, stellen wir die Wellengleichung (4.41) in Form einer FOURIER-Reihe dar:

$$v(x, t) = v_{\max} \sum_{n=1}^{\infty} B_n \sin n(\omega t - kx), \qquad x < x_S, \tag{4.45}$$

mit den Koeffizienten

$$B_n = \frac{1}{\pi} \int_0^{2\pi} \sin\psi \sin n(\omega t - kx)\, \mathrm{d}(\omega t - kx), \tag{4.46}$$

wo $k = \omega/c_0$ die Wellenzahl ist und

$$\psi \equiv \omega t - kx + \beta_0. \tag{4.47}$$

Aus (4.47) und (4.42) haben wir

$$\omega t - kx = \psi - \beta_0 = \psi - \frac{x}{x_S} \frac{v}{v_{\max}} = \psi - \frac{x}{x_S} \sin\psi.$$

Setzt man dieses Resultat in (4.46), dann erhält man

$$B_n = \frac{1}{\pi} \int_0^{2\pi} \sin\psi \sin\left(n\psi - n\,\frac{x}{x_S} \sin\psi\right) \left(1 - \frac{x}{x_S} \cos\psi\right) \mathrm{d}\psi.$$

Die Integration dieses Ausdruckes liefert

$$B_n = \frac{2x_S}{nx} J_n\left(n \frac{x}{x_S}\right), \tag{4.48}$$

wo $n = 1, 2, 3, \ldots$ und J_n die BESSEL-Funktion erster Art und n-ter Ordnung ist. Setzt man (4.47) in die Formel (4.45), so erhält man schließlich

$$v(x, t) = 2v_{\max} \sum_{n=1}^{\infty} \frac{J_n(nx/x_S)}{nx/x_S} \sin n(\omega t - kx). \tag{4.49}$$

Das erhaltene Resultat ist eine andere Form der allgemeinen Lösung des nichtlinearen Gleichungssystems der Hydrodynamik (4.2), (4.3). Der Ausdruck (4.49) stellt die spektrale Zusammensetzung der Welle endlicher Amplitude als Funktion der von der Quelle durchlaufenen Wegstrecke in den Grenzen $0 < x < x_S$ dar. Die Lösung (4.49), wie auch die Näherungslösung (4.43), zeigt, daß die Welle endlicher Amplitude im Ausbreitungsprozeß immer mehr von der Monochromasie abweicht. Im Wellenspektrum erscheinen immer mehr höhere Harmonische, die sich mit der Entfernung verstärken. Dabei berücksichtigt die exaktere Lösung (4.49), im Unterschied zum Näherungsresultat (4.43), die Abnahme der Wellenamplitude des Grundtones infolge ihrer Energieabgabe an die höheren Harmonischen.

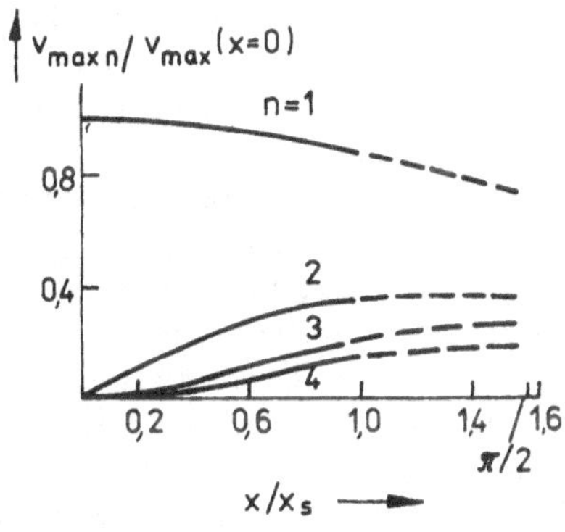

Abb. 18

Ein quantitatives Bild der Änderung der spektralen Zusammensetzung einer Welle in einem nichtdissipativen Medium, das der Lösung (4.49) entspricht, ist in Abbildung 18 gezeigt. Hier ist die Abhängigkeit der Relativwerte der Amplituden der ersten vier Harmonischen $v_{\max n}/v_{\max}$ vom dimensionslosen Abstand x/x_S dargestellt, wobei $x_S = c_0^2/(\omega\varepsilon_0 v_{\max})$ und $v_{\max 1}$ die Amplitude der ersten Harmonischen bei $x = 0$ ist. Letztere ist der Amplitude der Welle des Grundtones an der Quelle gleich. Aus der Theorie der BESSEL-Funktionen ist bekannt, daß bei $x = x_S$ die Reihe (4.49) konvergiert und bei $x/x_S > 1$ divergiert. Wenn wir $x = x_S$ in (4.49) einsetzen, haben wir

$$v(x, t) = v_{\max}[0{,}88 \sin(\omega t - kx) + 0{,}35 \sin 2(\omega t - kx)$$
$$+ 0{,}2 \sin 3(\omega t - kx) + 0{,}14 \sin 4(\omega t - kx) + \cdots].$$

Somit unterscheidet sich das Wellenspektrum in der Entfernung $x = x_S$ noch vom Spektrum der sägezahnförmigen Welle, in der das Verhältnis zwischen den Amplituden der Harmonischen entsprechend (4.44) die Form

$$v_{\max n}/v_{\max 1} = 1/n \tag{4.50}$$

hat und die sich laut Definition in der Entfernung

$$x = x_{\mathrm{kr}} = (\pi/2)\, x_{\mathrm{S}} \tag{4.51}$$

von der Quelle herausbildet. Wenn man die Kurven in Abbildung 18 bis zu Amplitudenwerten der Harmonischen fortsetzt, die (4.50) bei $x = x_{\mathrm{kr}}$ entsprechen, erhält man die gestrichelten Kurven. Diese illustrieren die Änderung der spektralen Zusammensetzung der Welle endlicher Amplitude auf dem Abschnitt $x_{\mathrm{S}} \leqq x \leqq (\pi/2)\, x_{\mathrm{S}}$, d. h. bis zur Formierung der sägezahnförmigen Welle.

Die Entstehung und das Wachstum der Harmonischen im Ausbreitungsprozeß einer Ultraschallwelle großer Amplitude in einer Flüssigkeit kann man beispielsweise deutlich über die Diffraktion des Lichtes beobachten. Dazu wird in den Weg des Ultraschallstrahls ein Filter — in der Form eines planparallelen Plättchens — gebracht, das für eine ausgewählte Harmonische „durchsichtig" ist und Wellen mit anderen Frequenzen reflektiert [27]. Wenn nun die Wellenlänge (die die Periode des „Ultraschallgitters" bestimmt) der durch das Filter ausgesonderten n-ten Harmonischen n-mal kleiner als die Wellenlänge des Grundtones ist, dann wird die Entfernung zwischen den Diffraktionslinien (Ordnungen) im Diffraktionsbild der Harmonischen um den Faktor n größer als im Bild der Lichtdiffraktion der Grundwelle. Die Anzahl der beobachtbaren Ordnungen hängt von der Amplitude der Harmonischen ab. Somit kann man die Entwicklung der Harmonischen in einer Welle endlicher Amplitude im Prozeß ihrer Ausbreitung von der Quelle bis zum Filter verfolgen, indem man das Filter, das auf eine gegebene Harmonische abgestimmt ist, längs des Ultraschallbündels verschiebt. In Abbildung 19 sind Bilder der Lichtdiffraktion an einer Ultraschallwelle mit der Intensität von 15 W/cm^2 und einer Frequenz von 573 kHz sowie an ihren Harmonischen, die mit Hilfe eines Glasfilters in vier verschiedenen Entfernungen x von der Quelle ausgesucht wurden [27], dargestellt. In der Abbildung ist gut zu sehen, wie nach dem Grad der Verzerrung der Wellenform, die sich in der Asymmetrie des Diffraktionsbildes des Grundtones äußert, eine Anreicherung des Spektrums erfolgt. (Das „Rauschen" in der Form von Diffraktionsbanden der Grundwelle ist durch ihre Reflexion von den unzureichend gedämpften Wänden der Wanne bedingt.) Die quantitativen Resultate stimmen mit den Kurven in Abbildung 18 nur bei nicht zu großen Frequenzen für die niedrigen Harmonischen und bei relativ geringen Abständen von der Quelle überein [28]. Im allgemeinen verzerren dissipative Prozesse in realen Medien bei Ultraschallfrequenzen wesentlich das Bild des Verhaltens von Harmonischen bei großen Entfernungen von der Quelle.

4.7. Intensität verformter Ultraschallwellen endlicher Amplitude

Im Abschnitt 3.3. sind Formeln für die Ultraschallintensität abgeleitet worden. So gilt z. B. für eine monochromatische Welle

$$I = v_{\max}^2 \varrho_0 c_0/2; \tag{4.52}$$

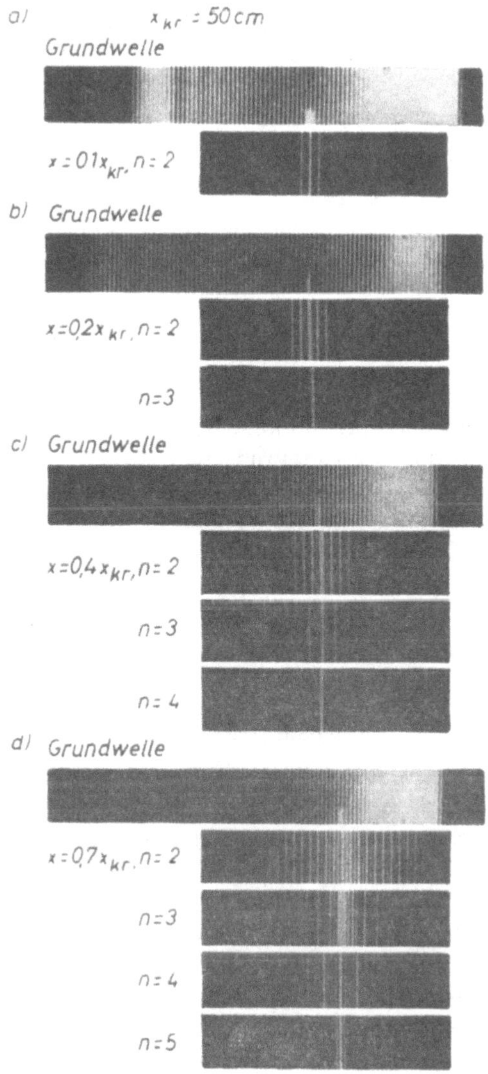

Abb. 19

v_{max} ist die Amplitude der Schwingungsgeschwindigkeit. Bei einer Verzerrung der Wellenform im Ausbreitungsprozeß verlieren diese Formeln ihre Gültigkeit und müssen präzisiert werden. So kann die Intensität einer nichtmonochromatischen Welle als Summe der Intensitäten ihrer Harmonischen dargestellt werden: $I = \sum_{n=1}^{\infty} v_{max\,n}^2 \varrho_0 c_0/2$, wo $v_{max\,n}$ die Amplituden der Schwingungsgeschwindigkeit in den Harmonischen sind, die als Koeffizienten der FOURIER-Zerlegung einer ebenen Welle endlicher Amplitude definiert sind (4.45). Insbesondere wird bei der Bildung einer sägezahnförmigen Welle mit einer Breite der Vorderfront von δ ihr FOURIER-Spektrum für die Schwingungsgeschwindigkeit in einem fixierten Punkt durch

$$v(t) = \frac{2v'_{max}}{\pi(1-\delta)} \sum_{n=1}^{\infty} \frac{1}{n} \frac{\sin n\pi\delta}{n\pi\delta} \sin n\omega t$$

ausgedrückt. v'_{max} ist die Geschwindigkeitsamplitude in der sägezahnförmigen Welle; ω ist ihre Grundfrequenz, $n = 1, 2, 3, \ldots$ Entsprechend gilt dann für die Intensität einer sägezahnförmigen Welle

$$I = \frac{2v'^2_{max}}{\pi^2(1-\delta)^2} \sum_{n=1}^{\infty} \frac{1}{n^2} \frac{\sin^2 n\pi\delta}{(n\pi\delta)^2}. \tag{4.53}$$

Diese Beziehung nimmt eine einfachere Form bei der Beschreibung einer sägezahnförmigen Welle mit unendlich kleiner Fronttiefe an. Setzt man in (4.53) $\delta = 0$, dann erhält man

$$I = \frac{2v'^2_{max}}{\pi^2} \sum_{n=1}^{\infty} \frac{1}{n^2} = \frac{v'^2_{max}}{3\varrho_0 c_0}.$$

Der Vergleich dieses Resultates mit der Formel (4.52) zeigt, daß die Intensität $^2/_3$ der Intensität der sinusförmigen Welle gleicher Amplitude beträgt. Andererseits bedeutet dies, daß selbst in einem nichtdissipativem Medium die Bedingung von der Erhaltung des Energieflusses zu einer Verringerung der Amplitude der anfangs sinusförmigen Welle um den Faktor 1,5 bei der Herausbildung ihrer sägezahnförmigen Welle führt.

4.8. Absorption von ebenen Wellen endlicher Amplitude

Qualitative Betrachtung und Abschätzung der Rolle dissipativer Effekte

Bei der Ausbreitung von Wellen endlicher Amplitude in einem realen Medium muß die Vergrößerung des Gradienten der Schwingungsgeschwindigkeit an der Vorderfront der Welle bei ihrer nichtlinearen Verzerrung von einer Verstärkung dissipativer Verluste begleitet werden, die durch die Viskosität und Wärmeleitfähigkeit des Mediums bedingt sind. Infolgedessen wird die Wellenamplitude kontinuierlich mit der Ausbreitung geringer. Der Prozeß der Wellenverzerrung wird folglich abgebremst. In einer bestimmten Entfernung von der Quelle muß der Einfluß dissipativer Prozesse vollständig den Einfluß nichtlinearer Effekte kompensieren. Bei dieser Entfernung hört die Verzerrung der Wellenform auf. Das wird Stabilisierung der Wellenform genannt. Tatsächlich erfolgt die Stabilisierung im vollständigen Sinne des Wortes nicht, da bei weiterer Entfernung die Wellenamplitude noch mehr gedämpft wird. So werden die nichtlinearen Effekte dabei abgeschwächt, und in großen Entfernungen beginnt sich das Wellenprofil zu glätten bis hin zur Wiederherstellung der Sinusform. Deshalb muß man unter Stabilisierung der Wellenform ihre maximale Verzerrung verstehen und unter „Entfernung der Stabilisierung (x_{Stab})" diejenige, auf der dies erreicht wird. In Wahrheit wird der Terminus „stabile Wellenform" in bekannter Weise dadurch gerechtfertigt, daß das Profil solch einer Welle sich langsamer verändert als das Profil irgendeiner anderen Welle mit gleicher Amplitude und Frequenz.

Hinsichtlich dieser Umstände ist der Absorptionskoeffizient von Wellen endlicher Amplitude (α) keine konstante Größe. Er wächst mit der Entfernung der Welle von der Quelle und mit der Verzerrung ihrer Form, wobei der Maximalwert im Gebiet der Stabilisierung erreicht wird, danach fällt er. Deshalb muß man hinsichtlich der Welle endlicher Amplitude von einem differentiellen Absorptionskoeffizienten sprechen, der im Gebiet der Stabilisierung den Absorptionskoeffizienten einer Welle unendlich kleiner Amplitude, α_0, definiert durch (3.37) oder (3.40), etwas übersteigen kann. Bei einem fixierten Abstand von der Quelle hängt der differentielle Absorptionskoeffizient auch von der Amplitude der Welle an der Quelle ab.

Vom Standpunkt der spektralen Zusammensetzung der Welle endlicher Amplitude ist ihre Verzerrung im Ausbreitungsprozeß äquivalent der Entstehung und Verstärkung von Harmonischen. Die Wellenamplitude des Grundtones wird dabei progressiv abnehmen. Diese Abnahme erfolgt aber nicht nur infolge der unmittelbaren Absorption, sondern auch auf Grund der Energieübertragung auf höhere Harmonische. Diese werden ihrerseits intensiver gedämpft, da die Absorption der Harmonischen entsprechend (3.37) proportional dem Frequenzquadrat, d. h. zum Quadrat der Zahl der Harmonischen, anwächst. In einer gewissen Entfernung von der Quelle wird deshalb das Wachstum der Harmonischen aufhören, und nach relativer Stabilisierung beginnt ihre Amplitude geringer zu werden, d. h., das Spektrum der Welle wird verarmen.

In diesem Zusammenhang muß man bemerken, daß sich die Dissipation der gesamten Energie einer Welle endlicher Amplitude von der Dämpfung ihrer Grundharmonischen unterscheidet. Das bedeutet, daß die Beziehung (3.47) zwischen den Dämpfungskoeffizienten bezüglich der Amplitude und der Intensität für Wellen endlicher Amplitude ihre Gültigkeit verliert. Das ist gut am Beispiel eines idealen Mediums ohne Dissipation zu sehen. Energieverluste existieren nicht in ihm (d. h., der Absorptionskoeffizient für die Intensität ist gleich Null). Die Wellenamplitude des Grundtons wird (s. Abb. 18) nach einem Gesetz gedämpft, das aus der Lösung (4.49) folgt, d. h.

$$v_{\max 1}(x) = 2v_{\max 0}(x_S/x)\, J_1(x/x_S)\,; \tag{4.54}$$

$v_{\max 0}$ ist die Wellenamplitude an der Quelle, J_1 die Bessel-Funktion erster Art. Dieser Dämpfung kann man einen von Null verschiedenen Absorptionskoeffizienten zuordnen, der leicht aus (4.54) unter Ausnutzung der allgemeinen Definition (3.41) berechenbar ist. Für die höheren Harmonischen ist der „differentielle" Absorptionskoeffizient bis zum Gebiet der Stabilisierung im allgemeinen negativ.

Die Grenzverzerrung, die das Wellenprofil endlicher Amplitude bei der Stabilisierungsentfernung erreichen kann, wird offensichtlich von der Beziehung zwischen den nichtlinearen und dissipativen Effekten abhängen. Die nichtlinearen Effekte ihrerseits hängen vom nichtlinearen Parameter des Mediums und der Wellenamplitude ab. Die dissipativen Effekte werden dagegen durch die Viskosität des Mediums (Scher- und Volumenviskosität), seine Wärmeleitfähigkeit und die Ultraschallfrequenz bestimmt. Es gilt somit, daß, je größer die Wellenamplitude an der Quelle und je geringer ihre Absorption ist, um so größer die Grenzverzerrung sein wird, die das Profil einer gegebenen Welle im vorliegenden Medium haben kann. Insbesondere wird im betrachteten Fall eines idealen Mediums ohne dissipative Verluste die sägezahnförmige Welle die (stabile) Grenzverzerrung sein. Dabei soll die Amplitude der Welle klein und die Frequenz beliebig sein. Die sägezahnförmige Welle soll dabei eine unendlich kleine Tiefe der Vorderfront haben und in der Entfernung x_{kr} gebildet worden sein (vgl. Definition in 4.6.). Wie vorher schon erwähnt, bleibt die Tiefe der Front in jedem realen Medium endlich. Bei sehr großer Amplitude und geringer Dämpfung kann aber die Grenzverzerrungsform der Welle auch im realen Medium nahe der sägezahnförmigen sein, und die Entfernung auf der diese Verzerrung erreicht wird, nahe x_{kr}. In einem anderen Grenzfall, wenn die Wellenamplitude klein ist, die Ultraschalldämpfung im Medium bei einer gegebenen Frequenz aber groß, wird sich die stabile Wellenform wenig von der sinusförmigen unterscheiden.

Da der differentielle Absorptionskoeffizient α einer Welle endlicher Amplitude einen Maximalwert im Gebiet der Stabilisierung der Wellenform erreicht, d. h. bei ihrer Grenzverzerrung, die Grenzverzerrung aber selbst bei gegebener Wellenamplitude an der Quelle um so größer ist, je niedriger der Amplitudenabsorptionskoeffizient α_0 ist, folgt als wichtige qualitative Schlußfolgerung: Je niedriger die Viskosität des Mediums und die Ultraschallfrequenz sind, um so mehr wird die Absorption einer Welle gegebener endlicher Amplitude im Gebiet ihrer Grenzverzerrung die Absorption einer monochromatischen Welle gleicher Frequenz im gleichen Medium übersteigen. Im Grenzfall eines Mediums ohne Verluste, wenn $\alpha_0 \to 0$, ist das Verhältnis $\alpha/\alpha_0 \to \infty$. Das ist das Kriterium für die Bildung einer fast sägezahnförmigen Welle ohne Unstetigkeit. Der Versuch zeigt, daß in reellen, schwach viskosen Medien der Absorptionskoeffizient von Wellen großer Amplitude um einige Größenordnungen über dem Wert von α_0 liegen kann.

Das war bisher ein qualitatives Bild der Ausbreitung von Wellen endlicher Amplitude in einem dissipativen Medium. Für eine quantitative Analyse muß man in die nichtlineare Bewegungsgleichung (4.2) Glieder hinzufügen, die dissipative Verluste berücksichtigen, und diese Gleichung gemeinsam mit der nichtlinearen Kontinuitätsgleichung und der adiabatischen Zustandsgleichung (4.4) lösen. Allgemein wird gesagt, daß bei der Verzerrung der Form der Welle die Adiabasie des Prozesses in ihr gestört wird. Für eine strenge Beschreibung der Ausbreitung von Wellen endlicher Amplitude müßte zu den angeführten Gleichungen noch eine nichtlineare Gleichung für die Wärmeübertragung hinzugefügt werden. Wie die Theorie der Stoßwellen aber zeigt, bleibt die Abweichung von der Adiabasie klein, sogar beim Übergang durch eine Stoßwellenfront. In der Welle geht dabei eine Entropieänderung hauptsächlich auf Grund der Wärmeleitfähigkeit vor sich. Dies gestattet, die Wärmeübertragungsgleichung zu linearisieren. Für die Analyse der Ausbreitung von Wellen endlicher Amplitude bleibt die lineare NAVIER-STOKES-Gleichung erhalten, zu der ein nichtlineares hydrodynamisches Glied hinzugefügt werden muß. Dabei nimmt die eindimensionale nichtlineare NAVIER-STOKES-Gleichung die folgende Form an:

$$\varrho \frac{\partial v}{\partial t} + \varrho v \frac{\partial v}{\partial x} = -\frac{\partial p}{\partial x} + b \frac{\partial^2 v}{\partial x^2}, \tag{4.55}$$

wo der Koeffizient (siehe (3.40) und (3.25))

$$b \equiv (4/3)\, \eta_S + \eta_V + \lambda_0 (1/c_V + 1/c_P)$$

die Scherviskosität η_S, die Volumenviskosität η_V und die Wärmekapazitäten enthält. Die Rolle der Wärmekapazität bleibt in der Mehrzahl der Medien weiterhin unbedeutend. Deshalb kann man unter der Größe b den Koeffizienten der Gesamtviskosität η verstehen.

Die Gleichung (4.55) unterscheidet sich von der Bewegungsgleichung (4.2) durch den Zusatz des dissipativen Gliedes $b(\partial^2 v/\partial x^2)$. Nichtsdestoweniger treten bei einer strengen Lösung des Systems der nichtlinearen Gleichungen (4.55), (4.3) und (4.4) für ein dissipatives Medium große Schwierigkeiten auf. Es wurden deswegen verschiedene Näherungsmethoden angewendet [29]. Unter diesen liefert die Methode der sukzessiven Approximation die besten Resultate. Sie beruht auf der Abschätzung des Verhältnisses zwischen den Größen des dissipativen Gliedes $b(\partial^2 v/\partial x^2)$ und des nichtlinearen Gliedes $\varrho v(\partial v/\partial x)$ in der Gleichung (4.55). Führt man diese Abschätzung für eine sinusförmige Anregung durch, wie dies im Abschnitt 4.1. realisiert wurde, so ergibt sich, daß das maximale Verhältnis des dissipativen Gliedes zum nichtlinearen Glied gleich der Größe $\varrho_0 c_0 v_{max}/(b\omega)$ ist. Diese Größe ist in der Hydrodynamik unter der Bezeichnung REYNOLDS-Zahl, Re, bekannt. Berücksichtigt man das lineare Verhältnis zwischen den Amplituden der Schwingungsgeschwindigkeit v_{max} und der Druckamplitude p_{max} in einer ebenen Welle (3.10), so gilt $\mathrm{Re} = p_{max}/(b\omega)$.

Somit ist die REYNOLDS-Zahl die gleiche Größe, die in der vorher durchgeführten qualitativen Betrachtung den Grad der Grenzverzerrung der Wellenform in der Stabilisierungsentfernung in einem gegebenen Medium bestimmte. In mathematischer Sicht bestimmt sie die relative Größe des nichtlinearen und dissipativen Gliedes in der Gleichung (4.55). Wenn die REYNOLDS-Zahl groß ist, dann kann man in erster Näherung das Gleichungssystem (4.2) bis (4.4) für ein Medium ohne Verluste lösen. Die dissipativen Effekte sind in der nachfolgenden Näherung zu berücksichtigen. Im Fall kleiner REYNOLDS-Zahl kann man in erster Näherung das nichtlineare Glied in der Gleichung (4.55) vernachlässigen. Dann erhalten wir die lineare NAVIER-STOKES-Gleichung (3.27). Es ist aber unumgänglich, daß die nichtlinearen Effekte in der zweiten Näherung berücksichtigt werden.

Betrachten wir nun grundlegende Resultate, die diese Näherungsannahmen im Detail liefern.

Große Reynolds-Zahl

Der Fall $\mathrm{Re} \gg 1$ gehört zu hoher Ultraschallintensität an der Quelle bei geringer Viskosität des Mediums und relativ niedriger Ultraschallfrequenz. Es sei bemerkt, daß die Bedingung $\mathrm{Re} \gg 1$ einer kleinen MACH-Zahl in der Ultraschallwelle hoher Intensität nicht widerspricht und im Ultraschallfrequenzbereich realisiert wird. Tatsächlich beträgt z. B. die MACH-Zahl bei einer Ultraschallintensität von 100 W/cm² in Wasser ($c_0 = 1{,}5 \cdot 10^3$ m s^{-1}, $\alpha_0/\nu^2 = 25 \cdot 10^{-17}$ s² cm^{-1}, $p_{max} \approx 20 \cdot 10^5$ Pa, $v_{max} \approx 1{,}5$ m s^{-1}) ungefähr 10^{-3}, die REYNOLDS-Zahl bei der Frequenz 1 MHz ungefähr 100, bei 500 kHz ungefähr 200.

Die Analyse der Gleichungen der Hydrodynamik für große REYNOLDS-Zahlen schließt sich unmittelbar an den im vorhergehenden Abschnitt betrachteten Fall des nichtdissipativen Mediums an, für das $\mathrm{Re} \to \infty$ gilt. Die Näherung, die die zu realisierende Bedingung $\mathrm{Re} \gg 1$ zuläßt, bedeutet im wesentlichen, daß man bei dieser Bedingung die Absorption bis zu einer Entfernung von der Quelle $x_S = \Lambda c_0/(2\pi\varepsilon_0 v_{max})$ vernachlässigen kann. Nach dieser Strecke erscheinen dissipative Prozesse, die die Unstetigkeit stören. Die Verzerrung der Wellenform nimmt dabei bis zu einer Entfernung $x_{kr} = x_S/2$ zu, solange sich nicht eine stabile sägezahnförmige Welle gebildet hat. Die Amplitude dieses Sägezahnes wird bei weiterer Ausbreitung geringer infolge der intensiven Energiedissipation an seiner Vorderfront. Das Dämpfungsgesetz der stabilisierten, sägezahnförmigen Welle kann man auf einem recht einfachen Wege bestimmen. Es muß nur ein ausreichend kleiner Abschnitt angenommen werden, auf dem ein endlicher Sprung der

Schwingungsgeschwindigkeit in der Unstetigkeitsebene stattfindet, was durch die Kleinheit der MACH-Zahl gerechtfertigt wird.

Wir wenden die Wellengleichung endlicher Amplitude in der Form (4.41) unter Berücksichtigung von (4.42) an und erhalten

$$v = v_{\max} \sin \left(\omega t - kx + \frac{v}{v_{\max}} \frac{x}{x_S} \right). \tag{4.56}$$

Nun betrachten wir irgendeinen fixierten Wert der Schwingungsgeschwindigkeit v bis zum Moment des „Austritts" aus der Unstetigkeitsebene, in der ein Sprung der Schwingungsgeschwindigkeit stattfindet (Abb. 20). Die Unstetigkeitsebene bewegt sich im Raum mit der Geschwindigkeit der Nullphase c_0. In der Zeit t durchläuft sie eine Strecke $x = c_0 t$ von der Quelle aus. Die Lage der Unstetigkeitsebene wird folglich durch die Gleichung $t - kx = 0$ und die Bedingung, daß der Sprung der Schwingungsgeschwindigkeit an der Unstetigkeitsebene v sei, bestimmt. Mit (4.56) wird dann

$$v = v_{\max} \sin \left[(v/v_{\max}) (x/x_S) \right] \tag{4.57}$$

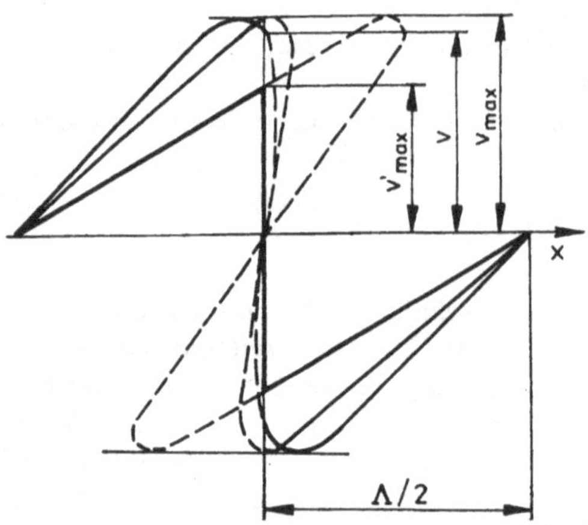

Abb. 20

mit $x \geqq x_S$. Die Koordinate $x = x_S$ entspricht dem Austritt des Profilpunktes mit der Schwingungsgeschwindigkeit $v = 0$ aus der Unstetigkeitsebene, was mit der früheren Definition der Entfernung x_S bis zum Beginn der Unstetigkeit übereinstimmt. Mit weiterer Vergrößerung der Entfernung treffen alle großen Werte der Schwingungsgeschwindigkeit v auf die Unstetigkeitsebene, d. h. der Sprung der Geschwindigkeit an der Vorderfront wächst bis zu einem Abstand von der Quelle, der $x = x_{kr} = (\pi/2)\, x_S$ ist. In dieser Entfernung ist $v = v_{\max} = v'_{\max}$. Das entspricht der Bildung einer sägezahnförmigen Welle, deren Amplitude $v'_{\max}$ in der Folge nach dem Gesetz (4.57) abnimmt (s. Abb. 20). Unter dem Wert v muß man dabei $v'_{\max}$ verstehen, d. h.

$$v'_{\max} = v_{\max} \sin \left[(v'_{\max}/v_{\max}) (x/x_S) \right]. \tag{4.58}$$

Dieses Gesetz kann besonders einfach bei großen Werten von x/x_S ausgedrückt werden, wenn man die Größe $\sin v'_{max} x/(v_{max} x_S)$ in der Nähe des Punktes $v'_{max} x/(v_{max} x_S) = \pi$ zerlegen kann. Tatsächlich erhalten wir unter der Annahme $v'_{max} x/(v_{max} x_S) = \pi - \delta$, wo $\delta \ll \pi$ ist,

$$\sin \frac{x}{x_S} \frac{v'_{max}}{v_{max}} = \sin (\pi - \delta) = \sin \delta \approx \delta = \pi - \frac{v'_{max}}{v_{max}} \frac{x}{x_S}.$$

Setzt man dieses Resultat in (4.58) ein, so erhält man eine Formel, die den Abfall der Amplitude der sägezahnförmigen Welle beschreibt (in Entfernungen, die x_{kr} mindestens zwei- bis dreimal übertreffen):

$$v'_{max} = v_{max} \pi/(1 + x/x_S). \tag{4.59}$$

Dabei ist definitionsgemäß v_{max} die Amplitude an der Quelle und x die von der Quelle gezählte Entfernung. Bei der Ableitung dieser Formel auf der Basis der Beziehung (4.58), in der $v_{max} = \text{const}$ ist, wurde der Amplitudenabfall auf dem Abschnitt von x_S bis x_{kr}, wo sich die sägezahnförmige Welle bildet, nicht berücksichtigt. Thermodynamische Berechnungen führen aber zu einem Ausdruck für v'_{max} mit einem unwesentlichen erwarteten Unterschied im Zahlenkoeffizienten. Diesen kann man beseitigen, indem v_{max} in (4.58) und (4.59) faktisch als Anfangsamplitude der sägezahnförmigen Welle verstanden wird.

Aus der Beziehung (4.59) folgt sofort eine wichtige Besonderheit für die Ausbreitung von Leistungsultraschall in großen Entfernungen von der Quelle. Für $x \gg x_S$ liefert sie

$$v'_{max} = v_{max} \pi x_S/x = c_0 \Lambda/(2\varepsilon_0 x), \tag{4.60}$$

d. h., die Amplitude der Schwingungsgeschwindigkeit der sägezahnförmigen Welle hängt in großen Entfernungen von der Schallquelle nicht von der Schwingungsamplitude ab. Natürlich muß dabei die Amplitude an der Quelle einen solchen Wert erreichen, daß sich die sägezahnförmige Welle in der Entfernung $\approx x_S$ bilden kann, die geringer als die fixierte Strecke x ist. Bei weiterer Erhöhung der Ultraschallintensität wird sich die Amplitude der sägezahnförmigen Welle im Abstand x asymptotisch dem Wert v'_{max} nähern, der durch (4.60) gegeben ist. Eine weitere Vergrößerung der Wellenamplitude an der Quelle wird vollständig durch ihre Dämpfung im Gebiet der Bildung und Ausbreitung der sägezahnförmigen Welle kompensiert. Die Formel (4.60) bestimmt folglich den Grenzwert der Amplitude der Schwingungsgeschwindigkeit in einer sägezahnförmigen Welle $(v'_{max})_{max}$, der in einer fixierten Entfernung von der Quelle im gegebenen Medium erreicht wird. Da sägezahnförmige Wellen bei großen REYNOLDS-Zahlen gebildet werden, ist diese Formel ein Kriterium für die Übertragung von Leistungsultraschall in einem schwach viskosen Medium in relativ großen Entfernungen von der Schallquelle. Dieses Kriterium erweist sich als ausreichend streng. So bestimmt es für Wasser ($c_0 = 1{,}5 \cdot 10^3$ m s^{-1}, $\varepsilon_0 = 4$) bei einer Frequenz von 0,5 MHz einen Grenzwert der Intensität, die in einer Entfernung von 1 m von der Quelle übertragen werden kann ($x = 330\Lambda$), von $I_{max} = \varrho_0 c_0 (v'_{max})^2_{max}/2 \approx 30$ W cm^{-2}. Bei der Frequenz 1,5 MHz ($x = 1000\Lambda$) ist der Wert ungefähr 3 W cm^{-2}.

Diese Schlußfolgerungen stimmen wenigstens qualitativ mit dem Experiment überein (Abb. 21) [19]. Ein gewisser quantitativer Unterschied kann durch mehrere unberücksichtigte Faktoren verursacht sein. Dazu gehören die Absorption und Streuung des

Ultraschalls bis zur Bildung einer Stoßwelle, die Auflösung ihrer Front infolge Absorption nach dem Bildungsgebiet, Diffraktionseffekte im realen Ultraschallbündel usw. Alle diese Effekte führen im ganzen zu einer Verringerung der berechneten maximalen Werte der Intensität. Somit liefert die Formel (4.60) einen oberen theoretischen Grenzwert.

Ausgehend von der Beziehung (4.59) finden wir für den Amplitudenkoeffizienten der Absorption einer sägezahnförmigen Welle

$$\alpha = -\frac{1}{v'_{\max}} \frac{\mathrm{d}v'_{\max}}{\mathrm{d}x} = \frac{1}{x + x_{\mathrm{S}}}. \tag{4.61}$$

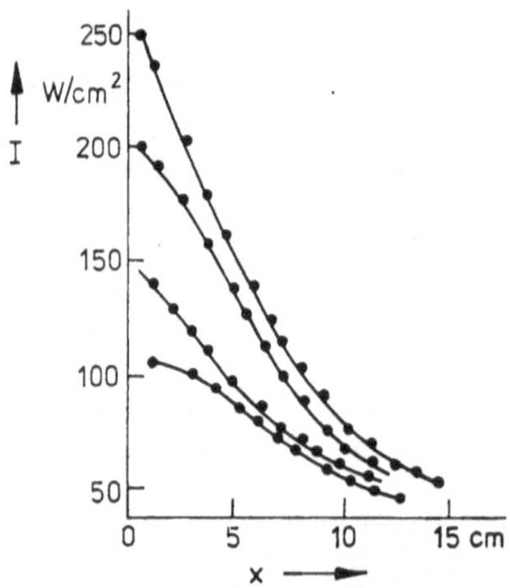

Abb. 21

Somit nimmt der Absorptionskoeffizient in großen Entfernungen nach dem Bildungsgebiet der sägezahnförmigen Welle ($x \gg x_{\mathrm{S}}$) umgekehrt proportional zur Entfernung ab. Dividiert man nun (4.61) durch den Ausdruck für den Absorptionskoeffizienten einer Welle unendlich kleiner Amplitude $\alpha_0 = b\omega^2/(2\varrho_0 c_0^3)$, dann erhält man

$$\frac{\alpha}{\alpha_0} = \frac{2\varepsilon_0 \varrho_0 c_0 v_{\max}}{(1 + x/x_{\mathrm{S}})\, b\omega} = \frac{2\varepsilon_0 \,\mathrm{Re}}{1 + x/x_{\mathrm{S}}}; \tag{4.62}$$

$\mathrm{Re} = \varrho_0 c_0 v_{\max}/(b\omega)$ ist die REYNOLDS-Zahl am Ort der Ultraschallquelle. Berücksichtigt man (4.59), so kann man eine für die Messung günstigere, sogenannte momentane REYNOLDS-Zahl in der sägezahnförmigen Welle einführen,

$$\mathrm{Re}_x = \varrho_0 c_0 v_0/(b\omega) = \pi \,\mathrm{Re}/(1 + x/x_{\mathrm{S}}). \tag{4.63}$$

Damit erhält (4.62) die Form

$$\alpha/\alpha_0 = (2/\pi)\, \varepsilon_0 \,\mathrm{Re}_x. \tag{4.64}$$

Gewöhnlich wird in der Ultraschalltechnik die Amplitude der ersten Harmonischen (der Welle des Grundtones) gemessen. Berücksichtigt man, daß, analog zur Zerlegung (4.44), die Amplitude der Schwingungsgeschwindigkeit in der ersten Harmonischen $v_{\max 1}$ der sägezahnförmigen Welle mit ihrem Spitzenwert $v'_{\max}$ über die Beziehung

$v_{\max 1} = (2/\pi)\, v'_{\max}$ gekoppelt ist, und führt man die momentane REYNOLDS-Zahl für die erste Harmonische ein, $\mathrm{Re}_{1x} = \varrho_0 c_0 v_{\max 1}/(b\omega) = p_{\max 1}/(b\omega)$, wo $p_{\max 1}$ die Druckamplitude in der ersten Harmonischen ist, so erhält man

$$\alpha_1/\alpha_0 = \varepsilon_0\, \mathrm{Re}_{1x}; \tag{4.65}$$

ε_0 ist der Nichtlinearitätskoeffizient. Im Bildungsgebiet der sägezahnförmigen Welle, wo die momentane REYNOLDS-Zahl ihren größten Wert hat, ist das Verhältnis des Absorptionskoeffizienten der sägezahnförmigen Welle oder ihrer ersten Harmonischen zum Absorptionskoeffizienten α_0 der Welle kleiner Amplitude maximal. Dabei wird dieses Verhältnis nicht nur durch die REYNOLDS-Zahl bestimmt (die in schwach viskosen Flüssigkeiten bei nicht zu hohen Frequenzen einige Hundert oder sogar Tausend Einheiten erreichen kann), sondern auch durch den Nichtlinearitätskoeffizienten ε_0, dessen Größe für Flüssigkeiten in den Grenzen von 4 bis 6 schwankt. Danach nehmen die Koeffizienten α/α_0 und α_1/α_0 mit der Entfernung nach dem Gesetz (4.61) ab. Die Beziehungen (4.62), (4.64) und (4.65) haben dabei Gültigkeit, solange die Welle die Sägezahnform beibehält. Bei der Auslöschung der Vorderfront der Welle nimmt ihr Absorptionskoeffizient ab. Folglich bestimmt die Formel (4.64) den maximalen Überschußabsorptionskoeffizienten α/α_0, der bei gegebener REYNOLDS-Zahl in einem Medium mit dem Nichtlinearitätskoeffizienten ε_0 vorliegt. Dieser maximale Wert α/α_0 wird in einer sägezahnförmigen Welle realisiert. Es ist interessant, festzustellen, daß in die Ausdrücke für den Absorptionskoeffizienten einer sägezahnförmigen Welle, (4.61) bis (4.62), keine dissipativen Charakteristika des Mediums eingehen. Er hängt nur vom Sprung der Schwingungsgeschwindigkeit (des Druckes, der Dichte usw.) an der Vorderfront der Welle ab. Tatsächlich wurden dissipative Prozesse indirekt bei der Ableitung der Formel (4.65) berücksichtigt, durch Ausnutzung von Beziehungen, die die Größe dieses Sprunges definieren.

Eine detailliertere Analyse der Struktur der Vorderfront einer Stoßwelle bei gegebenem Wert der REYNOLDS-Zahl führt zu einem Ausdruck für ihre dimensionslose Tiefe [19]:

$$\delta = (1 + x/x_S)/(\pi\varepsilon_0\, \mathrm{Re}); \tag{4.66}$$

Re ist die REYNOLDS-Zahl bei $x = 0$. Unter der Fronttiefe δ wird das Verhältnis ihrer Stärke zur Wellenlänge Λ verstanden. Damit ist die Größe δ mit dem Grad der Wellenverzerrung Δ (siehe (4.40)) über die Beziehung $\delta = (1 - \Delta)/2$ verbunden.

Entsprechend (4.66) ist die Tiefe der Front der Stoßwelle im Anfangsgebiet der Unstetigkeit ($x \approx x_S$) minimal. Darauf wächst sie proportional mit x. Dabei nimmt, wie schon erwähnt, auch der Überschußabsorptionskoeffizient der Welle ab. Weiterhin ist bei $\mathrm{Re} \to \infty$ die Fronttiefe $\delta \to 0$. Der Wert der REYNOLDS-Zahl wird aber in einem gegebenen Medium durch seine dissipativen Eigenschaften begrenzt. Somit begrenzen dissipative Prozesse auch die Fronttiefe einer Stoßwelle und eben dadurch ihre Absorption. Die Absorption hängt wirklich nur vom Drucksprung (Geschwindigkeitssprung) ab, der auch die Größe Re bestimmt. Eine quantitative Korrelation zwischen der Überschußabsorption der sägezahnförmigen Welle und ihrer Fronttiefe erhalten wir durch Vergleich der Ausdrücke (4.66) und (4.62):

$$\alpha/\alpha_0 = 2/(\pi\delta). \tag{4.67}$$

Für die im Experiment gemessene erste Harmonische haben wir analog (4.65) $\alpha_1/\alpha_0 = 1/\delta$. Diese Beziehungen sind für starke Verformungen, d. h. bei $\delta \ll 1/2$, gültig. Somit kann man durch Messung des Überschußabsorptionskoeffizienten der Grundharmonischen die Fronttiefe der verzerrten Welle δ oder den Grad ihrer Verzerrung Δ bestimmen.

Einen Näherungsausdruck für die spektrale Zusammensetzung einer Welle endlicher Amplitude bei großen REYNOLDS-Zahlen kann man erhalten, indem man die Lösung (4.49) für $0 \leqq x \gg x_S$ und die FOURIER-Zerlegung der sägezahnförmigen Welle (4.44) für $x \gg x_S$ unter Berücksichtigung des Dämpfungsgesetzes (4.59) vereinigt:

$$v(x, t) = v_{\max} \sum_{n=1}^{\infty} B_n \cos n(\omega t - kx). \tag{4.68}$$

$v_{\max}$ ist die Amplitude der Welle an der Quelle, k ihre Wellenzahl und

$$B_n = \begin{cases} \dfrac{2x_S}{nx} J_n\left(n \dfrac{x}{x_S}\right), & 0 \leqq x \leqq x_S, \\[2ex] \dfrac{2}{n(1 + x/x_S)}, & x \gg x_S; \end{cases}$$

J_n ist die BESSEL-Funktion erster Art n-ter Ordnung. Wenn diese Lösungen im Punkt $x = x_{kr}$ (der Punkt $x/x_S = \pi/2$ in Abb. 18) zusammengesetzt werden, so erhalten wir ein Bild über die Änderung der spektralen Zusammensetzung der Welle bei großen REYNOLDS-Zahlen, das in Abbildung 22 dargestellt ist. Die punktierten Abschnitte für die Amplituden der Harmonischen entsprechen dem Gebiet der Änderung der Wellenamplitude nach dem Gesetz (4.58).

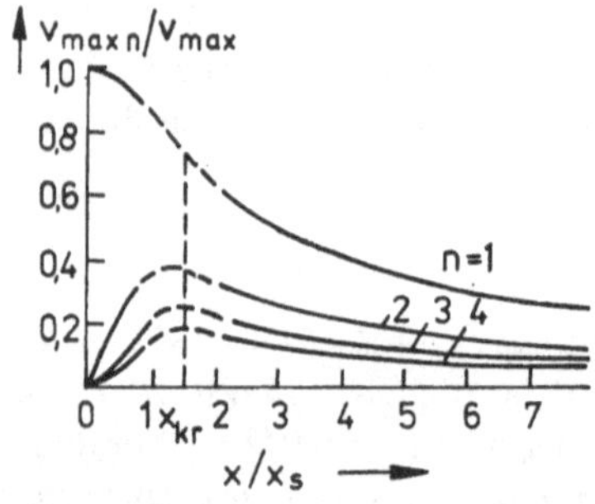

Abb. 22

Die Amplituden der höheren Harmonischen erreichen somit einen maximalen Wert im Gebiet der Bildung der sägezahnförmigen Welle. In diesem Gebiet wird die Grundharmonische (erste) entsprechend (4.65) am stärksten gedämpft. Auf Entfernungen, die um einiges größer als x_{kr} sind, geht der Amplitudenabfall aller Harmonischen (eingeschlossen der Grundharmonischen) nach einem einheitlichen Gesetz vor sich: $v_{\max n} = 2v_{\max}/[n(1 + x/x_S)]$, mit ein und demselben Absorptionskoeffizienten $\alpha_n = 1/(x + x_{kr}) = \alpha$. Das ist charakteristisch für eine sägezahnförmige Welle und entspricht der Erhaltung (Stabilisierung) ihrer Form, d. h. der Erhaltung großer laufender REYNOLDS-Zahlen Re_x, bei denen man die Tiefe der Stoßfront im Vergleich mit der Wellenlänge Λ vernachlässigen kann. Mit dem Amplitudenabfall löst sich aber die Stoßfront der Welle auf, d. h., ihre Tiefe wächst an. Wenn man in der Berechnung eine endliche Tiefe der Front δ annimmt, bestimmt durch die Beziehung (4.66) und ihre Korrelation zur Dämpfung entsprechend (4.67), dann hat die Zerlegung in eine FOURIER-Reihe folgende Form:

$$v = \frac{v_{\max}}{\varepsilon_0 \, \mathrm{Re}} \sum_{n=1}^{\infty} \frac{\sin n(\omega t - kx)}{\mathrm{sh}\,[n(1 + x/x_{\mathrm{kr}})/(2\varepsilon_0 \, \mathrm{Re})]}; \tag{4.69}$$

Re ist die anfängliche REYNOLDS-Zahl, $x > x_{\mathrm{kr}}$. Bei großen Re-Werten fällt der Ausdruck (4.69) mit (4.68) bei $x = x_{\mathrm{kr}}$ zusammen. Bei starker Auslöschung der Wellenfront in großen Entfernungen von der Quelle, wo sich die Wellenform wieder der Sinusform nähert, nimmt die Beziehung (4.69) angenähert folgende Form an:

$$v = \frac{v_{\max}}{\varepsilon_0 \, \mathrm{Re}} \left[\mathrm{e}^{-\alpha_0 x} \sin(\omega t - kx) + \mathrm{e}^{-2\alpha_0 x} \sin 2(\omega t - kx) + \cdots\right]. \tag{4.70}$$

In großen Entfernungen nach dem Gebiet der Bildung der Stoßwelle unterscheiden sich somit die Absorptionskoeffizienten der Harmonischen. Die höheren Harmonischen werden stärker als die niedrigeren gedämpft. Dieser Unterschied ist aber schwächer, als man eigentlich erwarten könnte, wenn man von der quadratischen Abhängigkeit des Absorptionskoeffizienten von der Frequenz ausgeht. In der Gleichung (4.70) ist der Absorptionskoeffizient der zweiten Harmonischen nur um das Zwei- und nicht das Vierfache größer als der Absorptionskoeffizient der ersten Harmonischen. Das wird durch das ununterbrochene Energiepumpen von den niedrigeren Harmonischen zu den höheren auf dem gesamten Ausbreitungsweg der Welle bis zur Wiedererlangung ihrer anfänglichen Sinusform verursacht, und zwar auf Entfernungen, die der Bedingung $\alpha_0 x \gg 1$ gehorchen. Die Beziehung (4.70) ergibt dann

$$v \approx [v_{\max}/(\varepsilon_0 \, \mathrm{Re})] \exp [(-\alpha_0 x) \sin (\omega t - kx)].$$

Wenn man berücksichtigt, daß bei $\alpha_0 x \gg 1$ $\exp(-\alpha_0 x) \approx 1/(\alpha_0 x)$ ist, wo $\alpha_0 = b\omega^2/(2\varrho_0 c_0^2)$ und $\mathrm{Re} = \varrho_0 c_0 v_{\max}/(b\omega)$ sind, so kann man auf der Grundlage von (4.70) wieder zu der Schlußfolgerung kommen, daß in großen Entfernungen nach dem Unstetigkeitsgebiet die Wellenamplitude nicht von der Strahlungsintensität der Quelle abhängt. Für die Grenzamplitude in der fixierten Entfernung $x \gg x_{\mathrm{kr}}$ erhalten wir den Ausdruck $v_{\max} = c_0 \Lambda/(\pi \varepsilon_0 x)$, der mit dem früheren Resultat (4.60) bis auf einen Faktor $\pi/2$ zusammenfällt.

Kleine Reynolds-Zahlen ($\mathrm{Re} \ll 1$)

Ein geringer Grad der Verzerrung der Wellenform in der Stabilisierungsentfernung ist von größtem Interesse im Hinblick auf die Analyse der Bedingungen, bei denen man die Ausbreitung realer Wellen endlicher, aber kleiner Amplitude gut mit den Gesetzen der linearen Akustik beschreiben kann. Dieser Fall wird praktisch immer realisiert, z. B. bei Messungen der Geschwindigkeit und Dämpfung des Ultraschalls: Die dabei verwendeten Intensitäten werden den Verlusten bei der Absorption angepaßt, und die REYNOLDS-Zahlen $\mathrm{Re} = p_{\max}/(b\omega)$ bleiben in der Regel klein.

Bei kleinen REYNOLDS-Zahlen kann das Problem — Wellenausbreitung mit endlichen (aber kleinen) Amplituden in einem viskosen Medium — durch sukzessive Approximation gelöst werden. Dabei wird die Lösung für die akustischen Parameter v, $\Delta\varrho$ usw. in Reihenform gefunden,

$$v(x,t) = v_1 + v_2 + \cdots, \qquad \Delta\varrho = \varrho - \varrho_0 = \varrho_1 + \varrho_2 + \cdots, \tag{4.71}$$

wo $v_2 \ll v_1$, $\varrho_2 \ll \varrho_1$. Die Substitution dieser Reihen in die exakten Gleichungen der Hydrodynamik (4.3) und (4.55) gestattet, die linearen Gleichungen erster Näherung unter Berücksichtigung viskoser Verluste und die Gleichungen zweiter Näherung, auf die die nichtlinearen Glieder zweiter Ordnung führen, abzutrennen. Durch Lösung dieser Gleichungen und Addition der erhaltenen Resultate finden wir entsprechend (4.71) eine vollständige Lösung in zweiter Näherung unter Berücksichtigung schwacher nichtlinearer Effekte, bei denen Glieder dritter Ordnung vernachlässigt werden können.

Die Lösung für ein System linearer Gleichungen der Hydrodynamik unter Berücksichtigung viskoser Verluste haben wir schon im Abschnitt 4.3. erhalten. Bei der harmonischen Schwingung einer ebenen Quelle und bei geringer Dämpfung, bezogen auf die Wellenlänge ($\alpha_0\Lambda \ll 1$), beschreibt diese Lösung (d. h. die Lösung erster Näherung) unter Vernachlässigung der Wärmeleitfähigkeit des Mediums die gedämpfte ebene Welle mit der Frequenz ω:

$$v_1(x,t) = v_{\max 1} \exp\left[(-\alpha_0 x) \sin(\omega t - kx)\right], \tag{4.72}$$

wo $\alpha_0 = b\omega^2/(2\varrho_0 c_0^3)$ und $b = \eta = (4/3)/\eta_S + \eta_0$ ist.

Das System nichtlinearer Gleichungen zweiter Näherung unter Berücksichtigung der Zustandsgleichung in ebenfalls zweiter Näherung (4.14) nimmt die folgende Form an:

$$\begin{gathered}\frac{\partial\varrho_2}{\partial t} + \varrho_0 \frac{\partial v_2}{\partial x} + \frac{\partial}{\partial x}(\varrho_1 v_1) = 0;\\ \varrho_0 \frac{\partial v_2}{\partial t} + \varrho_1 \frac{\partial v_1}{\partial t} + \varrho_0 v_1 \frac{\partial v_1}{\partial x} + c_0^2 \frac{\partial \varrho_2}{\partial x} - b\frac{\partial^2 v}{\partial x^2} + B\frac{\partial}{\partial x}\left(\frac{\varrho_1}{\varrho_0}\right)^2 = 0;\end{gathered} \tag{4.73}$$

B ist ein Koeffizient im quadratischen Glied der Zustandsgleichung, $B = \varrho_0{}^2(\partial c^2/\partial\varrho)_{\varrho=\varrho_0}$; $c^2 = \partial p/\partial\varrho$. Die Lösung der Gleichungen zweiter Näherung (4.73) liefert [29, 30][1]

$$v_2(x,t) = \frac{\varrho_0 c_0 \varepsilon_0 v^2_{\max 1}}{2b\omega}\left(\mathrm{e}^{-2\alpha_0 x} - \mathrm{e}^{-4\alpha_0 x}\right) \sin 2(\omega t - kx) \tag{4.74}$$

sowie außerdem $p_2 = \varrho_0 c_0 v_2$, $\Delta\varrho_2 = v_2\varrho_0/c_0$, d. h., sie offenbart eine Beziehung zwischen den akustischen Parametern in zweiter Näherung, analog den Beziehungen erster Näherung. Die Gleichung (4.74) beschreibt eine gedämpfte ebene Welle mit der Frequenz 2ω, d. h. die zweite Harmonische der Grundwelle (4.72).

In der folgenden Näherung würden wir die dritte Harmonische erhalten usw. Die Bedingung für die Anwendbarkeit der ausgenutzten Näherung $v_2/v_1 \ll 1$ gibt aber

$$\left(\frac{v_2}{v_1}\right)_{\max} \approx \frac{\varrho_0 c_0 \varepsilon_0 v_{\max 1}}{2b\omega} = \frac{\varepsilon_0 p_{\max 1}}{2b\omega} = \frac{3}{2}\,\mathrm{Re} \ll 1. \tag{4.75}$$

---

[1] Zu einem analogen Resultat führt auch die Berücksichtigung der Dämpfung einer Welle infolge der Diffraktion eines begrenzten Bündels quasiebener Wellen endlicher Amplitude [31].

Dabei kann man die dritte Harmonische vernachlässigen und die vollständige Lösung für $v(x, t)$ in der Form

$$v(x, t) = v_1 + v_2 = v_{\max 1}\, e^{-\alpha_0 x} \sin(\omega t - kx) + v_{\max 2}(e^{-2\alpha_0 x} - e^{-4\alpha_0 x}) \sin 2(\omega t - kx) \tag{4.76}$$

darstellen, wo nach (4.74) gilt:

$$v_{\max 2} = \frac{\varrho_0 c_0 \varepsilon_0 v_{\max 1}^2}{2b\omega} = \frac{v_{\max 1}\varepsilon_0 \,\mathrm{Re}}{2} = \frac{\varepsilon_0 \omega v_{\max 1}^2}{4c_0{}^2\alpha_0}.$$

Der Nachteil der so erhaltenen Lösung besteht darin, daß sie die Dämpfung der Grundwelle nur infolge dissipativer Prozesse berücksichtigt, aber nicht, wie auch die Näherungslösung für ein nichtdissipatives Medium, den Fakt der Übertragung ihrer Energie an die zweite Harmonische widerspiegelt. Man kann dies zusätzlich berücksichtigen, wenn man die bekannte Energie der zweiten Harmonischen aus der Energie der Welle des Grundtones berechnet. Dies liefert aber nur eine unbedeutende Korrektur, da in Übereinstimmung mit Bedingung (4.75) die Amplitude der zweiten Harmonischen nicht groß ist. Für die zweite Harmonische erweist sich ihre Korrelation mit der Welle des Grundtones in der unmittelbaren Absorption durch das Medium als berücksichtigt. In Übereinstimmung mit Gleichung (4.74) ist die Amplitude der zweiten Harmonischen im Koordinatenursprung Null, und bei kleinem x wächst sie mit der Entfernung angenähert nach einem linearen Gesetz: Bei $\alpha_0 x \ll 1$ ist $\exp(-2\alpha_0 x) - \exp(-4\alpha_0 x) \approx 2\alpha_0 x$. Setzt man diesen Ausdruck in (4.74) ein, so erhält man $v_{\max 2} = \varepsilon_0 \omega v_{\max 1}^2 x/(2c_0{}^2)$, was genau mit dem früheren Resultat (4.43) für ein nichtdissipatives Medium zusammenfällt. Bei weiterer Entfernung verlangsamt sich aber das Wachstum der zweiten Harmonischen. In einer Entfernung $x_{\mathrm{Stab}\,1} = \ln 2/(2\alpha_0)$ erreicht ihre Amplitude einen maximalen Wert. Danach nimmt sie ab. Die Dämpfung der zweiten Harmonischen erfolgt für $x > x_{\mathrm{Stab}1}$ dabei schneller als die Dämpfung der Welle des Grundtones, jedoch langsamer als einfach die Dämpfung der Welle mit der doppelten Frequenz. Der Relativwert der Amplitude der zweiten Harmonischen im Vergleich zur Amplitude der Grundwelle

$$\frac{v_{\max 2}}{v_{\max 1}} = \frac{\varrho_0 c_0 \varepsilon_0 v_{\max 1}}{2b\omega}(e^{-\alpha_0 x} - e^{-3\alpha_0 x}) \tag{4.77}$$

hat einen maximalen Wert im Punkt

$$x_{\mathrm{Stab}} = \ln 3/(2\alpha_0), \tag{4.78}$$

d. h. in etwas größerer Entfernung von der Quelle. Auf dieser Strecke erleidet die Wellenform die größte Verzerrung. Bei $x = x_{\mathrm{Stab}}$ ergibt der Ausdruck (4.77)

$$\left(\frac{v_{\max 2}}{v_{\max 1}}\right)_{\max} = \frac{\varrho_0 c_0 \varepsilon_0 v_{\max 1}}{3\sqrt{3}b\omega} = \frac{\varepsilon_0 p_{\max 1}}{3\sqrt{3}b\omega} = \frac{\varepsilon_0 \,\mathrm{Re}}{3\sqrt{3}}. \tag{4.79}$$

Im Grenzfall der sägezahnförmigen Welle (Grad der Verformung $\Delta = 1$) ist dieses Verhältnis, wie wir wissen, gleich 1/2. Da unsere Lösung für $\mathrm{Re} \ll 1$ erhalten worden ist, gilt, entsprechend der Formel (4.79), $(v_{\max 2}/v_{\max 1})_{\max} \ll 1/2$. Das bedeutet, daß der Grad der maximalen Verformung der Welle im gegebenen Fall weit von Eins entfernt ist. Folglich ist die stabile Form der Welle weit von der sägezahnartigen entfernt, und ihr Profil stellt einen nur schwach verformten Sinus dar.

Wenn man die Verteilung der Schwingungsgeschwindigkeit in der Welle (4.76) kennt, kann man die Energiemenge finden, die durch die Welle auf Grund von Dissipation verlorengeht, und man kann den differentiellen Absorptionskoeffizienten berechnen. Für den Amplitudenkoeffizienten der Absorption der gesamten Welle wird dabei der folgende Ausdruck gefunden [30]:

$$\alpha = \alpha_0 + 3\alpha_0 \left(\frac{\varepsilon_0 \varrho_0 c_0 v_{\max 1}}{2b\omega}\right)^2 (e^{-\alpha_0 x} - e^{-3\alpha_0 x})^2 = \alpha_0 \left[1 + \frac{3\varepsilon_0^2 \mathrm{Re}^2}{4} (e^{-\alpha_0 x} - e^{-3\alpha_0 x})^2\right]. \tag{4.80}$$

Dividiert man durch α_0 und führt die Bezeichnung $\Phi(\alpha_0 x) \equiv \exp(-\alpha_0 x) - \exp(-3\alpha_0 x)$ ein, so erhält man

$$\alpha/\alpha_0 = 1 + (3\varepsilon_0^2 \mathrm{Re}^2/4)\, \Phi^2(\alpha_0 x). \tag{4.81}$$

Der relative Absorptionskoeffizient einer Welle endlicher Amplitude bei kleinen Re-Zahlen ändert sich also mit der Entfernung von der Quelle wie die Funktion $\Phi(\alpha_0 x)$, die in Abbildung 23 graphisch dargestellt ist. Bei $x = 0$ und $x = \infty$ ist $\Phi(\alpha_0 x) = 0$ und $\alpha = \alpha_0$. Die Überschußdämpfung erreicht den größten Wert im Punkt $x_{\max}$, wo auch die Verzerrung der Wellenform maximal ist. Wenn man in (4.81) den Wert $x_{\max} = x_{\text{Stab}} = \ln 3/(2\alpha_0)$ einsetzt, erhält man

$$(\alpha/\alpha_0)_{\max} = 1 + 0{,}12\varepsilon_0^2 \mathrm{Re}^2. \tag{4.82}$$

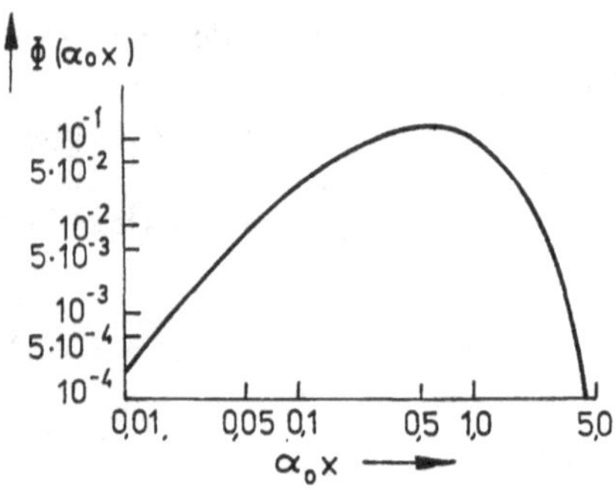

Abb. 23

Somit wird, wie auch im Fall $\mathrm{Re} \gg 1$, die Überschußabsorption der Welle endlicher) Amplitude im Gebiet ihrer größten Verformung nur durch den Nichtlinearitätskoeffizienten ε_0 und die REYNOLDS-Zahl bestimmt. Bei kleinen REYNOLDS-Zahlen wächst der relative Absorptionskoeffizient proportional Re^2 im Unterschied zur linearen Abhängigkeit, die früher erhalten worden ist (siehe (4.62)).

Die erhaltenen theoretischen Resultate für den relativen Absorptionskoeffizienten bei $\mathrm{Re} < 1$ und $\mathrm{Re} \gg 1$ befinden sich in guter Übereinstimmung mit den experimentellen Daten. Als Illustration dessen sind in der Abbildung 24 [19] zusammengefaßte Daten wiedergegeben. Es handelt sich um Messungen des Absorptionskoeffizienten von Ultraschallwellen mit unterschiedlicher Amplitude in Wasser bei Entfernungen, wo

Stabilisierung der Wellenform vorliegt, d. h. im Gebiet maximaler Absorption. Auf der Abszisse ist die lokale REYNOLDS-Zahl aufgetragen, die durch die Druckamplitude im Meßpunkt bestimmt wird. Die durchgezogene Kurve ist die theoretische, die für $\varepsilon_0 = 4$ bestimmt wurde. Die Punkte gehören zu Messungen, die mit verschiedenen Methoden bei unterschiedlichen Ultraschallfrequenzen im Bereich von 1 bis 10 MHz durchgeführt wurden.

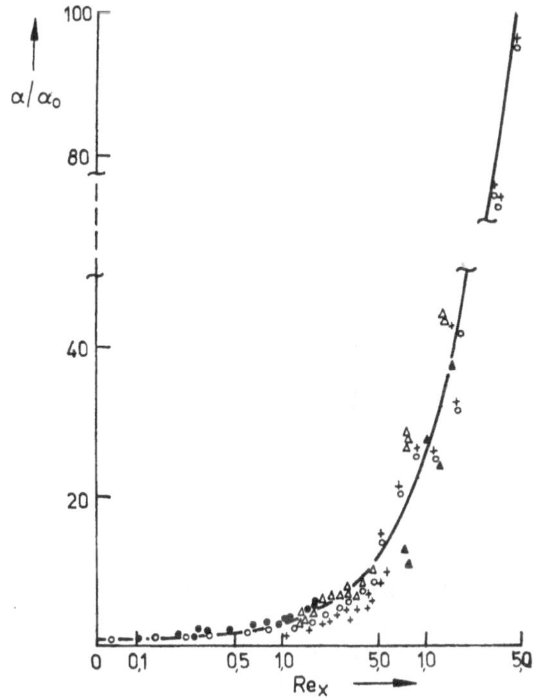

Abb. 24

Zum Schluß sei bemerkt, daß die Formel (4.82) ein Kriterium liefert, das die maximale REYNOLDS-Zahl definiert, bei der man den Beitrag nichtlinearer Effekte in der gemessenen Ultraschallabsorption vernachlässigen kann. Beträgt der Meßfehler der Absorption bei einem gegebenen Gerät $\Delta\alpha/\alpha_0$, dann wird sich entsprechend (4.82) der Einfluß nichtlinearer Effekte in den Grenzen des zufälligen Fehlers des Experimentes bei der Bedingung

$$\left|\frac{\Delta\alpha}{\alpha_0}\right| > \frac{\alpha_{\max} - \alpha_0}{\alpha_0} = 0{,}12\varepsilon_0^2\,\mathrm{Re}^2 \tag{4.83}$$

zeigen. So erhalten wir auf der Grundlage der Beziehung (4.83) bei einer Meßgenauigkeit der Absorption von ungefähr 10% für Gase ($\varepsilon_0 \approx 1{,}2$) $\mathrm{Re}_{\max} \approx 0{,}7$ und für Flüssigkeiten ($\varepsilon_0 \approx 5$) $\mathrm{Re}_{\max} \lesssim 0{,}2$. Wenn man berücksichtigt, daß die REYNOLDS-Zahl mit der Druckamplitude und der Intensitätsamplitude des Ultraschalls durch die Beziehungen $p_{\max} = 2\alpha_0\varrho_0c_0^3\,\mathrm{Re}/\omega$, $I = 2\alpha_0^2\varrho_0c_0^5\,\mathrm{Re}/\omega^2$ gekoppelt ist, dann sind unschwer die Grenzwerte des akustischen Druckes und der Intensität zu berechnen, bei denen man den Beitrag nichtlinearer Effekte in der gemessenen Ultraschallabsorption vernachlässigen kann. Dies bezieht sich sogar auf Messungen im Gebiet der Stabilisierung der

Wellenform, wo dieser Beitrag maximal ist. Die Resultate solch einer Rechnung sind für einige Medien mit quadratischer Abhängigkeit des Absorptionskoeffizienten von der Frequenz für eine Welle kleiner Amplitude in Tabelle 9 dargestellt. In der Tabelle sind auch die Entfernungen für die Stabilisierung der Wellenform $x_{Stab} \approx 0{,}5/\alpha_0$ und die MACH-Zahl Ma, die die absolute Größe der nichtlinearen Effekte bestimmt, angegeben. Die in Tabelle 9 angeführten Daten beziehen sich alle auf Zimmertemperatur.

Tabelle 9. Druckamplituden, Ultraschallintensität und MACH-Zahl für $\Delta\alpha/\alpha_0 \approx 10\%$ ($T = 293$ K)

Medium	$\alpha_0/\nu^2 \cdot 10^{17}$ $s^2\,cm^{-1}$	ϱ_0 $g\,cm^{-3}$	$c_0 \cdot 10^{-5}$ $cm\,s^{-1}$	$\nu \cdot 10^{-6}$ s^{-1}	$p_{max} \cdot 10^{-5}$ Pa	I W/cm^2	Ma	x_{Stab} cm
Wasser	25	1,0	1,5	1,0	0,05	$8 \cdot 10^{-4}$	$2 \cdot 10^{-6}$	$2 \cdot 10^3$
				10	0,5	0,08	$2 \cdot 10^{-5}$	20
Methylalkohol	34	0,8	1,12	1,0	0,02	$2 \cdot 10^{-4}$	10^{-6}	$1{,}6 \cdot 10^3$
				10	0,2	0,02	10^{-5}	16
Quecksilber	6,0	13,6	1,45	1,0	0,13	$4 \cdot 10^{-4}$	$5 \cdot 10^{-7}$	10^4
				10	1,3	0,04	$5 \cdot 10^{-6}$	100
Benzin	900	0,88	1,3	1,0	1,0	0,4	$6 \cdot 10^{-5}$	60
				10	10	40	$6 \cdot 10^{-4}$	0,6
Glyzerin	2500	1,26	1,9	1,0	15	125	$3 \cdot 10^{-3}$	22
				10	150	12500	$3 \cdot 10^{-2}$	0,2
Luft	$2 \cdot 10^4$	$1{,}3 \cdot 10^{-3}$	0,33	1,0	$2 \cdot 10^{-3}$	$1{,}5 \cdot 10^{-3}$	$1{,}4 \cdot 10^{-3}$	2,7

Mit Temperaturerhöhung wird die Viskosität der Flüssigkeiten niedriger, und die REYNOLDS-Zahl wächst. Wenn der Absorptionskoeffizient einer monochromatischen Welle α_0 schwächer von der Temperatur abhängt als die Viskosität, dann kann die Absorption einer Welle endlicher Amplitude mit der Temperatur auf Grund der Verstärkung nichtlinearer Effekte anwachsen. Als Illustration dazu dient die in Abbildung 25 angeführte experimentelle Kurve der anomalen Temperaturabhängigkeit der Ultraschallabsorption in Transformatorenöl bei der Frequenz 1,5 MHz und einer Intensität der Quelle von 9 W/cm² [32].

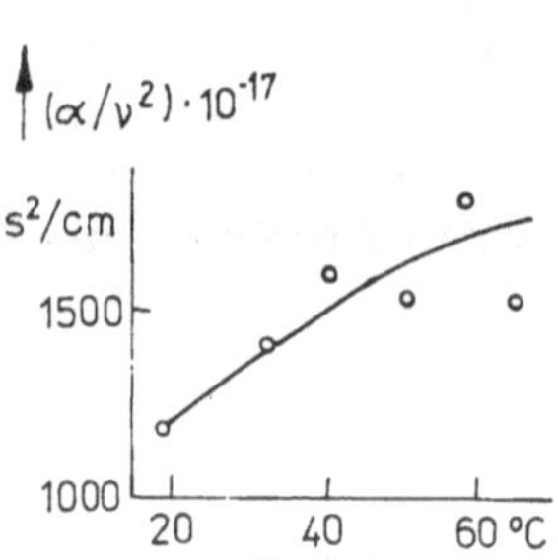

Abb. 25

Wie in Tabelle 9 zu sehen ist, können sich in stark absorbierenden Flüssigkeiten nichtlineare Effekte nur bei sehr hohen Intensitäten des Ultraschalls zeigen. In schwachviskosen Flüssigkeiten, wie Wasser, Alkohol usw., zeigen sich dagegen nichtlineare Effekte bei 1 MHz schon deutlich in der Ultraschallabsorption für Intensitäten der Größenordnung 10^{-4} W/cm², die der akustischen MACH-Zahl von $\approx 10^{-6}$ entsprechen. Die nichtlinearen Glieder der Gleichungen der Hydrodynamik, die proportional Ma^2

sind, belaufen sich dabei auf ungefähr 10^{-12}. Die Ultraschallabsorption ist somit sehr „empfindlich" gegenüber nichtlinearen Effekten und bedingt ein strengeres Kriterium der Kleinheit der Amplitude einer reellen Welle in einem konkreten Medium. Dieses Kriterium, wie wir sehen werden, hängt von der Ultraschallfrequenz, von der Meßgenauigkeit des Absorptionskoeffizienten, ja selbst vom Abschnitt, auf dem er gemessen wird, ab.

Die Bedingung (4.83) und die ihr entsprechenden Grenzwerte der Amplituden, die in Tabelle 9 aufgeführt sind, gehören zum Gebiet der Stabilisierung der Wellenform, wo der Beitrag nichtlinearer Effekte zur Absorption maximal ist. Die Größe x_{Stab} hängt ihrerseits, entsprechend der Definition (4.78), vom Grad der Dissipation der Welle (d. h. vom Wert des Absorptionskoeffizienten α_0 der Welle endlicher Amplitude) ab. Bei kleinen α_0 kann sie, wie aus Tab. 9 zu sehen ist, wesentlich jene Entfernungen von der Quelle übersteigen, in denen gewöhnlich Ultraschallabsorptionsmessungen durchgeführt werden. In diesem Fall wird die Bedingung (4.83) aufgeweicht in Übereinstimmung mit der Art der Funktion $\Phi(\alpha_0 x)$, die in Abbildung 23 dargestellt ist. Man muß aber beachten, daß die Beziehungen (4.80) und (4.83) den Absorptionskoeffizienten der gesamten Welle festlegen, während gleichzeitig in der Praxis die Amplitude ihrer ersten Harmonischen gemessen wird. Im Gebiet der Stabilisierung der Wellenform, wo die zweite Harmonische fast unverändert bleibt, muß der Absorptionskoeffizient der gesamten Welle praktisch mit dem Absorptionskoeffizienten ihrer ersten Harmonischen zusammenfallen. Deshalb beziehen sich die Beziehungen (4.82) und (4.83), die die maximale Absorption einer Welle endlicher Amplitude im Punkt x_{Stab} definieren, in gleichem Maße auch auf den Absorptionskoeffizienten der ersten Harmonischen α_1 in diesem Punkt. In Entfernungen von der Quelle, die geringer als die Entfernung der Stabilisierung sind, kann der Absorptionskoeffizient der ersten Harmonischen α_1 bedeutend den Absorptionskoeffizienten der gesamten Welle übertreffen, da ein Teil der Energie der ersten Harmonischen auf die anwachsende zweite Harmonische übertragen wird (wie auch auf höhere Obertöne, die wir im vorliegenden Fall aber nicht berücksichtigen). Bei alledem kann die Größe α_1 nicht den Wert $\alpha_{\max}$ übersteigen, der durch die Formel (4.82) definiert ist, die somit eine obere theoretische Grenze der Überschußabsorption einer Welle endlicher Amplitude bei kleinen REYNOLDS-Zahlen liefert. Als praktisches Kriterium ausreichender „Kleinheit" der Amplitude einer Welle, im Sinne des Einflusses nichtlinearer Effekte auf ihre Absorption, kann das Ausbleiben der Abhängigkeit des mit einer gegebenen Methode gemessenen Absorptionskoeffizienten vom Abstand zur Quelle und von der Intensität des Ultraschalls dienen.

5. Konstante Kräfte, die im Ultraschallfeld entstehen

5.1. Strahlungsdruck

Man kann den Strahlungsdruck oder Ultraschallstrahlungsdruck zu den nichtlinearen Effekten zählen. Dieser Druck äußert sich als konstante ponderomotorische Kraft, die auf ein Hindernis wirkt, das in den Ausbreitungsweg der Ultraschallwelle gebracht wurde. Der Ultraschallstrahlungsdruck existiert auch im freien Ultraschallfeld als eine konstante Druckkomponente. Der Strahlungsdruck, der einem beliebigen Wellenprozeß eigen ist, ist unabhängig von seiner Natur. Er ist mit der Änderung der Größe des an einem Hindernis übertragenen Wellenimpulses verbunden. Die dabei entstehenden ponderomotorischen Kräfte sind klein. Es ist bekannt, daß zum Beispiel für die Registrierung des Lichtdruckes sehr empfindliche Vorrichtungen erforderlich sind. Auch der Ultraschallstrahlungsdruck besitzt im Vergleich zur Amplitude des Wechseldruckes in einer Ultraschallwelle einen recht kleinen Wert. Nichtsdestoweniger ergibt sich der Strahlungseffekt unmittelbar aus den linearen Gleichungen der Elektrodynamik und den linearisierten Gleichungen der Hydrodynamik. Die Nichtlinearität der exakten Gleichungen der Hydrodynamik führt bei der Berechnung des Ultraschallstrahlungsdruckes zu „Korrekturen", die vergleichbar sind mit der Größe des Effektes, die in erster Näherung ausgerechnet wird, im Unterschied zu den nichtlinearen Korrekturen an den anderen akustischen Parametern, wie zum Beispiel der Schallgeschwindigkeit, der Energiedichte[1] usw. Bei ihnen gehen die Korrekturen als Größen zweiter und höherer Ordnungen ein. Diese relativ große „Korrektur" am Ultraschallstrahlungsdruck stellt selbst auch einen eigenen nichtlinearen Effekt dar.

Akustische Strahlungskräfte unterscheiden sich von elektromagnetischen auch dadurch, daß unter Einwirkung der Ultraschallwelle die Oberfläche eines Hindernisses Schwingungen vollführt und dabei das Ultraschallfeld ändert. Alles dies führt im ganzen dazu, daß völlig unterschiedliche Resultate bei der Berechnung des Ultraschallstrahlungsdruckes für verschiedene Bedingungen erhalten werden: für die unendlich ausgedehnte Wellenfront; für das begrenzte Ultraschallbündel; für ein unbegrenztes, nichtangeregtes Medium; für ein geschlossenes Ultraschallfeld, wenn die Mediummasse, in der die Schwingungen stattfinden, unverändert bleibt; für den Fall des „freien" Ultraschallfeldes oder für den Fall, daß die Berechnung der Strahlungskräfte ausgeführt wird, die auf ein Hindernis wirken.

Wenn ein Hindernis das Ultraschallfeld verformt, so werden die Strahlungskräfte dabei nicht nur durch die Änderung des Impulsstromes der Welle, die auf das Hindernis fällt, bestimmt, sondern auch durch den Impulsstrom der gestreuten Welle. Deshalb

[1] Die nichtlinearen Korrekturen an der Energiedichte und Ultraschallintensität bleiben selbst bei den größten Amplituden der Ultraschallwellen niedriger als die existierende Genauigkeit von Absolutmessungen energetischer Größen. Deshalb führen wir hier Rechnungen in zweiter Näherung nicht durch und verweisen auf die Spezialliteratur [19, 20].

geht bei der Berechnung von Strahlungskräften, die auf ein Hindernis wirken, in die Aufgabenstellung auch die Diffraktion einer akustischen Welle an einem Hindernis ein. Außerdem hängen die Strahlungskräfte von den Reflexionseigenschaften des Hindernisses ab. Die konkrete Berechnung von Strahlungskräften wird deshalb bei der Beschreibung konkreter radiometrischer Systeme, die insbesondere für die Messung der Ultraschallintensität angewendet werden, durchgeführt. Im vorliegenden Abschnitt erhalten wir die allgemeinen Formeln für diese Rechnungen und betrachten den Fall des freien Ultraschallfeldes.

Die Strahlungskraft, die auf irgendeine fixierte Oberfläche eines im Medium ausgesuchten Volumens wirkt, wird durch den Impulsstrom durch diese Oberfläche bestimmt. Der Ausdruck für die Komponenten dieser Kraft sind schon in 2.2. angeführt worden. Sie haben die Form

$$F_i = -\oint_S \Pi_{ik} n_k \, \mathrm{d}S, \tag{5.1}$$

n_k sind die Komponenten des Einheitsvektors der äußeren Normalen zur Oberfläche S. Uns interessiert der konstante Bestandteil dieser Kraft, der durch zeitliche Mittelung des Ausdruckes (5.1) gefunden werden kann:

$$\overline{F}_i = -\oint_S \overline{\Pi}_{ik} n_k \, \mathrm{d}S. \tag{5.2}$$

Der Strahlungsdruck wird also durch den zeitlichen Mittelwert des Dehnungstensors $\overline{\Pi}_{ik}$ (2.15) bestimmt: $\overline{\Pi}_{ik} = \overline{p}\,\delta_{ik} + \overline{\varrho v_i v_k}$.

Somit ist der Strahlungsdruck im Unterschied zum skalaren hydrostatischen oder Schallwechseldruck entsprechend (5.2) eine Vektorgröße. Sie hängt von der Orientierung der Fläche dS relativ zur Ausbreitungsrichtung der Ultraschallwelle ab. Da der Terminus „Strahlungsdruck" in der Literatur weit verbreitet ist, behalten wir ihn bei, obwohl es zur Vermeidung von Mißverständnissen besser wäre, von Strahlungsspannung oder -dehnung zu sprechen.

Betrachten wir nun wie früher den Fall ebener Wellen, die sich längs der x-Achse ausbreiten. Der über die Zeit gemittelte Tensor der Impulsstromdichte wird in diesem Fall folgende Form haben:

$$\overline{\Pi}_{xk} = \begin{vmatrix} \overline{p} + \overline{\varrho v_x^2} & 0 & 0 \\ 0 & \overline{p} & 0 \\ 0 & 0 & \overline{p} \end{vmatrix}.$$

In erster Näherung ist der über eine Periode gemittelte Schalldruck Null:

$\overline{p} = p_{\max} \int_0^T \cos(\omega t - kx)\,\mathrm{d}t = 0$, $\overline{\varrho} = \varrho_0$. Von Null verschieden wird nur eine Komponente des Strahlungsdruckes, die auf eine senkrecht zur x-Achse angeordnete Fläche wirkt:

$$\overline{\Pi}_{xx} = \Pi = \varrho_0 \overline{v}_x{}^2 = \varrho_0 \overline{v}^2 = 2\overline{w}_{\mathrm{kin}}, \tag{5.3}$$

$\overline{w}_{\mathrm{kin}} = \varrho_0 \overline{v}^2/2$ ist die mittlere Dichte der kinetischen Energie in der Ultraschallwelle. Wie in Abschnitt 2.7. gezeigt wurde, ist im unbegrenzten Ultraschallfeld die mittlere

Dichte der kinetischen Energie $\overline{w}_{\text{kin}}$ gleich der mittleren Dichte der potentiellen Energie $\overline{w}_{\text{pot}}$. In diesem Fall ist

$$2\overline{w}_{\text{kin}} = \overline{w}_{\text{kin}} + \overline{w}_{\text{pot}} = \overline{w}, \tag{5.4}$$

Es ist dabei wesentlich, daß die Flüssigkeitsmenge im Ultraschallfeld konstant ist. $\overline{w}$ ist dann die mittlere Dichte der gesamten Energie in der Ultraschallwelle. Der Ausdruck (5.3) nimmt folgende Form an: $\Pi = \overline{w}$. Wenn die Ausbreitungsbedingungen des Ultraschalls so sind, daß sich die Flüssigkeitsmenge im Ultraschallfeld verändern kann, dann gilt die Gleichheit $w_{\text{kin}} = w_{\text{pot}}$ nicht so ohne weiteres, und für den Strahlungsdruck bleibt unstreitig nur die Formel (5.3) gültig.

Wir wollen nun den Mittelwert des Tensors Π_{xk} in zweiter Näherung berechnen, d. h. mit einer Genauigkeit bis zu den quadratischen Gliedern. Die Ausdrücke für den Schallwechseldruck in zweiter Näherung wurden im vorhergehenden Kapitel erhalten. Für eine einlaufende ebene Welle haben sie die Form (4.32) und (4.34). In den Variablen v und $\Delta\varrho = \varrho - \varrho_0$, die in diese Ausdrücke in erster Potenz eingehen, müssen auch quadratische Glieder berücksichtigt werden. In zweiter Näherung haben diese Variablen die Form (4.30) und (4.33). Die Beziehungen (4.30), (4.32) bis (4.34) zeigen, daß für die Berechnung des mittleren Druckes $\overline{p}$ im Ultraschallfeld zusätzliche Bedingungen auferlegt werden müssen. Wenn man im Rahmen der früheren Bedingung der Konstanz der Flüssigkeitsmenge bleibt und $\Delta\varrho = 0$ annimmt, dann erhält man aus (4.32) und (4.33)

$$p = \varrho_0 c_0 \overline{v} + \frac{\varepsilon_0}{2}\,\varrho_0\overline{v}^2 = \frac{\varepsilon_0 - 2}{2}\,\varrho_0 v^2 + \frac{\varepsilon_0}{2}\,\varrho_0\overline{v}^2 = (\varepsilon_0 - 1)\,\varrho_0\overline{v}^2. \tag{5.5}$$

Dabei sei bemerkt, daß die mittlere Geschwindigkeit $\overline{v}$ in zweiter Näherung nicht Null ist. Im Schallfeld erscheint eine von Null verschiedene, konstante Komponente der Geschwindigkeit:

$$\overline{v} = v_0 = \frac{\varepsilon_0 - 2}{2}\,\frac{\overline{v}^2}{c_0} = \frac{\varepsilon_0 - 2}{4}\,\frac{v_{\max}^2}{c_0},$$

wo $v_{\max}$ die Amplitude der Schwingungsgeschwindigkeit in der Ultraschallwelle ist.

Der Ausdruck für den zeitlich gemittelten Tensor der Impulsstromdichte nimmt jetzt die Form

$$\overline{\Pi}_{xk} = \begin{vmatrix} (\varepsilon_0 - 1)\,\varrho_0\overline{v}^2 + \varrho_0 v^2 & 0 & 0 \\ 0 & (\varepsilon_0 - 1)\,\varrho_0\overline{v}^2 & 0 \\ 0 & 0 & (\varepsilon_0 - 1)\,\varrho_0\overline{v}^2 \end{vmatrix} \tag{5.6}$$

an. Die Größe $\varrho_0\overline{v}^2$ ist bei $\overline{\Delta\varrho} = 0$ gleich der mittleren Dichte der gesamten Energie $\overline{w}$. Somit entsteht im Ultraschallfeld ein zum hydrostatischen, skalaren Druck zusätzlicher Druck $\overline{p} = (\varepsilon_0 - 1)\,\overline{w}$, der durch die Nichtlinearität der hydrodynamischen Gleichungen bedingt ist. Da für Flüssigkeiten $\varepsilon_0 = 4$ bis 6 gilt (siehe Tab. 7), übersteigt dieser nichtlineare Zusatz sogar den Wert des Strahlungsdruckes, der in erster Näherung berechnet wurde.[1] Gemäß (5.6) ist der Strahlungsdruck auf eine Ebene, die senkrecht zur x-Achse

[1] Dieser Zusatzdruck würde in einem Medium mit $\varepsilon_0 = 1$, d. h. mit $n = 1$, fehlen.

liegt, im Fall eines (hinsichtlich y, z) unbegrenzten Ultraschallfeldes oder eines Ultraschallbündels, das durch feste Wände begrenzt wird, die den Zufluß von Flüssigkeit in das Bündel ausschließen (sogenannter RAYLEIGHscher Strahlungsdruck), $\Pi = \overline{\Pi}_{xx} = \varepsilon_0 \varrho_0 \overline{v}^2 = \varepsilon_0 \overline{w}$. Wenn, wie es häufiger in der Praxis vorkommt, das Bündel von Ultraschallwellen endliche Abmessungen hat und an eine nichtangeregte Flüssigkeit grenzt, dann muß die Existenz eines positiven skalaren Druckes (5.5) in ihm zu einer „Vorverdichtung" des Bündels führen, in dessen Resultat der statische Druck im Bündel vergleichbar mit dem hydrostatischen Druck im nichtangeregten Medium wird. Der gerichtete Strahlungsdruck, der auf eine parallel zur Ultraschallwellenfront liegende Fläche wirkt, wird in diesem Fall

$$\Pi = \varrho_0 \overline{v}^2 = \varrho_0 v_{\max}^2/2 = 2\overline{w}_{\text{kin}}. \tag{5.7}$$

Diesen Strahlungsdruck, gemessen im begrenzten Bündel, das von einer nichtangeregten Flüssigkeit umgeben ist, bezeichnet man manchmal als LANGEVINschen Strahlungsdruck.

Wie schon erwähnt, ist der Strahlungsdruck eine sehr kleine Größe. Er ist um einige Größenordnungen kleiner als die Amplitude des Wechseldruckes in einer Ultraschallwelle. Tatsächlich erhalten wir, wenn wir die Amplitude der Schwingungsgeschwindigkeit $v_{\max}$ in (5.7) durch die Druckamplitude $p_{\max} = \varrho_0 c_0 v_{\max}$ ausdrücken, $\Pi = p_{\max}^2/(2\varrho_0 c_0^2) = (p_{\max}/2)$ Ma, wo Ma die akustische MACH-Zahl ist. Somit ist das Verhältnis des Strahlungsdruckes zur Amplitude des Wechseldruckes gleich der halben MACH-Zahl. Letztere übersteigt aber selbst bei den höchsten Ultraschallintensitäten in Flüssigkeiten nicht Werte von 10^{-3} bis 10^{-4}, wie aus Tabelle 9 zu entnehmen ist. Zum Beispiel beträgt bei einer Druckamplitude in der ebenen Ultraschallwelle von $p_{\max} = 10^5$ Pa die Ultraschallintensität $I \approx 0{,}3$ W/cm², Ma $= 4 \cdot 10^{-5}$, wogegen der Strahlungsdruck bei Normaleinfall der Welle auf ein ebenes Hindernis $20 \cdot 10^{-1}$ Pa beträgt. Exakte Messungen solcher Drücke, die auf dem Untergrund verschiedener Störungen, beispielsweise in Form von „akustischen Strömen" in einem viskosen Medium, des Einflusses von reflektierten Wellen usw. wirken, sind mit großen experimentellen Schwierigkeiten verbunden. Auf der anderen Seite liefern diese Messungen ein relativ einfaches Verfahren zum unmittelbaren Auffinden der absoluten energetischen Charakteristika des Ultraschallfeldes. Dabei verbindet man oft den LANGEVINschen Druck (5.7) mit der Intensität des Ultraschalls (mit der Dichte des Energieflusses), indem man die lineare Beziehung (3.21) zwischen Intensität und mittlerer Energiedichte in der ebenen Welle $\overline{w}$

$$I = wc_0 \tag{5.8}$$

und die Beziehung (5.4) ausnutzt, d. h., man nimmt an, daß die Größe $\varrho^2 \overline{v}$ in (5.6) gleich $\overline{w}$ ist. Eine strenge Analyse unter Berücksichtigung nichtlinearer Effekte [33] führt zu komplizierteren Beziehungen zwischen der Intensität und der Energiedichte, die von den Anfangs- und Grenzbedingungen abhängen. Außerdem ist, wie schon erwähnt wurde, die Gleichung (5.4) auch nur unter bestimmten Anfangs- und Grenzbedingungen gültig. In einigen speziellen Fällen können sich die Dichte der potentiellen und kinetischen Energie wesentlich unterscheiden, selbst in linearer Näherung [33, 34]. Deshalb kann als Grundlage für die universelle Ausnutzung der Ausdrücke (5.8) und (5.4) in den Formeln für den akustischen Druck nur jener Umstand dienen, daß die geringe Genauigkeit seiner Absolutmessung und das Fehlen genauerer Methoden für unabhängige Messungen der akustischen Energiedichte es nicht gestatten, gegenwärtig die Resultate solcher Messungen unter verschiedenen Bedingungen des Experimentes zu vergleichen. Was die nichtlinearen Korrekturen an der Formel (5.8) angehen, so kann man sie bei Messungen des Strahlungsdruckes in einem reellen, viskosen Medium bei kleinen REYNOLDS-Zahlen um so mehr vernachlässigen, da sich in diesem Fall nichtlineare Effekte als schwach erweisen.

Wenn man unter diesen Vorbehalten die Beziehungen (5.8) und (5.4) anwendet, so erhält man einen Ausdruck für den Strahlungsdruck (5.7), der auf eine ebene Fläche wirkt, die senkrecht zur Ausbreitungsrichtung des Ultraschalls orientiert ist,

$$\Pi = \overline{w} = I/c_0. \tag{5.9}$$

Die Berechnung des Strahlungsdruckes ist von uns für den Fall eines unverformten Feldes ebener Wellen durchgeführt worden, d. h. für das „freie Feld". Der LANGEVINsche Druck äußert sich in Strahlungskräften, die auf irgendeine Fläche wirken. Damit diese Fläche keine Verformung des Feldes verursacht, müßte sie vollständig die Energie der Schallwelle absorbieren. Somit gehört das Resultat in der Form (5.7) und (5.9) zum Fall des vollständig absorbierenden Hindernisses.

5.2. Kräfte des Strahlungsdruckes

Wenn die Querschnittsfläche des Ultraschallbündels, das normal auf ein ebenes Hindernis fällt, gleich S ist, dann wird auf ein ideal absorbierendes Hindernis in der Ausbreitungsrichtung der Ultraschallwelle eine Strahlungskraft

$$\overline{F} = S\overline{w} = SI/c_0 \tag{5.10a}$$

wirken, die auch als unmittelbares Maß für die Intensität des Ultraschalls dienen kann. Bei der Anwendung der Formel (5.10a) wird vorausgesetzt, daß die Abmessungen des Hindernisses bedeutend die Querabmessungen des Bündels übertreffen. Letztere sollen aber viel größer als die Wellenlänge der Ultraschallwelle sein, so daß Diffraktionseffekte nicht berücksichtigt werden müssen. Wenn ein Bündel ebener Wellen auf ein ebenes, ideal absorbierendes Hindernis unter dem Winkel θ zu seiner Normalen fällt, dann werden infolge des Vektorcharakters des Strahlungsdruckes — ausgedrückt durch die Beziehung (5.2) — auf das Hindernis eine Normal- und eine Tangentialkomponente der Strahlungskraft wirken: $\overline{F}_n = S\overline{w}\cos\theta$, $\overline{F}_t = S\overline{w}\sin\theta$. Die resultierende Kraft in der Ausbreitungsrichtung der Ultraschallwelle ist in diesem Fall gleich $\overline{F}_x = \sqrt{\overline{F}_n{}^2 + \overline{F}_t{}^2} = S\overline{w}$. Das bedeutet, daß sie nicht von der Orientierung der Oberfläche des Hindernisses abhängt. Wenn das ebene Hindernis die auf ihm normal auffallende ebene Welle vollständig reflektiert, dann ändert sich die Impulsstromdichte bei solch einem Hindernis doppelt, und es wird auf dieses der Strahlungsdruck

$$\Pi = 2\overline{w} = 2I/c_0 \tag{5.10b}$$

wirken.

Bei schrägem Einfall auf ein vollständig reflektierendes Hindernis sind die Normal- und Tangentialkomponente der Strahlungskraft entsprechend $\overline{F}_n = 2S\overline{w}\cos\theta$, $\overline{F}_t = 0$.

In Ausbreitungsrichtung des Ultraschalls wird die Kraft

$$\overline{F}_x = 2S\overline{w} \cos^2 \theta \tag{5.11}$$

wirken.

Wenn man die Gesetze der geometrischen Reflexion ohne Diffraktionskorrektur anwendet, dann ist es nicht schwer, die Strahlungskräfte für einfache geometrische Figuren zu finden, die in der Praxis für Absolutmessungen der Ultraschallintensität ausgenutzt werden. Solche Figuren sind die Kugel und der Kegel, die keine auslaufenden reflektierten Wellen erzeugen. Da die Rede von geometrischer Reflexion ist, wird angenommen, daß die Abmessungen dieser Figuren bedeutend größer als die Wellenlänge der Ultraschallwelle sind.

Für einen Kegel, der mit der Spitze entgegen dem Ultraschallbündel gerichtet ist, wird bei vollständiger Reflexion des Ultraschalls von seiner Oberfläche die Kraft des Strahlungsdruckes offensichtlich durch (5.11) bestimmt, wie auch bei schrägem, ebenen Hindernis, da in beiden Fällen der Winkel θ für alle Punkte der Oberfläche gleich ist. Somit wird für den Kegel

$$\overline{F}_x = 2S\overline{w} \cos^2 \theta = 2S\overline{w} \sin^2 \varphi = (2SI/c_0) \sin^2 \varphi, \tag{5.12}$$

wobei x die Ausbreitungsrichtung der Ultraschallwellen ist, die mit der Achse des Kegels zusammenfällt. φ ist der halbe Öffnungswinkel, S die Grundfläche (wenn sie kleiner als die Schnittfläche des Ultraschallbündels ist).

Für eine reflektierende Kugel muß man den Ausdruck (5.12) über den Winkel in den Grenzen von $\varphi = \pi/2$ (für einen Normalstrahl) bis $\varphi = 0$ (für den Tangentialstrahl) integrieren:

$$\overline{F} = \frac{2I}{c_0} S \int\limits_{\pi/2}^{0} \sin^2 \varphi \, d\varphi = \frac{I}{c_0} S .$$

Betrachten wir nun den Fall, daß eine ebene Ultraschallwelle, die normal auf die ebene Trennungsgrenze zweier Medien fällt, teilweise in das zweite Medium eindringt und teilweise von der Trennungsgrenze reflektiert wird. ϱ_I möge der relative Anteil der reflektierten Energie sein, d_I der der eindringenden, so daß $\varrho_I + d_I = 1$ ist. Der Strahlungsdruck an der Trennungsgrenze wird durch die Energiedichte sowohl der einfallenden und reflektierten Welle als auch der eindringenden Welle bestimmt:

$$\Pi - \overline{w}_1 + \overline{w}_2 - \overline{w}_3, \tag{5.13}$$

Die Indizes 1, 2, 3 gehören zur Energiedichte in der einfallenden, reflektierten und eindringenden Welle. Wenn die Intensität der einfallenden Welle I ist, gilt für (5.13) unter Berücksichtigung der Beziehung $w = I/c_0$.

$$\Pi = \frac{I}{c_{01}} + \varrho_I \frac{I}{c_{01}} - d_I \frac{I}{c_{02}} = I \left(\frac{1 + \varrho_I}{c_{01}} - \frac{d_I}{c_{02}} \right); \tag{5.14}$$

c_{01} und c_{02} sind die Schallgeschwindigkeiten im ersten und im zweiten Medium. Da nun andererseits gilt $I = \overline{w} c_{01}$ und $d_I = 1 - \varrho_I$, erhalten wir aus (5.14)

$$\Pi = \overline{w}([1 + \varrho_I) - (1 - \varrho_I)\, c_{01}/c_{02}]. \tag{5.15}$$

Bei $\varrho_I = 1$ (vollständige Reflexion) geht die Formel (5.15) in (5.10b) über. Bei $\varrho_I = 0$ und $c_{01} = c_{02}$ ist $\Pi = 0$.

Für den Fall zweier Flüssigkeiten ist solch eine Situation realisierbar, bei der der Reflexionskoeffizient des Ultraschalles an der Grenze der Flüssigkeiten Null ist, die Geschwindigkeiten sich aber in beiden Medien unterscheiden. Hierfür liefert Formel (5.15)

$$\Pi = \overline{w}(1 - c_{01}/c_{02}). \tag{5.16}$$

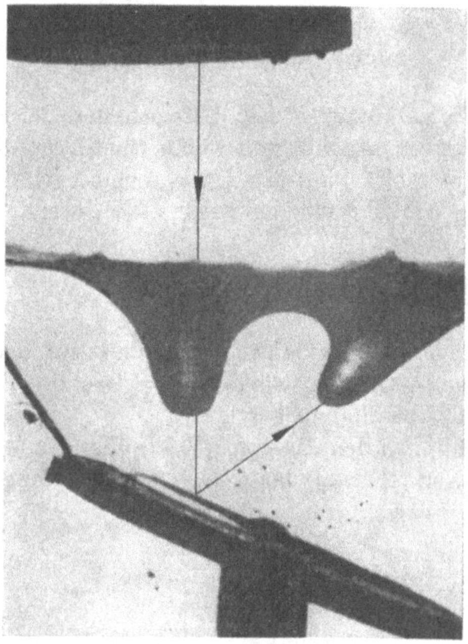

Abb. 26

Da die Energiedichte eine skalare Größe ist, folgt aus (5.16), daß der Strahlungsdruck auf die Seite jener Flüssigkeit gerichtet sein wird, in der die Schallgeschwindigkeit einen größeren Wert hat, unabhängig von der Ausbreitungsrichtung der Ultraschallwellen. Dieser Effekt wird gut durch Abbildung 26 illustriert. Dort ist die Strahlungseinwirkung von Ultraschallbündeln auf die Trennfläche von zwei nichtmischbaren Flüssigkeiten — Wasser (obere Schicht) und Anilin (untere Schicht) — gezeigt [12]. Das primäre Ultraschallbündel fällt von oben nach unten, nach der Reflexion an einem ebenen Reflektor von unten nach oben. Es ist zu sehen, daß unabhängig von der Richtung der Ultraschallausbreitung (in der Abbildung durch Pfeile dargestellt) eine Durchbiegung der Trennungsfläche unter der Wirkung des Strahlungsdruckes zur Seite des Anilin stattfindet. Im Anilin ist die Schallgeschwindigkeit größer als im Wasser. Wenn das Ultraschallbündel auf eine freie Flüssigkeitsoberfläche trifft, dann führen die Strahlungskräfte, die auf die Oberfläche wirken, zu einem stationären „Aufquellen“, das in eine charakteristische „Ultraschallfontäne“ übergeht, wenn der Strahlungsdruck die Oberflächenspannung der Flüssigkeit übersteigt. Bei kleinen Amplituden der Ultraschallwellen liefert die Ultraschallaufquellung der Flüssigkeitsoberfläche ein Bild der Amplitudenverteilung über die Querschnittsfläche des Ultraschallbündels. Dieser Umstand wird manchmal für die Sichtbarmachung von Objekten ausgenutzt, die in optisch undurchsichtigen Flüssigkeiten auf dem Ausbreitungsweg von Ultraschallwellen angeordnet sind.

Der allgemeine Fall

Die früher erhaltenen Formeln für den Strahlungsdruck gehören zu Spezialfällen, die einfache Berechnungen gestatten. Im allgemeinen Fall können die Strahlungskräfte auf der Grundlage der Beziehung (5.2) berechnet werden. In dieser muß man die Impulsänderung der Welle berücksichtigen, die mit der Streuung der Welle am Hindernis verbunden ist. Wir erhalten dann für die i-te Komponente der Strahlungskraft den Ausdruck

$$\overline{F}_i = -\oint_S (\overline{\Pi}'_{ik} + \overline{\Pi}''_{ik}\, n_k \,\mathrm{d}S,$$

wo Π'_{ik} und Π''_{ik} die Tensorkomponenten des Impulsdichteflusses in der einfallenden (einfach gestrichen) und gestreuten Welle (zweifach gestrichen) sind. $\boldsymbol{n}$ ist die äußere Einheitsnormale zur Oberfläche S. Die Berechnung der Strahlungskräfte, die auf ein Hindernis komplizierter Form wirken, wird wesentlich dadurch erleichtert, daß die Strahlungskraft unabhängig von der Auswahl der Oberfläche S ist. Zum Beweis dieser Tatsache betrachten wir irgendein Volumen V_1 mit der Oberfläche S_1, in dem eine Impulsänderung vor sich geht. Wir bringen eine Hilfsoberfläche S_2 an, die ein großes Volumen V_2 umgibt, das in sich das Volumen V_1 einschließt. Wenn im Volumen $V' = V_2 - V_1$ keine zusätzliche Impulsänderung erfolgt, dann ist die Strahlungskraft, die auf die Oberfläche S_1 auf Grund der Impulsänderung im Volumen V_1 wirkt, gleich der Strahlungskraft, die auf die Oberfläche S_2 wirkt. Folglich ist die Kraft, die auf das Volumen V' wirkt,

$$F_i = -\oint_{S_2} \Pi_{ik} n_k \,\mathrm{d}S + \oint_{S_1} \Pi_{ik} n_k \,\mathrm{d}S = F_{i2} - F_{i1}.$$

Ändert sich der Impuls im Volumen V' nicht, so ist $F_i = 0$ und $F_{i2} = F_{i1}$.

Betrachten wir nun ein Bündel ebener Ultraschallwellen mit der Querschnittsfläche S und berechnen wir die Strahlungskraft, die längs des Bündels auf ein Hindernis beliebiger Form wirkt. Das Hindernis absorbiert teilweise und streut zum Teil die Energie der einfallenden Welle. Diese Strahlungskraft setzt sich aus zwei Bestandteilen zusammen, die addiert werden. Der erste von ihnen wird durch den Unterschied in der Energiestromdichte vor und nach dem Hindernis bedingt:

$$\overline{F}_1 = S(I_1/c_0 - I_2/c_0); \tag{5.17}$$

I_1 ist die Intensität der einfallenden Welle, I_2 die der durchgegangenen, c_0 ist die Schallgeschwindigkeit im betrachteten Medium. Andererseits wird eine Änderung der Energieflußdichte (Intensität) im Bündel durch die Absorption und Streuung der Energie am Hindernis hervorgerufen. Man kann deshalb das Erhaltungsgesetz für den Energiefluß (Leistung) in der Form $SI_1 - SI_2 = D + D_{\mathrm{Str}}$ schreiben. D ist die Leistung, die durch das Hindernis absorbiert wird, und D_{Str} die, die am Hindernis gestreut wird. Letztere kann auf der Grundlage der allgemeinen Definition der Leistung (3.22b) in der Form

$$D_{\mathrm{Str}} = \oint_{S_1} I(\theta, \psi)\,\mathrm{d}S_1 \tag{5.18}$$

dargestellt werden. $I(\theta, \psi)$ ist dabei die Intensität der gestreuten Wellen in Richtung der Polarwinkel θ und ψ. S_1 ist die Fläche einer beliebigen geschlossenen Oberfläche, die das Hindernis umfaßt, zum Beispiel einer Kugel mit dem Zentrum im Hindernis.

Außer F_1 wirkt auf das Hindernis eine Strahlungskraft, die mit dem Impulsfluß in der gestreuten Welle korreliert ist. Entsprechend der allgemeinen Definition (5.2) und unter Berücksichtigung von (5.18) ist die Komponente dieser Kraft längs der Ausbreitungsrichtung der einfallenden Welle

$$\overline{F}_{2\parallel} = -\oint_{S_1} \frac{I(\theta, \psi)}{c_0} \cos\theta \, dS, \tag{5.19}$$

wo θ der Winkel zwischen den Wellenvektoren der einfallenden und der gestreuten Welle ist. Wie im Kapitel 7 noch gezeigt werden wird, nimmt die Streuung der Welle eine einfache (asymptotische) Form in Entfernungen an, die groß im Vergleich zur Wellenlänge und den Abmessungen des streuenden Objektes sind. Da die Berechnung der Strahlungskraft, die auf dieses Objekt infolge der Änderung des Impulsstromes wirkt, nicht von der Form und dem Ausmaß der das Objekt umgebenden Oberfläche S abhängt, kann man hierfür eine Kugel mit ausreichend großem Radius R auswählen. Wir vernachlässigen dabei die Ultraschallabsorption im Medium in der Entfernung R.

Wenn man die Ausdrücke (5.17) und (5.19) addiert, erhält man die allgemeine Formel für die Strahlungskraft, die auf ein Hindernis im Bündel ebener Ultraschallwellen in ihrer Ausbreitungsrichtung wirkt:

$$\overline{F}_{\parallel} = \overline{F}_1 + \overline{F}_{2\parallel} = \frac{1}{c_0}\left(D + D_{\text{Str}} - \oint_{S_1} I(\theta, \psi) \cos\theta \, dS_1\right);$$

D_{Str} wird durch die Beziehung (5.18) bestimmt. In der zum Bündel senkrechten Richtung verschwindet F_1 (sie wirkt nur längs des Bündels). Auf das Hindernis wirkt in dieser Richtung die Strahlungskraft

$$\overline{F}_{\perp} = \overline{F}_{2\perp} = -\frac{1}{c_0} \oint_{S_1} I(\theta, \psi) \sin\theta \, dS. \tag{5.20}$$

Das Problem der Berechnung der Strahlungskräfte, die auf ein willkürliches Hindernis wirken, führt also im allgemeinen Fall fast vollkommen zum Problem der Diffraktion und Streuung der einfallenden Ultraschallwelle hin. Dieser Aufgabenstellung werden wir uns in einem speziellen Kapitel zuwenden. Jetzt führen wir ohne Ableitung Resultate für die Berechnung der Strahlungskräfte an, die auf kleine, suspendierte kugelförmige Teilchen wirken. Wir wollen auch andere Arten konstanter Kräfte betrachten, die auf diese Teilchen im Ultraschallfeld wirken.

5.3. Suspendierte Teilchen unter der Wirkung konstanter Kräfte

Die Kräfte des Strahlungsdruckes

Die Strahlungskräfte, die auf ein kugelförmiges Teilchen wirken, dessen Radius viel kleiner als die Wellenlänge der Ultraschallwellen ist, sind in den Arbeiten [35—37] berechnet worden. Für den Fall einer absolut inkompressiblen Kugel im Feld einer fortlaufenden Welle ergibt sich bei $kR \ll 1$ in Richtung des Wellenvektors $\boldsymbol{k}$ [35]

$$\bar{F} = 4\pi R^2 \bar{w} (kR)^4 \, [1 + (1 - a)^2/(2 + a^2)]; \tag{5.21}$$

$a = \varrho_0/\varrho_T$ ist das Verhältnis der Dichte des Mediums zu der des Teilchens. In einer stehenden Ultraschallwelle ist

$$\bar{F} = \frac{4}{3} \pi R^2 \bar{w} kR \, \frac{2{,}5 - a}{2 + a} \sin kx, \tag{5.22}$$

wo x die Entfernung vom Kugelzentrum bis zu einem Knoten der Schwingungsgeschwindigkeit ist. Bei Berücksichtigung der Kompressibilität der Kugel nehmen diese Formeln eine andere Gestalt an [36]:
für die fortlaufende Welle

$$\bar{F} = 4\pi R^2 \bar{w} (kR^4) \left[\left(\frac{1}{a} - \frac{2 + a}{3b^2} \right)^2 + \frac{2}{9} \left(\frac{a - 1}{a} \right)^2 \right], \tag{5.23}$$

für eine stehende Welle .

$$\bar{F} = 4\pi R^2 \bar{w} kR \left[\frac{1 + 2(1 - a)/3}{2 + a} - \frac{a}{3b^2} \right] \sin 2kx\,; \tag{5.24}$$

$b = c_T/c_0$ ist das Verhältnis der Schallgeschwindigkeit innerhalb des Teilchens zu der des umgebenden Mediums. In beiden Fällen ist die Kraft des Strahlungsdruckes in der stehenden Welle bei sonst gleichen Bedingungen bedeutend größer als in der fortlaufenden Welle. Für letztere gilt $\bar{F} \sim (kR)^4$, während für die stehende Welle $\bar{F} \sim kR$ ist ($kR \ll 1$).

Im Fall einer stehenden Ultraschallwelle tritt in den Formeln (5.22) und (5.24) ein Multiplikator $\sin kx$ oder $\sin 2kx$ auf, was auf die räumliche Periodizität der Kräfte des Strahlungsdruckes hinweist. Diese Periodizität (mit Vorzeichenänderung der Kraft) führt dazu, daß im Feld einer stehenden Ultraschallwelle die kleinen Teilchen zu gewissen Gleichgewichtslagen verschoben werden. Solche können sowohl die Knoten wie auch die Bäuche der stehenden Welle sein. Das hängt vom Verhältnis der Dichten von Teilchen und Medium ab.

Bei sehr kleiner Dichte des suspendierten Teilchens, wenn $a \approx (kR)^{-2}$ ist, verwandeln sich die Ausdrücke für die Strahlungskräfte unter Berücksichtigung der Kompressibilität in folgende Form [36]:

$$\bar{F} = 4\pi R^2 \bar{w} (kR)^4 \, \frac{1}{(kR)^6 + [3b^2/a - (kR)^2]^2} \tag{5.25}$$

für die fortlaufende Welle und

$$\bar{F} = \frac{4\pi R^2}{kR} \, \bar{w} \, \frac{b^2[3b^2/a - (kR)^2]}{(kR)^6 + [(3b^2/a - (kR)^2]^2} \sin 2kx \tag{5.26}$$

für die stehende Welle. Die Formeln (5.25) und (5.26) entsprechen dem Fall, der für Gasblasen in einer Flüssigkeit realisiert wird. Aus diesen Formeln ist zu sehen, daß bei

Erfüllung der Gleichung

$$(kR)^2 = 3b^2/a \tag{5.27}$$

die Strahlungskraft, die auf eine Blase in einer stehenden Welle wirkt, $\overline{F} = 4\pi R^2\overline{w}/(kR)^2 = \Lambda^2\overline{w}/\pi$, sehr groß wird im Vergleich zur Kraft, die auf eine nichtkomprimierbare Kugel wirkt oder auf eine Kugel, deren Kompressibilität sich wenig von der Kompressibilität des umgebenden Mediums unterscheidet. Für diesen Fall geht die auf die Blase in der stehenden Welle wirkende Kraft gegen Null.

Es ist leicht zu erkennen, daß die Bedingung (5.27) der Resonanzbedingung der Gasblase entspricht und die Eigenfrequenz ihrer Radialschwingungen bestimmt:

$$\nu_{\text{Res}} = [1/(2\pi R)] \sqrt{3\gamma P/\varrho_0}; \tag{5.28}$$

$\gamma = c_P/c_V$ ist das Verhältnis der spezifischen Wärmekapazitäten des Gases, das die Blase ausfüllt. P ist der Gasdruck in der Blase. Er setzt sich im allgemeinen aus dem hydrostatischen Druck und dem Druck, der durch die Oberflächenspannung verursacht wird, zusammen: $P = P_0 + 2\sigma/2$. Aus (5.26) folgt, daß bei $kR > b(3/a)^{1/2}$, d. h., wenn die Blasendurchmesser größer als der Resonanzdurchmesser für die gegebene Frequenz sind, die auf die Blase wirkende Strahlungskraft so gerichtet sein wird, daß die Blase zum Knoten der stehenden Welle verschoben wird. Bei der umgekehrten Ungleichheit, d. h., wenn die Blasendurchmesser kleiner als der Resonanzdurchmesser sind, wird die Strahlungskraft die Blase zum Schwingungsbauch verschieben. Blasen mit Durchmessern, die der Resonanz bei der gegebenen Frequenz entsprechen, werden keiner Wirkung der Kräfte des Strahlungsdruckes unterliegen. All diese Aussagen werden durch Experimente bestätigt [36].

Außer dem Strahlungsdruck können im Ultraschallfeld noch Kräfte anderen Ursprungs auf die suspendierten Teilchen wirken [34, 38].

Die Borgnis-Kraft

Aus der Hydrodynamik ist bekannt, daß bei der Schwingungsbewegung eines Körpers in einer Flüssigkeit nah der Oberfläche eines unbewegten Hindernisses die Schwingungsgeschwindigkeit der Flüssigkeitsteilchen von der Seite des Hindernisses größer wird, die zum schwingenden Körper gerichtet ist [39]. Infolgedessen wird der Druck in der Flüssigkeit zwischen dem Hindernis und dem Körper kleiner als von der entgegengesetzten Seite. Auf das Hindernis wirkt somit eine Druckkraft, die zur Seite des schwingenden Körpers gerichtet ist. Diese Kraft trägt die Bezeichnung Borgnis-Kraft. Sie entsteht auch im Ultraschallfeld bei der Schwingung von suspendierten Teilchen und Blasen mit unterschiedlichen Geschwindigkeiten und Phasen relativ zueinander. Eine Analyse der Borgnis-Kraft zeigt, daß, wenn zwei kugelförmige Teilchen mit den Radien R_1 und R_2 und der Entfernung L ihrer Zentren voneinander eine pulsierende Schwingung mit gleicher Frequenz, aber unterschiedlichen Geschwindigkeiten v_1 und v_2 ausführen, zwischen ihnen eine konstante Kraft [39]

$$F = 4\pi\varrho R_1^2 R_2^2 (v_1 v_2/L^2) \cos\beta \tag{5.29}$$

entsteht. β ist der Phasenunterschied zwischen den Schwingungsgeschwindigkeiten der Kugeloberflächen, der von den Abstandsverhältnissen zwischen den Kugeln und der akustischen Wellenlänge abhängt. Formel (5.29) ist bei $\Lambda \gg L$ gültig, d. h. für den Fall, daß die Teilchen ausreichend eng im Vergleich zur Wellenlänge angeordnet sind. Im entgegengesetzten Fall wird die BORGNIS-Kraft (5.29) sehr klein, da sie umgekehrt proportional zu L^2 abnimmt. Entsprechend (5.29) kann die BORGNIS-Kraft zwischen pulsierenden Kugeln sowohl anziehend wie abstoßend sein, je nach dem Phasenunterschied β. Unter der Bedingung $kL \ll 1$ ist aber der Phasenunterschied der erzwungenen Teilchenschwingungen in der Ultraschallwelle kleiner als $\pi/2$, und die auf die Teilchen wirkende Kraft wird positiv, d. h. abstoßend. Außer pulsierenden Schwingungen können suspendierte Teilchen im Ultraschallfeld auch eine fortschreitende Schwingungsbewegung in einer Richtung vollführen, die von ihrer Lage relativ zur Ultraschallwellenfront abhängt. Wenn zwei kugelförmige Teilchen längs einer Linie schwingen, die ihre Zentren verbindet, so wird die auf diese Teilchen wirkende BORGNIS-Kraft durch die Formel $\overline{F} = 6\pi\varrho R_1{}^3 R_2{}^3[(v_1 - v_2)/L^4] \cos\beta$ [40] bestimmt, falls $L \gg R_1 + R_2$ gilt.

Wenn die Schwingung der kugelförmigen Teilchen senkrecht zur Verbindungslinie ihrer Zentren gerichtet ist, dann ist die BORGNIS-Kraft [40]

$$\overline{F} = -3\pi\varrho(R_1{}^3 R_2{}^3/L^2)\, v^2.$$

Das ist z. B. der Fall, wenn die Teilchen längs der Ultraschallwellenfront gelagert sind und in ihr synchron mit gleichen Geschwindigkeiten schwingen.

Experimentell wurde festgestellt, daß die BORGNIS-Kraft die Hauptursache für die Koagulation von Gasblasen beim Entgasen einer Flüssigkeit im Ultraschallfeld niedriger Frequenz bei der Entstehung von Kavitation, die später betrachtet werden wird, darstellt.

Die Bernoulli-Kraft

Analoge konstante Kräfte entstehen zwischen festen Teilchen, wenn sie infolge ihrer Trägheit nicht in der Lage sind, der Flüssigkeitsbewegung zu folgen und von der Flüssigkeit umflossen werden. Aus der Hydrodynamik ist bekannt, daß zwei unbewegte Kugeln in einem Flüssigkeitsstrom, der mit der Geschwindigkeit v senkrecht zur Verbindungslinie der Zentren fließt, infolge des erniedrigten Druckes zwischen den Kugeln eine „Anziehungskraft“

$$\overline{F} = (3/2)\, \pi\varrho(R_1{}^3 R_2{}^3/L^4)\, v^2 \tag{5.30}$$

erfahren, die BERNOULLI-Kraft genannt wird. Wie (5.30) zeigt, wird die BERNOULLI-Kraft durch das Quadrat der Stromgeschwindigkeit bestimmt, d. h., sie hängt nicht vom Vorzeichen der Geschwindigkeit ab und entsteht folglich bei der Schwingungsbewegung der Flüssigkeit in der akustischen Welle. Mit der BERNOULLI-Kraft wird die Koagulation fester Teilchen im Ultraschallfeld hoher Frequenz erklärt [41].

Die Stokes-Kraft

Auf einen kugelförmigen Körper mit dem Radius R, der sich mit der Geschwindigkeit v in einem viskosen Medium bewegt, wirkt eine Reibungskraft, die durch die bekannte STOKES-Formel $F = 6\eta_S R v$ (η_S ist die Scherviskosität) bestimmt wird. Wenn man η_S als konstant annimmt, dann muß die STOKES-Kraft im zeitlichen Mittel bei einer harmonischen Schwingungsbewegung des Teilchens im akustischen Feld gleich Null sein. Die Viskosität hängt aber von der Temperatur ab, und diese ändert sich periodisch in der akustischen Welle. Ihre Änderung ist mit der Schwingungsgeschwindigkeit der Mediumteilchen durch (siehe 4.3.)

$$\Delta T = (c_0 \alpha_T T_0 / c_P)\, v \tag{5.31}$$

verbunden. T_0 ist die mittlere Mediumtemperatur, α_T ist der Wärmeausdehnungskoeffizient des Mediums, c_P die spezifische Wärmekapazität bei konstantem Druck und c_0 die Schallgeschwindigkeit. Wenn man die Temperaturabhängigkeit der Scherviskosität $\eta_S(T)$ berücksichtigt, kann man eine Reihenentwicklung vornehmen und nach dem linearen Glied abbrechen,

$$\eta_S(T) = \eta_{S0} + (\mathrm{d}\eta_S/\mathrm{d}T)\, \Delta T. \tag{5.32}$$

Wird nun die STOKES-Formel zeitlich gemittelt, $\bar{F} = 6\pi R \overline{\eta_S(T)\, v}$, und setzt man hier $\eta_S(T)$ aus (5.32) unter Berücksichtigung von (5.31) sowie auch den Wert der Schwingungsgeschwindigkeit in der Ultraschallwelle unter Berücksichtigung von Größen zweiter Ordnung (s. 4.4.) ein, so erhält man eine von Null verschiedene konstante STOKES-Kraft

$$\bar{F} = 6\pi R \eta_S \frac{v_{max}^2}{2c_0} \left(-1 + 2 \frac{\mathrm{d}\eta_S}{\mathrm{d}T} \frac{\alpha_T c_0{}^2 T_0}{c_P} \right).$$

Unter der Wirkung dieser Kraft werden die Teilchen eine gerichtete Bewegung mit konstanter Geschwindigkeit

$$v_0 = \frac{v_{max}^2}{2c_0} \left(-1 + 2 \frac{\mathrm{d}\eta_S}{\mathrm{d}T} \frac{\alpha_T c_0{}^2 T_0}{c_P} \right)$$

ausführen. Die Rechnung zeigt, daß eine merkliche Teilchenbewegung unter der Wirkung der STOKES-Kraft nur in Gasen vor sich gehen kann.

5.4. Ultraschallwind

Im akustischen Feld entstehen außer der periodischen Teilchenverschiebung konstante Strömungen unterschiedlicher Art, die verschiedenen Charakter und Ursprung haben. Im realen viskosen Medium entstehen solche Strömungen sowohl im freien Feld als auch in der Nähe von Hindernissen. Letztere sind durch die Wechselwirkung der viskosen Flüssigkeit (oder eines Gases) mit den festen Wänden der Hindernisse bedingt, der zufolge die Geschwindigkeit der Tangentialverschiebung der Mediumteilchen, die an die Wand grenzen, gegen Null gehen muß. Die Schichtdicke, in der diese Wechselwirkung in Erscheinung tritt, hat die Größenordnung der Eindringtiefe einer Scherwelle im Medium. Wie in Abschnitt 3.5. gezeigt wurde, ist der Absorptionskoeffizient einer Scherwelle in der Flüssigkeit $\alpha_S = [\omega \varrho_0/(2\eta_S)]^{1/2}$. Die Eindringtiefe dieser Welle (d. h. die Entfernung, auf der sie um den Faktor e gedämpft wird) ist $\Delta \approx [2\eta_S/(\omega \varrho_0)]^{1/2}$. In einer Schicht dieser Stärke entstehen auch Wirbelströme, die praktisch nur bei niedrigen Schallfrequenzen beobachtet werden. Im Frequenzbereich des Ultraschalls wird die Dicke dieser „akustischen Grenzschicht“ sehr klein; bei 1 MHz ist sie in Wasser ungefähr 10^{-4} cm.

Charakteristisch für ein Ultraschallfeld sind Strömungen, die im freien Ultraschallbündel entstehen: sie sind nur bei hohen Intensitäten bedeutend, wie sie im Ultraschallbereich realisiert werden [42]. Anfangs erhielten solche Strömungen die Bezeichnung „Quarzwind“, die damit zusammenhing, daß intensive Ultraschallbündel mit Hilfe von Quarzplättchen erhalten wurden. Da es gegenwärtig viele verschiedene Methoden der Erzeugung von Leistungsschall gibt, nennt man diesen Effekt naturgemäß Ultraschallwind. Diese Strömungen werden durch den längs des Ultraschallbündels wirkenden Strahlungsdruck hervorgerufen, der im realen dissipativen Medium mit der Absorption der Energie der Ultraschallwelle im Medium verbunden ist. Da die mittlere Energiedichte der Welle infolge ihrer Dämpfung abnimmt, wird auf das Einheitsvolumen des absorbierenden Mediums längs der Ausbreitungsrichtung x der Ultraschallwellen die Strahlungskraft

$$\bar{F} = \mathrm{d}\bar{w}/\mathrm{d}x = \nabla\bar{w} \tag{5.33}$$

wirken, die auch die stationäre Strömung hervorruft. Die Geschwindigkeit dieser Strömung v_0 kann man angenähert auf der Grundlage der hydrodynamischen Bewegungsgleichung für eine ideale Flüssigkeit (2.4) berechnen, indem man in ihr $\partial p/\partial x = \partial\bar{w}/\partial x$ und $v = v_0$ setzt:

$$-\frac{\partial\bar{w}}{\partial x} = \varrho\,\frac{\partial v_0}{\partial t} + \varrho v_0\,\frac{\partial v_0}{\partial x}. \tag{5.34}$$

Da die Strahlungskraft $\partial\bar{w}/\partial x$ klein ist, kann man im Verhältnis zu ihr die Flüssigkeit als inkompressibel annehmen, so daß $\varrho = \varrho_0 = \text{const}$ ist. Für die entstehende Strömung $(\partial v_0/\partial t = 0)$ haben wir dann auf der Basis von (5.34) $-\partial\bar{w}/\partial x = \varrho_0 v_0\,\partial v_0/\partial x$. Wenn man diese Gleichung vom Punkt $x = 0$, wo der Sender angeordnet ist, bis zum Beobachtungspunkt x integriert und berücksichtigt, daß bei $x = 0$ die Geschwindigkeit des Ultraschallwindes gleich Null ist, so erhält man

$$\varrho_0 v_0^2(x)/2 = \bar{w}(0) - \bar{w}(x). \tag{5.35}$$

In dieser Formel ist links die kinetische Energie des Einheitsvolumens des Mediums im Punkt x aufgeschrieben, wogegen rechts die Differenz von mittlerer akustischer Energie am Sender und in der Entfernung x von ihm steht. Die Gleichung (5.35) drückt somit das Energieerhaltungsgesetz aus: Die Abnahme der akustischen Energie infolge ihrer Absorption im Medium wird durch die kinetische Energie der gerichteten Mediumströmung kompensiert. Wenn man berücksichtigt, daß die mittlere Energiedichte im Ultraschallbündel die Größe des Langevinschen Strahlungsdruckes im gegebenen Schnitt des Bündels bestimmt, kann man Formel (5.35) als Ausdruck des bekannten Bernoulli-Theorems verstehen, das die Konstanz des dynamischen Strömungsdruckes $(\varrho_0 v_0^2/2)$ und des hydrostatischen Druckes (im gegebenen Fall des Strahlungsdruckes) feststellt. Entsprechend (5.35) wird die Abnahme des Strahlungsdruckes längs des Bündels infolge der Absorption der Energie der Ultraschallwelle durch den dynamischen Strömungsdruck kompensiert, der durch diese Absorption hervorgerufen wird, so daß sich letztendlich die Summe von Strahlungs- und dynamischem Druck auf ein ebenes

Hindernis, das an einem beliebigen Punkt des Bündelquerschnittes eingebracht wurde, als konstant erweisen muß. Dabei haben wir aber nicht den viskosen Widerstand des Mediums berücksichtigt, der dazu führt, daß ein Teil der kinetischen Energie der Strömung in Wärme übergeführt wird. Nichtsdestoweniger wird das erhaltene anschauliche Resultat gut bei Messungen des Strahlungsdruckes und der Geschwindigkeit des Ultraschallwindes in schwach viskosen Flüssigkeiten in relativ kleinen Entfernungen von der Ultraschallquelle bestätigt.

Faktisch werden die viskosen Kräfte ein Anwachsen der Geschwindigkeit abbremsen, so daß im Bündel eine stationäre Strömung mit konstanter Geschwindigkeit aufgebaut werden muß, die von der Scherviskosität des Mediums abhängt. Somit sind für eine Berechnung des stationären Ultraschallwindes in der Bewegungsgleichung (5.34) unbedingt die Widerstandskräfte des viskosen Mediums zu berücksichtigen und außerdem die reale Geschwindigkeitsverteilung über die Querschnittsfläche des Bündels, die insbesondere durch die Grenzbedingungen bestimmt wird.

Eine Näherungsberechnung der Geschwindigkeit der stationären Strömung kann man für einige idealisierte Fälle eines exakt kollimierten, bezüglich des Querschnittes homogenen Ultraschallbündels durchführen, an dessen Grenzen die Strömungsgeschwindigkeit gegen Null geht. Solche Bedingungen werden bekanntermaßen realisiert, wenn das Bündel durch die Wände einer starren Röhre begrenzt wird, die jedoch eine Öffnung für den hydrodynamischen Kontakt der Flüssigkeit im Ultraschallfeld, d. h. innerhalb der Röhre, mit der nichtangeregten Außenflüssigkeit haben muß. Ohne solch einen Kontakt wird der Strahlungsdruck im Bündel nur eine gewisse Verdünnung des Mediums hervorrufen, es wird dann keine Strömung im Medium auftreten (wenn das Bündel natürlich homogen über die Querschnittsfläche ist). Die Geschwindigkeit der stationären akustischen Strömung auf der Bündelachse kann man in diesem Falle auf der Grundlage der bekannten POISEUILLE-Formel finden:

$$v_0 = \Delta P R^2/(4\eta_S x); \tag{5.36}$$

R ist der Radius der Röhre (des Bündels), η_S ist die Scherviskosität des Mediums und ΔP die Differenz der statistischen Drücke in zwei Schnitten, die um x voneinander entfernt sind. Da die Strömung im vorliegenden Fall durch den Gradienten des Strahlungsdruckes hervorgerufen wird, erhalten wir, wenn wir ihn als gleich dem Unterschied in der akustischen Energiedichte längs des Bündels annehmen und das exponentielle Dämpfungsgesetz ebener Wellen (3.48) berücksichtigen,

$$\Delta P = \overline{w}(0) - \overline{w}(x) = \overline{w}(0)\,[1 - \overline{w}(0)\,e^{-2\alpha_0 x}]; \tag{5.37}$$

α_0 ist die Amplitude des Ultraschallabsorptionskoeffizienten. Unter der Bedingung $\alpha_0 x \ll 1$, die für eine Vielzahl von Flüssigkeiten im MHz-Bereich bei Abständen von der Quelle in der Größenordnung einiger Zentimeter erfüllt wird, liefert der Ausdruck (5.37) $\Delta P \approx 2\overline{w}(0)\,\alpha_0 x$. Setzt man diesen Wert ΔP in (5.36) und berücksichtigt die Korrelation der Energiedichte mit der Ultraschallintensität, so findet man

$$v_0 = I_0 R^2 \alpha_0/(2\eta_S c_0). \tag{5.38}$$

I_0 ist die Intensität des Ultraschallbündels im Anfangsquerschnitt der Röhre (von der aus die Koordinate x gezählt wird) oder, im Fall des freien Bündels, die Intensität an der Ultraschallquelle.

Die Geschwindigkeit der stationären akustischen Strömung in einem viskosen Medium ist somit der Ultraschallintensität proportional und kann als ihr angenähertes Maß dienen. Was die Abhängigkeit der Geschwindigkeit v_0 von α_0 und η_S angeht, so kann man sofort feststellen, daß, wenn der Absorptionskoeffizient nur durch die Scherviskosität bestimmt wird, der Absorptionskoeffizient nach der STOKES-Formel (3.39) berechnet werden kann,

$$\alpha_0 = \frac{8\pi^2\eta_S^2}{3\varrho_0c_0^3} = \frac{2}{3}\,\frac{\omega^2\eta_S}{\varrho_0c_0^3},$$

so daß (5.38) die Form

$$v_0 = \frac{4}{3}\,\pi^2\,\frac{I_0R^2\nu^2}{\varrho_0c_0^4} = \frac{I_0R^2\omega^2}{3\varrho_0c_0^4} \tag{5.39}$$

annimmt. Das bedeutet, daß die Geschwindigkeit der akustischen Strömung nicht von der Viskosität der Flüssigkeit abhängt und proportional dem Quadrat der Ultraschallfrequenz ist. Dieses Resultat ist nicht unerwartet, da die Scherviskosität auf der einen Seite die viskosen Kräfte bestimmt, die die Strömung abbremsen, auf der anderen Seite aber den Gradienten des Strahlungsdruckes, der sie beschleunigt. Wenn in den Ultraschallabsorptionskoeffizienten die Volumenviskosität eingeht, wie dies für eine Vielzahl von Flüssigkeiten der Fall ist, dann nimmt Formel (5.38) in bezug auf (3.38) und (3.25) die Form

$$v_0 = \frac{I_0R^2\omega^2}{4\varrho_0c_0^4\eta_S}\left(\eta_0 + \frac{4}{3}\,\eta_S\right). \tag{5.40}$$

an.

Somit kann bei bekannter Ultraschallintensität die Geschwindigkeit der akustischen Strömung unter den Bedingungen, für die Formel (5.40) erhalten worden ist, als unmittelbares Maß für die Volumenviskosität des Mediums dienen. Wie in Abschnitt 3.4. schon erwähnt wurde, kann die Dämpfung von Ultraschallwellen faktisch noch durch Diffraktionseffekte, Streuung des Ultraschalls an Inhomogenitäten des Mediums, Einfluß der Wärmeleitfähigkeit usw. bedingt sein. Alle diese Faktoren liefern einen Beitrag zum Strahlungsdruck im Bündel, der die Geschwindigkeit der akustischen Strömung bei einer gegebenen kinematischen Zähigkeit des Mediums bestimmt. Außerdem ist in einem realen Bündel die Ultraschallintensität ungleichmäßig über den Querschnitt des Bündels verteilt. Dadurch entstehen akustische Strömungen sogar in einem Bündel, das durch eine geschlossene Röhre begrenzt wird. Wenn das Bündel der Ultraschallwellen von einer nichtangeregten Flüssigkeit begrenzt wird, werden die Bedingungen an den Grenzen komplizierter, als dies bei der Ableitung der Formeln (5.38) bis (5.40) angenommen wurde, die in diesem Fall nur für eine Näherungsabschätzung der Geschwindigkeit der akustischen Strömung dienen können.

Für die Ultraschallintensität $I_0 = 1$ W/cm² in Wasser ($\alpha_0 = 25 \cdot 10^{17}$ cm^{-1}, $c_0 = 1{,}5 \cdot 10^5$ cm/s, $\eta_S = 10^{-3}$ Pa s) und einen Bündeldurchmesser von 2 cm ergibt eine Abschätzung nach (5.38) $v_0 \approx 1$ cm s^{-1}. Unter diesen Bedingungen hat die Strömung im Bündel laminaren Charakter. Der Abfluß der Flüssigkeit vom Ultraschallstrahler wird dabei von einem Zufluß aus dem nichtangeregten Gebiet begleitet. Beim Zusammentreffen mit einem festen Hindernis fließt die Flüssigkeit aus dem Bündel in nichtangeregte Abschnitte des Mediums. In einem geschlossenen Gefäß, dessen Querabmessungen größer als der Durchmesser des Ultraschallbündels sind, werden deshalb stationäre zirkulare Ströme erzeugt, die man mit Hilfe von in der Flüssigkeit suspendierten Teilchen sichtbar machen kann. In Abbildung 27 [43] ist eine zirkulare Strömung in der Trennebene von zwei nichtmischbaren Flüssigkeiten (Glyzerin und Vasenolöl) dargestellt. Zwischen diesen Flüssigkeiten ist zur Sichtbarmachung der Strömung ein Film gefärbten Wassers angeordnet, dessen Dichte zwischen denen der Flüssigkeiten liegt. Die Trennungsgrenze von diesem Film erstreckt sich längs der Achse des Ultraschallbündels, dessen Quelle rechts von der Abbildung liegt. Abbildung 28 zeigt den Ultraschallwind in einem Gefäß mit Benzol, in dem Aluminiumstaub suspendiert worden ist [44].

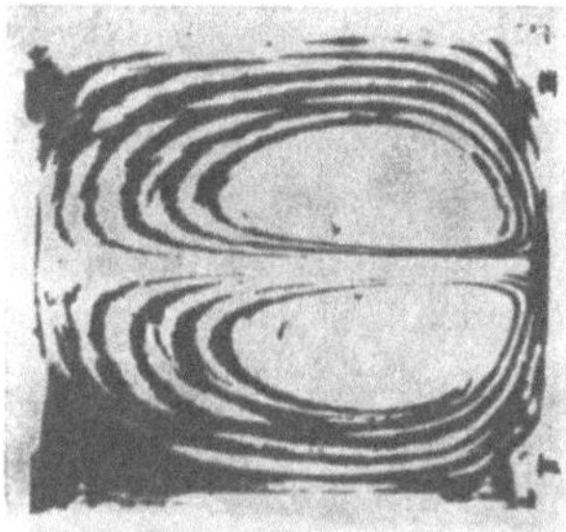

Abb. 27

Abb. 28

Bei hohen Intensitäten der Ultraschallwellen erlangt die akustische Strömung turbulenten Charakter. Das leistungsstarke Ultraschallbündel ruft dabei eine intensive Vermischung der Flüssigkeit hervor, die eine nicht wenig wichtige Rolle bei vielen Prozessen spielen kann, die unter der Einwirkung von Ultraschall vor sich gehen.

Außerdem kann, wie im vorhergehenden Kapitel gezeigt wurde, bei großen REYNOLDS-Zahlen die Form der Ultraschallwelle im Ausbreitungsprozeß in der Flüssigkeit wesentlich von der Sinusform abweichen und ihre Dämpfung stark anwachsen. Das wird andererseits zu einer Verstärkung der Strömung führen, die so in gewisser Entfernung von der Ultraschallquelle in die turbulente übergeht.

Bisher sprachen wir von der akustischen Strömung unter der Einwirkung des LANGEVINschen Strahlungsdruckes, der durch die Absorption der Ultraschallwellen und die Änderung ihres Impulses im viskosen Medium hervorgerufen wird. Aus der Analyse, die im vorhergehenden Abschnitt durchgeführt wurden, folgt aber, daß akustische Strömungen unter bestimmten Bedingungen auch in einem nichtdissipativen Medium entstehen können. Insbesondere kann die zeitlich gemittelte Verschiebungsgeschwindigkeit der Mediumteilchen im Fall ebener Wellen endlicher Amplitude von Null verschieden sein. Wirklich bedeutet dies nicht immer das Auftreten eines gerichteten stationären Mediumstromes. Zum Beispiel ist solch ein Strom im Feld von Wellen mit unendlich verformten Fronten nicht möglich infolge des Massenerhaltungsgesetzes: Die konstante Komponente der Verschiebungsgeschwindigkeit wird dabei durch die von Null verschiedene konstante Komponente des akustischen Druckes oder der Dichte kompensiert. Im Fall eines begrenzten Ultraschallbündels, das mit einer nichtangeregten Flüssigkeit Kontakt hat, kann der RAYLEIGHsche Strahlungsdruck im Bündel einen zirkularen Strom nichtlinearen Ursprungs hervorrufen. Die Existenz solcher nichtlinearer akustischer Strömungen wurde experimentell nachgewiesen [42].

6. Ultraschallkavitation

6.1. Zerreißfestigkeit der Flüssigkeit

Unter dem Begriff der Kavitation, bezogen auf Flüssigkeiten, wird die Bildung von Hohlräumen in einer Flüssigkeit mit ihrem nachfolgenden Zusammenbrechen verstanden. Kavitation kann allgemein bei einem beliebigen Unterdruck in Flüssigkeiten entstehen: in einer hydrodynamischen Strömung, beim Umströmen fester Körper, im Kielwasserwirbel usw. In der akustischen Welle, die periodische Verdünnungen oder Unterdrücke erzeugt, wird Kavitation bei ausreichender Intensität der Welle beobachtet, wie sie im Frequenzbereich des Ultraschalls realisiert wird. Sie gehört deshalb zur Spezifik des Ultraschalls und wird Ultraschallkavitation genannt. Da bei der Kavitation die Homogenität des Mediums zerstört wird, muß man diese Erscheinung auch den nichtlinearen Effekten zuschreiben.

In allgemeinen Zügen kann man sich den Elementarakt der Ultraschallkavitation folgendermaßen vorstellen. In der Verdünnungsphase der Ultraschallwelle wird in der Flüssigkeit eine Unterbrechung in Form eines Hohlraumes gebildet, der mit gesättigtem Dampf der gegebenen Flüssigkeit gefüllt ist. In der Kompressionsphase kondensiert der Dampf und der Hohlraum bricht unter der Wirkung des erhöhten Druckes, dem die Oberflächenspannung der Wände „hilft", so zusammen, als wäre er leer gewesen. Durch die Wände des Hohlraumes diffundiert aber eine gewisse Menge des in der Flüssigkeit gelösten Gases, das bei schnellem Zusammenbrechen einer starken adiabatischen Kompression unterworfen wird. Im Moment des Zusammenbrechens erreichen Druck und Temperatur des Gases erhebliche Werte, was zur Erzeugung einer sekundären sphärischen Stoßwelle in der umgebenden Flüssigkeit führt, die schnell im Raum gedämpft wird.

Kavitationsprozesse spielen eine große Rolle bei der praktischen Anwendung des Ultraschalls. Deshalb wird dem Studium der Ultraschallkavitation große Aufmerksamkeit gewidmet. Obwohl eine Reihe von Problemen der Kavitation bisher nicht bis zum Ende gelöst worden sind, ist ihre physikalische Natur im ganzen bis zur gegenwärtigen Zeit ausreichend gut untersucht worden. Wir werden hier kurz die Aufmerksamkeit auf die grundlegenden Resultate dieser Untersuchungen richten. Der interessiertere Leser sei auf die entsprechende Literatur mit ausführlicheren Informationen verwiesen [19, 45—49].

Eines der grundlegenden Probleme bei der Untersuchung der Ultraschallkavitation ist mit der Frage verbunden, auf welche Art das Zerreißen der Flüssigkeit in der Ultraschallwelle bei akustischen Drücken vor sich geht, die bedeutend kleiner als die theoretische Zerreißfestigkeit der Flüssigkeit sind. Für die Bildung eines Hohlraumes mit dem Radius R in der idealen Flüssigkeit ist es notwendig, eine Dehnungsspannung P' an die Flüssigkeit zu legen, die gleich dem LAPLACE-Druck ist, der durch die Oberflächenspannung der gegebenen Flüssigkeit verursacht wird, d. h.

$$P' \approx 2\sigma/R. \tag{6.1}$$

Um die ideale Flüssigkeit zu zerreißen, muß man ihre Teilchen auf Abstände auseinanderziehen, die ungefähr dem doppelten zwischenmolekularen Abstand entsprechen. Für Wasser beträgt dieser Abstand etwa 2 Å. Setzt man diese Größe R in (6.1) ein, so erhält man für Wasser ($\sigma \approx 8 \cdot 10^{-4}$ N/cm) $P' \approx 10^9$ Pa. In der realen reinen Flüssigkeit kann eine lokale Erniedrigung der Festigkeit infolge spontaner Bildung einer Dampfblase durch Wärmefluktuationen vor sich gehen. Die entsprechende Rechnung für die Wahrscheinlichkeit der Bildung einer Dampfphase führt in diesem Fall zu einer Erniedrigung des Zerreißdruckes für Wasser bis auf eine Größe von $P' = 10^8$ Pa [50]. Dieser Druck erweist sich aber noch als bedeutend höher als der experimentelle [47].

Kavitationskeime

Faktisch enthält jede Flüssigkeit, insbesondere Wasser, verschiedene gelöste Stoffe. Zu diesen gehört auch gelöstes Gas, wodurch es in Flüssigkeiten Gasblasen gibt, die die lokale Festigkeit schwächen und Kavitationskeime sind. Es entsteht aber die Frage, wie solche Blasen eine ausreichend lange Zeit existieren können, d. h. stabil sind. So müssen große Blasen unter der Wirkung der Auftriebskraft, die mit Verringerung des Blasenradius abnimmt, auftauchen. Kleine Blasen müssen sich durch den großen Druck, der durch die Kräfte der Oberflächenspannung erzeugt wird, auflösen. Diese Spannung nimmt mit Verringerung des Radius zu. Nach diesem Tatbestand existieren zwei Hypothesen, von denen jede durch indirekte Experimente bestätigt wird. Entsprechend der ersten Hypothese sind in Flüssigkeiten inmitten verschiedener gelöster Stoffe auch oberflächenaktive Stoffe, die, wenn sie auf der Oberfläche einer Blase absorbiert werden, eine monomolekulare Schicht schaffen, die die Oberflächenspannung herabsetzt. Die zweite Hypothese erklärt die Stabilisierung kleiner Glasblasen durch die Absorption von einwertigen Ionen gelöster Salze auf ihrer Oberfläche. Indem diese mit Ionen anderen Vorzeichens wechselwirken, die sich in der Nähe der Blase befinden, verhindern sie, daß die Blase verschwindet. Ihr Durchmesser wird stabilisiert. Solch ein Mechanismus ist formal der Erniedrigung der effektiven Kräfte der Oberflächenspannung äquivalent. Sieht man von der konkreten Ursache für die Stabilisierung der Gasblase ab, deren Existenz ein zuverlässiger experimenteller Fakt ist, kann man deshalb die Gleichgewichtsbedingung für eine Blase mit dem Radius R_0 in folgender Form schreiben:

$$P = P_d + P_g - 2\sigma/R_0; \tag{6.2}$$

P ist der äußere (statische) Druck, P_d ist der Sättigungsdampfdruck der Flüssigkeit, P_g der Gasdruck des aus der Flüssigkeit in die Blase diffundierenden Gases und σ die Oberflächenspannung. Wenn der äußere Druck sinkt, wächst der Blasendurchmesser. Betrachten wir nun die Bedingung für das Zerreißen der Flüssigkeit unter Berücksichtigung der Zustandsgleichung eines stabilen Kavitationskeimes (6.2).

6.2. Kavitationsfestigkeit der Flüssigkeit

Der hydrostatische Druck P soll kleiner als ein gewisser Gleichgewichtswert P_0 geworden sein, dem der Anfangsradius R_0 der Dampf-Gasblase entspricht. Wie ändert sich dabei der Durchmesser der Blase? Für die Berechnung der Abhängigkeit $P(R)$ kann man in erster Näherung die Gasdiffusion aus der Flüssigkeit vernachlässigen. Auch die Änderung des Sättigungsdampfdruckes P_d, der nur wenig von der Krümmung der Oberfläche abhängt, kann vernachlässigt werden. Da die Gasmasse in der Blase klein ist, die Wärmekapazität der sie umgebenden Flüssigkeit aber ausreichend groß, kann man den Prozeß der Druckänderung des Gases in der Blase im gegebenen Fall als isotherm ansehen, d. h. $P_g = (P_0 - P_d + 2\sigma/R_0)\, R_0^3/R^3$. Setzt man diesen Ausdruck in (6.2) ein, so erhält man

$$P = P_d + \left(P_0 - P_d + \frac{2\sigma}{R_0}\right) \frac{R_0^3}{R^3} - \frac{2\sigma}{R}. \tag{6.3}$$

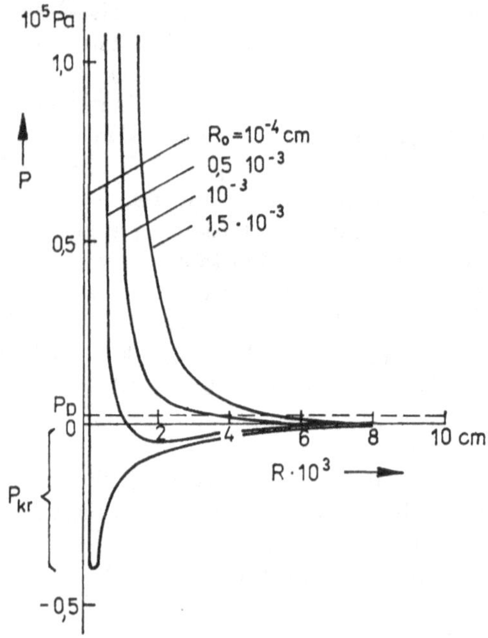

Abb. 29

In Abbildung 29 sind die Kurven $P(R)$ für Wasser bei Zimmertemperatur dargestellt. Sie sind nach (6.3) für vier Werte des Anfangsradius R_0 bei einem hydrostatischen Ausgangsdruck von $P_0 = 10^5$ Pa berechnet. Der Sättigungsdampfdruck in der Blase wird als ungefähr $2 \cdot 10^3$ Pa angenommen (gestrichelte Linie). Aus der Abbildung ist zu erkennen, daß sich bei ausreichend großen Drücken über dem Sättigungsdampfdruck P_d der Flüssigkeit der Gleichgewichtsradius der Blase R unbedeutend mit Druckzunahme ändert. In diesem Gebiet spielt das isotherme Gesetz für die Abhängigkeit $P(R)$ die Hauptrolle, entsprechend dem sich der Druck in der Blase bei kleinen Veränderungen ihres Radius umgekehrt proportional zur dritten Potenz des Radius ändert.

Der Druck, der durch die Oberflächenspannungskräfte hervorgerufen wird, ändert sich dagegen nur umgekehrt proportional zur ersten Potenz des Radius.

Ein anderes Bild liegt bei kleinen Drücken vor, d. h. bei Drücken nahe dem Sättigungsdampfdruck P_d oder darunter. Aus Abbildung 29 ist zu erkennen, daß für kleine R_0 bei negativen Drücken zwei Gleichgewichtswerte des Radius vorliegen. Dabei ändert sich im rechten Teil der Kurven $P(R)$, die großen R-Werten entsprechen, der Gasdruck in der Blase schwach mit Vergrößerung des Blasenradius (das Glied R_0^3/R^3 kann man vernachlässigen). Der durch die Oberflächenspannung hervorgerufene Druck wird kleiner. In diesem Fall dehnt der Druck des gesättigten Dampfes die Blase bis ins Unendliche aus — die Blase wird instabil. Bei Abnahme des Dehnungsdruckes werden die Kräfte der Oberflächenspannung zu einer Verkürzung des Blasendurchmessers führen, bis zu einem stabilen Zustand, der den linken Punkten der Kurven $P(R)$ in Abbildung 29 entspricht.

In Abbildung 29 ist außerdem zu sehen, daß bei negativen Drücken oberhalb eines gewissen kritischen Druckes P_{kr}, der dem Minimum der Kurve $P(R)$ entspricht, ein Gleichgewichtsdurchmesser der Blase überhaupt nicht existieren kann. Somit wird bei Verringerung des äußeren Druckes relativ zum Ausgangswert P_0 die Blase bis zur Ausdehnungsspannung P_{kr} stabil bleiben. Danach beginnt sie, sich unbegrenzt auszudehnen. Bei Aufhebung der Ausdehnungskraft und Ersetzen durch eine Kompression wird die Blase spontan unter der Einwirkung der Kräfte der Oberflächenspannung und des äußeren positiven Druckes zusammenbrechen. Folglich bestimmt die negative Größe P_{kr} die Kavitationsfestigkeit der Flüssigkeit bei gegebenem Wert des Kavitationskeimradius R_0. Diese Größe kann man offensichtlich finden, wenn man (6.3) nach R differenziert und die Ableitung gleich Null setzt:

$$\frac{\mathrm{d}P}{\mathrm{d}R} = -3\left(P_0 - P_d + \frac{2\sigma}{R_0}\right)\frac{R_0^3}{R_{kr}^3} + \frac{2\sigma}{R_{kr}^2} = 0.$$

Hieraus folgt

$$R_{kr} = \left[\frac{3R_0^3}{2\sigma}\left(P_0 - P_d + \frac{2\sigma}{R_0}\right)\right]^{1/2}.$$

Setzt man R_{kr} in (6.3) ein, so erhält man die Größe des negativen kritischen Druckes

$$P_{kr} = P_d - \frac{2}{3\sqrt{3}}\sqrt{\frac{(2\sigma/R_0)^3}{P_0 - P_d + 2\sigma/R_0}}. \tag{6.4}$$

In Abbildung 30 wird die Abhängigkeit P_{kr} vom Radius des Kavitationskeimes R_0 für Wasser dargestellt. Die Werte sind nach (6.4) berechnet worden. Aus der Abbildung ist zu entnehmen, daß negativen Drücken von 10^5 bis 10^6 Pa, bei denen gewöhnlich die Entwicklung der Ultraschallkavitation bei angemessenen Frequenzen in unbehandeltem Wasser aufkommt, Radien von stabilen Kavitationskeimen der Größenordnung 10^{-4} bis 10^{-5} cm entsprechen. Bei Werten von $R_0 \approx 10^{-7}$ cm wächst der kritische Druck bis zu 10^8 Pa, was der theoretischen Festigkeit der Flüssigkeit gegenüber dem Zerreißen entspricht, wenn sie keine Blasen besitzt.

In einer realen Flüssigkeit ist natürlich eine Verteilung von Keimen hinsichtlich des Anfangsradius vorhanden. Als Beispiel ist in Abbildung 31 eine experimentelle Kurve für die Verteilung der Keime in destilliertem Wasser dargestellt. Die Ergebnisse sind der Arbeit [48] entnommen. In dieser Abbildung wird die Konzentration der Keime n_0 dargestellt. Sie wächst mit Verringerung von R_0. Bei R_0, das dem zwischenmolekularen Abstand entspricht ($R_0 \approx 10^{-7}$—10^{-8} cm), strebt der extrapolierte Teil der Kurve $n_0(R_0)$ (gestrichelt) zur theoretischen Konzentration der „Keime", die durch Wärmefluktuationsprozesse erzeugt worden sind [50]. Somit fehlt praktisch eine obere Schwelle der Kavitation, wogegen eine untere existiert, nah dem Druck, der dem kritischen für Blasen mit einem Radius $\approx 10^{-3}$ cm entspricht, d. h. der $|P_{kr}| \approx 10^5$ Pa ausmacht (s. Abb. 30).

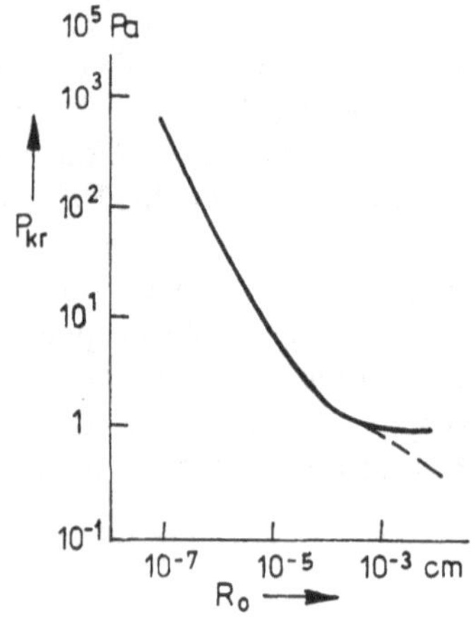

Abb. 30

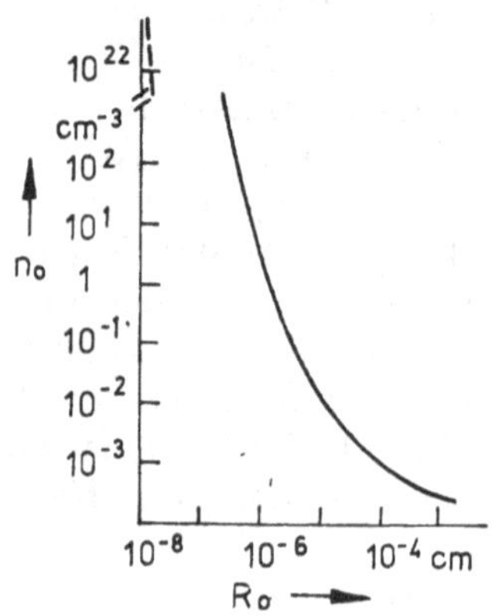

Abb. 31

Bei der Berechnung der Kavitationsfestigkeit der Flüssigkeit haben wir nicht die Diffusion des Gases berücksichtigt, die natürlich bei langsamen Druckänderungen erfolgt. Diese Näherung wird dadurch gerechtfertigt, daß bei schnellen Druckänderungen, wie sie Ultraschallfrequenzen entsprechen, Diffusionsprozesse tatsächlich keinen wesentlichen Einfluß auf die Kavitationsfestigkeit haben. Auf der anderen Seite können sich bei schnellen Druckänderungen Trägheitseffekte der Flüssigkeit, die die Blase umgibt, zeigen sowie Resonanzeigenschaften der Blasen. Eine detailliertere Berechnung von P_{kr}, die die Trägheit der Flüssigkeit berücksichtigt, führt zu einer merklichen Korrektur der Kurve, die in Abbildung 30 dargestellt ist, nur im Bereich der größten Durchmesser der Keime. Ihr Anteil ist aber, wie Abbildung 31 zeigt, nicht groß. Diese Korrektur ist in Abbildung 30 als gestrichelte Linie gezeichnet. Was die Resonanzerscheinungen angeht, so können sie sich nur wesentlich im Kavitationsprozeß äußern, wenn die Ultraschallfrequenz mit der Eigenfrequenz der Schwingungen der Gasblasen ν_{Res} zusammenfällt. Letztere wird bei kleinen Schwingungen durch den schon früher angeführten Ausdruck (5.28) bestimmt,

$$\nu_{Res} = \frac{1}{2\pi R_0} \sqrt{3\gamma(P_0 + 2\sigma/R_0)/\varrho} \tag{6.5}$$

$\gamma = c_P/c_V$ ist das Verhältnis der Wärmekapazitäten des die Blase füllenden Gases und ϱ die Dichte der Flüssigkeit. Die Resonanzfrequenzen von Luftblasen in Wasser sind für verschiedene Radien in Abbildung 32 dargestellt. Sie wurden nach Formel (6.5) berechnet. Aus der Abbildung ist zu erkennen, daß dem Blasenradius $R_0 = 10^{-3}$ cm eine Eigenfrequenz der Radialschwingungen von $\nu_{\text{Res}} \approx 500$ kHz entspricht. Folglich entspricht die gesamte berechnete Kurve der kritischen Drücke in Abbildung 30 Frequenzen von Druckänderungen, die unter einigen Hundert kHz liegen. Wenn die Ultraschallfrequenz die Resonanzfrequenz der Blase ν_{Res} übertrifft, werden sich die Durchmesser der Blase durch schnelle Druckvariationen nicht ändern, und solche Blasen werden aus dem Kavitationsprozeß ausgeschlossen. Somit wird sich je nach Zunahme der Ultraschallfrequenz die Kavitationsschwelle erhöhen bis hin zu kritischen Drücken, die den allerkleinsten Kavitationskeimen entsprechen. Das bedeutet, daß Kavitation immer bei großen Amplituden der Ultraschallwellen beginnen wird.

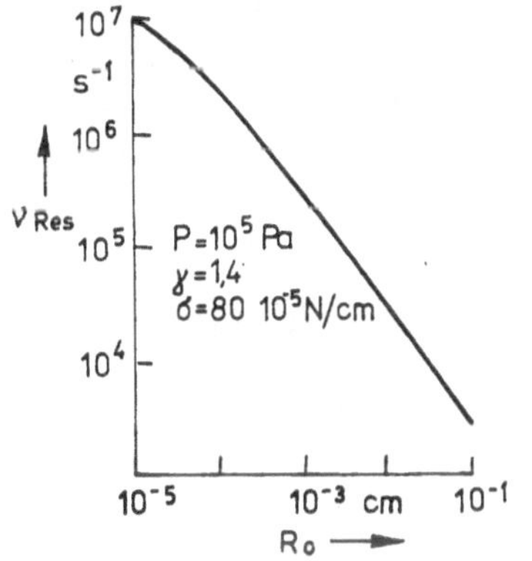

Abb. 32

Alle diese Aussagen werden durch Experimente bestätigt. Es ist zum Beispiel gut bekannt, daß mit Erhöhung der Ultraschallfrequenz die Kavitationsschwelle stark ansteigt. So gelingt es, bei Frequenzen oberhalb 10 MHz Kavitation nur im Brennfleck eines konzentrierenden Strahlers anzuregen. In diesem Brennfleck kann man Druckamplituden von einigen 10^7 bis 10^8 Pa erreichen [51]. Die Kavitationsschwelle wächst auch mit Zunahme des statischen Druckes P_0 in der Flüssigkeit an. Das wird dadurch erklärt, daß die Durchmesser der Keime in der Flüssigkeit kleiner werden und die Gasdichte in ihnen zunimmt. Umgekehrt führt eine Verringerung des statischen Druckes zu einer Abnahme der Kavitationsschwelle, genauso wie eine Erhöhung der Temperatur der Flüssigkeit. Entgasung der Flüssigkeit wird von einer Erhöhung der Kavitationsfestigkeit begleitet. Es existieren auch Versuchsdaten über die Änderung der Kavitationsfestigkeit im elektrischen Feld. Das elektrische Feld beeinflußt die Adsorptionsbedingungen der „hydrophoben" Ionen auf der Oberfläche der Blase. Durch Auflösung von Salzen in Wasser wird die Kavitationsschwelle erniedrigt, da eine negative Hydratation hervorgerufen wird [52].

In all diesen Experimenten werden unterschiedliche Kriterien für den Kavitationsbeginn angewendet. Als eines von ihnen kann die Ausdehnung der kavitierenden Flüssigkeit dienen. Grund dafür sind die sich in der Flüssigkeit bildenden großen Gasblasen (Dampfblasen) [53]. In einer Reihe von Experimenten wird als Kriterium für den

Kavitationsbeginn das „Kavitationsrauschen“ ausgenutzt, das beim Zusammenbrechen der Kavitationshohlräume entsteht [54]. Als Kriterium für den Kavitationsbeginn können auch die Sonolumineszenz (das Leuchten der Flüssigkeit bei der akustischen Kavitation), die Kavitationserosion fester Körper und andere Erscheinungen, die die Ultraschallkavitation begleiten, dienen [48]. Diese Erscheinungen entstehen oder erreichen aber ein bedeutendes Niveau in unterschiedlichen Stadien des Kavitationsprozesses. Deshalb unterscheiden sich auch die quantitativen Daten über die Kavitationsschwellen, die durch verschiedene Methoden bestimmt wurden, wesentlich voneinander. Das wird auch noch durch unterschiedliche Zustände der untersuchten Flüssigkeiten gefördert. Nichtsdestoweniger werden die grundlegenden Aussagen zur Kavitationsfestigkeit und diese beeinflussende Faktoren, wie auch die grundlegenden Gesetzmäßigkeiten, die aus den angeführten Betrachtungen folgen, qualitativ durch das Experiment bestätigt [116, 117].

Diese Aussagen sind aber ohne Berücksichtigung der Dynamik der Druckänderung erhalten worden. Für eine detailliertere Analyse der Ultraschallkavitation ist es unumgänglich, das Verhalten des Kavitationskeimes in der Ultraschallwelle zu untersuchen. Zu dieser Frage werden wir noch zurückkehren, nachdem wir anfangs ausführlicher den Prozeß des Zusammenbrechens des Kavitationshohlraumes betrachtet haben.

6.3. Zusammenbrechen des Kavitationshohlraumes

Zum Auffinden der kinematischen Charakteristika der zusammenbrechenden Kavitationsblase betrachten wir das einfachere Problem des Verhaltens der abdichtenden Wände des sphärischen Hohlraumes in der nichtkomprimierbaren Flüssigkeit unter der Einwirkung eines konstanten Druckes P. Wir nehmen dazu anfangs an, daß der Hohlraum nur mit gesättigtem Dampf gefüllt sei, der während des Zusammenbrechens kondensiert, so daß man den Druck P_d vernachlässigen kann.

R sei der augenblickliche Radius der zusammenbrechenden Kugel und U die Bewegungsgeschwindigkeit ihrer Wände. Wir nehmen eine Kugelschicht der Dicke dr mit der Entfernung r vom Zentrum des Hohlraumes heraus (Abb. 33). Die Bewegungsgeschwindigkeit der Flüssigkeit $v(r)$ in dieser Schicht wird durch die Kontinuitätsbedingung festgelegt. Danach muß das Verhältnis der Geschwindigkeiten in zwei Schnitten der „Stromröhre“ reziprok zum Verhältnis der Flächen dieser Schnitte sein;

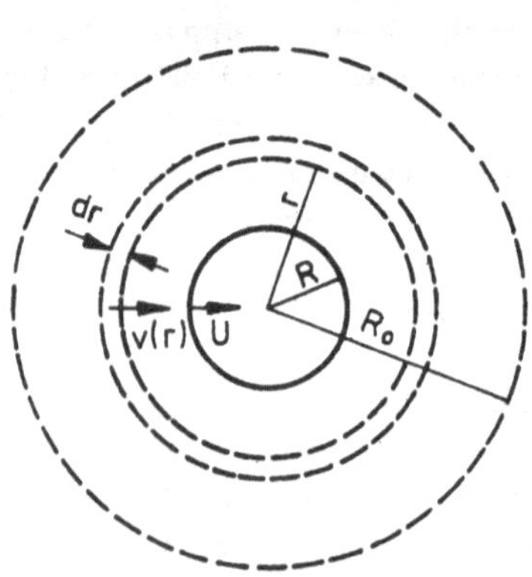

Abb. 33

im vorliegenden Fall ist es das Verhältnis der Flächen zweier sphärischer Oberflächen mit den Radien r und R, d. h. $v(r)/U = R^2/r^2$ oder

$$v(r) = UR^2/r^2. \tag{6.6}$$

Die kinetische Energie der Schicht des Volumens $4\pi r^2\,\mathrm{d}r$ ist $\mathrm{d}W_{\mathrm{kin}} = (\varrho/2)\, v^2(r) \times 4\pi r^2\,\mathrm{d}r$, wo ϱ die Flüssigkeitsdichte ist. Die gesamte kinetische Energie der Masse der umschließenden Flüssigkeit ist $W_{\mathrm{kin}} = 2\pi\varrho \int\limits_R^\infty v^2(r)\, r^2\,\mathrm{d}r$. Setzt man in diesen Ausdruck den Wert $v(r)$ aus (6.6) ein und integriert, dann erhält man

$$W_{\mathrm{kin}} = 2\pi\varrho U^2 R^4 \int\limits_R^\infty \frac{\mathrm{d}r}{r^2} = 2\pi\varrho U^2 R^3. \tag{6.7}$$

Diese kinetische Energie ist gleich der Arbeit, die von der Druckkraft P zur Verkleinerung des Hohlraumvolumens vom Anfangswert $(4/3)\,\pi R_0^3$ auf den Endwert $(4/3)\,\pi R^3$ verrichtet wurde,

$$A - (4/3)\,\pi P(R_0^3 - R^3). \tag{6.8}$$

Setzen wir (6.7) und (6.8) gleich, so erhalten wir einen Ausdruck für die Bewegungsgeschwindigkeit der Wände des zusammenbrechenden Hohlraumes:

$$U = \sqrt{(2/3)\,(P/\varrho)\,(R_0^3/R^3 - 1)}. \tag{6.9}$$

Dieser Ausdruck wurde schon 1917 von RAYLEIGH erhalten. Aus ihm läßt sich leicht die gesamte Zeit Δt des Zusammenbrechens des leeren Hohlraumes mit dem Anfangsradius R_0 berechnen. Wenn man berücksichtigt, daß $U = \mathrm{d}R/\mathrm{d}t$ ist, und die Variable $R = R_0 x^{1/3}$ einführt, erhält man aus (6.9) $\mathrm{d}x/\mathrm{d}t = \sqrt{[6P/(\varrho R_0^2)]\, x^{1/3}(1 - x)}$ und daraus

$$\Delta t = R_0 \sqrt{\frac{\varrho}{6P}} \int\limits_0^1 x^{-1/6}(1 - x)^{-1/2}\,\mathrm{d}x$$

$$= R_0 \sqrt{\frac{\varrho}{6P}}\, \frac{\Gamma(5/6)\,\Gamma(1/2)}{\Gamma(4/3)} = 0{,}915 R_0 \sqrt{\frac{\varrho}{P}}. \tag{6.10}$$

Damit steht die gesamte Zeit des Zusammenbrechens des leeren Hohlraumes in der Flüssigkeit mit der Dichte ϱ in einem einfachen funktionellen Zusammenhang zum Druck P und dem Anfangsradius R_0.

Das betrachtete Modell berücksichtigt aber eine Reihe von Faktoren nicht, die in der realen Situation vorhanden sind. Zu ihnen sind zu zählen die Oberflächenspannung, die einen zusätzlichen Kompressionsdruck schafft, der veränderliche Charakter des Druckes in der akustischen Welle, die Kompressibilität der realen Flüssigkeit und schließlich die Existenz einer gewissen Menge Gas im Keim, das den Prozeß des Zusammenbrechens dämpft. Was die Kräfte der Oberflächenspannung angeht, so zeigt eine einfache Rechnung, daß sie im „wirkenden Druck“ P nur im letzten Stadium des

Zusammenbrechens zum Ausdruck kommen, wenn der Radius des Hohlraumes sehr klein wird. Unter dem wirkenden Druck bei der Ultraschallkavitation muß man den hydrostatischen Druck P_0 plus den Druck in der akustischen Welle verstehen. Als letzterer wird natürlich der Amplitudenwert p_{max} angenommen. Wirklich zeigt nun eine detailliertere Analyse der Dynamik des Kavitationshohlraumes im akustischen Feld, daß der Prozeß des Zusammenbrechens manchmal in einem Zwischenstadium der Kompressionsphase beginnt. Der Vergleich der Resultate der theoretischen Analyse mit gewöhnlichen Daten liefert die beste Übereinstimmung, wenn ein über die Halbperiode gemittelter Druck $(2/\pi)\,p_{max}$ berücksichtigt wird. Somit kann man in den Formeln (6.8) bis (6.10) $P = P_0 + (2/\pi)\,p_{max}$ setzen.

In Wirklichkeit ist die Kavitationsblase mit einer gewissen Menge Gas gefüllt, dessen Masse sich beim schnellen Zusammenbrechen praktisch nicht verändert. Außerdem muß man berücksichtigen, daß beim schnellen Zusammenbrechen der gesättigte Dampf, der den Kavitationshohlraum ausfüllt, nicht auf seiner Oberfläche kondensieren wird. Deshalb kann man einen zusammenbrechenden Kavitationshohlraum als mit einem Dampf-Gas-Gemisch gefüllt ansehen, dessen Druck bei schneller Kompression einem adiabatischen Gesetz gehorcht:

$$P_g/P_{g0} = (R_0/R)^{3\gamma}; \tag{6.11}$$

P_{g0} ist der Anfangsdruck des Gases im Keim mit dem Radius R_0, γ das Verhältnis der Wärmekapazitäten des Gemisches. Dank der Anwesenheit des Gas-Dampf-Gemisches, das einer adiabatischen Kompression unterliegt, wird die Bewegungsgeschwindigkeit der den Hohlraum umschließenden Wände nicht gegen Unendlich streben, wie dies Formel (6.9) voraussagt, und der Radius des Hohlraums verkürzt sich auch nicht auf Null, sondern auf einen gewissen endlichen Minimalwert R_{min}, dessen Größe durch den Ausgangsdruck des Dampf-Gas-Gemisches P_{g0} bestimmt wird. Diesen minimalen Radius kann man leicht finden, wenn man die Arbeit bei der adiabatischen Kompression des Gemisches berechnet, die bei einem willkürlichen Radius R beträgt:

$$A_g = \int_{R_0}^{R} P_{g0}(R_0/R)^{3\gamma}\, 4\pi R^2 \,\mathrm{d}R. \tag{6.12}$$

Für ein Dampf-Luft-Gemisch ist der Adiabatenexponent $\gamma = 4/3$; dann liefert das Integral (6.12)

$$A_g = -4\pi P_{g0} R_0^3 (R_0/R - 1), \tag{6.13}$$

wo das Minuszeichen durch die Richtung der wirkenden Kräfte bedingt ist. Bei vollständiger Kompression des Hohlraumes bis zum minimalen Radius geht die gesamte Energie der umschließenden Flüssigkeit, die durch (6.8) bestimmt ist, in die Kompressionsarbeit des Dampf-Gas-Gemisches (6.13) über. Man kann in diesem Fall dann die folgende Gleichung schreiben: $(4/3)\,\pi P(R_0^3 - R_{min}^3) = 4\pi P_{g0} R_0^3 (R_0/R_{min} - 1)$. Wenn man annimmt, daß $R_0/R_{min} \gg 1$ ist, erhält man

$$R_{min} \approx 3 R_0 P_{g0}/P. \tag{6.14}$$

Das Verhältnis $P_{g0}/P_0 = q$ (es wird Parameter des Gasinhaltes genannt) beträgt in realen Kavitationsblasen 0,02 bis 0,03 [55]. Folglich verringert sich der Blasendurchmesser bei seinem Zusammenbrechen um das Zehnfache, was die früher gemachte Annahme rechtfertigt. Dabei entwickelt sich im Dampf-Gas-Gemisch im Moment des Zusammenbrechens der Blase ein sehr hoher Druck. Setzt man nämlich in Formel (6.11) $\gamma = 4/3$ und $R = R_{\min}$, so erhält man unter Berücksichtigung von (6.14) $P_{g\max} = (P/3^4)\, q^{-3}$ Bei Werten von $P = P_0 = 10^5$ Pa und $q = 0{,}02$ ergibt dies $P_{g\max} = 4 \cdot 10^9$ Pa. Wahrscheinlich ist dieses Resultat etwas überzogen, da wir nicht die Kompressibilität und Viskosität der realen Flüssigkeit berücksichtigt haben, die zweifellos den Druck erniedrigen, der durch ihr Umschließen entsteht. Weiterhin werden bei hohen Drücken die angewendeten thermodynamischen Beziehungen unexakt. Außerdem wird, wie der Versuch zeigt, die angenommene Kugelgestalt der Blasen bei ihrem plötzlichen Zusammenbrechen zerstört; sie werden unförmig und zerfallen sogar in kleine Splitter. Trotz alledem wird das Zusammenbrechen der Kavitationsblasen in einer realen Flüssigkeit tatsächlich von einem starken Extradruck begleitet. Dieser erzeugt sphärische Stoßwellen, die schnell im Raum gedämpft werden und eine charakteristische Folge der Kavitation sind.

Berechnen wir jetzt die Temperatur des Dampf-Gas-Gemisches, die sich bei seiner adiabatischen Kompression in der zusammenbrechenden Blase entwickelt. Für einen adiabatischen Prozeß ist $T/T_0 = (R_0/R)^{3(\gamma-1)}$, wo T die momentane Gastemperatur im Kompressionsprozeß ist und T_0 die Anfangstemperatur. Im Moment der größten Kompression haben wir unter Berücksichtigung von (6.14) bei $\gamma = 4/3$ $T_{\max} = (T_0/3) \times (P/P_{g0})$. Nimmt man wieder den minimalen Wert $P = P_0 = 10^5$ Pa und $P_{g0}/P_0 = q = 0{,}02$, so erhält man bei $T_0 = 300$ K $T_{\max} \approx 6000$ K. Diese Temperatur ist möglicherweise einer der Gründe für das charakteristische Leuchten, das bei der Ultraschallkavitation beobachtet wird (Sonolumineszenz).

Um die Geschwindigkeit und Zeit des Zusammenbrechens der gasgefüllten Blase auszurechnen, wenden wir das vorhergehende Beispiel an. Wir berücksichtigen dabei die Kompressionsarbeit des Gases, die durch (6.13) definiert wird. Wenn man die Formeln (6.7), (6.8), (6.12) und (6.13) kombiniert, erhält man

$$U = \left\{\frac{2}{3}\,\frac{P}{\varrho}\left[\frac{R_0^3}{R^3} - 1 - 3q\,\frac{R_0^3}{R^3}\left(\frac{R_0}{R} - 1\right)\right]\right\}^{1/2}. \tag{6.15}$$

Bei $q = P_{g0}/P_0 = 0$ geht diese Formel in die Rayleigh-Formel (6.9) über. Bei realem Gasinhalt $q = 0{,}02$ und $P = P_0 = 10^5$ Pa liefert sie eine maximale Geschwindigkeit für Wasser von ungefähr 500 m/s. Berücksichtigt man wieder, daß $U = \mathrm{d}R/\mathrm{d}t$ ist, und führt $R/R_0 = y$ in Formel (6.15) ein, so findet man aus dieser Beziehung die vollständige Zeit des Zusammenbrechens

$$\Delta t = R_0 \sqrt{\frac{3}{2}\,\frac{\varrho}{P}} \int\limits_{R_{\min}/R_0}^{1} \frac{y^2\,\mathrm{d}y}{[(-y^4 + y) - 3q(1 - y)]^{1/2}}. \tag{6.16}$$

Laut [55] ist das auf der rechten Seite stehende Integral bei Werten von $q = 0{,}02$ bis $0{,}03$ nahe Eins. Demzufolge verändert die Existenz von Gas in der Kavitationsblase praktisch nicht die Zeit des Zusammenbrechens, die durch die Rayleigh-Formel (6.10) für den leeren Hohlraum gegeben worden ist. Die gesamte Zeit des Zusammenbrechens hängt somit im beliebigen Fall nur vom Anfangsradius der Blase und dem wirkenden Druck ab. Diese Abhängigkeit ist in Abbildung 34 für Wasser durch die Linien 1 und 2 gezeigt, die zu verschiedenen Drücken gehören. Gestrichelt sind die Werte für die Periodendauer $T_{\mathrm{Res}} = \nu_{\mathrm{Res}}^{-1}$ der Eigenschwingungen der sphärischen Blase mit dem Radius R_0 eingezeichnet. Sie sind nach (6.5) errechnet worden. Wenn man sich erinnert, daß Kavitation bei Ultraschallfrequenzen vor sich geht, die unterhalb der Resonanzfrequenz der Keime liegen, dann kann man auf der Grundlage der gegebenen Abbildung sagen, daß für die Mehrzahl aller Fälle die Zeit des Zusammenbrechens der Blase t kürzer als die Periode der Ultraschallwelle ist, die in der Lage ist, Kavitation hervorzurufen. Dieser Unterschied ist aber nicht so groß, als daß man für alle Blasen den auf sie wirkenden Druck P als quasistatisch annehmen könnte. Das Verhalten der Blasen im schnell veränderlichen Ultraschallfeld erweist sich deshalb als komplizierter. Direkte Beobachtungen zeigen zum Beispiel, daß die kavitierende Blase vor dem Zusammenbrechen einige Schwingungen ausführen kann. Die kleinen Blasen wachsen langsam an und erreichen einen gewissen kritischen Radius. Danach brechen sie entweder zusammen, oder sie fahren fort zu wachsen, wobei sie aus der Kavitation herauskommen, sobald ihr Durchmesser größer als der Resonanzdurchmesser für die gegebene Ultraschallfrequenz wird. Letzterer Umstand erklärt übrigens jenes anomale Resultat, das aus früher durchgeführten Betrachtungen folgt: Entsprechend Formel (6.14) wird zum Beispiel der Druck innerhalb der zusammenbrechenden Blase $P_{g\,\max}$ um so höher, je größer ihr Anfangsradius ist. Es ist aber klar, daß dieses Anwachsen nicht unbegrenzt sein kann. Tatsächlich wird bei großen Werten von R_0 die Zeit des Zusammenbrechens der Blase so lang, daß sie bei der gegebenen Frequenz des Ultraschalls die Periode der Ultraschallschwingungen übertrifft, und noch bis zum vollständigen Zusammenbrechen der Blase ändert der akustische Druck sein Vorzeichen — er wird negativ. Die kritischen Durchmesser der Blasen hängen ihrerseits von der Druckamplitude in der Ultraschallwelle ab, und lange Pulsationen der Blasen vor ihrem Zusammenbrechen treten nur bei ausreichend großen Amplituden auf [56]. Bei sehr großen Amplituden kann die Effektivität der Kavitation sogar etwas herabgesetzt sein.

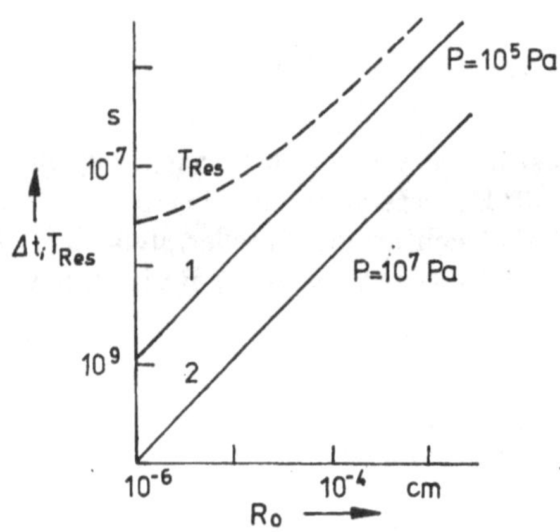

Abb. 34

Es ist natürlich, daß die angewendete gekürzte Behandlung es nicht gestattet, die quantitativen Charakteristika aller Besonderheiten der Ultraschallkavitation zu erhalten, da der veränderliche Charakter des wirkenden Druckes nicht berücksichtigt worden ist. Für eine detailliertere Analyse des Kavitationsprozesses ist es deshalb unbedingt notwendig, das dynamische Verhalten der Kavitationsblase im Ultraschallfeld zu betrachten, d. h., die Bewegungsgleichung für einen Kavitationshohlraum unter der Wirkung eines veränderlichen Druckes zu lösen.

6.4. Dynamik des Kavitationshohlraumes in der Ultraschallwelle

Wir betrachten einen sphärischen Hohlraum mit dem Augenblickswert des Radius $R(t)$ und schreiben die Bewegungsgleichung für die Geschwindigkeit der Teilchen $v(r)$ für $r \geqq R$ in Polarkoordinaten auf. Der Koordinatenursprung soll mit dem Zentrum des Hohlraumes zusammenfallen. Dank der Kugelsymmetrie wird die Bewegungsgleichung (2.4) eindimensional, mit einer Polarkoordinate r:

$$\frac{\partial v}{\partial t} + v \frac{\partial v}{\partial r} = -\frac{1}{\varrho} \frac{\partial p}{\partial r}. \tag{6.17}$$

In dieser Gleichung behalten wir das nichtlineare Glied $v\ (\mathrm{d}v/\mathrm{d}r)$ bei, da die Bewegungsgeschwindigkeit der Flüssigkeitsteilchen im betrachteten Fall erheblich sein kann. Die Flüssigkeit sehen wir wieder als inkompressibel mit der konstanten Dichte $\varrho = \varrho_0$ an. Die Kontinuitätsgleichung der inkompressiblen Flüssigkeit kann man in der passenden Form (6.6) aufschreiben, die die Bewegungsgeschwindigkeit der Wände des Hohlraumes U und seinen Radius R mit der Geschwindigkeit der Kugelschicht, die die Polarkoordinate r besitzt (siehe Abb. 33), verbindet. An der Bewegung nimmt die gesamte Flüssigkeitsmasse teil, deshalb muß die Gleichung (6.17) von r bis ∞ integriert werden. Das ist einfacher zu realisieren, wenn man ein Geschwindigkeitspotential nach der Definition (2.7) einführt (die Bewegung betrachten wir als wirbelfrei),

$$v = -\partial\varphi/\partial r. \tag{6.18}$$

Dann liefert die Integration

$$\frac{\partial\varphi}{\partial t} - \frac{v^2}{2} + \frac{1}{\varrho_0} [P(\infty) - p(r)] = 0, \tag{6.19}$$

da bei $r \to \infty$ $v = 0$ und $\varphi \to 0$ sind sowie $p(r) = P(\infty)$ ist. Entsprechend (6.6) und (6.18) ist $\varphi = UR^2/r$. Differenziert man diesen Ausdruck nach t und setzt ihn in (6.19) ein, so erhält man

$$\frac{1}{r}\left(R^2 \frac{\mathrm{d}U}{\mathrm{d}t} + 2UR \frac{\mathrm{d}R}{\mathrm{d}t}\right) - \frac{1}{2} U^2 \frac{R^4}{r^4} + \frac{1}{\varrho_0} [P(\infty) - p(r)] = 0.$$

Uns interessiert die Bewegung der Wände des Hohlraumes. Mit $r = R$ und $U = \mathrm{d}R/\mathrm{d}t$ erhalten wir

$$R \frac{\mathrm{d}^2R}{\mathrm{d}t^2} + \frac{3}{2}\left(\frac{\mathrm{d}R}{\mathrm{d}t}\right)^2 + \frac{1}{\varrho_0} [P(\infty) - P(R)] = 0. \tag{6.20}$$

Diese Gleichung beschreibt die Pulsation eines sphärischen Kavitationshohlraumes bei einem Wanddruck $P(R)$ und einem Druck $P(\infty)$ fern dem Hohlraum. Den Kavitationshohlraum nehmen wir als mit Gas mit dem Partialdruck P_g und mit Dampf gefüllt an. Der Dampfdruck wird wie früher als unveränderlich angenommen, und Kondensation und Verdampfung werden als Folge der Volumenänderungen des Hohlraumes angesehen. Der Gasdruck wird sich im allgemeinen nach folgendem Gesetz ändern: $P_g = P_{g0}(R_0/R)^{3n}$ mit $1 \leqq n \leqq c_P/v_V$. Der anfängliche Gleichgewichtsdruck des Gases P_{g0} in der stabilisierten Blase mit dem Radius R_0 ist $P_0 = P_{g0} - P_d + 2\sigma/R_0$, wo P_0 der hydrostatische Druck ist. Somit ist

$$P_g = (P_0 - P_d + 2\sigma/R_0)/(R_0/R)^{3n}. \tag{6.21}$$

Berücksichtigt man noch die von der Krümmung der Oberfläche abhängige Kraft der Oberflächenspannung, so findet man

$$P(R) = \left(P_0 - P_d + \frac{2\sigma}{R_0}\right)\left(\frac{R_0}{R}\right)^{3n} + P_d - \frac{2\sigma}{R}. \tag{6.22}$$

Der Druck $P(\infty)$ setzt sich aus dem hydrostatischen Druck P_0 und dem akustischen Druck p, der sich zeitlich nach einem Sinusgesetz mit der Frequenz ω ändert, zusammen:

$$P(\infty) = P_0 - p_{\max} \sin \omega t. \tag{6.23}$$

Wenn man (6.22) und (6.23) in (6.20) setzt, hat man schließlich

$$R\,\frac{d^2R}{dt^2} + \frac{3}{2}\left(\frac{dR}{dt}\right)^2 + \frac{1}{\varrho_0}\left[P_0 - P_d - p_{\max}\sin\omega t + \frac{2\sigma}{R} - \left(P_0 - P_d + \frac{2\sigma}{R_0}\right)\left(\frac{R_0}{R}\right)^{3n}\right] = 0. \tag{6.24}$$

Diese nichtlineare Differentialgleichung ist in der Kavitationstheorie unter dem Namen NOLTING-NEPPIRAS-Gleichung bekannt [57]. Sie beschreibt ausreichend gut die Radiusänderung des Kavitationshohlraumes im Feld der Ultraschallwelle beliebiger Frequenz. Nur im letzten Stadium des Zusammenbrechens der Kavitationsblase, wenn nämlich die Bewegungsgeschwindigkeit der Wände vergleichbar wird mit der Schallgeschwindigkeit in der Flüssigkeit und es erforderlich ist, die Kompressibilität zu berücksichtigen, wird die Gleichung (6.24) unzureichend korrekt.

Die Gleichung für die Pulsation eines sphärischen Kavitationshohlraumes unter Berücksichtigung der Kompressibilität der Flüssigkeit ist schon von HARRINGTON und FLINN [49] erhalten worden. Wir schreiben nur die Endform hier auf,

$$R\left(1 - 2\,\frac{U}{c_0}\right)\frac{d^2R}{dt^2} + \frac{3}{2}\left(1 - \frac{4}{3}\,\frac{U}{c_0}\right)\left(\frac{dR}{dt}\right)^2 + \frac{1}{\varrho_0}\left[P_0 - P_d - p_{\max}\sin\omega t + \frac{2\sigma}{R} + \frac{4\eta U}{R} - \left(P_0 - P_d + \frac{2\sigma}{R_0}\right)\left(\frac{R_0}{R_0}\right)^{3n}\right] + \frac{R}{\varrho_0}\,\frac{U}{c_0}\left(1 - \frac{U}{c_0}\right)\frac{dP(R)}{dR} = 0, \tag{6.25}$$

wo η die Viskosität ist und c_0 die Schallgeschwindigkeit in der Flüssigkeit in linearer Näherung. Es ist leicht zu sehen, daß bei $U/c_0 \ll 1$ die HARRINGTON-FLINN-Gleichung in die NOLTING-NEPPIRAS-Gleichung übergeht. Andererseits ist die Gleichung (6.25) nur bis zu Werten von U

gültig, die c_0 nicht übersteigen. Eine strengere Lösung, die die Pulsation mit beliebiger Geschwindigkeit beschreibt, stammt von Kirkwood und Bethe [58] in der Form

$$R\left(1-\frac{U}{c}\right)\frac{\mathrm{d}^2R}{\mathrm{d}t^2}+\frac{3}{2}\left(1-\frac{U}{3c}\right)\left(\frac{\mathrm{d}R}{\mathrm{d}t}\right)^2-\left(1+\frac{U}{c}\right)H-\frac{U}{c}\left(1-\frac{U}{c}\right)R\frac{\mathrm{d}H}{\mathrm{d}R}=0, \qquad (6.26)$$

mit $H = \int_{P(\infty)}^{P(R)} \mathrm{d}p/\varrho$. ϱ ist der Augenblickswert der Flüssigkeitsdichte, c die lokale Schallgeschwindigkeit, die durch (4.27) bestimmt wird.

Leider sind die Nolting-Neppiras-Gleichung (6.24) und die Gleichungen (6.25) und (6.26) nicht allgemein lösbar. Sie gestatten nur zahlenmäßige Lösungen für konkrete Werte von Frequenzen, Amplituden der Ultraschallschwingungen, Anfangsradien der Keime usw. Eine Analyse dieser Lösungen, die mit einem Rechner durchgeführt worden sind, zeigt vor allem ([47]), daß die Durchmesser der kavitierenden Blasen in der ersten Halbperiode der Ausdehnung plötzlich stark anwachsen. Danach können sie einige Pulsationen vor dem Zusammenbrechen ausführen. Der maximale Blasenradius R_{max}, die Anzahl der Pulsationen wie auch die Zeit für das Zusammenbrechen nehmen mit Vergrößerung der Amplitude der Ultraschallwelle zu. Bei kleinen Amplituden p_{max}, die unter einem gewissen Schwellwert p'_{max} liegen, pulsieren die Blasen nichtlinear, sie brechen nicht zusammen. Die Blasen, deren Durchmesser niedriger oder gleich dem Resonanzradius sind, pulsieren angenähert mit der Ultraschallfrequenz. Dagegen pulsieren die Blasen, deren Durchmesser größer als der Resonanzdurchmesser ist, mit einer Periode, die fast identisch der Periode der Eigenschwingungen ist, die durch (6.5) definiert ist. Bei $p_{max} > p'_{max}$ ist für die Pulsation mächtiger Blasen charakteristisch, daß die Zeit ihrer Existenz bis zum Zusammenbrechen größer als die Periode der Eigenschwingungen sein kann. Deshalb pulsieren große Blasen bei allen Werten von p_{max} (sie brechen zusammen bei $p_{max} > p'_{max}$). Kleine Blasen vollführen dagegen Pulsationen vor dem Zusammenbrechen nur bei ausreichend großen Amplituden. Wenn die Amplitude des Ultraschalldruckes klein ist (aber größer als p'_{max}), dann brechen solche Blasen, die sich in der Halbperiode der Dehnung ausdehnen, in der ersten Kompressionshalbperiode zusammen. Dabei beginnt das Zusammenbrechen streng fast bei Amplitudenwerten des positiven Druckes, wie dies auch im vorhergehenden Paragraphen angenommen wurde.

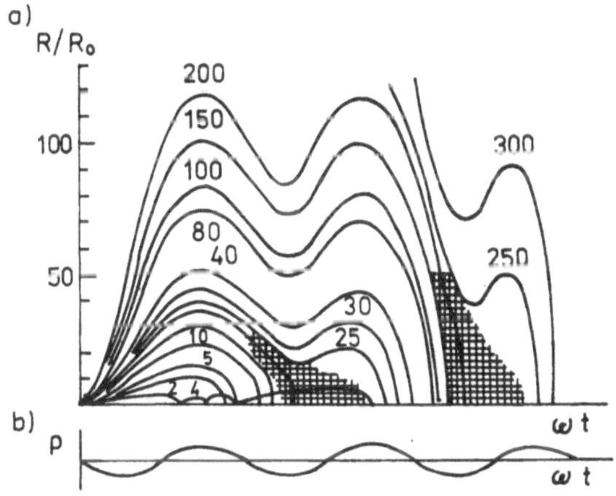

Abb. 35

Alle diese Aussagen werden in Abbildung 35 illustriert. Die Kurven wurden nach Gleichung (6.24) für den Anfangsradius der Blase $R_0 = 10^{-4}$ cm [47] berechnet. Die Rechnungen wurden unter Berücksichtigung adiabatischer Pulsationen ($n = \gamma = 4/3$) für Wasser beim hydrostatischen Druck $P_0 = 10^5$ Pa für eine Ultraschallfrequenz von 500 kHz und unterschiedliche Druckamplituden p_{max}, die in den Kurven in 10^5 Pascal angegeben sind, durchgeführt. In Abbildung 35b) ist die zeitliche Druckänderung in der Ultraschallwelle dargestellt. Das gestrichelte Gebiet in Abbildung 35a) entspricht der „strukturellen Instabilität“ der Gleichung (6.24). Es ist zu sehen, daß in diesen Gebieten eine geringe Änderung von p_{max} zu einer qualitativen Änderung der Abhängigkeit R/R_0 von ωt führt.

Somit gestattet eine detailliertere Untersuchung der Dynamik des Kavitationshohlraumes, wesentliche Informationen über das Verhalten des Hohlraumes vor dem Zusammenbrechen zu erhalten und eine Reihe experimenteller Abhängigkeiten, unter anderem von der Amplitude der Ultraschallwelle, zu erklären. Was die grundlegenden Aspekte der Kavitation betrifft — die Existenz stabiler Keime und der Prozeß des Zusammenbrechens des Hohlraumes —, so bleibt ihre Beschreibung auf dem Niveau der vorhergehenden Paragraphen erhalten. Insbesondere stimmt die Zeit des Zusammenbrechens, erhalten aus der Nolting-Neppiras-Gleichung, bei ausreichend entwickelter Kavitation gut mit der Rayleigh-Formel (6.9) überein, wenn in ihr $R_0 = R_{max}$ und $P = P_0 + p_{max}$ angenommen wird: $\Delta t = 0{,}915 R_{max} \sqrt{[\varrho_0/(P_0 + p_{max})]}$. Gerade dieser Druck bestimmt die potentielle Energie der Blase, die sich bis zum Radius R_{max} ausgedehnt hat. Andererseits bestimmt die potentielle Energie nicht nur die Zeit, sondern auch die Geschwindigkeit des Zusammenbrechens. Deshalb bleibt der Ausdruck für die Geschwindigkeit U auch wie früher erhalten, mit den Werten $R_0 = R_{max}$ und $P = P_0 + p_{max}$,

$$U = \sqrt{(2/3)\,(P_0 + p_{max})\,(R_{max}^3/R^3 - 1)/\varrho_0},$$

der gültig ist für $U \ll c_0$, und solange man die Kompressibilität vernachlässigen kann. Bei Berücksichtigung der Kompressibilität wird auf der Grundlage von (6.25) die exaktere Formel

$$U = \sqrt{\frac{2}{3}\,\frac{P_0 + p_{max}}{\varrho_0}\left(\frac{R_{max}^3}{R^3} - 1\right)\left(1 - \frac{4}{3}\,\frac{U}{c_0}\right)^{-1}} \tag{6.27}$$

erhalten.

Alle diese Resultate stimmen recht gut mit dem Experiment überein. Die Übereinstimmung ist bei Drücken p_{max}, die nur wenig den Schwelldruck p'_{max} übersteigen, am besten bei einem p_{max}, das durch den mittleren Druck in der Periode ersetzt wird.

6.5. Akustische Eigenschaften einer kavitierenden Flüssigkeit

Bei der Entstehung von Ultraschallkavitation in einer Flüssigkeit werden ihre akustischen Eigenschaften wesentlich verändert. Vor allen Dingen führt die Existenz der Kavitationsblasen zu einer Schallstreuung, die wir später betrachten werden. Auf Grund dieser Tatsache wird die Energie der Ultraschallwelle schnell im Raum abnehmen. Die Streuung ist aber nicht der einzige Grund für die Energieabnahme bei der Kavitation.

Ein bedeutender Teil der Energie geht in die Entwicklung der Kavitationsblasen, d. h. in die Arbeit zu ihrer Ausdehnung auf den maximalen Radius R_{max}. Nach dem Zusammenbrechen des Kavitationshohlraumes geht diese Energie teilweise in die Energie der Kavitationsstoßwellen über. Sie geht natürlich vollständig der primären Ultraschallwelle verloren.

Die Arbeit, die bei der Ausdehnung von N Kavitationsblasen auf den Radius R_{max} vom Anfangsradius R_0 geleistet wird, kann man mit Hilfe des Ausdrucks (6.8) ausrechnen:

$$A_{Kav} = \frac{4}{3} \pi P(R_{max}^3 - R_0^3) N; \tag{6.28}$$

P ist die Summe des hydrostatischen und akustischen Druckes. Beachtet man, daß $R_0 \ll R_{max}$ ist, so kann man den Ausdruck (6.28) in der Form $A_{Kav} \approx (4/3)\, PNR_{max}^3$ oder $A_{Kav} \approx P\Delta V$ schreiben. ΔV ist das gesamte Volumen der N Kavitationsblasen bei ihrer maximalen Ausdehnung oder der maximale Volumenzuwachs der Flüssigkeit bei der Kavitation. Da die Blasen faktisch unterschiedliche Anfangsradien haben (s. Abb. 31) und verschiedene maximale Durchmesser, ist der gesamte Volumenzuwachs schwierig zu berechnen. Man kann ihn aber leicht messen, indem man eine einfache dilatometrische Methode anwendet [48, 53], bei der die zu untersuchende Flüssigkeit in ein hermetisch abgeschlossenes Gefäß gefüllt wird, an dem schalldurchlässige Fenster und eine Kapillare zur Bestimmung der Größe ΔV angebracht sind. Es ist interessant, daß, obwohl die auf diese Art gemessene Volumenzunahme ΔV ein grobes Maß der Kavitationsenergie ist, sie doch recht gut mit der relativen Wirksamkeit ihrer verschiedenen Erscheinungsformen korreliert: mit der Helligkeit des Schallumineszenzleuchtens, mit dem Wert der Kavitationserosion von festen Körpern, die sich in der Kavitationszone befinden und der Kavitationszerstörung unterliegen, mit der Intensität der Kavitationsstoßwellen usw. [48].

Die Messungen und Abschätzungen zeigen, daß für die Kavitationsanregung eine bedeutende Energie aufgebracht werden muß. Zusammen mit der Streuung an den Kavitationsblasen führt dies zu einer schnellen Dämpfung der Ultraschallwelle, deren Amplitude im Kavitationsgebiet nach einem gewöhnlichen Exponentialgesetz abnimmt (für die ebene Welle): $p_{max} = p_{max\,0} \exp(-\alpha_{Kav} x)$. Der Dämpfungskoeffizient α_{Kav} übersteigt aber erheblich den Absorptionskoeffizienten α_0 einer nichtkavitierenden Flüssigkeit. Infolge dieser Dämpfung fällt die Druckamplitude in der Ultraschallwelle in einer gewissen Entfernung x_{Kav} von der Quelle auf einen Wert, der niedriger als der Schwellwert $p_{Schwelle}$ ist, der zur Kavitationsentstehung notwendig ist, und die Kavitation hört auf. Somit hat die Kavitationszone im Feld ebener oder divergierender Ultraschallwellen eine ausreichend klare Grenze (in einem fokussierenden Bündel liegt sie im Gebiet des Brennflecks).

Man muß außerdem noch erwähnen, daß sich auf Grund der starken Dämpfung des Ultraschalls in der Kavitationszone kräftige akustische Strömungen entwickeln (s. 5.4.). Außerdem wirken auf die Kavitationsblasen gerichtete Kräfte des Strahlungsdruckes. Infolgedessen geht in der Kavitationszone im begrenzten Bündel eine intensive Bewegung der Flüssigkeit vor sich.

Außer der zusätzlichen Dämpfung des Ultraschalls führt die Kavitation noch zu einer „Auflockerung“ der Flüssigkeit, der zufolge sich die Dichte, die Kompressibilität und folglich der Wellenwiderstand der Flüssigkeit ändern. Um quantitativ diese Änderungen zu beschreiben, wählen wir im Kavitationsgebiet ein solches Volumen V_0 aus, dessen lineare Abmessungen klein im Vergleich zur Ultraschallwellenlänge sind. So kann man den akustischen Druck in ihm als konstant und synphas zählen. Gleichzeitig sollen die Abmessungen ausreichend groß im Vergleich zum Durchmesser der Kavitationsblasen sein. Anders gesprochen, müssen die Durchmesser der Kavitationsblasen viel kleiner als die Ultraschallwellenlänge sein. Das wird gewöhnlich bei relativ niedrigen Frequenzen erfüllt, bei denen Kavitation beobachtet wird. Dann kann als Maß für die Dichte ϱ_{Kav} und die Kompressibilität $\varkappa_{Kav}$ der kavitierenden Flüssigkeit die Änderung des gegebenen Volumens ΔV_0 infolge der Kavitation dienen. Führt man die relative Volumenänderung $D = \Delta V_0/V_0$ -- die Kennziffer der Kavitation -- ein, so kann man für die über eine Periode gemittelten neuen Werte der Dichte und Kompressibilität schreiben: $\varrho_{Kav} = \varrho_{fl}(1 - \bar{D}) + \varrho_g\bar{D}$, $\varkappa_{Kav} = \varkappa_{fl}(1 - \bar{D}) + \varkappa_g\bar{D}$. Dabei sind ϱ_{fl} und $\varkappa_{fl}$ die Dichte und Kompressibilität der homogenen Flüssigkeit, ϱ_g und $\varkappa_g$ sind die Dichte und Kompressibilität des Gas-Dampf-Gemisches in den Kavitationsblasen, $\bar{D}$ ist die mittlere Kennziffer der Kavitation. $\bar{D}$ entspricht jenem mittleren Radius der Kavitationsblase, um den ihre Schwingung erfolgt. Als diesen mittleren Radius wählt man natürlich die Hälfte des maximalen Radius R_{max} aus. Dann ist $\bar{D} \approx 0{,}1D$. Den zeitlich gemittelten Wellenwiderstand des kavitierenden Mediums kann man jetzt in der Form

$$\varrho_{Kav}c_{Kav} = \varrho_{fl}c_{fl}\left[\frac{(1-\bar{D}) + (\varrho_g/\varrho_{fl})\,\bar{D}}{(1-D) + (\varkappa_g/\varkappa_{fl})\,D}\right]^{1/2} \tag{6.29}$$

schreiben. c_{fl} und c_{Kav} sind die Schallgeschwindigkeiten im Medium ohne und mit Kavitation. Berücksichtigt man, daß gewöhnlich $\varrho_g/\varrho_{fl} \ll 1$, $\varkappa_g \gg \varkappa_{fl}$ und $\bar{D} \ll 1$ sind, dann kann man den Ausdruck (6.29) vereinfachen:

$$\overline{\varrho_{Kav}c_{Kav}} = \bar{z}_{Kav} \approx \varrho_{fl}c_{fl}\varkappa_{fl}/(\bar{D}\varkappa_g)\,. \tag{6.30}$$

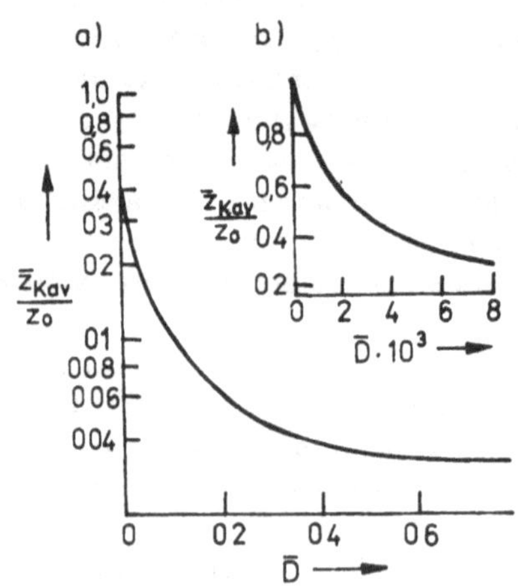

Abb. 36

Bei sehr kleinen $\overline{D}$ darf man aber nicht die Eins im Nenner von (6.29) vernachlässigen. Bei $\overline{D} \to 0$ kann man die Beziehung

$$\bar{z}_{\mathrm{Kav}} = \varrho_{\mathrm{fl}} c_{\mathrm{fl}} (1 + \overline{D} \varkappa_{\mathrm{g}} / \varkappa_{\mathrm{fl}})^{-1/2} \tag{6.31}$$

ausnutzen.

In Abbildung 36 sind die nach (6.30) und (6.31) errechneten Abhängigkeiten der relativen Änderung des Wellenwiderstandes z_{Kav}/z_0 von der Kennziffer der Kavitation $\overline{D}$ (die durch Dilatometrie bestimmt worden sein kann) für Wasser bei $\varkappa_{\mathrm{g}}/\varkappa_{\mathrm{fl}} = 10^4$ dargestellt [59]. In Abbildung 36b) ist in vergrößertem Maßstab diese Abhängigkeit für sehr kleine D-Werte dargestellt. Es ist zu sehen, daß sich der Wellenwiderstand selbst bei kleinem D sehr stark ändert: Zum Beispiel beträgt er bei $\overline{D} = 10^{-3}$ 70%, bei $D = 0{,}003$ nur noch 50%. Es ist klar, daß man diese Erscheinungen bei den entsprechenden Berechnungen nicht vernachlässigen kann.

7. Reflexion, Brechung und Streuung von Ultraschallwellen

7.1. Durchgang und Reflexion ebener Wellen bei Normaleinfall

Bisher haben wir die Ausbreitung von Ultraschallwellen in einem Medium ohne Grenzen betrachtet. An den Trennungsgrenzen wird die Welle teilweise reflektiert, wobei sie mit der einfallenden Welle interferiert, teilweise dringt sie in das zweite Medium ein. In diesem Kapitel werden wir die Kriterien für die Reflexion und die Transmission (Durchgang) ebener Wellen unter verschiedenen Bedingungen, des schrägen und normalen Einfalls auf die Trennungsschicht, zeigen. Wir werden auch die Struktur des Interferenzfeldes betrachten, das sich bei der Addition von reflektierter und einfallender Welle ergibt. Wir begrenzen vorläufig die Betrachtung auf Medien, in denen sich nur longitudinale Wellen ausbreiten können, d. h. auf Flüssigkeiten und Gase, wobei wir die früher schon erwähnte Gemeinsamkeit der erhaltenen Resultate für unterschiedliche Wellentypen beachten. An der Trennungsgrenze von festen Körpern erfolgt gemeinsam mit der Reflexion und Berechnug noch eine Transformation der Wellen einer Art in eine andere (s. später). Die allgemeine Energiebilanz und die Reflexions- und Brechungsgesetze bleiben natürlich für jede Wellenart gültig. Wir werden weiterhin die Betrachtung auf monochromatische, ebene Wellen unendlich kleiner Amplitude beschränken, wobei wir aber die Rolle der Nichtmonochromasie, von nichtlinearen Effekten, ja selbst der zusätzlichen Dämpfung der Welle in den Mediumgrenzen berücksichtigen. Die Resultate, die wir für diese Wellen erhalten, behalten in allgemeinen Zügen auch ihre Bedeutung für die Wellen anderer Konfiguration (sphärische, zylindrische usw.) in bezug auf die Eigenschaften der Strahlen. Deshalb werden wir nicht speziell den Durchgang von sphärischen, zylindrischen und Wellen anderer Kofiguration durch die Trennungsgrenze betrachten, aber wir werden die möglichen Korrekturen berücksichtigen, die mit den Unterschieden in den Einfallswinkeln verbunden sein können. Die Analyse des Durchgangs ebener Wellen durch die Trennungsgrenze von Medien beginnen wir mit den einfachsten Fällen, um uns dann den komplizierteren zuzuwenden.

Es möge eine ebene monochromatische Welle, die sich längs der x-Achse ausbreitet, normal auf die Trennungsgrenze zweier Medien 1 und 2 fallen, die durch die Dichten ϱ_{01} und ϱ_{02} und die Geschwindigkeitswerte c_{01} und c_{02} charakterisiert werden (Abb. 37). Nachdem vereinbart worden ist, Wellen unendlich kleiner Amplitude zu analysieren, lassen wir von nun an zur Abkürzung der Schreibweise die Indizes Null, die zur linearen Näherung gehören, weg und behalten sie speziell jenen Fällen vor, daß unter den Größen ϱ, c usw. ihre Gesamtwerte verstanden werden sollen. Unter der Wirkung einer einfallenden Welle wird die Trennungsschicht eine harmonische Schwingung ausführen. Dabei erzeugt sie in den angrenzenden Medien eine ein- und eine auslaufende Welle, die sich entsprechend in positiver und negativer Richtung der x-Achse ausbreiten. Somit entstehen zwei Wellen: eine durch die Trennungsgrenze gehende und eine reflek-

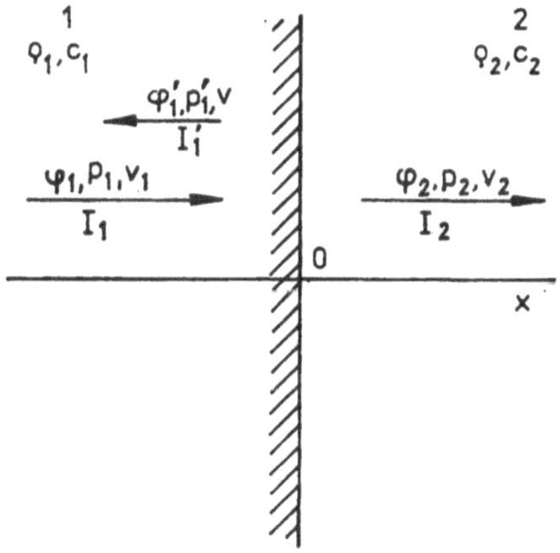

Abb. 37

tierte, die sich mit der einfallenden überlagert. Unter der Bedingung der Homogenität der Medien, die auch an der Trennungsgrenze beibehalten werden soll, muß die resultierende Schwingungsgeschwindigkeit (oder Verschiebung der Teilchen) in der einfallenden und reflektierten Welle gleich der Schwingungsgeschwindigkeit (der Verschiebung) in der durchgehenden Welle sein. Im anderen Fall würde an der Trennungsgrenze eine Unstetigkeit entstehen. Außerdem muß an der Trennungsgrenze, wie auch in einem beliebig anderen Schnitt des homogenen Mediums, infolge der Gleichheit von Wirkung und Gegenwirkung Spannungsgleichheit bestehen, im gegebenen Fall Äquivalenz der Normalkomponenten, d. h. der Drücke. Dies führt zu Grenzbedingungen, die auch die quantitativen Werte der akustischen Parameter in der durchgehenden und reflektierten Welle bestimmen.

Wir bezeichnen das Potential, den Druck und die Schwingungsgeschwindigkeit in der einfallenden Welle mit φ_1, p_1 und v_1, in der reflektierten mit φ_1', p_1', v_1' und in der durchgehenden, d. h. in das zweite Medium einlaufenden Welle, mit φ_2, p_2 und v_2. Die Gleichungen des Geschwindigkeitspotentials werden dann entsprechend für die einfallende, die reflektierte und die durchgehende Welle in komplexer Form folgendermaßen aussehen:

$$\begin{aligned} \varphi_1 &= \varphi_{1\,\max} \exp\left[\mathrm{i}(\omega t - k_1 x)\right], \\ \varphi_1' &= \varphi'_{1\max} \exp\left[\mathrm{i}(\omega t + k_1 x)\right], \\ \varphi_2 &= \varphi_{2\,\max} \exp\left[\mathrm{i}(\omega t - k_2 x)\right]; \end{aligned} \tag{7.1}$$

$\varphi_{i\,\max}$ sind die Amplituden des Potentials, $k_1 = \omega/c_1$, $k_2 = \omega/c_2$ die Wellenzahlen für das erste und das zweite Medium. Bezogen auf die vorher angestellten Überlegungen, müssen an der Trennungsgrenze mit der Koordinate $x = 0$ die Bedingungen

$$\left.\begin{aligned} v_1 + v_1' &= v_2 \\ p_1 + p_1' &= p_2 \end{aligned}\right|_{x=0} \tag{7.2}$$

erfüllt werden. Alle Größen hier sind Variable. Die Grenzbedingungen (7.2) müssen zu einem beliebigen Zeitpunkt erfüllt werden. Berücksichtigt man die Beziehung zwischen Druck und Geschwindigkeit in der ebenen Welle mit dem Potential φ

$$p = \varrho\, \partial\varphi/\partial t, \qquad v = -\partial\varphi/\partial x, \tag{7.3}$$

so erhält man durch entsprechende Differentiation der Gleichungen (7.1) und Einsetzen in die Grenzbedingungen (7.2)

$$\left.\begin{aligned} \frac{\varphi_1}{c_1} - \frac{\varphi_1'}{c_1} &= \frac{\varphi_2}{c_2} \\ \varrho_1\varphi_1 + \varrho_1\varphi_1' &= \varrho_2\varphi_2 \end{aligned}\right|_{x=0} \tag{7.4}$$

Hier gehören alle Werte der veränderlichen Potentiale zu einer fixierten Koordinate der Trennungsschicht, im gegebenen Fall zur Koordinate $x = 0$. Die zwei Gleichungen (7.4) gestatten, die Potentiale φ_1' und φ_2 zu finden und durch sie mit Hilfe der Beziehungen (7.3) den Druck und die Schwingungsgeschwindigkeit in der reflektierten und durchgehenden Welle bei gegebenen Parametern der einfallenden Welle zu berechnen. Im gegebenen Fall kann man aber, die Berechnung der Potentiale umgehend, diese Größen unmittelbar aus den Grenzbedingungen (7.2) bestimmen, indem man die schon früher erhaltenen Beziehungen (3.10) und (3.11) zwischen Druck und Geschwindigkeit in der ein- und auslaufenden Welle benutzt. Auf der Basis dieser Beziehungen haben wir entsprechend für die einfallende (einlaufende), die durchgehende (einlaufende) und für die reflektierte Welle (auslaufende), die sich entlang der negativen x-Achse[1] ausbreitet,

$$p_1 = \varrho_1 c_1 v_1, \qquad p_2 = \varrho_2 c_2 v_2, \qquad p_1' = -\varrho_1 c_1 v_1'. \tag{7.5}$$

Setzt man diese Druckwerte in die zweite Gleichung (7.2) ein, so erhält man

$$\left.\begin{aligned} v_1 + v_1' &= v_2 \\ z_1(v_1 - v_1') &= z_2 v_2 \end{aligned}\right|_{x=0}, \tag{7.6}$$

wo $z_1 = \varrho_1 c_1$ und $z_2 = \varrho_2 c_2$ die spezifischen Wellenwiderstände der Grenzmedien sind. Drückt man die Schwingungsgeschwindigkeit in den Beziehungen (7.5) durch die entsprechenden Drücke aus und setzt diese Werte in die erste der Gleichungen (7.2) ein, so findet man analog

$$\left.\begin{aligned} p_1 + p_1' &= p_2 \\ (p_1 - p_1')/z_1 &= p_1/z_2 \end{aligned}\right|_{x=0} \tag{7.7}$$

Wir führen den Begriff des Reflexionskoeffizienten $\varrho_{p,v}$ und des Durchlässigkeitskoeffizienten $d_{p,v}$ in bezug auf Druck und Geschwindigkeiten ein und definieren diese Größen als das Verhältnis von jeweils Geschwindigkeit und Druck in der reflektierten und durchgehenden Welle zu Geschwindigkeit und Druck in der einfallenden Welle. Löst man in bezug auf diese Beziehungen die Gleichungen (7.6) und (7.7), so erhält man

$$\varrho_p = \frac{p_1'}{p_1} = \frac{z_2 - z_1}{z_2 + z_1}; \qquad \varrho_v = \frac{v_1'}{v_1} = \frac{z_1 - z_2}{z_1 + z_2}; \tag{7.8}$$

$$d_p = \frac{p_2}{p_1} = \frac{2z_2}{z_1 + z_2}; \qquad d_v = \frac{v_2}{v_1} = \frac{2z_1}{z_1 + z_2}. \tag{7.9}$$

[1] Die Auswahl der positiven Richtung als x-Achse spielt natürlich hier keine Rolle. Die Richtungsauswahl ist nur wesentlich dafür, daß sich die reflektierte Welle in einer Richtung ausbreitet, die entgegengesetzt zur einfallenden Welle ist.

Somit hängen die Werte der Parameter der reflektierten und durchgehenden Welle wesentlich von den Beziehungen zwischen den spezifischen Wellenwiderständen der Grenzmedien ab. Die Abhängigkeit hat dabei unterschiedlichen Charakter für den Reflexionskoeffizienten und den Durchlässigkeitskoeffizienten. Vor allem müssen wir bemerken, daß die Reflexionskoeffizienten ϱ_p und ϱ_v bei beliebigen Verhältnissen zwischen z_1 und z_2 unterschiedliches Vorzeichen haben. Das bedeutet, daß Druck oder Geschwindigkeit bei der Reflexion das Vorzeichen ändern. Da in die Formeln (7.8) und (7.9) zeitlich veränderliche Werte von p und v eingehen, entspricht die Änderung dieser Vorzeichen bei der Reflexion einer Phasenänderung um 180°. In der durchgehenden Welle, entsprechend den Beziehungen (7.9), stimmen Druck und Geschwindigkeit in der Phase immer mit Druck und Geschwindigkeit in der einfallenden Welle überein, d. h., sie sind in Phase miteinander. Sieht man noch einmal von den Phasenbeziehungen ab und berücksichtigt, daß die Formeln (7.8) für beliebige Augenblickswerte von Druck und Geschwindigkeit gültig sind, zu denen auch die Amplituden gehören, so kann man einen verallgemeinerten Amplitudenreflexionskoeffizienten einführen:

$$\varrho_\varphi \equiv \left|\frac{\varphi'_{1\,\max}}{\varphi_{1\,\max}}\right| = \left|\frac{p'_{1\max}}{p_{1\,\max}}\right| = \left|\frac{v'_{1\,\max}}{v_{1\,\max}}\right| = \left|\frac{z_1 - z_2}{z_1 + z_2}\right|. \tag{7.10}$$

Dieser wird durch die Absolutwerte der Parameter der reflektierten Welle im Vergleich zur einfallenden bestimmt. Die Amplitudendurchlässigkeitskoeffizienten bezüglich Druck und Geschwindigkeit behalten dabei ihre Form (7.9). Wie wir sehen, wird der Amplitudenreflexionskoeffizient ϱ_φ fast Eins, d. h., die Amplitude der reflektierten Welle wird der Amplitude der einfallenden Welle fast gleich, wenn $z_1 \ll z_2$ oder $z_1 \gg z_2$ gilt. Das ist also der Fall, wenn die beiden angrenzenden Medien stark unterschiedliche Wellenwiderstände haben und gilt unabhängig von der Ausbreitungsrichtung.

Die Durchlässigkeitskoeffizienten hinsichtlich Druck und Geschwindigkeit, die die entsprechenden Amplituden in der durchgehenden Welle bestimmen, hängen wesentlich davon ab, aus welchem Medium in welches Medium die Welle geht. Das zeigen auch die Gleichungen (7.9). IVenn die einfallende Welle sich in einem akustischen harten Medium ausbreitet und durch die Trennungsgrenze in ein akustisch weiches Medium dringt, d. h., wenn $z_1 \gg z_2$ gilt, dann wird die Druckamplitude in der durchgehenden Welle vernachlässigbar, wogegen die Amplitude der Schwingungsgeschwindigkeit sich fast verdoppelt im Vergleich zu der der einfallenden Welle. Umgekehrt wird sich bei $z_1 \ll z_2$, d. h. bei der Ausbreitung einer Welle in einem weichen Medium und Auftreffen auf die Trennungsgrenze mit einem härteren Medium, z. B. beim Übergang Gas/Flüssigkeit, in der durchgehenden Welle die Druckamplitude verdoppeln und entsprechend die Geschwindigkeitsamplitude abnehmen. Der letztgenannte Umstand muß besonders unterstrichen werden, da die Ultraschallempfänger gewöhnlich den Druck fixieren (z. B. der piezoelektrische Kristall). Solch ein Empfänger, der beispielsweise in eine Flüssigkeit getaucht worden ist, registriert deshalb fast die doppelte (Druck-) Amplitude der Ultraschallwelle, die in diese Flüssigkeit aus dem angrenzenden Gasmedium fällt.

Bei all dem muß selbstverständlich an der Trennungsgrenze der Medien die Energiebilanz erhalten bleiben, d. h., die Absolutwerte der Intensitäten von durchgehender und reflektierter Welle müssen in der Summe gleich der Intensität der einfallenden Welle sein,

$$I_1 = I_1' + I_2. \tag{7.11}$$

Dies ist leicht zu überprüfen, nachdem alle Intensitäten mit Hilfe der Formel (3.21) durch die entsprechenden Druck- oder Schwingungsgeschwindigkeitsamplituden ersetzt und die Reflexions- und Durchlässigkeitskoeffizienten berücksichtigt worden sind. Dividiert man beide Seiten der Gleichung (7.11) durch die Intensität der einfallenden Welle und führt die Reflexions- und Durchlässigkeitskoeffizienten bezüglich der Energie ein,

$$\varrho_I = I_1'/I_1, \qquad d_I = I_2/I_1, \tag{7.12}$$

so erhält man die Energieerhaltungsgleichung in der Form

$$\varrho_I + d_I = 1. \tag{7.13}$$

Da die Energie der Welle proportional zum Quadrat ihrer Amplitude ist und da die reflektierte und einfallende Welle sich im gleichen Medium ausbreiten, kann der Reflexionskoeffizient bezüglich der Energie als

$$\varrho_I = \varrho_\varphi{}^2 = \left(\frac{z_1 - z_2}{z_1 + z_2}\right)^2 \tag{7.14}$$

ausgedrückt werden. Der Durchlässigkeitskoeffizient bezüglich der Energie ist dann entsprechend (7.13)

$$d_I = 1 - \varrho_I = 4z_1z_2/(z_1 + z_2)^2, \tag{7.15}$$

wo, wie auch zu erwarten war, die spezifischen Wellenwiderstände beider angrenzender Medien symmetrisch eingehen.

Die Reflexionseigenschaften der Trennungsgrenze zweier Medien werden also durch den Unterschied ihrer Wellenwiderstände bestimmt. Wenn $z_1 = z_2$ ist, dann ist der Reflexionskoeffizient gleich Null, die reflektierte Welle fehlt, die Trennungsgrenze ist akustisch durchlässig. Wenn sich dabei die Dichten des Mediums unterscheiden, dann verlangt die Gleichheit der Wellenwiderstände für die Schallgeschwindigkeiten $c_1/c_2 = \varrho_2/\varrho_1$. Solch eine Bedingung wird gut für einige Dämpfe nichtmischbarer Flüssigkeiten erfüllt, wie Wasser—Tetrachlorkohlenstoff und Wasser—Essiganhydrid (s. Tab. 4).

Unter den festen Körpern besitzen Wellenwiderstände, die nah dem Wellenwiderstand des Wassers sind, einige feste Polymere, wie Kautschuk, Polystyren, Teflon und Polyvinylazetat. In diese dringt der Ultraschall aus dem Wasser fast vollständig ein, ohne daß Reflexion vorkommt. Zum Beispiel beträgt an der Grenze Wasser ($z = 15 \cdot 10^4$ g/(cm^2 s))—Kautschuk ($z = 14 \cdot 10^4$ g/(cm^2 s) der Amplitudenreflexionskoeffizient ungefähr 3%, der energetische dagegen nur etwa 0,1%. Von Polystyren ($z = 23 \cdot 10^4$ g/(cm^{2}s) in Wasser wird ungefähr 4% Energie reflektiert, von Teflon etwa 3%. Da diese Materialien Ultraschallwellen stark dämpfen, können sie als fast ideale Ultraschallabsorber angesehen werden. Sie werden zum Beispiel zum Dämpfen der Wände einer Wanne mit Flüssigkeit in solchen Fällen angewendet, wo es zu Meß- oder anderen Zwecken notwendig ist, alle reflektierten Wellen zu beseitigen.

Die spezifischen Wellenwiderstände von Metallen und anderen Festkörpern sind wenigstens um eine Größenordnung höher als die spezifischen Wellenwiderstände von

Flüssigkeiten (mit Ausnahme flüssiger Metalle). Unter den Metallen besitzt die geringste akustische Festigkeit Aluminium ($z = 170 \cdot 10^4$ g/(cm² s)). In Aluminium dringt aus Wasser (oder umgekehrt) ungefähr 30% der Energie ein, d. h., der Reflexionskoeffizient an der Grenze Wasser—Aluminium hinsichtlich der Intensität beträgt 0,7, hinsichtlich der Amplitude 0,83. An der Grenze Wasser—Eisen ($z = 46 \cdot 10^5$ g/(cm² s)) ist der Amplitudenkoeffizient gleich 0,94, der energetische 0,87. Das bedeutet, daß durch die Trennungsgrenze dieser Medien ungefähr 13% der akustischen Energie hindurchgeht.

Die spezifischen Wellenwiderstände von Gasen sind kleiner als die von Flüssigkeiten und Festkörpern, und zwar um drei bis vier Größenordnungen (s. Tab. 4). Deshalb unterliegen akustische Wellen an der Grenze Gas—Flüssigkeit oder Gas—Festkörper fast einer vollständigen Reflexion. Tatsächlich beträgt an der Grenze zwischen Luft bei Normalbedingungen ($z = 45$ g/(cm² s)) und Wasser ($z = 15 \cdot 10^4$ g/(cm² s)) der Amplitudenreflexionskoeffizient entsprechend (7 · 10) $\approx 0{,}999$, der energetische $\approx 0{,}998$. Das heißt, daß aus der Flüssigkeit in die Luft etwa 0,2% der Energie gelangt (und natürlich umgekehrt). Der Durchlässigkeitskoeffizient des Ultraschalls an der Grenze zwischen Gas und Festkörper ist von der Größe her noch kleiner. Diese Grenze kann man praktisch als fast ideal reflektierend ansehen.

Wir müssen noch bemerken, daß in Übereinstimmung mit den Formeln (7.8) bis (7.15) die Reflexions- und Durchlässigkeitskoeffizienten praktisch nicht von der Frequenz abhängen. Ausgenommen davon wäre der Fall, daß man zum Beispiel die Geschwindigkeitsdispersion in relaxierenden Medien berücksichtigt. Diese Dispersion ist aber im allgemeinen so klein, daß sie sich unwesentlich auf den Unterschied der Wellenwiderstände auswirkt, die die Größe des Reflexionskoeffizienten an der Grenze mit dem gegebenen Medium bestimmt. Deshalb sind die erhaltenen Ergebnisse auch richtig für nichtmonochromatische Wellen mit einem komplizierten Spektrum, insbesondere auch für Ultraschallimpulse. In bezug auf das Gesagte darf sich bei der Reflexion und beim Durchgang die relative spektrale Zusammensetzung, d. h. die Form des Hüllimpulses, nicht ändern. Es werden nur die Absolutwerte der Harmonischen und die Impulshöhe in Übereinstimmung mit dem Wert des Reflexions- und Durchlässigkeitskoeffizienten geändert. Der Reflexionskoeffizient der Trennungsgrenze der Medien darf bei Normaleinfall der Welle offensichtlich auch nicht von der Absorption des Ultraschalls in diesen Medien abhängen.

7.2. Stehende ebene Wellen

Wir betrachten nun das Ergebnis der Interferenz von einfallender und reflektierter Welle im Medium 1 mit dem spezifischen Wellenwiderstand $z_1 = \varrho_1 c_1$ bei fehlender Absorption, deren Einfluß wir später klären werden. Zu diesem Zweck werden wir das Geschwindigkeitspotential in der einfallenden Welle φ_1 zum Potential der reflektierten Welle φ_1' addieren und so das Geschwindigkeitspotential des resultierenden Feldes finden:

$$\varphi(x, t) = \varphi_{1\,\max} \exp\,[\mathrm{i}\,(\omega t - k_1\, x)] + \varphi'_{1\,\max} \exp\,[\mathrm{i}\,(\omega t + k_1 x)]. \tag{7.16}$$

Wir berechnen nun den veränderlichen Druck und die Schwingungsgeschwindigkeit in diesem Fall nach der allgemeinen Definition, indem wir (7.16) nach der Zeit und dem

Ort differenzieren. Der Index 1 wird weggelassen, da nur von einem Medium die Rede ist.

$$p(x, t) = \varrho \frac{\partial \varphi(x, t)}{\partial t} = i\omega\varrho\{\varphi_{max} \exp [i(\omega t - kx)] + \varphi'_{max} \exp [i(\omega t + kx)]\}; \tag{7.17}$$

$$v(x, t) = -\frac{\partial \varphi(x, t)}{\partial x} = i \frac{\omega}{c} \{\varphi_{max} \exp [i(\omega t - kx)] - \varphi'_{max} \exp [i(\omega t + kx)]\}. \tag{7.18}$$

Es muß vor allem bemerkt werden, daß die spezifische akustische Impedanz bei Anwesenheit einer reflektierten Welle ebenso wie die auftreffende einlaufende Welle komplex wird. Tatsächlich erhalten wir aus (7.17) und (7.18) ein Verhältnis von Druck zu Geschwindigkeit

$$\frac{p}{v} = \mathfrak{z} = \varrho c \frac{\varphi_{max} \exp(-ikx) + \varphi'_{max} \exp(ikx)}{\varphi_{max} \exp(-ikx) - \varphi'_{max} \exp(ikx)},$$

das bei $\varphi'_{max} \neq 0$ komplex ist und reell (gleich dem spezifischen Wellenwiderstand des Mediums ϱc) nur bei vollständigem Fehlen einer reflektierten Welle wird. Die komplexe Impedanz bedeutet, wie schon im Kapitel 3 gesagt worden ist, die Existenz einer Phasenverschiebung zwischen Druck und Geschwindigkeit, d. h. die Rückgabe eines Teils der Energie der Welle an die Quelle in Form der Energie der reflektierten Welle.

Wir betrachten jetzt einzeln die Druckwelle und die Welle der Schwingungsgeschwindigkeit und nehmen den Imaginärteil der Gleichungen (7.17) und (7.18):

$$p = p_{max} \cos(\omega t - kx) + p'_{max} \cos(\omega t + kx), \tag{7.19}$$

$$v = v_{max} \cos(\omega t - kx) - v'_{max} \cos(\omega t + kx), \tag{7.20}$$

wo $p_{max} = \varrho\omega\varphi_{max}$ die Druckamplitude in der auftreffenden Welle ist usw. Wenn man in Gleichung (7.19) die Größe $p'_{max} \cos(\omega t - kx)$ hinzufügt und subtrahiert und die gleichartigen Glieder kombiniert, so erhält man

$$p = 2p'_{max} \cos kx \cos \omega t + (p_{max} - p'_{max}) \cos(\omega t - kx). \tag{7.21}$$

In diesem Ausdruck stellt der zweite Summand die sich ausbreitende einlaufende Welle mit der Amplitude $p_{max} - p'_{max}$ dar, die von der Amplitude der reflektierten Welle abhängt. Der erste Summand ist die stehende Welle mit der Amplitude $2p'_{max}$, die gleich der doppelten Amplitude der reflektierten Welle ist. Wenn die reflektierte Welle fehlt ($p'_{max} = 0$), dann geht (7.21) in die Gleichung für eine fortlaufende ebene Welle über, die sich in Richtung der positiven x-Achse ausbreitet: $p = p_{max} \cos(\omega t - kx)$. Im Falle vollständiger Reflexion an einer ebenen Grenze, wenn $\varrho_p = 1$ und $p'_{max} = p_{max}$ sind, beschreibt die Gleichung (7.21) eine reine stehende Druckwelle

$$p = 2p_{max} \cos kx \cos \omega t. \tag{7.22}$$

Die stehende Welle stellt die Summe zweier fortlaufender Wellen gleicher Amplitude dar, die sich in zueinander entgegengesetzten Richtungen ausbreiten. Die Amplitude der stehenden Welle ist gleich der doppelten Amplitude der einfallenden Welle p_{max}. Die mittlere Energiedichte in ihr entspricht dem Vierfachen der Energiedichte in der auftreffenden Welle (da die Energie proportional zum Quadrat der Amplitude ist). Die Intensität im Feld der stehenden Welle ist Null, da der Energiefluß in der auftreffenden Welle durch den umgekehrten Fluß in der reflektierten Welle kompensiert wird.

Entsprechend (7.22) wird in Ebenen, deren Koordinaten die Bedingung $kx = n\pi$ erfüllen, wo $n = 0, 1, 2, \ldots$ ist, d. h. bei $x = n\Lambda/2$ (Λ — Wellenlänge der laufenden Welle), der Druck mit maximaler Amplitude schwingen. Diesen Koordinaten entspricht der Druckbauch. Die Entfernung zwischen benachbarten Bäuchen $\Delta x = \Lambda/2 = \Lambda_0$ nennt man die Länge der stehenden Welle. Den Koordinaten $x = (n + 1/2)\, \Lambda/2$ entsprechen die Knotenebenen, in denen der Druck Null ist. Wie aus (7.22) zu sehen ist, ändert sich der Druck in allen Punkten zwischen den Knotenebenen in gleicher Phase. Die Schwingungen in benachbarten stehenden Wellen gehen in Gegenphase vor sich. Im Fall unvollständiger Reflexion, d. h. bei $p'_{\max} < p_{\max}$, überlagert sich der stehenden Welle eine fortlaufende. Auf Grund dieser Tatsache gehen die Druckknoten in Minima über, deren Tiefe mit Verringerung der Amplitude der reflektierten Welle abnimmt und die vollständig bei $\varrho_p = 0$ und $p'_{\max} = 0$ verschwinden, wenn also die Welle eine rein fortlaufende ist.

Führt man eine analoge Operation mit der Gleichung (7.20) durch, so erhält man für die resultierende Schwingungsgeschwindigkeit

$$v = 2v'_{\max} \sin kx \cos \omega t + (v_{\max} - v'_{\max}) \cos (\omega t - kx), \tag{7.23}$$

die also ebenfalls als Summe einer rein fortlaufenden und einer rein stehenden Welle, deren Amplitude durch die Amplitude der reflektierten Welle bestimmt wird, dargestellt werden kann. Aus dem Vergleich der Gleichungen (7.23) und (7.21) ist dabei zu sehen, daß die Phasen solcher Parameter der fortlaufenden Welle wie Geschwindigkeit und Druck übereinstimmen, während sie in der stehenden Welle um $\pi/2$ verschoben sind. Infolgedessen geht in der fortlaufenden Welle eine Energieübertragung zur Trennunsgrenze vor sich, während in der stehenden Welle der gerichtete Energiestrom Null ist.

Somit wird sich bei unvollständiger Reflexion an der Trennungsgrenze auf die stehende Welle, die durch Interferenz von reflektierter und einfallender Welle gebildet worden ist, eine fortlaufende Welle überlagern. Deren Intensität ist offensichtlich bei Fehlen dissipativer Verluste im Medium gleich der Intensität der Welle, die durch die Trennungsgrenze in das benachbarte Medium geht, so als würde dies die Welle „dämpfen“. In diesem Sinne spricht man auch von „Verlusten bei der Reflexion“, deren Größe hinsichtlich der Energie durch den Reflexionskoeffizienten ϱ_I, hinsichtlich der Amplitude durch den Amplitudenreflexionskoeffizienten ϱ_p oder ϱ_v definiert ist.

Aus der Gegenüberstellung von (7.21) und (7.23) folgt, daß die Knoten oder Bäuche des Druckes und der Geschwindigkeit in der stehenden Welle längs der x-Achse um $|\Delta x| = \Lambda_0/2$ verschoben sind. Was geht dabei an der reflektierenden Grenze vor sich? Wie schon im vorhergehenden Abschnitt erwähnt wurde, ändern Druck oder Geschwindigkeit in der reflektierten Welle das Vorzeichen an der Grenze, was einem Phasensprung von 180° entspricht. Wenn eine Welle aus dem akustisch härteren Medium auf die Trennungsgrenze mit einem weniger harten Medium fällt, d. h. $z_1 > z_2$, dann wird an der Grenze, wie aus (7.8) folgt, die Druckwelle den Phasensprung erleiden. Die Druckwelle wird somit mit „dem Verlust einer Halbwelle“ reflektiert. An der Trennungsgrenze der Medien wird demzufolge in diesem Fall ein Druckknoten der stehenden Welle oder ein Minimum des Gesamtdruckes angeordnet sein. Letzterer wird insgesamt an das zweite Medium weitergegeben in Form der durchlaufenden Welle. Unter diesen hier vorliegenden Bedingungen wird das Vorzeichen der Geschwindigkeit bei der Reflexion nicht verändert. Die Reflexion geht „ohne Verlust einer Halbwelle" vor sich. Folglich ändert sich die Phase der reflektierten Welle an der Grenze nicht. Dort entsteht damit ein Bauch der stehenden Geschwindigkeitswelle oder ein Maximum der gesamten Geschwindigkeitswelle. Auf Grund der Kontinuitätsbedingungen wird diese Geschwindigkeit auf die Teilchen des angrenzenden Mediums übertragen, wo sich eine fortlaufende (durchlaufende) Welle bildet, in der analog zu (7.9) die Phasen von Geschwindigkeit und Druck zusammenfallen. Im Grenzfall $z_1 \gg z_2$ oder $z_2 \approx 0$, der beispielsweise bei der Reflexion einer Welle im Festkörper oder sogar in einer Flüssigkeit, die von Gas begrenzt werden, verwirklicht wird, ist der Druck an der Grenze praktisch Null, und die Trennungsgrenze vollführt freie Schwingungen mit einer Amplitude, die gleich der doppelten Amplitude der einfallenden Welle ist. Anders gesprochen wird in diesem Fall an der Grenze ein (Kompressions-) Druckknoten und ein Bauch der Schwingungsgeschwindigkeit (aber auch ein Bauch der Verschiebung) sein.

Wenn eine Welle aus dem akustisch weicheren Medium auf die Trennungsgrenze mit dem härteren Medium fällt ($z_1 < z_2$), z. B. aus Gas auf die Grenze mit einem Festkörper oder mit einer Flüssigkeit, dann entsteht das entgegengesetzte Bild. An der Trennungsgrenze dieser Medien ändert sich die Phase der Schwingungsgeschwindigkeit. Der Druck unterliegt keinem Phasensprung und wird ohne Verlust einer Halbwelle reflektiert. Auf diese Art wird bei $z_1 \ll z_2$ an der reflektierenden Grenze ein Druckbauch

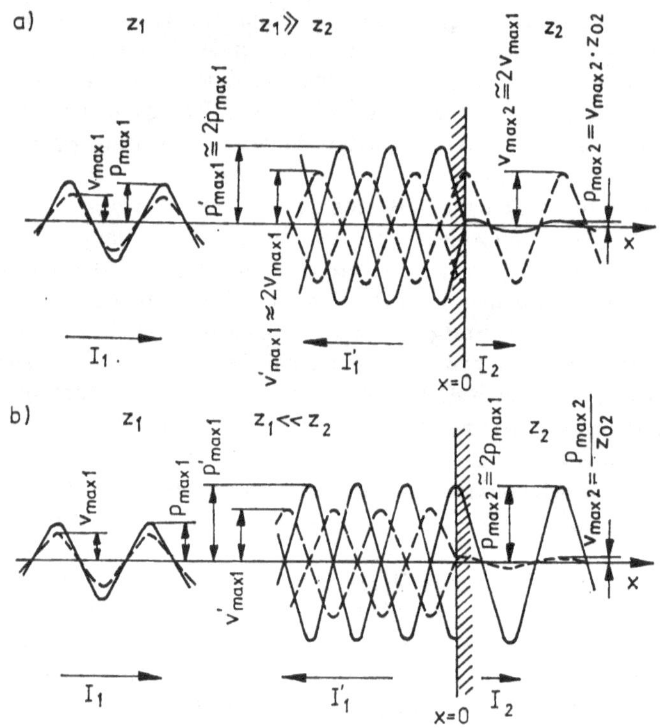

Abb. 38

und ein Knoten der Schwingungsgeschwindigkeit (Verschiebung) gebildet. Physikalisch entspricht dies der Vorstellung, daß die Grenze des harten Mediums unbeweglich bleiben muß. Die Teilchen des angrenzenden Mediums können keiner Verschiebung unterliegen. Die Verschiebung benachbarter Teilchen führt dabei zu einer Kompression des Mediums an der Grenze, wo sich auf diese Art ein maximaler Druck entwickelt, der vollkommen an das zweite Medium in Form der durchlaufenden Welle weitergegeben wird. Druck und Geschwindigkeit in dieser Welle stimmen bezüglich der Phase mit Druck und Geschwindigkeit in der auftreffenden Welle überein, wie es auch in der fortlaufenden Welle der Fall sein soll. Das stimmt mit den Aussagen aus den Gleichungen (7.9) überein.

In Abbildung 38 ist schematisch die Entstehung der stehenden und durchlaufenden Welle bei Normaleinfall und fast vollständiger Reflexion ($\varrho_I \approx 1$, $d_I \approx 0$) für die zwei Grenzfälle $z_1 \gg z_2$ (a)) und $z_1 \ll z_2$ (b)) dargestellt. Diese Grenzfälle entsprechen der Situation, daß die laufende Welle im ersten Medium vernachlässigbar klein ist und sich an der reflektierenden Grenze fast reine Knoten und Bäuche bilden. Bei $z_1 \gg z_2$ gehört der Bauch der Welle zur Schwingungsgeschwindigkeit (gestrichelt), bei $z_1 \ll z_2$ hat die Druckwelle an der Grenze einen Bauch (durchgezogene Kurve). Entsprechend wird im ersten Fall an das zweite (weiche) Medium die doppelte (im Vergleich zur einfallenden Welle) Schwingungsgeschwindigkeit übergeben. Im zweiten Fall — Auftreffen auf eine harte Grenze — wird der doppelte Druck übertragen. Die Intensität der in das zweite Medium laufenden Welle I_2 (d. h. die Intensität der im ersten Medium laufenden Welle) ist in beiden Fällen gleich der algebraischen Differenz der Intensität von einfallender Welle I_1 und reflektierter Welle I_1', d. h. ihrer geometrischen Summe.

7.3. Interferenz bei Normalreflexion in einem absorbierenden Medium

Wir klären nun den Einfluß der Ultraschallabsorption auf die Struktur des Interferenzfeldes auf, das durch Addition von einfallender und reflektierter Welle gebildet wird. Dazu bringen wir eine ideal reflektierende ebene Grenze in der Entfernung $x = +x_0$ vom Koordinatenursprung an. Als Parameter der einfallenden Welle sei zum Beispiel die Druckamplitude $p_{\max 0}$ gegeben. Bei $x > 0$ nimmt die Amplitude der einfallenden Welle im absorbierenden Medium nach einem Exponentialgesetz ab,

$$p_{\max} = p_{\max 0} \exp(-\alpha_0 x) \tag{7.24}$$

mit dem Amplitudenabsorptionskoeffizienten α_0. Die Amplitude der reflektierten Welle bei $\varrho_p = 1$ kann man in der Form

$$p'_{\max} = p_{\max}(x_0) \exp[\alpha_0(x - x_0)] = p_{\max 0} \exp[\alpha_0(x - 2x_0)] \tag{7.25}$$

schreiben. Der gesamte Druck im Interferenzfeld wird als Summe der Wechseldrücke in der einfallenden und reflektierten Welle dargestellt. Man kann ihn wie früher in folgender Form schreiben:

$$p(x, t) = 2p'_{\max}(x) \cos kx \cos \omega t + [p_{\max}(x) - p'_{\max}(x)] \cos(\omega t - kx), \tag{7.26}$$

d. h. als Summe von fortlaufender und stehender Welle. Die Ampituden dieser Wellen und die Beziehungen zwischen ihnen werden im gegebenen Fall aber Funktionen der Ortskoordinate x. Wir haben dann für die Amplituden von stehender und fortlaufender Welle unter Berücksichtigung der Ausdrücke (7.24) und (7.25) entsprechend

$$\begin{aligned} 2p'_{\max} &= 2p_{\max 0}\, e^{\alpha_0(x-2x_0)} = 2p_{\max}\, e^{\alpha_0 x} e^{-2\alpha_0 x}, \\ p_{\max} - p'_{\max} &= p_{\max 0}[e^{-\alpha_0 x} - e^{\alpha_0(x-2x_0)}]. \end{aligned} \tag{7.27}$$

Wenn die Absorption nicht sehr groß ist, d. h. $\alpha_0 x \ll 1$, dann kann man den zweiten Ausdruck (7.27) mit ausreichender Genauigkeit in der Form $p_{\max} - p'_{\max} = 2p_{\max 0}\alpha_0 \times (x_0 - x) = p_{\max 0}\alpha_0'(x_0 - x)$, wo $\alpha_0' = 2\alpha_0$ der Absorptionskoeffizient bezüglich der Energie ist, darstellen. Bei $x = x_0$ (unmittelbar an der reflektierenden Grenze) verschwindet die fortlaufende Welle. Die rein stehende Welle bleibt übrig, mit einer Amplitude $2p'_{\max}(x = x_0) = 2p_{\max 0} \exp(-\alpha_0 x_0)$, die wie vorher gleich der doppelten Amplitude der auf die Trennungsgrenze auftreffenden einlaufenden und durch die Absorption im Medium geschwächten Welle ist. Im Fall der Addition von auftreffender und reflektierter Welle bei Normaleinfall einer ebenen Welle, die sich in einem akustisch harten Medium mit Absorption ausbreitet, auf die Grenze zu Vakuum bildet sich auf der reflektierenden Grenze ein reiner Druckknoten aus (Abb. 39). (Die Reflexion des Druckes geht mit Vorzeichenänderung vor sich, d. h. mit Verlust einer Halbwelle: Das erste Glied in der Gleichung (7.26) wird in diesem Fall negativ; die Phase der reflektierten Druckwelle wird um π relativ zur einfallenden Welle verschoben.)

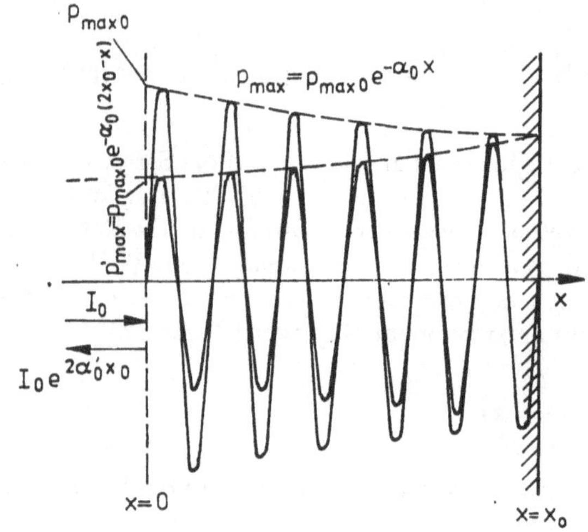

Abb. 39

Bei Entfernung von der reflektierten Grenze nimmt der Anteil der stehenden Welle ab, der der fortlaufenden wächst an. Die Druckknoten werden dabei verwaschen und gehen mehr oder weniger in tiefe Minima über. Bei $x = 0$ hat die Amplitude der fortschreitenden Welle den maximalen Wert $(p_{\max} - p'_{\max})_{x=0} = p_{\max 0}\alpha_0' x_0$. Die Energie der laufenden Komponente bei vollständiger Reflexion der Welle an der Grenze entspricht folglich jener Energie, die durch das Medium in der Schicht der Dicke x_0 absorbiert wurde, d. h., die irreversibel in Wärme übergeht. Diese Energie pro Einheitsfläche der Wellenfront, die durch das Medium in der Zeiteinheit absorbiert wurde, kann man als Differenz der Intensitäten von in der Ebene $x = 0$ (I_0) einfallender Welle und reziproker Welle, die von der Grenze reflektiert worden ist und den allgemeinen Weg $2x_0$ durchlaufen hat, bestimmen:

$$W_{\mathrm{Abs}} = I_0 - I_0\,\mathrm{e}^{-\alpha_0' 2x_0} = I_0(1 - \mathrm{e}^{-2\alpha_0' x_0}) \approx 2x_0 I_0 \alpha_0' .$$

Dividiert man diese Energie durch den zurückgelegten Wellenweg $2x_0$, so findet man den bezüglich der Schichtdicke mittleren Wert der Energiedichte, die durch das Medium absorbiert wurde, d. h. die mittlere Energie, die im Einheitsvolumen in der Zeiteinheit absorbiert worden ist: $\Delta\overline{w}_{\mathrm{Abs}} = I_0\alpha_0'$. Dies fällt natürlich mit der Formel (3.50) zusammen, die bei der Berechnung des Energieabsorptionskoeffizienten erhalten worden ist.

Wir haben bisher den Fall der Normalreflexion an einer ebenen Grenze ohne Begrenzung des Feldes von der Seite der einfallenden Welle her betrachtet. Praktisch wird dieses Feld von der anderen Seite durch die Oberfläche der Quelle der ebenen Welle begrenzt oder durch eine zweite Grenzschicht, durch die die Welle von der Quelle dringt. In diesem Fall wird die Vielfachreflexion der ebenen Welle von beiden Grenzschichten zur Bildung einer stehenden Welle führen, deren Amplitude, Energie und andere Charakteristika von der Schichtdicke und den Bedingungen an beiden Grenzen abhängen. Solch einer Situation werden wir uns bei der Analyse des Durchganges einer ebenen Welle durch eine planparallele Mediumschicht widmen. Jetzt wollen wir den allgemeineren Fall des schrägen Einfalls einer ebenen Welle auf die ebene Trennungsgrenze zweier Medien betrachten.

7.4. Reflexion und Brechung einer ebenen Welle bei schrägem Einfall

Eine ebene Welle möge auf die ebene Trennungsgrenze der Medien 1 und 2 unter dem Winkel θ_1 zur Normalen fallen (Abb. 40). Bei beliebiger Orientierung des Wellenvektors $\boldsymbol{k}$ bezüglich rechtwinkliger Koordinatenachsen muß die Gleichung einer ebenen Welle, die die dreidimensionale Wellengleichung (3.32) befriedigt, in der Form

$$\varphi = \varphi_{\max} \exp\{\mathrm{i}[\omega t - \boldsymbol{k}\cdot\boldsymbol{r}]\} \tag{7.28}$$

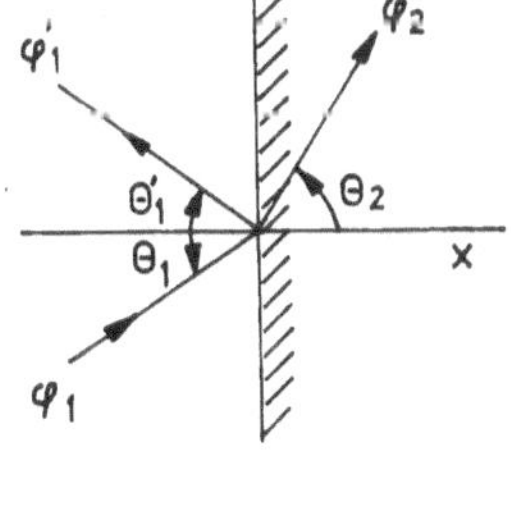

Abb. 40

geschrieben werden. $\boldsymbol{r} = \boldsymbol{r}(x, y, z)$ ist der Radiusvektor des Punktes, in dem der Wert des Geschwindigkeitspotentials φ bestimmt wird. Die dreidimensionale Gleichung (7.28) kann man aus der eindimensionalen Gleichung (3.6) für Wellen, die sich längs der x-Achse ausbreiten, durch Drehung der Koordinatenachsen erhalten. Dabei wird an Stelle von x in diesen Gleichungen die Größe $\boldsymbol{n} \cdot \boldsymbol{r} = n_x x + n_y y + n_z z$ gesetzt. Berücksichtigt man die Definition des Wellenvektors (s. Kap. 3), so erhält man die Gleichung für eine beliebig orientierte ebene Welle in der Form (7.28) mit $\boldsymbol{k} \cdot \boldsymbol{r} = kn_x x + kn_y y + kn_z z = k_x x + k_y y + k_z z$.

Die Trennungsgrenze sei die y,z-Ebene, die Normale also die x-Achse. Wenn der Wellenvektor der einfallenden Welle in der x,y-Ebene liegt und mit der x-Achse den Winkel θ_1 bildet, wie dies in Abbildung 40 dargestellt ist, dann nehmen seine Komponenten längs der Koordinatenachsen die Werte $k_x = k \cos \theta_1$, $k_y = k \sin \theta_1$, $k_z = 0$ an. Folglich wird die Gleichung für das Geschwindigkeitspotential in der einfallenden Welle φ_1 folgende Form haben:

$$\varphi_1 = \varphi_{1\,\max} \exp \{\mathrm{i}[\omega t - k_1(x \cos \theta_1 + y \sin \theta_1)]\}, \tag{7.29}$$

wo wie schon früher $k_1 = \omega/c_1$ die Wellenzahl für das Medium 1 ist. An der Trennungsgrenze muß eine reflektierte und eine in das zweite Medium eindringende Welle entstehen. Wir werden dem Wellenvektor der reflektierten Welle den Winkel θ_1' in bezug auf die x-Achse zuschreiben, dem Wellenvektor der durchgehenden Welle den Winkel θ_2. Wenn man die früheren Bezeichnungen für die Potentiale und die Wellenzahlen beibehält, so erhält man analog zu (7.29) für die reflektierte und durchgehende Welle

$$\varphi_1' = \varphi'_{1\,\max} \exp \{\mathrm{i}[\omega t - k_1(-x \cos \theta_1' + y \sin \theta_1')]\}, \tag{7.30}$$

$$\varphi_2 = \varphi_{2\,\max} \exp \{\mathrm{i}[\omega t - k_2(x \cos \theta_2 + y \sin \theta_2)]\}, \tag{7.31}$$

wo $k_2 = \omega/c_2$ ist.

An der Trennungsgrenze ($x = 0$) müssen wie früher die Bedingungen für Gleichheit des Druckes (im allgemeinen Fall der Normalspannungen) links und rechts der Grenze und Gleichheit der Normalkomponenten der Schwingungsgeschwindigkeit erfüllt sein. Dies gibt die folgenden Grenzbedingungen:

$$\left.\begin{aligned} p_1 + p_1' &= p_2 \\ v_{1x} + v'_{1x} &= v_{2x} \end{aligned}\right|_{x=0},$$

die für das Geschwindigkeitspotential die Form

$$\left.\begin{aligned} \varrho_1 \frac{\partial \varphi_1}{\partial t} + \varrho_1 \frac{\partial \varphi_1'}{\partial t} &= \varrho_2 \frac{\partial \varphi_2}{\partial t} \\ \frac{\partial \varphi_1}{\partial x} + \frac{\partial \varphi_1'}{\partial x} &= \frac{\partial \varphi_2}{\partial x} \end{aligned}\right|_{x=0} \tag{7.32}$$

annehmen.

Differentiation der Geschwindigkeitspotentiale (7.29) bis (7.31) nach der Zeit und Substitution der Resultate in die erste Gleichung (7.32) mit dem Wert $x = 0$ gibt

$$\begin{aligned} &\varrho_1 \varphi_{1\,\max} \exp [\mathrm{i}(\omega t - k_1 y \sin \theta_1)] + \varrho_1 \varphi'_{1\,\max} \exp [\mathrm{i}(\omega t - k_1 y \sin \theta_1')] \\ &= \varrho_2 \varphi_{2\,\max} \exp [\mathrm{i}(\omega t - k_2 y \sin \theta_2)]. \end{aligned} \tag{7.33}$$

Die Randbedingungen (7.32) müssen zu jedem beliebigen Zeitpunkt und in allen Punkten der Trennungsgrenze, d. h. für einen beliebigen Wert der Koordinate y, erfüllt sein. Folglich müssen in den Gleichungen (7.33) alle Koeffizienten bei y in den Summanden, die die Phase der Welle an der Trennungsgrenze des Mediums bestimmen, einander gleich sein, d. h.

$$k_1 \sin \theta_1 = k_1 \sin \theta_1' = k_2 \sin \theta_2. \tag{7.34}$$

Selbstverständlich wird das gleiche Resultat auch aus der zweiten Gleichung (7.32) erhalten. Wenn man die Geschwindigkeitspotentiale (7.29) bis (7.31) nach x differenziert und die entsprechenden Ableitungen an der Stelle $x = 0$ in die Gleichung (7.32) einsetzt, so finden wir für sie die zweite Grenzbedingung

$$\begin{aligned} &k_1 \cos \theta_1 \varphi_{1\,\max} \exp [\mathrm{i}(\omega t - k_1 y \sin \theta_1)] \\ &\quad - k_1 \cos \theta_1 \varphi'_{1\max} \exp [\mathrm{i}(\omega t - k_1 y \sin \theta_1')] \\ &= k_2 \cos \theta_2 \varphi_{2\,\max} \exp [\mathrm{i}(\omega t - y \sin \theta_2)], \end{aligned} \tag{7.35}$$

aus der das Gleichsetzen der Koeffizienten bei y ebenfalls zu den Beziehungen (7.34) führt. Aus diesen Beziehungen ergibt sich das Reflexions- und Brechungsgesetz akustischer Wellen:

$$\sin \theta_1 = \sin \theta_1', \qquad \theta_1' = \theta_1. \tag{7.36}$$

Das bedeutet, daß der Einfallswinkel θ_1 gleich dem Reflexionswinkel θ_1' ist. (Im weiteren werden wir deshalb die Strichkennzeichnung nicht benutzen.) Außerdem folgt aus (7.34)

$$\sin \theta_2 / \sin \theta_1 = k_1/k_2 = c_2/c_1 \equiv n_a. \tag{7.37}$$

Das Verhältnis des Sinus des Brechungswinkels zum Sinus des Einfallswinkels ist gleich dem Verhältnis der Schallgeschwindigkeiten im zweiten und im ersten Medium (die große Geschwindigkeit entspricht dem großen Winkel). In Analogie zur Optik kann man dieses Verhältnis den akustischen Brechungsindex n_a von zwei Medien nennen. Es ist aber zu beachten, daß das Brechungsgesetz akustischer Wellen entgegengesetzt zum Brechungsgesetz in der Optik ist. In der Optik ist das Verhältnis der Sinus des Einfallswinkels und Reflexionswinkels umgekehrt proportional zum Verhältnis der Lichtgeschwindigkeiten. (In Abbildung 40 ist der Fall dargestellt, der einer großen Schallgeschwindigkeit im Medium 2 entspricht.)

In diesem Zusammenhang muß man bemerken, daß man, wie auch in der Optik, auf der Grundlage des Brechungsgesetzes eine Fokussierung von Ultraschallstrahlen[1] mit Hilfe von Linsen durchführen kann. Ist dabei die Linse aus einem festen Material gefertigt, in dem die Schallgeschwindigkeit höher als im umgebenden Medium ist, so wirkt sie als Sammellinse, wenn sie eine konkave Oberfläche hat (Abb. 41) und nicht eine konvexe, wie in der Optik.

Wenn man die Schallgeschwindigkeiten im Material der Sammellinse (c_2) und im umgebenden Medium (c_1) kennt, ist es nicht schwer (die Beziehung (7.36) wird ausgenutzt), einen Zusammenhang zwischen der Krümmung der Linsenoberfläche und ihrer Brennweite für achsenparallele

[1] Erinnern wir uns, daß unter dem Begriff „Strahl" in einem isotropen Medium die Normale zur Wellenfront verstanden wird. Ein paralleles Strahlenbündel entspricht einer ebenen Welle die im Ultraschallfrequenzbereich praktisch realisiert wird.

Strahlen zu finden. Als Näherung, die gewöhnlich in der Optik angewendet wird, erhalten wir

$$f = \frac{R_1 R_2}{(1 - c_1/c_2)\,[d(c_2/c_1 - 1) - R_1 + R_2]}, \tag{7.38}$$

wo R_1 und R_2 die Krümmungsradien der Linsenoberfläche sind, d ist ihre Dicke längs der Hauptachse. Das negative Vorzeichen entspricht dem virtuellen Brennpunkt einer konvexen Linse, für die der Krümmungsradius der Oberfläche negativ angenommen werden muß. Für eine ebenkonkave Linse ($R_1 = \infty$) mit dem Krümmungsradius der konkaven Oberfläche $R_2 = R$ liefert (7.38) $f = -R/(c_1/c_2 - 1) = -Rn_a/(n_a - 1)$.

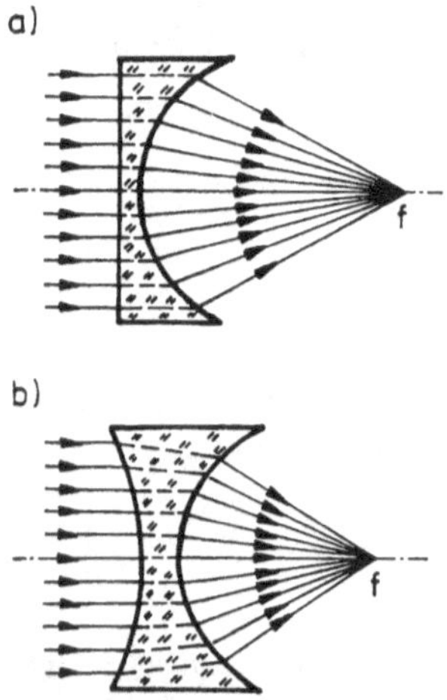

Abb. 41

Für eine Berechnung der Verstärkung des Ultraschalls im Brennpunkt der Sammellinse ist es unbedingt notwendig, außer den Wellenwiderständen solche Faktoren zu berücksichtigen wie die Abhängigkeit des Durchlässigkeitskoeffizienten der Welle durch die Linse vom Einfallswinkel, die Absorption des Ultraschalls im Material der Linse und den Einfluß nichtlinearer Effekte auf die Fokussierung des Ultraschalls. Mit der detaillierten Berechnung von Ultraschallfokussierungsanlagen kann man sich in [60] bekannt machen. In Abbildung 42 ist die Schattenaufnahme eines Ultraschallstrahls dargestellt. Der Strahl ist durch eine akustische Linse fokussiert worden. (Die Schattenmethode für die Sichtbarmachung von Ultraschallfeldern läßt sich auf das Aufhellen von Teilen des Mediums mit geändertem optischen Berechnungsindex zurückführen [12]. Da sich letzterer in Phase mit der Dichte ändert, d. h. mit dem Druck, registriert die Schattenfotografie, die in einem Zeitraum belichtet, der die Periode der Ultraschallwellen erheblich übersteigt, das Aufleuchten der Mediumgebiete, die vom Ultraschallstrahl „eingenommen" werden, und gestattet somit, seine Struktur und Geometrie zu untersuchen.)

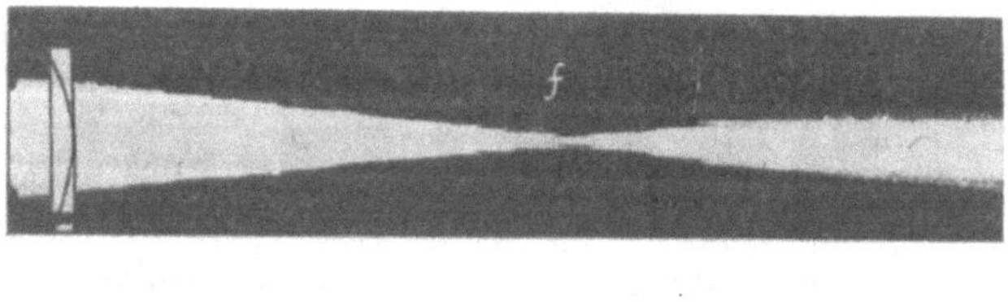

Abb. 4

Gehen wir nun zur Berechnung der Reflexions- und Transmissionskoeffizienten einer ebenen Welle bei schrägem Einfall über. Wir führen die Rechnung für die relativen Intensitäten der Wellen aus. Ziel ist es, die Reflexions- und Transmissionskoeffizienten für die Druckwellen und die Wellen der Schwingungsgeschwindigkeit einzeln zu berechnen. Die Berechnung der energetischen Koeffizienten vereinfacht sich dadurch, daß es auf der Basis der Randbedingungen ausreichend ist, nur den Reflexionskoeffizienten $\varrho_I = I_1'/I_1$ zu berechnen. Den Durchlässigkeitskoeffizienten erhält man dann einfach, indem man in Gleichung (7.13) für das Energiegleichgewicht den Reflexionskoeffizienten von Eins abzieht. Weiterhin kann man den Reflexionskoeffizienten bezüglich der Intensität als das Verhältnis der Quadrate der Potentialamplituden in der reflektierten und einfallenden Welle definieren, da sich diese Wellen in einem Medium mit ein- und demselben spezifischen Wellenwiderstand z_1 ausbreiten (was nicht der Fall für das Verhältnis von einfallender und durchgehender Welle ist).

Führt man die Bezeichnungen $\varphi_1(0) \equiv \varphi_{1\max} \exp[i(\omega t - k_1 y \sin\theta_1)]$ usw. ein, so können wir die Grenzbedingungen für die Potentiale (7.33) und (7.35) in folgender Form schreiben:

$$\varrho_1\varphi_1(0) + \varrho_1\varphi_1'(0) = \varrho_2\varphi_2(0),$$
$$k_1 \cos\theta_1 \cdot \varphi_1(0) - k_1 \cos\theta_1 \cdot \varphi_1'(0) = k_2 \cos\theta_2 \cdot \varphi_2(0).$$

Multipliziert man die erste Gleichung mit $(k_2 \cos\theta_2)/2$ und subtrahiert sie von der zweiten, so findet man

$$\varphi_1'(0)\left(\frac{k_2}{\varrho_2}\cos\theta_2 + \frac{k_1}{\varrho_1}\cos\theta_1\right) = \varphi_1(0)\left(\frac{k_1}{\varrho_1}\cos\theta_1 - \frac{k_2}{\varrho_2}\cos\theta_2\right).$$

Hieraus erhalten wir für das Verhältnis der Quadrate der Potentialamplituden, das gleich dem Reflexionskoeffizienten ist,

$$\varrho_I = \left(\frac{\varphi_{1\max}'}{\varphi_{1\max}}\right)^2 = \left(\frac{z_1\cos\theta_2 - z_2\cos\theta_1}{z_1\cos\theta_2 + z_2\cos\theta_1}\right)^2. \tag{7.39}$$

Dabei wurde berücksichtigt, daß $k_1 = \omega/c_1$ und $k_2 = \omega/c_2$ sind. Subtrahieren wir diesen Wert von Eins, so erhalten wir aus der Gleichung für das Energiegleichgewicht

$$d_I = 1 - \varrho_I = \frac{4z_1z_2\cos\theta_1 \cdot \cos\theta_2}{(z_1\cos\theta_2 + z_2\cos\theta_1)^2}. \tag{7.40}$$

Somit hängen Reflexions- und Durchlässigkeitskoeffizient vom Einfallswinkel des Strahls auf die Trennungsgrenze ab. Bei $\theta_1 = 0$ gehen die Formeln (7.39) und (7.40) in (7.14) und (7.15) über, die für Normaleinfall erhalten wurden. Im allgemeinen Fall unterscheiden sie sich durch einen Faktor in Form des Kosinus von Einfalls- und Brechungswinkel. Deshalb wird die Durchlässigkeitsbedingung der Grenze ($\varrho_I = 0$, $d_I = 1$) bei beliebigem Einfallswinkel

$$z_1\cos\theta_2 = z_2\cos\theta_1. \tag{7.41}$$

Die Winkel θ_1 und θ_2 sind aber nicht unabhängig voneinander. Sie sind durch das Brechungsgesetz (7.37) miteinander verbunden. Berücksichtigt man dies, so erhält man nach einigen unkomplizierten Umwandlungen einen Ausdruck für den Winkel θ_1, bei dem die Ultraschallwelle in das zweite Medium ohne Reflexion eindringen wird:

$$\tan^2\theta_1 = \frac{z_2^2/z_1^2 - 1}{1 - c_2^2/c_1^2} = \frac{\varrho_2^2/\varrho_1^2 - c_1^2/c_2^2}{c_1^2/c_2^2 - 1}. \tag{7.42}$$

Aus diesem Ausdruck folgt, daß die Durchlässigkeitsbedingung (7.41) nur für solche Medien erfüllt sein kann, deren Dichte und Schallgeschwindigkeit eine der Ungleichungen $(\varrho_2/\varrho_1) \geqq (c_1/c_2) \geqq 1$ oder $(\varrho_2/\varrho_1) \leqq (c_2/c_1) \leqq 1$ befriedigt. Unter diesen Bedingungen wird der rechte Teil der Beziehung (7.42) positiv. Demzufolge kann in den Grenzen von 0 bis $\pi/2$ ein Einfallswinkel gefunden werden, bei dem die Grenze vollkommen durchlässig wird (eingeschlossen sind dabei der Winkel des Normaleinfalls $\theta_1 = 0$ und der Winkel $\theta_1 = 90°$, der der Ausbreitung einer ebenen Welle längs der Trennungsgrenze entspricht). Als Beispiele für Medienpaare, für die die aufgestellten Ungleichungen gültig sind, kann man solche Flüssigkeiten anführen wie Wasser—Diethylphtalat, Ethanol—Chloroform und andere (siehe Tab. 4). Im einzelnen gilt für Wasser (bei 25 °C) $c_1 = 149{,}7 \cdot 10^3$ cm/s, $\varrho_1 = 0{,}997$ g/cm³, für Diethylphtalat $c_2 = 147 \cdot 10^3$ cm/s und $\varrho_2 = 1{,}121$ g/cm³. Wenn man diese Werte in (7.42) einsetzt, so erhält man für den Winkel θ_1 einen Wert, bei dem die ebene Welle durch die Trennungsgrenze ohne Reflexion und von der Seite des Wassers dringt: $\theta_1 \approx 35°$.

Betrachten wir nun die Bedingung für die vollständige Reflexion einer ebenen Welle an der Trennungsgrenze. Abgesehen von den allgemeinen Fällen $z_2 \to 0$ und $z_2 \gg z_1$, die der Reflexion an der Grenze zum Vakuum oder einer unendlich ausgedehnten festen Wand entsprechen, geht der Transmissionskoeffizient d_I gegen Null (der Reflexionskoeffizient gegen $\varrho_I = 1$), wenn einer der Kosinus der Winkel θ_1 und θ_2 gleich Null ist. Da die Bedingung $\cos\theta_1 = 0$ Ausbreitung einer einfallenden Welle längs der Trennungsgrenze bedeutet, ist nur der Fall $\cos\theta_2 = 0$, d. h. $\theta_2 = \pi/2$, von Interesse. Auf Grund der Beziehung (7.37) entspricht diesem Brechungswinkel ein gewisser kritischer Einfallswinkel θ_{kr}, der die Bedingung

$$\sin\theta_{kr} = c_1/c_2 \tag{7.43}$$

erfüllt. Bei diesem Einfallswinkel verschwindet der gebrochene Strahl, und die gesamte Energie, die bei Winkeln $\theta_1 < \theta_{\text{kr}}$ auf den Anteil der durchgehenden Welle geht, geht in die reflektierte Welle über. Diese Erscheinung ist unter dem Begriff der vollständigen inneren Reflexion bekannt. Entsprechend (7.43) ist dies nur unter der Bedingung $c_1 < c_2$ möglich, d. h., wenn die Schallgeschwindigkeit im zweiten Medium größer als im ersten ist. Das ist beispielsweise beim Einfall einer Ultraschallwelle aus der Flüssigkeit auf die Grenze mit einem Festkörper der Fall. Die Größe des kritischen Winkels kann dabei recht gering sein, zum Beispiel beträgt er für die Grenze Wasser—Aluminium ($c_1 \approx 1{,}5 \cdot 10^5$ cm/s, $c_2 \approx 6 \cdot 10^5$ cm/s) $\theta_{\text{kr}} \approx 14°$. Für die Grenze Gas—Festkörper kann man die Bedingung $c_1 \ll c_2$ annehmen, bei der entsprechend (7.43) der kritische Winkel nahe $\pi/2$ ist. Das bedeutet, daß aus einem Gas in einen Festkörper nur Wellen eindringen, die fast unter einem rechten Winkel auf die Trennungsgrenze fallen. Alle anderen unterliegen einer vollständigen inneren Reflexion. Interessant ist noch die Feststellung, daß im umgekehrten Falle ($c_1 \gg c_2$) entsprechend (7.37) der Brechungswinkel θ_2 nahe $\pi/2$ bei beliebigen Einfallswinkeln ist. Somit breiten sich Wellen, die zum Beispiel aus dem Festkörper auf eine Grenze mit Gas fallen, im Gas fast senkrecht zur Trennungsgrenze aus, unabhängig vom Einfallswinkel.

7.5. Interferenzen ebener Wellen bei schrägem Einfall

Wir betrachten nun die Struktur des Feldes in der Überlagerungszone von einfallenden und reflektierten ebenen Wellen. Dabei sehen wir anfangs von der Absorption des Ultraschalls ab (indem angenommen wird, daß sie klein sei, und damit die Wellen keiner merklichen Dämpfung unterliegen, insbesondere nah der reflektierenden Grenze), von nichtlinearen Effekten, indem Wellen ausreichend kleiner Amplitude betrachtet werden, und von Verlusten bei der Reflexion, indem man den Reflexionskoeffizienten gleich Eins setzt. Nach der ausführlichen Analyse, die in Abschnitt 7.2. für Druck und Schwingungsgeschwindigkeit durchgeführt worden ist, können wir uns von nun an auf die Betrachtung des Feldes der Geschwindigkeitspotentiale beschränken. Wir berücksichtigen dabei, daß Druck und Schwingungsgeschwindigkeit aus dem Potential durch Differentiation nach der Zeit und nach dem Ort gefunden werden und daß dies zu einer entsprechenden Phasenverschiebung in der reflektierten Welle führt, die auch auf der reflektierenden Grenze existiert.

Wenn wir das Superpositionsprinzip zugrunde legen und das Potential von einfallender (7.29) und reflektierter (7.30) Welle addieren, so erhalten wir das gesamte Potential in der Überlappungszone dieser Wellen, die laut Annahme gleiche Amplitude haben, zu

$$\begin{aligned}\varphi(x, y, t) &= \varphi_1(x, y, t) + \varphi_1'(x, y, t)\\ &= \varphi_{\max} \exp [\mathrm{i}(\omega t - ky \sin \theta)] [\exp (- \mathrm{i}kx \cos \theta) + \exp (\mathrm{i}kx \cos \theta)]\\ &= 2\varphi_{\max} \cos (kx \cos \theta) \exp [\mathrm{i}(\omega t - ky \sin \theta)]\\ &= \Phi_{\max} \exp [\mathrm{i}(\omega t - yk_y)].\end{aligned} \tag{7.44}$$

θ ist der Einfallswinkel (er ist dem Reflexionswinkel gleich), $k = \omega/c$ ist die Wellenzahl für das zu betrachtende Medium und $k_y = k \sin \theta$ die Projektion des Wellenvektors auf die y-Achse. Somit führt die Addition der Potentiale von einfallender und reflektierter Welle zu einer Gleichung für eine fortlaufende Welle, die sich längs der y-Achse mit der Geschwindigkeit $c_y = \omega/k_y = \omega/(k \sin \theta) = c/\sin \theta$ ausbreitet. Dem Wesen nach ist das die Geschwindigkeit, mit der sich längs der Trennungsgrenze die Phase der einfallenden Welle oder ihre „Spur" ausbreitet. Bei $\theta = \pi/2$ stimmt die Geschwindigkeit der „Spur" der Welle an der Grenze des Mediums mit der Schallgeschwindigkeit im Volumen überein. Bei Normaleinfall ist $c_y \to \infty$: Alle Punkte gleicher Phase, die die Front der Welle bilden, erreichen gleichzeitig die reflektierende Grenze. Im allgemeinen Fall eines beliebigen Einfallswinkels schwankt die Geschwindigkeit der „Spur" in den Grenzen $c \leqq c_y \leqq \infty$.

Wie aus Gleichung (7.44) zu erkennen ist, ist die durch diese Gleichung beschriebene fortlaufende Welle amplitudenmoduliert längs der x-Achse mit räumlicher Periodizität, die auch vom Einfallswinkel θ abhängt. In Ebenen, deren Koordinaten die Bedingung

$$x = \frac{2n + 1}{2} \cdot \frac{\pi}{k \cos \theta} \qquad (n = 0, 1, 2, 3, \ldots) \tag{7.45}$$

befriedigen, ist die Amplitude der resultierenden Welle (7.44) Null. In Ebenen, für die $x = n\pi/(k \cos \theta)$ gilt, nimmt die Amplitude einen Maximalwert an, der gleich der doppelten Amplitude der einfallenden Welle φ_{max} ist. Diese Ebenen, die parallel zur reflektierenden Oberfläche sind, bilden ein System von Knoten und Bäuchen einer stehenden Welle, in der aber eine Phasenverschiebung der Schwingungen längs der y-Achse mit der Geschwindigkeit c_{y} vor sich geht. Solch eine Welle kann man quasistatisch nennen. Ihre Amplitude ist in Richtung der Normalen zur reflektierenden Oberfläche moduliert. Die Periode dieser Modulation, die der Länge der quasistehenden Welle Λ_0' entspricht, wird durch den Abstand zwischen benachbarten Knotenebenen (7.45) bestimmt und ist $\Delta x = \Lambda_0' = \Lambda/(2 \cos \theta) = \Lambda_0/\cos \theta$, wo Λ die Wellenlänge der fortlaufenden Welle im gegebenen Medium bei gegebener Ultraschallfrequenz ist.

Somit hängt die Wellenlänge der quasistehenden Welle Λ_0' vom Einfallswinkel θ ab, genau wie die „Spur“ der einfallenden Welle. Bei Normaleinfall ($\theta = 0$) ist sie $\Lambda_0' = \Lambda/2 = \Lambda_0$. Sie wird gleich der Länge der normalen stehenden Welle. Mit Abweichung des einfallenden Strahlenbündels von der Normalen wächst der Abstand zwischen den Knotenebenen. Längs der Trennungsgrenze in Richtung der Projektion des Wellenvektors der einfallenden Welle erscheint aber ein Energiestrom, der der fortlaufenden Welle entspricht. Der Vektor dieser Stromdichte, d. h. die Intensität des resultierenden Feldes, ist bei beliebigen Winkeln θ längs der reflektierenden Grenze gerichtet. Er ist die Vektorsumme von einfallender und reflektierter Welle, die hinsichtlich des Absolutwertes der Intensität gleich sind (Abb. 43).

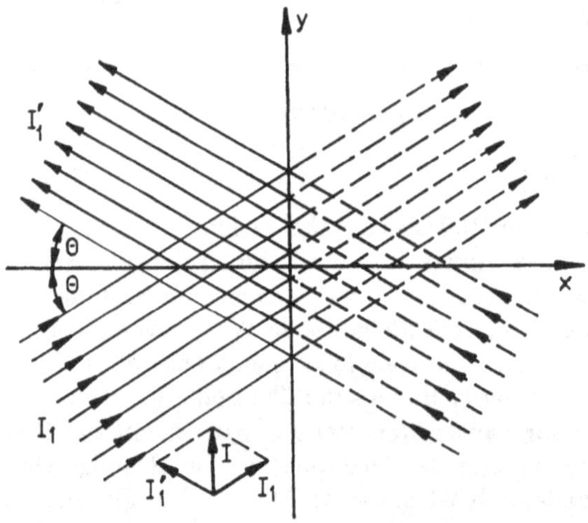

Abb. 43

Wir wollen bemerken, daß man, wie aus Abbildung 43 zu entnehmen ist, das erhaltene Resultat als Interferenz zweier Bündel ebener Wellen betrachten kann: einmal aus der tatsächlichen Quelle und zum anderen aus der zu ihr bezüglich der reflektierenden Ebene symmetrischen scheinbaren Quelle. Es ist offensichtlich, daß solch ein Interferenzbild mit Bildung quasistehender Wellen bei der Überlagerung von zwei tatsächlich existierenden, symmetrisch angeordneten, kohärenten Quellen erscheinen wird.[1] In beiden Fällen ist der Vektor der Energiestromdichte in der Überlagerungszone der Bündel wie die Winkelhalbierende zwischen ihnen gerichtet. Der Absolutwert der Intensität wird

[1] Die Kohärenz der Ultraschallquellen wird durch Anregung von ein und demselben Generator erreicht.

dagegen als geometrische Summe der Intensitäten beider Bündel definiert. Selbstverständlich ist nur die Rede von solchen Bedingungen, unter denen das Superpositionsprinzip realisiert wird.

7.6. Streuung von Ultraschallwellen in einem inhomogenen Medium

Wir betrachten nun kurz die Streuung von Ultraschallwellen auf Grund diffuser Reflexion an Teilchen. Die Teilchen sollen andere physikalische Eigenschaften als das sie umgebende Medium haben und deutliche Grenzen aufweisen. Medien, die solche Teilchen enthalten, werden als heterogene Medien bezeichnet. Beispiele hierfür sind: Suspensionen (Flüssigkeiten mit suspendierten Festkörperteilchen), Aerosole (Gase mit suspendierten festen Teilchen), Emulsionen (flüssige Tropfen in einer nicht auflösenden Flüssigkeit), Flüssigkeiten, die Gasblasen enthalten, insbesondere durch Kavitation hervorgerufene, Dispersionen (Flüssigkeiten mit suspendierten Polymerkugeln), aber auch solche Medien wie Gläser, Sitalle, Minerale, nichtkristalline Metalle usw. Bei der Ausbreitung der primären Ultraschallwelle in solch einem Medium erfolgt eine Reflexion dieser Welle an den Teilchen, die sich im Medium befinden [119, 120]. Diese Teilchen werden zu erzwungenen Schwingungen angeregt. Das führt zur Abstrahlung von sekundären, d. h. gestreuten Wellen durch die Teilchen. Diese einfach gestreute Welle wird ihrerseits wieder vielfach durch andere Teilchen gestreut. Wenn aber das einfach gestreute Feld klein im Vergleich zum primären ist, dann kann man die wiederholt gestreuten Wellen vernachlässigen. Das ist insbesondere der Fall, wenn die Zahl der streuenden Zentren nicht allzu groß ist. Die Vernachlässigung der Vielfachstreuung ist der Annahme äquivalent, daß die „akustische" Wechselwirkung der Teilchen fehlt, d. h., daß die Schwingungen eines Teilchens die Schwingungen eines anderen nicht beeinflussen. Man kann dann das Gesamtfeld, das an der Gesamtheit der Teilchen gestreut wird, als Überlagerung der Felder, die einfach durch jedes Teilchen gestreut worden sind, finden. Das Problem der Streuung des Ultraschalls in einem heterogenen Medium führt dann zum Problem der Streuung an einem Teilchen mit nachfolgender Summation der Resultate über alle Teilchen, die im Streuvolumen angeordnet sind. Die Form der Teilchen kann man dabei in zufriedenstellender Näherung als sphärisch annehmen. Diese Annahme ist um so mehr gerechtfertigt, als bei kleinen Teilchendurchmessern, im Vergleich zur Wellenlänge, und bei ausreichend großen Entfernungen der Teilchen voneinander die Abweichung der Form der realen Teilchen von der Kugelform keine wesentliche Rolle spielt.

Das akustische Feld, das durch die Teilchen gestreut wird, hängt natürlich von der Art der primären Welle ab. Wir werden anfangs ebene Wellen betrachten und die Streuung gerichteter Ultraschallbündel im Auge haben. Weiterhin hängt die Streuung des Ultraschalls durch die Teilchen von ihrer Kompressibilität und Dichte ab. Es ist verständlich, daß, wenn sie mit der Dichte und Kompressibilität des umgebenden Mediums übereinstimmen, dies einem akustisch homogenen Medium entspricht, in dem keinerlei Streuung auftreten wird. Wenn sich das Teilchen vom umgebenden Medium nur hinsichtlich der Dichte unterscheidet, nicht aber bezüglich der Kompressibilität, dann wird es im primären akustischen Feld nachhinken oder der Schwingungsbewegung des Mediums zuvorkommen. Das heißt, es wird relativ zum Medium eine transversale

Schwingungsbewegung ausführen, und das durch das Teilchen gestreute Feld wird dem Feld der Abstrahlung eines „akustischen Dipols“ äquivalent. Wenn sich das Teilchen vom Medium durch die Kompressibilität unterscheidet, dann führt solch ein Teilchen eine Transversalschwingung synchron mit den akustischen Schwingungen des Mediums aus. Unter der Wirkung des akustischen Wechselfeldes wird es aber relativ zum Medium pulsieren. Das Streufeld wird dem Feld der Abstrahlung einer pulsierenden Kugel äquivalent. Im allgemeinen unterscheiden sich die streuenden Teilchen vom umgebenden Medium sowohl in der Dichte wie auch in der Kompressibilität. Das durch sie entstehende Streufeld hat demzufolge einen komplizierten Charakter. Die Berechnung dieses Feldes ist demzufolge eng mit der Problemstellung der Abstrahlung des Schalls durch eine Kugel, die verschiedene Schwingungen ausführt, verbunden.

Die Streuung des Ultraschalls an einem gegebenen Teilchen hängt vom Verhältnis des Radius zur Wellenlänge des Ultraschalls Λ ab. Als Maß für dieses Verhältnis dient der sogenannte Streuparameter, die Größe kR. R ist der Teilchenradius, $k = 2\pi/\Lambda$ die Wellenzahl. Wenn $kR \gg 1$ ist, d. h., die Wellenlänge ist sehr klein im Vergleich zum Durchmesser des Streukörpers, dann kann man die Erscheinungen der Diffraktion vernachlässigen und die Streuung entsprechend den Gesetzen der geometrischen Akustik betrachten. Deshalb wird das Gebiet der Werte $kR \gg 1$ das Gebiet der geometrischen Streuung genannt. Die geometrische Streuung wird durch die üblichen Reflexionsgesetze bestimmt, wie sie vorher für ebene Oberflächen betrachtet worden sind. Im Fall einer unebenen, aber gleichmäßigen Oberfläche kann man sie in einzelne lokal ebene Abschnitte unterteilen und die Reflexion an diesen Abschnitten nach dem Reflexionsgesetz (Gleichheit von Einfalls- und Reflexionswinkel) finden. Hinter dem streuenden Körper wird ein akustischer Schatten gebildet, dessen Querschnittsfläche gleich dem Querschnitt des Körpers ist. Das gestreute Feld vor dem Körper wird durch alle reflektierten Strahlen bestimmt. Der Strom der streuenden Leistung wird dem Strom der einfallenden Leistung gleich. Der Leistungsstrom hinter dem Streukörper ist Null (hier ist das Streufeld wie das primäre ausgelöscht).

Somit bezieht sich die Spezifik Streuung auf solche Teilchen, deren Durchmesser der Wellenlänge vergleichbar oder viel kleiner als diese sind. Der Fall $kR \approx 1$ ist der schwierigste für die Rechnungen. In der Optik ist die Streutheorie des Lichtes für $kR \geqq 1$ von Mie ausgearbeitet worden. Deshalb erhielt das Gebiet mit den Werten $kR \approx 1$ für beliebige Wellenprozesse die Bezeichnung Miesches Gebiet der Streuung.

Das Problem der Schall- und Lichtstreuung an kugelförmigen Teilchen mit kleinem Radius ist zuerst von Rayleigh gelöst worden. Es ging in die Grundlagen der klassischen Streutheorie von Wellen in inhomogenen Medien ein. Man nennt deswegen die Streuung unter der Bedingung $kR \ll 1$ Rayleighsche. Die Rayleigh-Methode besteht in der Zerlegung der einfallenden Welle und der am Teilchen gestreuten in eine Reihe nach Kugelfunktionen mit nachfolgender Berücksichtigung der Grenzbedingungen auf der Oberfläche des Teilchens und Summation der resultierenden Felder.

Wir wollen ein kugelförmiges Teilchen mit dem Radius R in das Zentrum eines Kugelkoordinatensystems setzen. Als Ausbreitungsrichtung einer einfallenden ebenen Welle nehmen wir die negative x-Achse an (Abb. 44), damit das Argument ikx positiv sei. Im Beobachtungspunkt A ist $x = r \cos \theta$. Das Potential der einfallenden ebenen Welle mit der Frequenz ω wird demzufolge

$$\varphi(r, \theta, t) = \varphi_{\max} \exp [i(\omega t + kx)] = \varphi_{\max} \exp (i\omega t) \exp (ikr \cos \theta).$$

Wenn man den unwesentlichen komplexen Faktor exp $(i\omega t)$ wegläßt, kann man dieses Potential als Zerlegung von $\exp(ikr\cos\theta)$ in eine Reihe nach Kugelfunktionen darstellen [61]: $\varphi = \sum_{m=0}^{\infty} (-1)^m (2m+1) P_m(\cos\theta) J_m(kr)$, wo $P_m(\cos\theta)$ das LEGENDREsche Polynom und J_m die BESSEL-Funktion m-ter Ordnung ist.

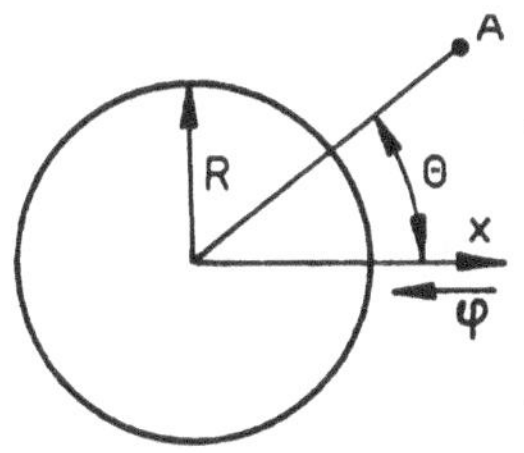

Abb. 44

Die gestreute Welle kann man auch als Superposition kugelförmiger Wellen schreiben, die vom Koordinatenursprung ausgehen, indem man das Potential der gestreuten Welle $\psi(r, \theta, t)$ als Zerlegung in eine Reihe nach Kugelfunktionen darstellt [61]:

$$\psi = \sum_{m=0}^{\infty} a_m P_m(\cos\theta) f_m(ikr) \frac{e^{ikr}}{r} e^{i\omega t}, \tag{7.46}$$

$$f_m(ikr) \equiv 1 + \frac{m(m+1)}{2ikr} + \frac{(m-1)\, m(m+1)(m+2)}{2 \cdot 4(ikr)^2} + \cdots + \frac{1 \cdot 2 \cdot 3 \cdot \dots \cdot 2m}{2 \cdot 4 \cdot 6 \cdot \dots \cdot 2m(ikr)^m}. \tag{7.47}$$

Da das Streufeld das Resultat der Abstrahlung von primären Wellen durch das Teilchen ist, das erzwungene Schwingungen unter der Einwirkung der einfallenden Welle ausführt, bleibt die Frequenz der gestreuten Welle die gleiche. Die unbekannten Koeffizienten a_m in der Zerlegung (7.46) werden aus den Grenzbedingungen, die von den physikalischen Eigenschaften der streuenden Teilchen abhängen, gefunden. Dabei kann man die Funktion $f_m(ikr)$, wie aus (7.47) zu entnehmen ist, gleich Eins setzen, da man das Streufeld gewöhnlich in Entfernungen r beobachtet, die bedeutend über dem Wert der Wellenlänge liegen, d. h. bei $kr \gg 1$.

Am einfachsten für die Rechnung ist der Fall des absolut harten, unbeweglichen, kugelförmigen Teilchens. Solch ein Modell eignet sich für Gemische von festen Teilchen in Gasen oder in Flüssigkeiten bei geringen Verschiebungen in der Ultraschallwelle (Schallquelle ist in diesem Fall das umfließende Medium, in dem Wirbelfreiheit angenommen wird). Als Grenzbedingung für das gegebene Modell wird angenommen, daß die Radialkomponenten der Schwingungsgeschwindigkeit in der einfallenden und gestreuten Welle gleich sind, d. h.

$$\left.\frac{\partial\varphi}{\partial r} + \frac{\partial\psi}{\partial r}\right|_{r=R} = 0;$$

R ist der Radius der streuenden Kugel. Die Anwendung dieser Bedingung liefert für jeden Koeffizienten

$$a_m = (2m + 1) \frac{kR^2 e^{ikR}}{F_m(ikR)} P_m \left(\frac{d}{d(ikr)}\right) \frac{d}{d(kR)} \frac{\sin kR}{kR}, \tag{7.48}$$

$$F_m(ikR) \equiv 1 \cdot 3 \cdot 5 \cdot \dots \cdot (2m - 1)(m + 1)(ikR)^{-m}$$
$$\times \left[1 + ikR + \frac{m^2(ikR)^2}{(m+1)(2m-1)} + \cdots\right].$$

Drückt man die komplexe Funktion $F_m(ikr)$ in der Form $F_m = \alpha + i\beta = (\alpha^2 + \beta^2)/(\alpha - i\beta) = \sqrt{(\alpha^2 + \beta^2} \exp(i\gamma)$ aus, wo $\gamma = \arctan(-\beta/\alpha)$ ist, und setzt den Ausdruck (7.48) in (7.46) ein, so erhält man für das Potential der gestreuten Welle bei $kr \gg 1$:

$$\psi = \sum_{m=0}^{\infty} (2m + 1) \frac{kR^2}{r} e^{i(\omega t - kr + kR + \gamma)} (\alpha^2 + \beta^2)^{-1/2}$$
$$\times P_m \left(\frac{d}{d(ikR)}\right) \frac{d}{d(kR)} \frac{\sin kR}{kR} P_m(\cos\theta).$$

Hieraus kann man leicht die Ausdrücke für die ersten Harmonischen erhalten ($m = 0, 1, 2, \ldots$), wobei zu beachten ist, daß $P_0(\cos\theta) = 0$, $P_1(\cos\theta) = \cos\theta$, $P_2(\cos\theta) = 3(\cos^2\theta - 1/3)/2, \ldots$ [61]. Für die ersten drei Harmonischen ergibt sich

$$m = 0, \qquad \alpha^2 + \beta^2 \doteq 1 + (kR)^2, \qquad \tan\gamma_0 = -kR,$$

$$\psi_0 = \frac{kR^2}{r} (1 + k^2R^2)^{-1/2} \frac{d}{d(kR)} \frac{\sin kR}{kR} \cos(\omega t - kr + kR + \gamma_0); \tag{7.49a}$$

$$m = 1, \qquad \alpha^2 + \beta^2 = (kR)^2 + \frac{4}{(kR)^2}, \qquad \tan\gamma_1 = -\frac{(kR)^3 - 2}{2kR},$$

$$\psi_1 = \frac{3kR^2}{r} \left(k^2R^2 + \frac{4}{k^2R^2}\right)^{-1/2} \frac{d^2}{d(kR)^2} \frac{\sin kR}{kR} \cos\theta$$
$$\times \sin(\omega t - kr + kR + \gamma_1); \tag{7.49b}$$

$$m = 2, \qquad \alpha^2 + \beta^2 = (kR)^2 - 2 + \frac{9}{(kR)^2} + \frac{81}{(kR)^4},$$

$$\tan\gamma_2 = -\frac{kR(k^2R^2 - 9)}{4k^2R^2 - 9},$$

$$\psi_2 = -\frac{45kR^2}{4r} \left(k^2R^2 - 2 + \frac{9}{k^2R^2} + \frac{81}{k^4R^4}\right)^{-1/2}$$
$$\times \left[\frac{d^3}{d(kR)^3} + \frac{1}{3} \frac{d}{d(kR)}\right] \frac{\sin kR}{kR} \left(\cos^2\theta - \frac{1}{3}\right)$$
$$\times \cos(\omega t - kr + kR + \gamma_2). \tag{7.49c}$$

Bis zu diesem Stadium wird das Problem der Streuung ebener Wellen für das gegebene Modell völlig streng in allgemeiner Form gelöst, wenn man nicht die Annahme $kr \gg 1$ zählt. Die Möglichkeit und der Charakter der weiteren Lösung hängen vom Verhältnis zwischen der Wellenlänge und dem Radius der Teilchen ab, d. h. von der Größe des Parameters kR. RAYLEIGH ist die Endlösung für den Fall des kleinen Parameters zu verdanken: $kR \ll 1$.

Unter der Bedingung $kR \ll 1$ kann man die Ausdrücke (7.49) in Reihen nach wachsenden Potenzen von kR zerlegen:

$$\psi_0 = -\frac{k^2R^3}{3r}\left(1 - \frac{3}{5}k^2R^2 + \frac{3}{7}k^4R^4 - \frac{19}{54}k^6R^6 + \cdots\right) \times \cos(\omega t - kr + kR + \gamma_0);$$

$$\psi_1 = -\frac{k^2R^3}{2r}\left(1 - \frac{3}{10}k^2R^2 - \frac{3}{28}k^4R^4 + \frac{1}{27}k^6R^6 + \cdots\right) \times \cos(\omega t - kr + kR + \gamma_1);$$

$$\psi_2 = -\frac{k^4R^5}{9r}\left(1 - \frac{25}{126}k^2R^2 + \frac{13}{567}k^4R^4 + \cdots\right) \times \left(\cos^2\theta - \frac{1}{3}\right)\cos(\omega t - kr + kR + \gamma_2);$$

. . . .

Wir sehen, daß die nullte und erste Harmonische die gleichen Exponenten bezüglich des Parameters kR haben, wogegen der Wert ψ_2 einen um zwei höheren Exponenten hat. Demzufolge kann man unter der Bedingung $kR \ll 1$ die Reihe für das Potential der gestreuten Wellen auf die Summe der ersten zwei Kugelharmonischen beschränken. Ihre Addition muß unter Berücksichtigung der Phasenfaktoren durchgeführt werden. Bei $kR \ll 1$ ist aber entsprechend (7.49a) und (7.49b) $\gamma_0 \approx 0$ und $\gamma_1 \approx \pi/2$, so daß die Phasenfaktoren in ψ_0 und ψ_1 angenähert zusammenfallen. Als Resultat wird das Potential der gestreuten Wellen $\psi \approx \psi_0 + \psi_1$ der einfache Näherungsausdruck

$$\psi(\theta, r, t) \approx -[k^2R^3/(3r)]\,[1 + (3/2)\cos\theta]\cos(\omega t - kr).$$

Für die Intensität der gestreuten Wellen, die proportional zum Amplitudenquadrat ist, haben wir

$$I_{\text{Str}} = I_0\frac{k^4R^6}{9r^2}\left(1 + \frac{3}{2}\cos\theta\right)^2 \tag{7.50a}$$

oder

$$I_{\text{Str}} = I_0\frac{\omega^4R^6}{9c^4r^2}\left(1 + \frac{3}{2}\cos\theta\right)^2, \tag{7.50b}$$

wo c die Schallgeschwindigkeit im Medium ist.

Die Intensität der gestreuten Welle erweist sich somit als proportional zur vierten Potenz der Frequenz der einfallenden Welle, d. h. umgekehrt proportional zur vierten Potenz der Wellenlänge Λ (RAYLEIGHsches Gesetz). Sie ist auch proportional zur sechsten Potenz des Radius der streuenden Teilchen, d. h. zum Quadrat ihres Volumens.

Wir erinnern uns aber, daß die Rede von solchen Wellenlängen und Teilchenabmessungen ist, bei denen die Bedingung $kR \ll 1$ erfüllt wird. Dieses Anwendungsgebiet der Formeln (7.50) wird auch das Gebiet der RAYLEIGH-Streuung genannt.

Entsprechend den Formeln (7.50) kann die Größe $(I_{Str}/I_0)\, r^2$ als nicht von der Entfernung abhängendes Maß der Winkelverteilung der gestreuten Energie dienen (selbstverständlich für Entfernungen r, die die Ausgangsbedingung $kr \gg 1$ befriedigen). Die entsprechende Kurve wird Streuindikatrix genannt. Die Indikatrix der RAYLEIGH-Streuung ist in Abbildung 45 dargestellt. Charakteristisch für sie ist das Überwiegen der Rückstreuung, d. h. der Streuung entgegen der einfallenden Welle. In Übereinstimmung mit den Formeln (7.50) ist die Intensität der Streuung in Richtungen, für die $\cos\theta = -2/3$ ($\theta \approx 132°$ und $\theta \approx 228°$) ist, gleich Null. Das Verhältnis der Streuintensitäten bei $\theta = 0°$ und $\theta = 180°$ beträgt entsprechend den RAYLEIGH-Formeln (7.50) $(5/2 : 1/2)^2 = 25$. Das bedeutet, daß die Rückstreuung das 25fache der Streuung in Richtung der einfallenden Welle beträgt. Es ist leicht auszurechnen, daß auf die rückwärtige Richtung in den Winkelgrenzen von 0 bis 90° ungefähr 90% der gesamten gestreuten Energie entfällt.

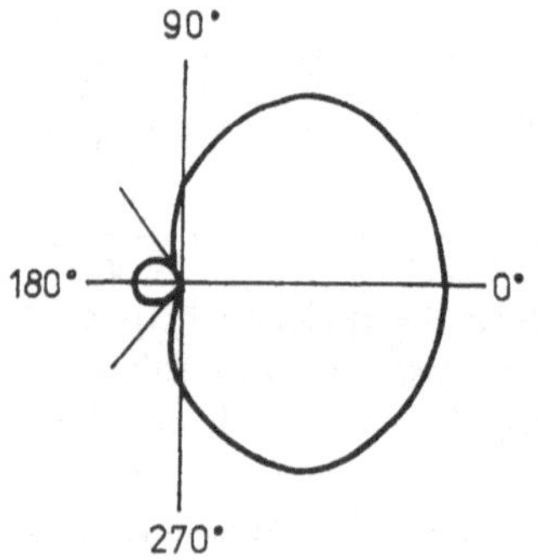

Abb. 45

Als integrales Maß der Streuung wird häufig eine charakteristische Größe benutzt, die effektiver Streuquerschnitt σ_{eff} genannt wird. Darunter versteht man das Verhältnis von gesamter gestreuter Leistung D_{Str} zur Intensität der einfallenden Ultraschallwelle I_0

$$\sigma_{eff} = D_{Str}/I_0, \tag{7.51}$$

das die Dimension einer Fläche hat. Im Fall der geometrischen Streuung an einer Kugel ist der effektive Streuquerschnitt offensichtlich gleich der doppelten Fläche des diametralen Kugelschnittes:

$$\sigma_{eff} = 2\pi R^2. \tag{7.52}$$

Für die RAYLEIGH-Streuung finden wir die gesamte Streuleistung, indem wir den Ausdruck (7.50a) über den Raumwinkel integrieren:

$$D_{Str} = \int_0^\pi I_{Str} 2\pi r^2 \sin\theta \, d\theta = \frac{7}{9}\, \pi R^2 (k^4 R^4)\, I_0.$$

Dividiert man diesen Ausdruck durch die Intensität der einfallenden Welle I_0, so erhält man

$$\sigma_{\text{eff}} = (7/9)\,\pi R^2 (kR)^4. \tag{7.53}$$

Bei $kR \ll 1$ ist demzufolge der effektive Streuquerschnitt nur ein Bruchteil der Querschnittsfläche der Kugel πR^2. Die Größe σ_{eff} charakterisiert somit die Effektivität der Streuung durch das gegebene Streuhindernis.

Das Problem der Streuung ebener Wellen an einem komprimierbaren, kugelförmigen Teilchen ist erstmals von RAYLEIGH in der Näherung $kR \ll 1$ gelöst worden. In diesem Fall wird das Streufeld durch die Abstrahlung des Teilchens bestimmt, das erzwungene Oszillations- und Pulsationsschwingungen ausführt. Das Lösungsschema bleibt das gleich wie vorher. Das heißt, die gestreute Welle wird als Entwicklung nach Kugelfunktionen dargestellt (7.46). Die Randbedingungen, aus denen die unbekannten Koeffizienten in dieser Reihe bestimmt werden, haben die Form

$$\left.\frac{\partial \varphi}{\partial r} + \frac{\partial \psi}{\partial r}\right|_{r=R} = \frac{\partial \varphi_1}{\partial r}, \qquad \varrho(\varphi + \psi)|_{r=R} = \varrho_1 \varphi_1 .$$

Hier sind φ und ψ die Potentiale der einfallenden und gestreuten Welle, φ_1 ist das Potential der Welle, die sich im Teilchen ausbreitet, ϱ_1 stellt die Teilchendichte dar und ϱ die des umgebenden Mediums. Die erste Randbedingung kennzeichnet, daß die Normalkomponenten der Verschiebungsgeschwindigkeit nach beiden Seiten, von der Grenzfläche aus gesehen, gleich sind. Die zweite widerspiegelt die Druckgleichheit.

Im Fall $kr \gg 1$ (große Entfernung zum Beobachtungspunkt) wird für die Intensität der gestreuten Wellen der einfache Ausdruck

$$I_{\text{Str}} = I_0 \frac{\omega^4 R^6}{9 c^4 r^2} \left(\frac{K_1 - K_2}{K_1} + 3 \frac{\varrho_1 - \varrho}{2\varrho_1 + \varrho} \cos\theta \right)^2 \tag{7.54}$$

erhalten. K_1 und K_2 sind der Kompressionsmodul des Teilchens und des dieses umgebenden Mediums. Bei $K_1 \to \infty$ und $\varrho_1 \gg \varrho$ geht dieser Ausdruck in die Formel für die Streuung an einer nichtkomprimierbaren, nichtbewegten Kugel (7.50b) über. Das Modell des komprimierbaren, kugelförmigen Teilchens paßt für Emulsionen, Aerosole, aber auch für Gasblasen in einer Flüssigkeit. Aus (7.54) folgt aber auch, daß im Fall einer komprimierbaren Kugel bei $kR \ll 1$ alle grundlegenden Gesetzmäßigkeiten der RAYLEIGH-Streuung, die für ein hartes Teilchen erhalten wurden, gültig bleiben. Das sind die Abhängigkeiten von der Frequenz in der vierten Potenz und vom Radius der Teilchen in der sechsten Potenz. Ein Unterschied besteht nur in Details der Indikatrix. So ist der Winkel θ, bei dem die Intensität der Streuung Null ist, abhängig vom Verhältnis zwischen der Dichte und der Kompressibilität der Teilchen und des umgebenden Mediums.

Der Fall $kR \gtrsim 1$, der der MIE-Streuung entspricht, ist mit einem sehr großen Arbeitsaufwand verknüpft (es sind eine Vielzahl von sphärischen Harmonischen zu addieren) und führt zu aufwendigen Resultaten. Der einfachste Ausdruck wird für die Intensität der gestreuten Wellen an einer nichtkomprimierbaren Kugel für $kR \gg 1$ (und $kr \gg 1$) [2] erhalten:

$$I_{\text{Str}} = I_0 \frac{R^2}{4r^2} \left[1 + \cot^2 \frac{\theta}{2}\, J_1{}^2(kR \sin\theta) \right];$$

J_1 ist die BESSEL-Funktion erster Ordnung. Obwohl dieser Ausdruck zum Fall $kR \gg 1$ gehört, beinhaltet er grundlegende Besonderheiten, die charakteristisch für die MIE-Streuung sind. Im Unterschied zur RAYLEIGH-Streuung ist hier die Frequenzabhängigkeit auf komplizierte Art durch eine BESSEL-Funktion zum Quadrat ausgedrückt. Auch die Abhängigkeit vom Teilchendurchmesser hat einen anderen Charakter. Die Streuindikatrix nach MIE hat unterschiedliches Aussehen für verschiedene Werte des Streuparameters kR. In Abbildung 46 sind drei Streuindikatrixen einer harten Kugel, für verschiedene Parameter kR berechnet, dargestellt. Bei kleinen Werten kR ist die Indikatrix ähnlich dem Bild der RAYLEIGH-Streuung. Mit Vergrößerung von kR beginnt sich die Indikatrix in Richtung der einfallenden Welle auszudehnen. Es zeigen sich einige Besonderheiten. Bei Werten $kR > 20\ldots30$ stabilisiert sich das Bild der Indikatrix im Prinzip. Eine Ausnahme bildet die Diffraktionsphase, wo das Streufeld, das sich mit der einfallenden Welle überlagert, ein Schattengebiet bildet.

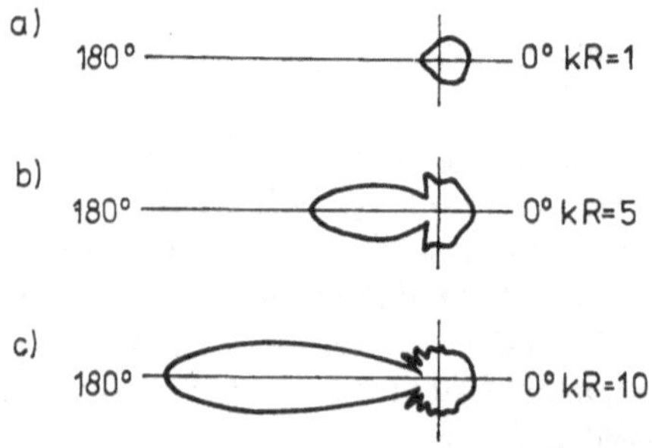

Abb. 46

Eine Analyse der Streuung an einer komprimierbaren Kugel bei $kR \gtrless 1$ zeigt, daß auch in diesem Fall die grundlegenden Gesetzmäßigkeiten der MIE-Streuung erhalten bleiben. Die Form der Diagramme hängt bei fixierten Werten kR nur noch vom Verhältnis der Dichten und Kompressibilitäten von streuendem Teilchen und Medium ab.

Das Wesentlichste, was den Fall komprimierbarer Teilchen von dem der nichtkomprimierbaren unterscheidet, ist die Möglichkeit der Resonanzanregung verschiedener Eigenschwingungen der elastischen Streuer. Man kann in diesem Fall in der Frequenzabhängigkeit der Streuung Resonanzpeaks beobachten. Diese Peaks entsprechen der Anregung irgendwelcher Moden von Eigenschwingungen der streuenden Teilchen. Als Beispiel sind in Abbildung 47 [62] berechnete Kurven dargestellt, die die Abhängigkeit der Streuleistung D_{Str} vom Parameter kR zeigen. Kurve 1 gilt für eine harte Kugel, Kurve 2 für ein komprimierbares, kugelförmiges Teilchen, in dem die Geschwindigkeit c_1 und die Dichte ϱ_1 halb so groß sind wie im umgebenden Medium. Natürlich erscheinen solche Streupeaks für Teilchen mit gegebenen physikalischen Eigenschaften in einem bestimmten (kritischen) Frequenzgebiet (der Werte kR), in dem ihre Resonanzfrequenzen liegen. Andererseits kann man aus der Lage der Streupeaks die Resonanzfrequenzen und den Charakter dieser Schwingungen bestimmen.

Die Verstärkung der Streuung bei Resonanz wird dadurch erklärt, daß das Streufeld durch Abstrahlung von Ultraschall durch die Teilchen, die erzwungene Schwingungen im Feld der Primärwelle ausführen, gebildet wird. Die Amplitude der erzwungenen Schwingungen wächst im Resonanzfall stark an, und zwar so, wie die Güte des schwingenden Systems ist (s. Kap. 8). Entsprechend steigt natürlich auch die Streuintensität an. Für Pulsationsschwingungen von Luftblasen in Wasser führt dies zum Beispiel zur Vergrößerung des effektiven Streuquerschnittes um ungefähr 12 Größenordnungen. Hieraus ergibt sich auch die starke Ultraschallstreuung bei der Entstehung von Kavitation in Flüssigkeiten, wenn sich Blasen mit Resonanzdurchmessern in der Flüssigkeit befinden oder entstehen. Die Resonanzstreuuung wird erfolgreich in der Hydroakustik bei der Echolotung von Fischschwärmen ausgenutzt. Die Rolle der Resonanzblasen spielen in diesem Falle die Schwimmblasen der Fische. Die starke Erhöhung der Streuung bei Resonanz (in diesem Fall auch der Rückstreuung, die durch das Echolot empfangen wird) läßt eine relativ gesicherte Aussage über den Fischdurchmesser wie auch die Mächtigkeit des Schwarms zu.

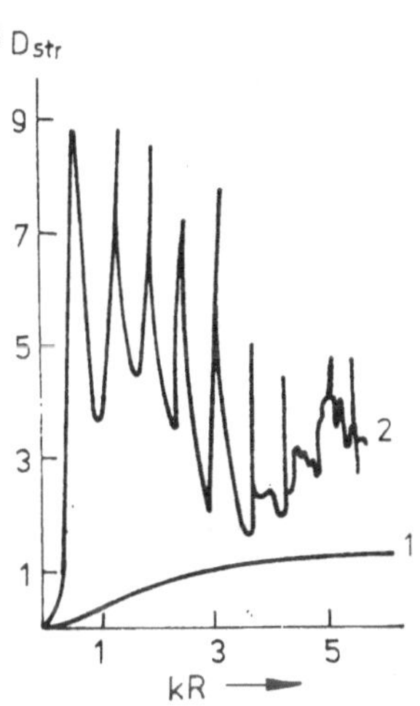

Abb. 47

Die Dämpfung von Ultraschallwellen infolge Streuung

Da die gestreute Energie der Energie der primären Ultraschallwelle entnommen wird, geht infolge der Streuung an der Gesamtheit der Teilchen oder anderen Inhomogenitäten des Mediums eine zusätzliche Dämpfung der Ultraschallwellen im Ausbreitungsprozeß vor sich. Als Maß dieser Dämpfung durch ein Teilchen kann der effektive Streuquerschnitt σ_{eff} dienen. Dieser drückt auch gemäß seiner Definition (7.51) jenen Anteil der Ultraschalleistung aus, der infolge von Streuung aus der spezifischen Leistung der einfallenden Ultraschallwelle verloren geht. Liegt eine Anhäufung von Teilchen vor und existiert keine akustische Wechselwirkung zwischen ihnen, so wird die Gesamtstreuung gleich der Summe über die Streuung an einem Teilchen. Ist die Rede von Mikroinhomogenitäten, die klein im Vergleich zur Ultraschallwellenlänge sind, so kann man solch eine Gesamtheit von Inhomogenitäten als reguläre (gleichmäßige) Anordnung darstellen, auf die Konzentrationsfluktuationen auferlegt werden. Eine gleichmäßige Anordnung der Inhomogenitäten ist einem dreidimensionalen Gitter gleichzusetzen. Sie wird nicht zu einer diffusen Streuung führen. In der Optik existiert eine ähnliche Situation bei der Ausbreitung von Licht in einem realen Kristall. Die Lichtwellen, die durch jedes Molekül gestreut werden, löschen sich untereinander in allen Richtungen mit Ausnahme der Ausbreitungsrichtung der primären Welle aus. Das bedeutet, daß eine inkohärente Streuung an den Konzentrationsfluktuationen erfolgen wird. Wenn diese Fluktuationen unabhängig voneinander in unterschiedlichen Gebieten sind, dann summiert sich die durch sie gestreute Leistung auch einfach.

In einem beliebigen Fall kann man bei Vernachlässigung der Sekundärstreuung das inhomogene Medium durch einen spezifischen Streuquerschnitt charakterisieren, der als Produkt des effektiven Streudurchmessers jedes Streuers und der Zahl der unabhängigen Streuer in der Volumeneinheit, n_0, definiert ist. So verliert eine primäre, ebene, fortlaufende Ultraschallwelle mit der Intensität I in Form gestreuter Wellen auf einer Einheitswegstrecke die Leistung $n_0\sigma_{eff}I$. Das bedeutet $\mathrm{d}I/\mathrm{d}x = -n_0\sigma_{eff}I$, woraus für die Leistung folgt $I = I_0 \exp(-n_0\sigma_{eff}x) = I_0 \exp(\alpha_{Str}x)$.

Folglich führt die Streuung, wie auch die Absorption, zu einer exponentiellen Dämpfung ebener Ultraschallwellen mit einem Streukoeffizienten (bezüglich der Energie) $\alpha'_{Str} = n_0\sigma_{eff}$, der durch den effektiven Streuquerschnitt σ_{eff} bestimmt wird. Berücksichtigt man seine allgemeine Definition (7.51), so kann man schreiben $\alpha'_{Str} = (n_0/I_0) \oint I_{Str}\,\mathrm{d}S$. Im Fall der RAYLEIGHschen Streuung erhält man mit (7.53)

$$\alpha'_{Str} = (7/9)\, n_0\pi k^4R^6 = 7\pi^3 n_0 V^2\nu^4/c^4,$$

d. h., daß der Dämpfungskoeffizient infolge der RAYLEIGHschen Streuung proportional zur vierten Potenz der Frequenz und zum Quadrat des Volumens des streuenden Teilchens V_0 ist. Im Fall geometrischer Streuung ist entsprechend (7.52) $\alpha'_{Str} = 2\pi R^2 n_0$, $\alpha_{Str} = \pi R^2 n_0$, d. h., der Streukoeffizient hängt nicht von der Frequenz ab. In allen Fällen ist er der Konzentration der Streuzentren, n_0, proportional. Letzterer Umstand ist die Folge der Vernachlässigung der Teilchenwechselwirkung. In einer strengeren Theorie muß man die sekundäre Streuung berücksichtigen und solche Faktoren wie die Absorption des Ultraschalls im Material der Teilchen und Reibungskräfte auf ihrer Oberfläche.

8. Durchgang ebener Wellen durch Schichten. Elektroakustische Analogien

8.1. Durchgang durch eine planparallele Schicht

Wir betrachten den Durchgang ebener Ultraschallwellen durch eine Schicht mit planparallelen Grenzen [118]. Der Wellenwiderstand der Schicht wird mit $z = \varrho c$ bezeichnet, der des Mediums außerhalb der Schicht auf beiden Seiten mit $z_1 = \varrho_1 c_1$. Die x-Achse legen wir senkrecht zu den Grenzen der Schicht, denen wir die Koordinaten $x = 0$ und $x = d$ (d — Dicke der Schicht) zuschreiben. Wir werden gleich den allgemeinen Fall des schrägen Einfalls von Ultraschallwellen unter beliebigem Winkel θ_1 zur x-Achse berück-

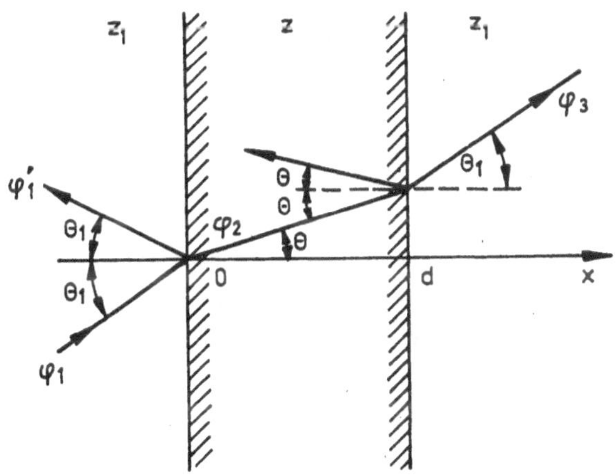

Abb. 48

sichtigen (Abb. 48). An jeder Trennungsgrenze werden reflektierte und gebrochene Wellen entstehen. Durch die Symmetrie der Anordnung wird die aus der Schicht austretende Welle sie unter dem Einfallswinkel θ_1 verlassen. Für die Potentiale dieser Wellen haben wir in direkter Analogie zu den Gleichungen (7.29) bis (7.31) für die einfallende Welle

$$\varphi_1 = \varphi_{1\,\max} \exp\{i[\omega t - k_1(x \cos\theta_1 + y \sin\theta_1)]\};$$

für die Welle, die an der Ebene $x = 0$ reflektiert worden ist,

$$\varphi_1' = \varphi'_{1\max} \exp\{i[\omega t + k_1(x \cos\theta_1 - y \sin\theta_1)]\}$$

und für die Welle, die durch die erste Grenze hindurchgegangen ist,

$$\varphi_2 = \varphi_{2\,\max} \exp\{i[\omega t - k(x \cos\theta + y \sin\theta)]\}.$$

Für die Welle, die an der zweiten Grenze reflektiert worden ist, gilt (in Analogie zu der an der ersten Grenze reflektierten Welle)

$$\varphi_2' = \varphi'_{2\max} \exp\{i[\omega t + k(x \cos \theta - y \sin \theta)]\}$$

und für die durchgehende Welle

$$\varphi_3 = \varphi_{2\max} \exp\{i[\omega t - k_1(x \cos \theta_1 + y \sin \theta_1)]\}.$$

Somit haben wir vier unbekannte Größen: φ_1', φ_2, φ_2', φ_3. Diese sind miteinander durch vier Gleichungen verbunden, die sich aus den Grenzbedingungen der Kontinuität der Drücke und Normalkomponenten der Geschwindigkeit an beiden Trennungsgrenzen ergeben. Für die Potentiale liefert dies bei $x = 0$

$$\left.\begin{aligned} \varrho_1(\varphi_1 + \varphi_1') &= \varrho(\varphi_2 + \varphi_2') \\ k_{1x}(\varphi_1 - \varphi_1') &= k_x(\varphi_2 - \varphi_2') \end{aligned}\right|_{x=0}; \tag{8.1}$$

$k_{1x} = k_1 \cos \theta$, $k_x = k \cos \theta$. Die Bedingung (8.1) ist nur für $x = 0$ gültig, so daß $\varphi_1 = \varphi_1|_{x=0} \equiv \varphi_1(0) = \varphi_{1\max} \exp i(\omega t - k_1 y \sin \theta_1)$ usw. wird. Bei $x = d$ unterscheiden sich die Potentiale von den vorhergehenden durch die Faktoren $\exp(\pm i k_x d)$ und $\exp(-i k_{1x} d)$:

$$\begin{aligned} \varrho[(\varphi_2(0)\, e^{-ik_x d} + \varphi_2'(0)\, e^{ik_x d}] &= \varrho_1 \varphi_3(0)\, e^{-ik_{1x} d}; \\ k_x[\varphi_2(0)\, e^{-ik_x d} - \varphi_2'(0)\, e^{ik_x d}] &= k_{1x} \varphi_3(0)\, e^{-ik_{1x} d}. \end{aligned} \tag{8.2}$$

Eliminiert man nun in den Gleichungen (8.1) und (8.2) die Zwischenwellen φ_2 und φ_2', so erhält man für den Reflexionskoeffizienten bezüglich des Druckes

$$\varrho_p = \frac{\varphi_1'}{\varphi_1} = \frac{k_x \varrho_1/(k_{1x}\varrho) - k_{1x}\varrho/(k_x \varrho_1)}{\sqrt{[k_x \varrho_1/(k_{1x}\varrho) + k_{1x}\varrho/(k_x \varrho_1)]^2 + 4 \cot^2 (d \cdot k_x)}} \tag{8.3}$$

mit

$$k_x \varrho_1/(k_{1x}\varrho) = k \cos \theta \cdot \varrho_1/(k_1 \cos \theta_1 \cdot \varrho) = z_1 \cos \theta/(z \cos \theta_1).$$

Außer im trivialen Fall $d = 0$ oder $\varrho_1 = \varrho$ und $c_1 = c$ (keine Schicht!) wird der Reflexionskoeffizient Null bei $z_1 \cos \theta = z \cos \theta_1$. Das entspricht der Bedingung (7.41) für die Durchlässigkeit der Trennungsgrenze zweier Medien bei schrägem Einfall. Außerdem wird, wie aus (8.3) zu sehen ist, der Reflexionskoeffizient von der Schicht gleich Null, wenn $\cot (d\, k_x) = \infty$, d. h. $d\, k_x = n\pi$ mit $n = 0, 1, 2, \ldots$ Da nun $d\, k_x = d\, k \cos \theta = (2\pi\, d/\Lambda) \cos \theta$ ist, nimmt die Bedingung für die Transparenz der Schicht ($\varrho_p = 0$) die folgende Form an:

$$d = (n\Lambda/2)/\cos \theta, \qquad n = 0, 1, 2, 3, \ldots \tag{8.4}$$

Das heißt, die Schicht wird bei beliebigem Wellenwiderstand akustisch transparent, wenn die Projektion der Schichtdicke auf den gebrochenen Strahl in der Schicht gleich einer ganzen Zahl der Halbwelle ist. Die Halbwelle bezieht sich auf das Material der Schicht, d. h., sie wird durch die Beziehung $c = \Lambda \nu$ bestimmt. Die Bedingung (8.4) kann auch dann erfüllt werden, wenn die Schallgeschwindigkeit in der Schicht größer als im umgebenden Medium ist ($\Lambda > \Lambda_1$). Das ist beispielsweise der Fall, wenn eine Platte aus festem Material sich in Flüssigkeit oder Gas befindet. Wenn man solch eine Platte relativ zur Front der einfallenden Ultraschallwelle dreht, kann man immer ihre akustische Transparenz erreichen. Solch ein Verfahren wird beispielsweise in der Arbeit [63] zur Ausfilterung von Harmonischen einer Welle endlicher Amplitude angewendet. Man muß aber dabei berücksichtigen, daß bei schrägem Einfall einer Welle auf eine Platte aus festem Material in diesem außer longitudinalen Wellen auch noch Scherwellen entstehen, die, indem sie sich an der zweiten Grenze umwandeln, auch longitudinale Wellen in die Flüssigkeit abstrahlen werden (siehe später). Somit erweist sich das Bild vom Durchgang des Ultraschalls durch eine feste Platte als relativ schwierig.

Im Fall des Normaleinfalls der Welle ist $\theta_1 = \theta = 0$, $k_{1x} = k_1$, $k_x = k$, und die Formel für den Amplitudenreflexionskoeffizienten (8.3) nimmt die Form

$$\varrho_p = \frac{k\varrho_1/(k_1\varrho) - k_1\varrho/(k\varrho_1)}{\sqrt{[k\varrho_1/(k_1\varrho) + k_1\varrho/(k\varrho_1)]^2 + 4\cot^2(d \cdot k)}} \tag{8.5}$$

an. Dieses Resultat gilt auch vollständig für eine feste Platte, da eine Transformation der Wellen bei Normaleinfall nicht erfolgt. Der Reflexionskoeffizient für die Intensität ist entsprechend $\varrho_I = \varrho_p^2$, der Durchlässigkeitskoeffizient $d_I = 1 - \varrho_I = 1 - \varrho_p^2$. Nach Formel (8.5) ist $\varrho_p = \varrho_I = 0$, dagegen $d_I = 1$ bei $d\,k = n\pi$, d. h. bei der Bedingung

$$d = n\Lambda/2, \qquad n = 1, 2, 3, \ldots, \tag{8.6}$$

wenn in die Schichtdicke (der Platte) eine ganze Zahl von Halbwellen (eine ganze Zahl stehender Wellen) gelegt werden. Es ist unschwer, die physikalische Bedeutung solch eines Resultates zu verstehen. In der Platte baut sich auf Grund der Vielfachreflexionen eine stehende Welle auf. Wenn $z < z_1$ ist, entspricht dies Bäuchen des Druckes an den Grenzen, wenn $z > z_1$ ist, Bäuchen der Geschwindigkeit. In einem bestimmten Fall schwingt die Platte in Resonanz und wird selbst eine Quelle ebener Wellen jener Amplitude ($\varphi_3 = \varphi_1$, wenn man natürlich nicht die Dämpfung im Material der Schicht berücksichtigt), die sich weiter in positiver Richtung der x-Achse ausbreiten.

Somit ist bei Erfüllung der Bedingung (8.6) $\varrho_{I\,\min} = 0$ und $d_{I\,\max} = 1$ bei einem beliebigen Wellenwiderstand der Schicht. Der Maximalwert des Reflexionskoeffizienten wird bei der Bedingung $\cot^2(d\,k) = 0$ erreicht, d. h.

$$d = (2n + 1)\,\Lambda/4, \tag{8.7}$$

wenn auf die Schichtdicke also ein durch zwei nicht teilbares Vielfaches von $\Lambda/4$ paßt ($d = \Lambda/4, 3\Lambda/4, 5\Lambda/4, \ldots$). Entsprechend (8.5) ist

$$\varrho_{I\,\max} = \left[\frac{(k\varrho_1)^2 - (k_1\varrho)^2}{(k\varrho_1)^2 + (k_1\varrho)^2}\right]^2 = \left(\frac{z_1^2 - z_2^2}{z_1^2 + z_2^2}\right)^2 = \left(\frac{l^2 - 1}{l^2 + 1}\right)^2, \tag{8.8}$$

wo $l = z_1/z$ ist. Dabei hat der Transmissionskoeffizient den minimalen Wert

$$d_{I\,\min} = 1 - \varrho_{I\,\max} = 4l^2/(l^2 + 1)^2. \tag{8.9}$$

Bei $z_1 = z$ ist $\varrho_{I\,\max} = 0$ und $d_{I\,\min} = 1$, d. h., die Schicht ist durchlässig für beliebige Verhältnisse d/Λ. Wenn $l \to 0$ oder $l \to \infty$, dann gilt $\varrho_{I\,\max} \to 1$ und $d_{I\,\min} \to 0$. Wenn

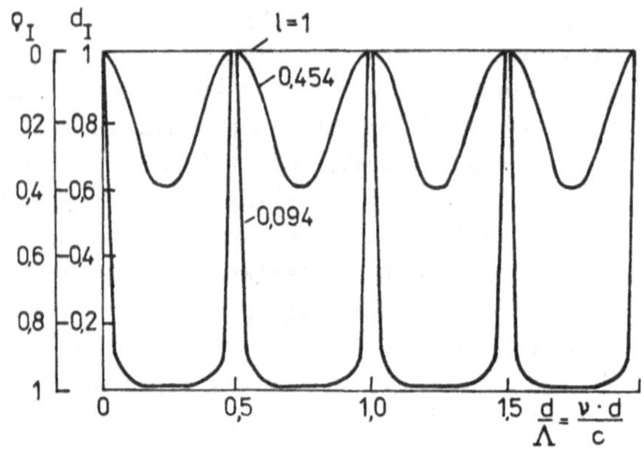

Abb. 49

also die Wellenwiderstände von Schicht und Medium sich sehr stark unterscheiden, wird die Schicht die Ultraschallwelle vollständig reflektieren, wie aus (8.7) folgt.

Zwischenwerte ϱ_I und d_I bei gegebenen z_1, z, d und Λ können mit Hilfe der Formel (8.5) ausgerechnet werden. Die Resultate solch einer Rechnung sind in Abbildung 49 für drei konkrete Werte der Parameter l angeführt: $l = 0{,}094$ (Aluminiumscheibe in Wasser), $l = 0{,}454$ (Scheibe aus Plexiglas in Wasser) und $l = 1$ (eine Schicht mit dem Wellenwiderstand z, der gleich dem Wellenwiderstand des Mediums z_1 ist). Auf der Abszisse ist das Verhältnis d/Λ oder $\nu d/c$ aufgetragen, wo ν die Ultraschallfrequenz ist und c die Schallgeschwindigkeit in der Materialschicht. Bei Änderung der Frequenz ν und fixierter Dicke d wird die planparallele Platte einen Spitzenwert des Transmissionskoeffizienten bei Resonanzfrequenzen, die die Bedingung $\nu_n = nc/(2d)$ erfüllen, liefern. Diese Bedingung ist der Gleichung (8.6) äquivalent. Die Peakschärfe wird um so stärker sein, je mehr sich das Verhältnis der Wellenwiderstände l von Eins unterscheidet. Bei $l = 1$ werden die Peaks im allgemeinen geglättet.

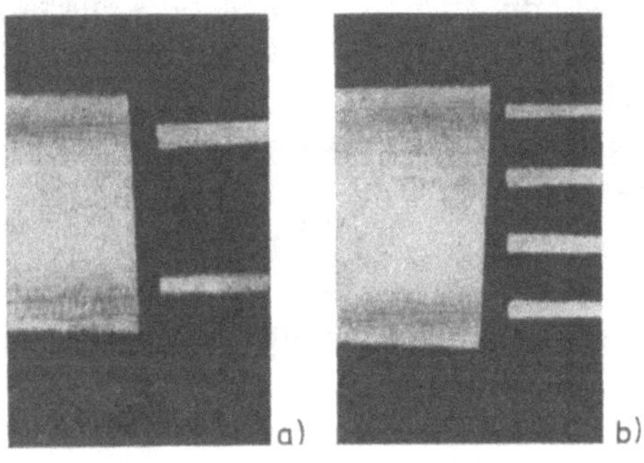

Abb. 50

Die Abhängigkeit der Schichtdurchlässigkeit von ihrer Dicke bei fixierter Frequenz des Ultraschalls ist gut aus Abbildung 50 zu erkennen, die den Durchgang von Ultraschallbündeln durch keilförmige Schichten mit unterschiedlichen Winkeln illustriert [12]. In jenen Abschnitten, wo die Keildicke die Bedingung (8.6) befriedigt, wird maximale Durchlässigkeit beobachtet. Interessant ist, daß die durch den Keil gehenden engen Bündel eine sehr gute Bündelung haben, was mit dem Charakter der Schwingungen der Keiloberfläche verknüpft ist.

Wie aus (8.5) folgt, wird die Schicht (der Scheibe) auch bei $d \ll \Lambda$ durchsichtig. Man muß aber berücksichtigen, daß dies nur bei Befolgung der Grenzbedingungen (8.1) und (8.2) richtig ist, die Kontinuität der Schwingungsgeschwindigkeit an beiden Grenzschichten fordern. In diesem Fall ist dann die Schalldurchlässigkeit einer dünnen Platte dadurch bedingt, daß beide Grenzen fast mit gleicher Phase schwingen ($d \ll \Lambda$), wobei eine Ultraschallwelle in positiver x-Richtung abgestrahlt wird, wie auch bei einer Platte mit der Resonanzdicke. Wenn eine Platte fest in eine Einfassung eingebettet ist, werden für diese die Grenzbedingungen, wie sie vorher genannt wurden, nicht erfüllt. Zum Beispiel wird eine ideal feste, unbeweglich eingebettete Platte genügend geringer Dicke eine 100%ige Reflexion liefern. Selbst eine nicht eingeklemmte dünne Platte kann ausreichende Reflexion liefern, wenn die Schallgeschwindigkeit und Dichte der Platte sich ausreichend von den entsprechenden Charakteristika des umgebenden Mediums unterscheiden. Tatsächlich hat, wenn zum Beispiel $c/v_1 \gg 1$ gilt (Stahlplatte in Luft), die Formel (8.5) die Form

$$\varrho_I \approx \frac{[\pi\varrho\, d/(\varrho_1\Lambda)]^2}{1 + [\pi\varrho\, d/(\varrho_1\Lambda)]^2}.$$

Hieraus ist zu sehen, daß bei kleinen d/Λ der Reflexionskoeffizient durch das Verhältnis der Dichten $|\varrho/\varrho_1|$ bestimmt wird, d. h. durch die Trägheitseigenschaften der Schicht, die auch in diesem Fall fast vollständige Reflexion gewährleisten können. Mit solchen Vorbehalten kann man die Interpolation der Kurven in Abbildung 49 bis zu den Nullwerten führen.

8.2. Anpassungsschichten

Für unterschiedliche Ziele der angewandten Ultraakustik ist die Möglichkeit der akustischen Anpassung zweier Medien mit unterschiedlichen Wellenwiderständen sehr wichtig. Dies ist in dem Sinne zu verstehen, daß der Reflexionskoeffizient an der Grenze dieser Medien nahe Null sei bei verschiedenen Ultraschallfrequenzen. Wir wollen unter diesem Blickpunkt eine Zwischenschicht der Dicke d mit dem Wellenwiderstand z analysieren, die zwischen den Medien mit den Wellenwiderständen z_1 und z_2 angebracht worden ist. Anders gesprochen, wir wollen den Durchgang ebener Ultraschallwellen durch zwei Trennungsgrenzen von drei Medien mit unterschiedlichen Wellenwiderständen betrachten. Wir beschränken uns dabei auf Normaleinfall. Das Ganze gilt auch für den Festkörper. Es sei hier nur das Endresultat widergegeben, da das Lösungsschema sich mit vorhergehendem deckt und also eine bloße Wiederholung ist. Der Transmissionskoeffizient hat die Form [61]

$$d_I = \frac{4z_2/z_1}{(z_2/z_1 + 1)^2 - (z_2^2/z^2 - 1)\,(z^2/z_1^2 - 1)\sin^2 kd}. \tag{8.10}$$

Wenn $kd \ll 1$ ist, d. h. $d \ll \Lambda$, aber auch bei $kd = n\pi$, wenn $\sin kd = 0$ ist, nimmt diese Formel die Form $d_I \approx (4z_2/z_1)/(z_2/z_1 + 1)^2 = 4z_1z_2/(z_1 + z_2)^2$ an, was mit dem Ausdruck (7.15) zusammenfällt, der für den Fall des Durchgangs ebener Wellen durch eine Trennungsgrenze zweier Medien erhalten worden ist. Der Transmissionskoeffizient hängt somit unter diesen Bedingungen nicht von den Eigenschaften der Zwischenschicht ab. Sie liefert keinen Beitrag. Wenn $\sin kd = 1$, d. h. $d = (2n + 1)\,\Lambda/4$ ist, folgt aus Formel

(8.10) $d_I = 4z_1z_2/[z^2(1 + z_1z_2/z^2)^2]$. Hieraus ist zu sehen, daß beim Wert

$$z = \sqrt{z_1z_2} \tag{8.11}$$

der Transmissionskoeffizient gleich Eins wird.

Ein analoges Prinzip wird in der Optik für die Berechnung und Erzeugung von durchsichtigen Schichten angewendet. In der Ultraakustik erlaubt die Anwendung einer $\Lambda/4$-Zwischenschicht, die die Bedingung (8.11) befriedigt, wesentlich den Übergang von Ultraschallenergie aus einem Medium in ein anderes zu verbessern. Das bedeutet insbesondere, daß die Effektivität der Abstrahlung von Ultraschall durch feste Wandler in eine Flüssigkeit erheblich verbessert werden kann. Die besten praktischen Resultate liefern Kombinationen von $\Lambda/4$-Schichten [65, 66].

Leider sind derartige Schichten frequenzangepaßt. Für die Schaffung breitbandiger Anpassungsschichten, die Transmissionskoeffizienten nahe Eins in einem mehr oder weniger breiten Frequenzgebiet liefern würden, muß man andere Wege finden. Einer dieser Wege kann die Schaffung und Anwendung von Übergangsschichten mit einem Gradienten der akustischen Eigenschaften bezüglich der Dicke sein. Das theoretische Problem, entsprechende Bedingungen zu finden, führt zur Aufklärung von Fragen der Art, wie und welche akustischen Charakteristika sich längs der Schichtdicke ändern müssen, damit der Reflexionskoeffizient im gegebenen Frequenzbereich Null sei. Auf der Basis der Resultate, die in den vorhergehenden Kapiteln erhalten worden sind, könnte man sich vorstellen, daß der Reflexionskoeffizient an einer Schicht mit einem Gradienten des Wellenwiderstandes, der sich monoton mit der Dicke ändert und an den Schichtgrenzen mit den Wellenwiderständen der angelagerten Schichten zusammenfällt, gleich Null sein muß. Diese Resultate folgen aber aus der Wellengleichung (3.4), die für Medien mit konstanten akustischen Charakteristika erhalten worden ist. Für eine inhomogene Schicht ist das frühere Schema schon nicht mehr gültig. Für den gegebenen Fall ist es unumgänglich, die Gleichung für die Ausbreitung von akustischen Wellen in einem inhomogenen Medium anzuwenden und diese bei den entsprechenden Randbedingungen zu lösen. Diese Aufgabe ist nicht einfach. Sie hat aber wichtige praktische Bedeutung in der gegenwärtigen Ultraakustik. Wir widmen ihr deshalb hier Aufmerksamkeit.

Um die gesuchte Gleichung für ein kontinuierlich-inhomogenes Medium zu erhalten, wenden wir die Kontinuitätsgleichung in der allgemeinen Form (2.10) an: $\mathrm{d}\varrho/\mathrm{d}t + \operatorname{div} \boldsymbol{v} = 0$. Für das vollständige Differential $\mathrm{d}\varrho/\mathrm{d}t$ kann man schreiben

$$\frac{\mathrm{d}\varrho}{\mathrm{d}t} = \frac{\partial \varrho}{\partial p}\frac{\mathrm{d}p}{\mathrm{d}t} = \frac{1}{c^2}\frac{\mathrm{d}p}{\mathrm{d}t} = \frac{1}{c^2}\left(\frac{\partial p}{\partial t} + \boldsymbol{v} \operatorname{grad} p\right).$$

Das führt zu einer Kontinuitätsgleichung in der Form

$$\partial p/\partial t + \boldsymbol{v} \operatorname{grad} p + \varrho c^2 \operatorname{div} \boldsymbol{v} = 0. \tag{8.12}$$

Wir setzen nun, wie auch früher, $\varrho = \varrho_0 + \Delta\varrho$, wobei wir die Gleichgewichtsdichte ϱ_0 als Funktion der Ortskoordinaten annehmen. Wenn man jetzt die Gleichungen (8.12) linearisiert, d. h., wenn man die Größen zweiter Ordnung vernachlässigt, erhält man

$$\partial p/\partial t + \varrho_0 c_0{}^2 \operatorname{div} \boldsymbol{v} = 0. \tag{8.13}$$

Die Bewegungsgleichung kann man direkt in linearisierter Form (2.5) anwenden, d. h.

$$-\operatorname{grad} p = \varrho_0\, \partial v/\partial t, \tag{8.14}$$

da weder der Schalldruck p noch die Schwingungsgeschwindigkeit v von der Inhomogenität des Mediums abhängen. Wenn man aus (8.13) und (8.14) die Geschwindigkeit v eliminiert und die Indizes Null wegläßt, so erhält man $\operatorname{div}(\operatorname{grad} p/\varrho) - 1/(\varrho c^2)\, \partial^2 p/\partial t^2 = 0$. Für eine monochromatische Welle ist $\partial/\partial t = -i\omega$, so daß $\operatorname{div}[(1/\varrho)\operatorname{grad} p] + k^2 p/\varrho = 0$ oder

$$\Delta p + k^2 p - (1/\varrho)\operatorname{grad}\varrho \cdot \operatorname{grad} p = 0 \tag{8.15}$$

ist mit $k = \omega/c$ als Wellenzahl. Die Gleichung (8.15) kann man in eine Gleichung vom Typ der Wellengleichung umwandeln. Dazu führen wir eine neue Funktion Ψ nach der Definition $\Psi \equiv p\sqrt{\varrho}$ ein. Dann erhalten wir nach einigen unkomplizierten Umformungen und Beschränkung auf den eindimensionalen Fall auf der Basis der Gleichung (8.15) eine Gleichung, die in der Form mit der Wellengleichung (3.4) übereinstimmt:

$$\partial^2\Psi(x)/\partial x^2 + k'^2\Psi(x) = 0, \tag{8.16}$$

wo

$$k'^2 = k'^2(x) = k^2 + \frac{1}{2\varrho}\frac{\partial^2\varrho}{\partial x^2} - \frac{3}{4}\left(\frac{1}{\varrho}\frac{\partial\varrho}{\partial x}\right)^2 \tag{8.17}$$

ist. Hier sind alle akustischen Größen wie Dichte ϱ, Wellenzahl k, Schallgeschwindigkeit c, Kompressionsmodul ϱc^2 und Wellenwiderstand ϱc, als Funktionen der Ortskoordinaten angenommen worden. Wenn sie konstant sind, dann ist $k'^2(x) = k^2 = \text{const}$, und die Gleichung (8.16) geht in die allgemeine Wellengleichung (3.4) über.

Die Gleichung (8.16) in allgemeiner Form zu lösen, ist schwierig. Es sind aber einige Lösungen für die einfachsten Abhängigkeiten $k'^2(x)$ bekannt [64]. Beispielsweise ist das Problem der Reflexion an einer inhomogenen Schicht für einen bestimmten Fall schon durch Rayleigh [1] gelöst worden. Der Spezialfall war, daß sich die Schallgeschwindigkeit monoton mit der Schichtdicke vom Wert c_1, der gleich der Schallgeschwindigkeit in einem der Schicht angelagerten Medium ist, zum Wert c_2 ändert, der mit der Geschwindigkeit im zweiten angelagerten Medium übereinstimmt. Wenn die Schicht die Dicke d hat und ihre Grenzkoordinaten $x_1 = -d/2$ sowie $x_2 = +d/2$ lauten, dann entspricht dies für die Funktion $k'^2(x)$ den Bedingungen

$$k'^2(x) = \begin{cases} k_1 = \omega/c_1 = \text{const} & \text{für } x \leqq -d/2, \\ k_0'^2(x) & \text{für } -d/2 < x < d/2, \\ k_2 = \omega/c_2 = \text{const} & \text{für } x \geqq d/2, \end{cases}$$

wo k_1 und k_2 die Wellenzahlen für die homogenen Medien sind. Wir führen nun den relativen Brechungskoeffizienten per Definition ein[1]: $n_a(x) = k_0'(x)/k_1$. Dann gilt für die erste Grenze $n_a(-d/2) = n_1 = 1$, für die zweite Grenze $n_a(d/2) = n_2 = k_2/k_1 = c_1/c_2$,

[1] In der Akustik wird, entsprechend der Bedingung (7.37), der Brechungskoeffizient an der Grenze zweier Medien durch das Verhältnis der Geschwindigkeiten in diesen Medien bestimmt, d. h. durch das reziproke Verhältnis der Wellenzahlen.

und innerhalb der Schicht ändert sich die Größe $n_a(x)$ nach dem Gesetz $n_a(x) = M[M + (x/d + 1/2)]^{-1}$, wo $M \equiv n_2(1 - n_2)^{-1}$ ist. Folglich hat die Funktion $k_0'^2(x)$ für die Schicht folgende Form: $k_0'^2 = n_a^2(x)\, k_1^2 = k_1^2 M^2 [M + (x/d + 1/2)]^{-2}$. Die vorliegende Aufgabe löste RAYLEIGH für ein Medium mit konstantem Kompressionsmodul, d. h., für das gilt $\varrho c^2 = \text{const}$. Wenn man unter n_a nicht das Verhältnis der Geschwindigkeiten, sondern das Verhältnis der spezifischen Wellenwiderstände versteht, sind die Resultate, die RAYLEIGH erhielt, auf den Fall beliebiger Medien zu verallgemeinern [64]. Der energetische Reflexionskoeffizient ist dann [1]

$$\varrho_I = \frac{\sin^2(\mu_0 \ln n_2)}{4\mu_0^2 + \sin^2(\mu_0 \ln n_2)} \quad \text{für} \quad |k_1 d \cdot M| > 1/2$$

und

$$\varrho_I = \frac{\operatorname{sh}^2(\mathrm{i}\mu_0 \ln n_2)}{-4\mu_0^2 + \operatorname{sh}^2(\mathrm{i}\mu_0 \ln n_2)} \quad \text{für} \quad |k_1 d \cdot M| < 1/2,$$

wo $\mu_0 = \sqrt{(k_1 d M)^2 - 1/4}$ ist. Da der Parameter $k_1 d M$ proportional der Schichtdicke d ist, kann die Bedingung $|k_1 d M| > 1/2$ bei beliebigen k_1 und k_2 erfüllt werden. Wenn dabei $|k_1 d M| \gg 1/2$ ist, nimmt die Formel für den Reflexionskoeffizienten die einfachere Form

$$\varrho_I = \frac{\sin^2(|k_1 d \cdot M| \ln n_2)}{4(k_1 d \cdot M)^2} \tag{8.18}$$

an.

Somit erhalten wir auch im Falle einer inhomogenen Schicht wieder Oszillation des Reflexionskoeffizienten mit Änderung der Schichtdicke d oder der Schallfrequenz $\omega = k_1 c_1$. Bei $|k_1 d M| \ln n_2 = m\pi$, wo $m = 0, 1, 2, \ldots$ ist, geht der Reflexionskoeffizient gegen Null, in den dazwischenliegenden Punkten wächst er an. Im Unterschied zu einer homogenen Schicht führt aber der Parameter $k_1 d M$ im Nenner der Formel (8.18) zu einer Dämpfung der Amplitude dieser Oszillationen mit Vergrößerung der Schichtdicke d. Dadurch kann man den Reflexionskoeffizienten solch einer Schicht immer kleiner als irgendeinen gegebenen Wert im definierten Frequenzbereich machen.

Betrachten wir ein Zahlenbeispiel. Es möge eine ebene Ultraschallwelle mit der Frequenz ω aus einem festen Körper durch eine inhomogene Schicht der Dicke d in eine Flüssigkeit treten. Wir nehmen an, daß sich die spezifischen Wellenwiderstände der äußeren Schichten im Verhältnis zur Mediumschicht um den Faktor zwei unterscheiden, d. h., $n_2 = 2$. Die Geschwindigkeit im Festkörper sei $c_1 = 5 \cdot 10^3\ \mathrm{m\,s^{-1}}$. Dann ist $M = -2$ und $\ln n_2 = \ln 2 \approx 0{,}7$ und somit

$$\varrho_I = \frac{\sin^2(0{,}7\mu_0)}{\sin^2(0{,}7\mu_0) + 4\mu_0}; \qquad \mu_0 = \sqrt{4(k_1 d)^2 - 1/4}. \tag{8.19}$$

Die graphische Darstellung der Funktion (8.19) bei gegebenem Wert μ_0 und $n_2 = 2$ wird in Abbildung 51 gezeigt. Aus ihr ist zu entnehmen, daß eine Einschränkung hinsichtlich der Frequenz des Ultraschalls $\omega = k_1 c_1$ bei gegebenem $\varrho_{I\,\max}$ nur von der Seite niedriger Frequenzen (oder k_1) existiert. Bei $(k_1 d)^2 \gg 1/4$ kann man $\mu_0 \approx 2 k_1 d$ setzen, was $\varrho_I \approx [\sin^2(1{,}5 k_1 d)]/(4 k_1 d)^2$ liefert. Der maximale Wert des Reflexionskoeffizienten möge im gegebenen Frequenzband 1% nicht übersteigen, d. h., $\varrho_I \leqq 0{,}01$. Dann erhalten wir $d k_1 \gtrsim 25$. Bei einer Ultraschallfrequenz von 1 MHz entspricht dies einer Schicht-

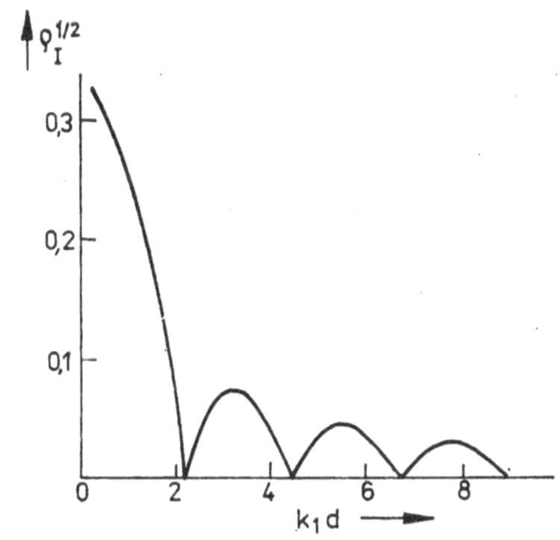

Abb. 51

dicke $d > 0{,}4\Lambda_1$; Λ_1 ist die Wellenlänge des einfallenden Ultraschalls. Bei einer Schallgeschwindigkeit von $c_1 = 5 \cdot 10^3$ m s^{-1} ist also $d > 2$ mm. Bei noch größerer Dicke wird der Reflexionskoeffizient noch kleiner. Folglich wird solch eine Schicht bei allen Frequenzen oberhalb 1 MHz praktisch durchlässig.

Unter theoretischem Aspekt ist die gestellte Aufgabe somit vollständig gelöst. Was die praktische Realisierung angeht, so besteht eine der Möglichkeiten in der Schaffung spezieller Gläser, bei denen sich mit der Dicke die Konzentration bestimmter Zumischungen ändert. Als Basis solch einer Möglichkeit dient der Umstand, daß für einige Gläser eine starke Abhängigkeit der Schallgeschwindigkeit und der spezifischen Wellenwiderstände von der Konzentration von Beimischungen beobachtet wird [67]. Als Beispiel sind in Abbildung 52 die Konzentrationsabhängigkeiten der spezifischen Wellenwiderstände für longitudinale Ultraschallwellen in glasförmigem Boranhydrid und Silikatgläsern unter Beimischung von Bleioxid dargestellt [68]. Indem man einen Konzentrationsgradienten geeigneter Beimischungen längs der Dicke einer Glasplatte erzeugt, kann man ihre Schalldurchlässigkeit in einem breiten Frequenzbereich erhöhen.

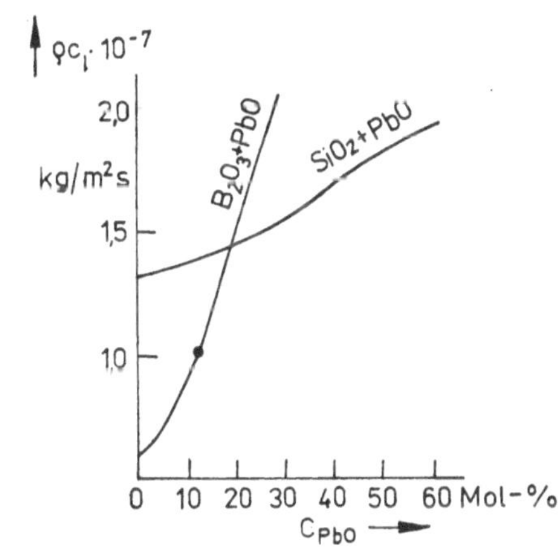

Abb. 52

Eine andere Art breitbandiger Durchlässigkeit kann auf der Anwendung von zusammengesetzten Materialien beruhen, bei denen sich mit der Dicke der mittlere Wellenwiderstand ändert.

8.3. Akustische Eigenschwingungen von Platten

Wir betrachten jetzt die Bedingungen für die Ausbreitung von Ultraschallwellen in homogenen Schichten vom Standpunkt möglicher Eigenfrequenzen und der Struktur des Feldes. Dazu muß die Wellengleichung (3.4) mit den entsprechenden Randbedingungen gelöst werden. Für eine hohe Anschaulichkeit und Bequemlichkeit hinsichtlich der weiteren Schlußfolgerungen schreiben wir die Wellengleichung für harmonische Verschiebungen ξ längs der x-Achse, die senkrecht zu den Grenzen der ebenen Schicht mit der Dicke d angeordnet ist, auf. Wir haben in diesem Falle für die Verschiebungsamplitude

$$\partial^2 \xi_{\max}(x)/\partial x^2 + k^2 \xi_{\max}(x) = 0, \tag{8.20}$$

wo $k = \omega/c$ die Wellenzahl und c die Schallgeschwindigkeit im Material der Schicht ist. Berücksichtigt man die Anwesenheit sowohl ein- wie auslaufender Wellen, so kann man die Lösung der Gleichung (8.20) in allgemeiner Form (s. 3.1.)

$$\xi_{\max} = A \sin kx + B \cos kx \tag{8.21}$$

schreiben. Die vollständige Lösung des Problems erhalten wir, wenn wir die zeitlich veränderliche Verschiebung berücksichtigen. Der Ausdruck (8.21) wird dabei mit $\sin \omega t$ multipliziert: $\xi(x, t) = (A \sin kx + B \cos kx) \sin \omega t$. Die Koeffizienten A und B in diesen Lösungen werden aus den Grenzbedingungen gefunden.

Betrachten wir anfangs zwei Grenzbedingungen: die freien Grenzen und die fest eingeklemmte Platte. Die dazwischenliegenden Fälle berücksichtigen wir nach der Methode der elektroakustischen Analogien.

Eine Schicht mit unbeweglichen Grenzen

Ein solches Modell entspricht zum Beispiel einer Gasschicht zwischen zwei parallelen festen Wänden. Als Randbedingungen werden in diesem Fall, dem Fehlen von Verschiebungen in den Grenzschichten, vorliegen: $\xi_{\max} = 0$ bei $x = 0$ und $x = d$. Die erste Randbedingung gibt $A \sin k0 + B \cos k0 = 0$, d. h. $B = 0$. Aus der zweiten erhalten wir $A \sin kd = 0$, was bedeutet $kd = n\pi$, $n = 0, 1, 2, 3, \ldots$, woraus

$$k_n = n\pi/d \tag{8.22}$$

folgt.

Aus mathematischer Sicht definiert die Bedingung (8.22) einen Satz von Eigenwerten. Setzt man die Bedingung (8.22) in die Lösung (8.21), so erhält man einen Satz von Eigenfunktionen der Form

$$\xi_{n\max} = A_n \sin k_n x = A_n \sin (n\pi x/d), \tag{8.23}$$

die Teillösungen der Gleichung (8.20) sind und Eigenschwingungen der Schicht beschreiben. Die allgemeine Lösung unter Berücksichtigung des Zeitfaktors wird folgende

Form haben: $\xi(x, t) = \xi_{\max} \sin \omega t = \sum_n A_n \sin (n\pi x/d) \sin \omega_n t$. Diese Lösung stellt eine Superposition stehender Wellen dar, d. h. von Harmonischen mit Frequenzen

$$\omega_n = k_n c = n\pi c/d. \tag{8.24}$$

Der Wert $n = 0$ entspricht dem Fehlen von Schwingungen. Die Frequenz des Grundtones (erste Harmonische) ist

$$\omega_1 = \pi c/d \quad \text{oder} \quad \nu_1 = \omega/2\pi = c/(2d), \tag{8.25}$$

die Wellenlänge $\Lambda_1 = c/\nu_1 = 2d$ (die Schichtdicke ist gleich der halben Wellenlänge). Das bedeutet, es wird eine stehende Welle von Verschiebungen gebildet mit Knoten an den Grenzen und einem Bauch in der Mitte.

Die Frequenz des zweiten Tones (erster Oberton oder zweite Harmonische) ist $\omega_2 = 2\pi c/d$, $\nu_2 = c/d = 2\nu_1$, $\Lambda_2 = c/\nu_2 = d = \Lambda_1/2$ usw.

Allgemein kann in der Schicht ein ganzer Satz von Eigenschwingungen der Schicht (8.23) angeregt werden, der durch die Bedingung (8.22) bestimmt wird. Diese Bedingung stimmt natürlich mit der früher erhaltenen Bedingung für die Durchlässigkeit der Schicht für äußere ebene Wellen überein (8.6).

Eine Schicht mit freien Grenzen

Dieses Modell entspricht zum Beispiel den Schwingungen einer festen Platte in einem Gas. Als Randbedingungen liegen in diesem Fall, d. h. beim Fehlen von Spannungen in den Grenzen, vor

$$\left.\frac{\partial \xi_{\max}}{\partial x}\right|_{x=0} = 0, \quad \left.\frac{\partial \xi_{\max}}{\partial x}\right|_{x=d} = 0.$$

Das Problem in dieser Variante führt eigentlich auf das vorhergehende. Tatsächlich haben wir, wenn wir die Gleichung (8.20) nach x differenzieren, $(\partial^2/\partial x^2)(\partial \xi_{\max}/\partial x) + k^2(\partial \xi_{\max}/\partial x) = 0$, und die neue Variable $y = \partial \xi_{\max}/\partial x$ einführen, die vorhergehenden Randbedingungen und die vorhergehende Lösung $y = \partial \xi_{\max}/\partial x = A_n' \sin k_n x$ oder die Lösung für $\xi_{\max}$

$$\xi_{n\max} = A_n \cos k_n x. \tag{8.26}$$

Diese Lösung unterscheidet sich von der vorhergehenden nur durch die Phase, wogegen der Satz von Wellenzahlen k_n und Eigenfrequenzen ω_n und ν_n wie früher bleibt, d. h. durch die entsprechenden Formeln (8.22) und (8.24) bestimmt wird. Wir finden die Lage der Verschiebungsknoten in diesem Fall, wenn für sie in dem Ausdruck (8.26) $\xi_{n\max} = 0$ gesetzt wird. Für die erste Harmonische $\xi_{1\max} = A_1 \cos (\pi x/d)$ liefert dies die Lage der Knoten bei $x = d/2$, d. h. in der Mitte der Schicht. Am Rand der Schicht sind die Schwingungsbäuche angeordnet. Für die zweite Harmonische ist $\xi_{2\max} = A_2 \times \cos (2\pi x/d) = 0$. Daraus ergeben sich für die Koordinaten der Knoten $x_1 = d/4$; $x_2 = 3d/4$. Für die dritte Harmonische finden wir analog $x_1 = d/6$, $x_2 = 3d/6$, $x_3 = 5d/6$ usw. In Abbildung 53 ist die Verteilung der Verschiebungsamplituden A_n für die ersten drei Harmonischen der Eigenschwingungen einer freien Platte dargestellt (für eingeklemmte Grenzen verschiebt sich das gesamte Bild um $d/2$). Aus der Zeichnung ist

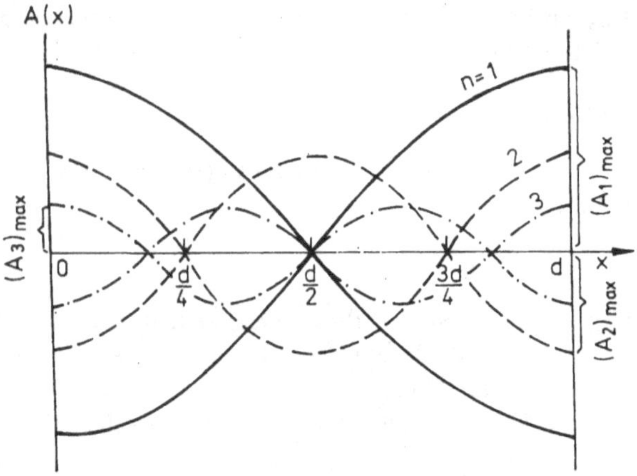

Abb. 53

zu sehen, daß eine Befestigung der Platte in der Ebene $x = d/2$ ihre Eigenschwingungen in den ungeraden Harmonischen nicht beeinflußt, da für diese in der besagten Ebene Verschiebungsknoten liegen. Wenn man sich folglich eine Platte mit der Dicke $d' = d/2$ mit einem eingeklemmten Rand vorstellt, kann sie mit der Frequenz

$$\omega_0 = \pi c/d = \pi c/(2d') \tag{8.27}$$

schwingen und in allen ungeraden Obertönen. Die Frequenz ω_0 ist halb so groß wie die Grundfrequenz, mit der eine Platte der Dicke d' mit beidseitig freien Rändern schwingen könnte. Folglich bestimmt bei beliebiger Dicke d Formel (8.27) die Frequenz der „Subharmonischen" ω_0, mit der diese Platte noch Eigenschwingungen ausführen kann bei einseitiger Einspannung. Die übrigen Eigenfrequenzen solch einer Platte werden sich wie aufeinanderfolgende ungerade Zahlen verhalten. Dies entspricht der Bedingung, daß auf der Dicke der Platte eine ungerade Zahl von Vierteln der laufenden Welle Platz findet.

8.4. Methode der elektroakustischen Analogien

Die Methode der elektroakustischen Analogien beruht darauf, daß man die Charakteristika eines akustischen Schwingungssystems mit bestimmten äquivalenten Parametern eines elektrischen Schwingkreises vergleichen kann und für die Lösung der Probleme der Ultraakustik dann bekannte Gleichungen und Resultate der Elektrodynamik anwenden kann [69, 70]. Solch eine Methode verkürzt zum Beispiel erheblich eine Analyse der Eigenschwingungen und erzwungenen akustischen Schwingungen einer Schicht (Platte) unter der Bedingung der Abstrahlung von Ultraschall in das angelagerte Medium mit endlichem Wellenwiderstand. Da für die Abstrahlung und den Empfang von Ultraschall vorteilhaft elektroakustische Wandler angewendet werden, in denen unmittelbar elektrische Energie in akustische umgewandelt wird und umgekehrt (auf der Grundlage des direkten und reziproken piezoelektrischen Effektes), wird die Methode der elektroakustischen Analogien im allgemeinen verbreitet und erfolgreich in der Ultraakustik für die Berechnung solcher Wandler angewendet. Deshalb machen wir uns mit ihnen bekannt.

Mit elektroakustischen Analogien hatten wir schon im Kapitel 3 bei der Interpretation des Begriffes Wellenwiderstand des Mediums Bekanntschaft gemacht. Der Terminus Widerstand bedeutet im allgemeinsten physikalischen Sinne das Verhältnis von Ursache irgendeiner Erscheinung zur Folge. In der Elektrodynamik ist die Ursache für die Bewegung von Ladungen durch den Leiter die Potentialdifferenz (Spannung), die Folge ist der Strom. Das Verhältnis der Spannung U zur Stromstärke I ist der Widerstand des entsprechenden Abschnittes des Stromkreises $R_e = U/I$. In der Akustik ist die Ursache der Schwingungsbewegung der Mediumteilchen der Wechseldruck p, die Folge ist die Schwingungsgeschwindigkeit v. Das Verhältnis beider in einer ebenen Welle wird spezifischer Wellenwiderstand des Mediums $z \doteq \varrho c$ genannt, wogegen der Gesamtwellenwiderstand $Z = \varrho cS = F_p/v$ ist, wo F_p die Druckkraft ist, die auf die Fläche S wirkt. Somit ist das Analoge der elektrischen Spannung in der Akustik die Druckkraft, das Analoge des Stromes die Schwingungsgeschwindigkeit. Eine ähnliche Beziehung in der Mechanik in Form des Verhältnisses von Reibungskraft zur Geschwindigkeit der Bewegung eines Körpers in einem viskosen Medium bestimmt den Reibungskoeffizienten oder Widerstand gegenüber der Bewegung $r = F_R/|v|$. Wir müssen bemerken, daß der akustische Wellenwiderstand wie der elektrische Widerstand im allgemeinen komplex sein können. Dabei bestimmt der Realteil des Widerstandes R_e (der Wirkwiderstand, Ohmsche Widerstand) den Verlust der Stromleistung, die in JouLEsche Wärme übergeht: $D_e = I_{eff}^2 R_e$, wogegen der aktive Wellenwiderstand des Mediums (der Strahlungswiderstand) den Verlust der akustischen Leistung, die in dieses Medium abgestrahlt wird, bestimmt: $D_a = v_{eff}^2 \varrho cS$. In allen Fällen bestimmt der Wirkwiderstand jene Leistung, die irreversibel der Quelle verloren geht.

Somit gestatten schon diese Umstände, Analogien zwischen elektrischen und akustischen Systemen zu erkennen und sie auf Schwingungssysteme zu übertragen. Man kann sie weiter ausdehnen auf den Fall beliebiger Schwingungssysteme, einschließlich mechanischer, und von elektro-mechanisch-akustischen Analogien sprechen. Wir werden den Ausdruck elektroakustische oder elektromechanische Analogien verwenden, wobei wir alle drei Schwingungssysteme im Auge haben: das akustische, mechanische und elektrische. Dabei werden wir unter einem akustischen System eine schwingende Platte verstehen (obwohl es im allgemeinen Fall ein beliebiges System sein kann, das durch eine Eigenfrequenz charakterisiert wird), unter mechanischem System eine Masse an einer Feder, unter elektrischem System einen Schwingkreis. Die letzten beiden Systeme kann man im Idealfall als Systeme mit zusammengefaßten Konstanten darstellen, d. h., jede Charakteristik des Systems ist in ihrem Element konzentriert, zum Beispiel die Steife (Elastizität) in der Feder, die Masse im Massenpunkt, die Kapazität im Kondensator usw. Das akustische Schwingungssystem ist ein System mit verteilten Konstanten; in ihm kann man nicht einem Element, sagen wir, die Masse zuschreiben, einem anderen die Elastizität. All diese Charakteristika sind über das Volumen des Systems verteilt. Ein beliebiges Schwingungssystem wird aber durch einen Satz von Normalschwingungen charakterisiert. Im System aus N Materialpunkten ist die Zahl der Normalschwingungen gleich $3N$. Zum Beispiel ist im Kristall N gleich der vollständigen Zahl der Atome des Gitters. Einem Materialpunkt entspricht eine Normalschwingung.

Wir gehen nun zur unmittelbaren Betrachtung der Analogien zwischen diesen Systemen von einfacheren Fällen bis zu komplizierteren über.

8.5. Schwingungssysteme ohne Dämpfung

Wir betrachten ein mechanisches Schwingungssystem in Form eines Materiepunktes mit der Masse m_0, der an eine Feder mit der Steife K zur unbeweglichen Wand angehängt worden ist, und vergleichen seine Schwingungen mit den Schwingungen der freien Wand einer Platte in ihrer Grundfrequenz. Für die Anschaulichkeit der Analogie werden wir eine $\Lambda/4$-Platte mit der Dicke d' betrachten, die mit einem Rand an die gleiche unbewegliche Wand angebracht ist (Abb. 54). Die Schwingungen des freien Randes der Platte

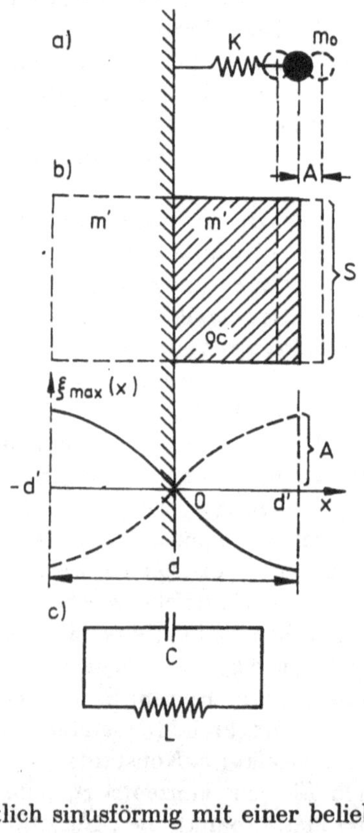

Abb. 54

werden zeitlich sinusförmig mit einer beliebigen Amplitude, die wir mit A bezeichnen werden, erfolgen: $\xi(t) = A \sin \omega_0 t$, wo ω_0 die Grundfrequenz der Eigenschwingungen solch einer Platte ist, die durch (8.27) definiert ist, d. h. $\omega_0 = \pi c/(2d')$. c ist hier die Schallgeschwindigkeit im Material der Platte.

Die Schwingungen des mechanischen Systems (Abb. 54a)) werden durch das Newtonsche Gesetz bestimmt:

$$m_0 \, d^2\xi/dt^2 = -K\xi \quad \text{oder} \quad d^2\xi/dt^2 + (K/m_0)\,\xi = 0. \tag{8.28}$$

Die Lösung dieser Gleichung ist $\xi(t) = A \sin \omega_0' t$, d. h. eine harmonische Schwingung mit der Frequenz

$$\omega_0 = \sqrt{K/m_0}. \tag{8.29}$$

Die Schwingungen des Randes der Platte wie auch des mechanischen Systems werden somit vollständig identisch sein, wenn der Masse m_0 und der Steifheit K bestimmte äquivalente Werte zugeschrieben werden. Die Massen sind natürlich einfach gleichzustellen, indem man die Masse der Platte durch ihre Dichte ausdrückt: $m_0 = m' = Sd'\varrho$. Dann finden wir als äquivalente Steifheit K, nachdem wir die Frequenzen (8.27) und (8.29) gleichgesetzt haben, $K = m'\pi^2c^2/(4d'^2)$.

Im Grunde genommen werden uns nur die symmetrischen Schwingungen der Platte interessieren. Dieser Fall ist aber vollkommen äquivalent zum vorhergehenden, nur daß bei ihm d' durch $d/2$ und m' durch $m/2$ ersetzt wird. d und m sind die Dicke und Masse der symmetrischen Platte. Dann wird die Frequenz die gleiche bleiben. Wir behalten aber den Index Null für die Bezeichnung einer beliebigen Frequenz der Eigenschwingungen bei. So ist

$$\omega_0 = \pi c/d, \tag{8.30}$$

und für die äquivalenten Massen und Steifigkeiten werden wir haben

$$m_0 = m/2 = \varrho dS/2, \tag{8.31}$$

$$K = m\pi^2c^2/(2d^2) \tag{8.32}$$

oder

$$K = S\pi^2\mathscr{E}/(2d); \tag{8.33}$$

$\mathscr{E} = \varrho c^2$ ist der effektive Kompressionsmodul für eine Ultraschallwelle gegebenen Typs. Wir werden für die Eindeutigleit Longitudinalwellen, unabhängig vom Material der Platte, berücksichtigen.

Somit werden die Schwingungen eines mechanischen Systems mit einer Masse und einer Steife, die durch die Formeln (8.31) bis (8.33) definiert sind, vollständig identisch den Schwingungen eines akustischen Systems (Abb. 54b)) in seiner Grundfrequenz (8.30). Für die Harmonischen erhalten wir, wenn die äquivalente Masse unverändert gelassen wird, eine äquivalente Steife $K = n^2S\pi^2\mathscr{E}/(2d)$. Das bedeutet, daß die äquivalente Steife für die harmonischen Frequenzen proportional zum Quadrat der Nummer der Harmonischen anwächst.

Betrachten wir jetzt ein elektrisches Schwingungssystem (Abb. 54c)) in Form eines Schwingkreises mit einem Kondensator der Kapazität C und einer Spule mit der Selbstinduktion L. Das Ohmsche Gesetz für solche einen Kreis lautet (die Summe der Spannungen ist Null, eine äußere fehlt)

$$L\,dI/dt + q/C = 0 \tag{8.34}$$

und liefert eine Differentialgleichung für die Ladung $q(t)$, $L\,d^2q/dt^2 + q/C = 0$, oder für den Strom $I = dq/dt$: $L\,d^2I/dt^2 + I/C = 0$. Lösungen dieser Gleichungen sind auch Sinusfunktionen hinsichtlich der Zeit: $q = q_{max} \sin \omega_0 t$, $I = I_{max} \sin \omega_0 t$. Sie beschreiben harmonische Schwingungen mit der Frequenz

$$\omega_0 = (LC)^{-1/2}. \tag{8.35}$$

In bezug auf die dargelegten Überlegungen ist das Äquivalent des Stromes die Schwingungsgeschwindigkeit $v = d\xi/dt$, somit wird das Äquivalent der Verschiebung die veränderliche Ladung sein. Die Schwingungen des elektrischen Schwingkreises werden äquivalent den Schwingungen des mechanischen oder akustischen Systems, wenn der Induktivität und Kapazität geeignete äquivalente Werte zugeschrieben werden. In einem konservativen mechanischen Schwingungssystem mit zusammengefaßten Konstanten ist die Masse der Träger der kinetischen Energie, die Feder dagegen der Speicher der potentiellen Energie. Analoge Funktionen erfüllen in einem Schwingkreis entsprechend Induktivität und Kapazität. Wir finden deshalb, wenn wir die Formeln (8.29), (8.30) und (8.35) vergleichen, für die Äquivalente der Induktivitäten und Kapazitäten

$$L \to m_0 \to \varrho d S/2, \tag{8.36}$$

$$C \to 1/K \equiv k_0 \to 2d/(S\pi^3\mathscr{E}), \tag{8.37}$$

d. h., die Kapazität C ist der Nachgiebigkeit k_0 des mechanischen Systems äquivalent.

Somit kann man mit Hilfe eines Schwingungskreises die Schwingungen mechanischer oder akustischer Systeme beschreiben, wenn man den Parametern des Kreises äquivalente Größen, die durch (8.36) und (8.37) definiert sind, zuschreibt.

8.6. Eigenschwingungen von Schwingungssystemen mit Dämpfung

Es werden jetzt die Schwingungen realer Systeme mit Verlusten betrachtet. Die für diesen Fall äquivalenten mechanischen, elektrischen und akustischen Systeme sind in Abbildung 55 dargestellt. Als Element, in dem die Energiedissipation im mechanischen

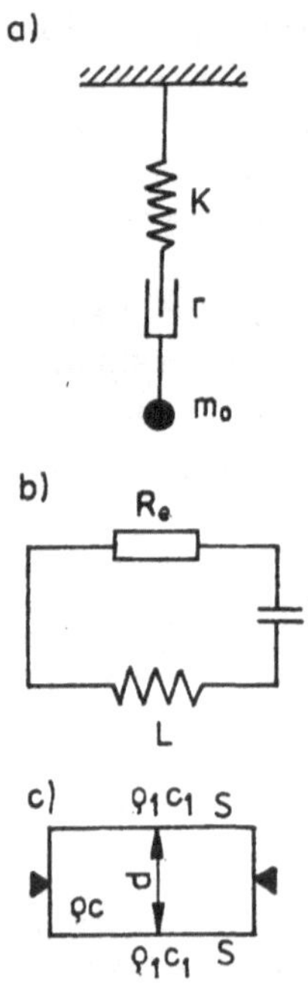

Abb. 55

System konzentriert ist (Abb. 55a)), dient ein Kolben in einem viskosen Medium mit dem mechanischen Widerstand r. Die Reibungskraft ist

$$F_R = -rv = -r\,\mathrm{d}\xi/\mathrm{d}t; \tag{8.38}$$

das Minus zeigt an, daß die Richtung der Kraft entgegengesetzt zur Richtung der Geschwindigkeit angeordnet ist. Im elektrischen Kreis spielt die gleiche Rolle der Ohmsche Widerstand R_e. Der Spannungsabfall an ihm ist nach dem Ohmschen Gesetz gleich $U_R = IR_e = R_e\,\mathrm{d}q/\mathrm{d}t$.

Im akustischen System spielt die Rolle des Wirkwiderstandes der Strahlungswiderstand. Dieser wird bei symmetrischen Schwingungen der Platte im umgebenden Medium mit dem Strahlungswiderstand $z_1 = \varrho_1 c_1$ durch die allgemeine Kontaktfläche mit diesem Medium bestimmt, d. h. die doppelte Querschnittsfläche der Platte: $Z = \varrho_1 c_1 2S$. Dies entspricht der symmetrischen zweiseitigen Abstrahlung des Ultraschalls in dieses Medium. Bei einseitiger Abstrahlung (von einer Seite Vakuum) ist $Z = \varrho_1 c_1 S$. Bei Abstrahlung in verschiedene Medien mit den spezifischen Wellenwiderständen z_1 und z_2 ist $Z = z_1 S + z_2 S$ usw. Vorläufig werden wir den Fall symmetrischer Schwingungen betrachten. Zum Strahlungswiderstand im akustischen System muß noch die innere Reibung r_0 des Systems hinzugefügt werden. Sie wird durch die Dämpfung des Ultraschalls im Material der Platte bestimmt. Somit muß als Widerstandskoeffizient in der Formel (8.38) für ein akustisches System die Größe

$$r = r_0 + 2\varrho_1 c_1 S \tag{8.39}$$

angenommen werden. Zur Gleichung (8.28) wird jetzt die Reibungskraft (8.38) hinzugefügt. Sie hat dann die Form

$$m_0 \frac{\mathrm{d}^2\xi}{\mathrm{d}t^2} + r \frac{\mathrm{d}\xi}{\mathrm{d}t} + K\xi = 0 \tag{8.40}$$

oder für die Geschwindigkeit $v = \mathrm{d}\xi/\mathrm{d}t$

$$m_0 \frac{\mathrm{d}^2 v}{\mathrm{d}t^2} + r \frac{\mathrm{d}v}{\mathrm{d}t} + Kv = 0. \tag{8.41}$$

Im Ausdruck für das Ohmsche Gesetz (8.34) wird der Spannungsabfall am Widerstand R_e hinzugefügt, und wir erhalten für die Leistung

$$L \frac{\mathrm{d}^2 q}{\mathrm{d}t^2} + R_e \frac{\mathrm{d}q}{\mathrm{d}t} + \frac{q}{C} = 0 \tag{8.42}$$

oder für den Strom

$$L \frac{\mathrm{d}^2 I}{\mathrm{d}t^2} + R_e \frac{dI}{\mathrm{d}t} + \frac{I}{C} = 0. \tag{8.43}$$

Wir führen nun eine allgemeine Variable x ein, die die Verschiebung, Geschwindigkeit, Ladung oder Strom bedeuten kann. Dann kann man die Gleichungen (8.40) bis (8.43) in einer einheitlichen Form darstellen:

$$\frac{d^2x}{dt^2} + 2\delta_0 \frac{dx}{dt} + \omega_0^2 x = 0 \tag{8.44}$$

mit

$$\delta_0 = r/(2m_0) \tag{8.45}$$

im Falle eines mechanischen oder akustischen Systems oder

$$\delta_0 = R_e/(2L) \tag{8.46}$$

im Falle eines elektrischen Systems. Die Größe ω_0 ist entsprechend durch die Ausdrücke (8.29), (8.30) oder (8.35) definiert. Eine bekannte Lösung der eindimensionalen Differentialgleichung (8.44) ist $x = x_{\max 0} \exp(-\delta_0 t) \sin \omega' t$, wo $\omega' = \sqrt{(\omega_0^2 - \delta_0^2)}$ ist. Sie beschreibt gedämpfte Schwingungen, deren Amplitude mit der Zeit nach einem exponentiellen Gesetz abnimmt:

$$x_{\max} = x_{\max 0} \exp(-\delta_0 t); \tag{8.47}$$

δ_0 ist der Dämpfungskoeffizient. Solch einen Prozeß darf man an sich nicht mehr im strengen Sinne harmonisch nennen. Er wird durch ein Spektrum von Frequenzen charakterisiert. Bei kleinem δ_0 kann man aber die frühere Terminologie beibehalten, und man spricht von einer gedämpften harmonischen Schwingung mit der Periode $T' = 2\pi/\omega'$.

Den zeitlichen Dämpfungskoeffizienten haben wir schon als eine der Charakteristika für die Dämpfung eines Wellenprozesses im unbegrenzten Medium laut Definition (3.43) kennengelernt:

$$\delta_0 = \alpha_0 c, \tag{8.48}$$

α_0 ist der Absorptionskoeffizient des Ultraschalls im Medium (kleine Amplitude angenommen), c die Schallgeschwindigkeit in ihm. Wendet man die Definition (8.48) an, so können wir die innere Reibung im Material der Platte mit den vorherigen Charakteristika der Ultraschalldämpfung in der Platte verbinden. Dazu setzen wir den Strahlungswiderstand in das äußere Medium in der Formel (8.39) gleich Null und vergleichen die Ausdrücke (8.45) und (8.48) miteinander. Das liefert

$$r_0 = \alpha_0 \varrho c d S = \alpha_0 \varrho c V, \tag{8.49}$$

wo V das Volumen der Platte ist und ϱc der Wellenwiderstand des Materials.

Gewöhnlich ist der Strahlungswiderstand in das äußere Medium im Vergleich zu den inneren Verlusten groß, d. h., $2\varrho_1 c_1 S \gg r_0$. Dann kann man in der Formel (8.39) $r = 2\varrho_1 c_1 S$ setzen (bei zweiseitiger Abstrahlung), und für den Dämpfungskoeffizienten des akustischen Systems haben wir

$$\delta_0 = 2\varrho_1 c_1/(\varrho d). \tag{8.50}$$

Im Kapitel 3 führten wir auch die rcziproke Charakteristik — die Zeitkonstante der Dämpfung $\tau_0 = 1/\delta_0$ — ein, die entsprechend dem Ausdruck (8.47) den Zeitabschnitt $t = \tau_0$ festlegt, in dem sich die Schwingungsamplitude auf den e-ten Teil verringert.

Das nächste Charakteristikum für die Dämpfung eines schwingenden Systems ist das logarithmische Dekrement ϑ, das als logarithmisches Verhältnis der Amplituden zweier benachbarter Schwingungen, die voneinander durch die Zeit T' getrennt sind, definiert ist: $\vartheta = \ln (x_{\max 1}/x_{\max 2}) = \delta_0 T'$. Das logarithmische Dämpfungsdekrement ist demzufolge

$$\vartheta = 2\pi\delta_0/\omega', \tag{8.51}$$

wo $\omega' = \sqrt{(\omega_0^2 - \delta_0^2)}$ ist. Hieraus ist übrigens auch zu sehen, daß der Schwingungscharakter des Prozesses beibehalten wird bis zum Wert $\delta_0 < \omega_0$ (bei $\delta_0 = \omega_0$ gilt $\vartheta \to \infty$ und $x_{\max} \to 0$), d. h. bei der Bedingung $\omega_0\tau_0 > 1$ oder $\tau_0 > T_0/(2\pi)$. Im entgegengesetzten Fall wird die Schwingungsamplitude in einer Zeit gedämpft, die kleiner als eine Periode ist: Das System, das die Gleichgewichtslage verlassen hat, ist bestrebt, sofort wieder in diese zurückzukehren oder durchläuft diese nur einmal.

Das logarithmische Dekrement, das mit der Eigendämpfung des Ultraschalls im Material verknüpft ist, war schon früher (s. Kap. 3) durch die Definition $\vartheta_0 = \alpha_0\Lambda$, wo Λ die Wellenlänge ist, eingeführt worden. Der Ausdruck (8.49) für die innere Reibung r_0 durch das Dekrement dieser Eigendämpfung wird folgende Form haben: $r_0 = \varrho c S\vartheta_0/2$. Im Fall zweiseitiger Abstrahlung des Ultraschalls durch die Platte ($2\varrho_1 c_1 S \gg r_0$) und der für einen mehr oder weniger langen Schwingungsprozeß üblichen Bedingung $\delta_0 \ll \omega_0$ erhalten wir, entsprechend den Ausdrücken (8.51) und (8.50), $\vartheta = 4\pi\varrho_1 c_1/(\varrho\omega_0 d)$ oder, wenn man (8.30) berücksichtigt,

$$\vartheta = 4\varrho_1 c_1/(\varrho c). \tag{8.52}$$

Somit wird das Dämpfungsdekrement der belasteten Platte insgesamt durch das Verhältnis der spezifischen Wellenwiderstände des äußeren Mediums und des Materials der Platte bestimmt. Es sei aber nicht vergessen, daß das hier skizzierte Vorgehen solch einem Fall entspricht, bei dem an den Rändern der Platte Verschiebungsbäuche und Bäuche der Geschwindigkeit vorhanden sind, und daß dies, entsprechend einer Analyse in Abschnitt 7.2., zum Fall $\varrho c > \varrho_1 c_1$ gehört. Das entspricht zum Beispiel Schwingungen einer festen Platte in einer Flüssigkeit oder in einem gasförmigen Medium. Im entgegengesetzten Fall werden die äquivalenten Parameter des Systems andere, da natürlich das System selbst ein ganz anderes ist.

Eine der wichtigsten Charakteristika eines Schwingungssystems ist die Güte. Es existieren unterschiedliche Definitionen der Güte. Stützt man sich auf die Analogie zu den elektrischen Kreisen, so definieren wir die Güte Q als das Verhältnis von Blindwiderstand eines Schwingkreises zum Wirkwiderstand, d. h.

$$Q_e = \omega_0 L/R_e = 1/(\omega_0 C R_e),$$

wo $\omega_0 = (LC)^{-1/2}$ die Resonanzfrequenz des Schwingkreises ist. Da, entsprechend der Bedingung (8.46), $\delta_0 = R_e/(2L)$ ist, gilt für ein beliebiges Schwingungssystem

$$Q = \omega_0/(2\delta_0) = \pi/\vartheta. \tag{8.53}$$

Das bedeutet, daß die Güte eine Größe ist, die sich reziprok zum Dämpfungsdekrement verhält. Genäherte Gleichheit bedeutet, daß wir wie gewöhnlich $\delta_0 \ll \omega_0$ und $\omega_0 \approx \omega'$ annehmen. Da $\delta_0 = 1/\tau_0$ gilt, erhalten wir aus Formel (8.53) noch $Q = \omega_0\tau_0/2$, d. h., die

Güte ist proportional der Zeitkonstanten der Dämpfung. Der Minimalwert der Güte, der dem minimalen Wert $\omega_0 \tau_0 = 1$ $(\delta_0 = \omega_0)$ entspricht, ist $Q_{\min} = 1/2$. Laut (8.53) bestimmt die Güte angenähert die Zahl der möglichen freien Schwingungen des Systems bis zur Dämpfung der Amplitude auf den e-ten Teil. Je geringer die Energieverluste der Schwingungen im System sind, um so höher ist seine Güte. Zum Beispiel haben elektrische Schwingkreise Güten von ungefähr 50—100. Für den Kammerton ist die charakteristische Güte ungefähr 3000. Die Güte einer Quarzplatte, die im Vakuum schwingt (d. h. ohne äußere Belastung $\varrho_1 c_1 S$), erreicht aber Werte in der Größenordnung 10^5—10^6, d. h., die Quarzplatte kann viele freie Schwingungen ausführen, bis sich ihre Amplitude auf ein Drittel verringert hat.

Wir wollen die Güte eines akustischen Systems mit den Charakteristika seiner inneren Verluste korrelieren, d. h. beim Fehlen einer Ultraschallabstrahlung in das äußere Medium $(\varrho_1 c_1 S = 0)$. Analog (8.53) und (8.43) gilt

$$Q_a = \omega_0/(2\delta_0) = \omega_0/(2\alpha_0 c) = \pi/(\alpha_0 \Lambda).$$

Da der Ultraschallabsorptionskoeffizient α_0 gewöhnlich mit der Frequenz ansteigt, im allgemeinen mit ω_0^2, nimmt die akustische Güte der Platte in der Regel mit der Frequenz ab. Das bedeutet, daß sie in den Harmonischen geringer als in der Grundfrequenz ist. Es sei bemerkt, daß manchmal in der Literatur als Charakteristik der Dämpfung des Ultraschalls im Material der Platte eine Größe verwendet wird, die die reziproke Güte ist: $Q_a^{-1} = 2\alpha_0 c/\omega_0$. Sie wird Koeffizient der inneren Reibung genannt. Diese Begriffsbestimmung stimmt aber nicht mit unserer Definition der inneren Reibung r_0 überein, die durch (8.49) ausgedrückt wird.

Wenn die Strahlungsverluste die inneren Verluste überwiegen, d. h., wenn $\varrho_1 c_1 S \gg r_0$ ist,[1] dann erhalten wir für die akustische Güte der belasteten Platte, wobei die Formeln (5.53) und (8.50) oder (8.52) berücksichtigt werden, bei zweiseitiger Abstrahlung

$$Q_a = \frac{\pi}{\vartheta} \approx \frac{\pi \varrho c}{4 \varrho_1 c_1} \approx \frac{\varrho c}{\varrho_1 c_1} = l^{-1}; \tag{8.54}$$

$l = z_1/z$ ist eine Bezeichnung, die in der Formel (8.8) in diesem Kapitel eingeführt worden ist.

Die Güte eines belasteten akustischen Systems wird somit einfach durch das Verhältnis der spezifischen Wellenwiderstände dieses Systems und des äußeren Systems, wohin die Abstrahlung des Ultraschalls erfolgt, bestimmt. Zum Beispiel ist die Güte einer Quarzplatte $(\varrho c = 1{,}5 \cdot 10^6\ \mathrm{g/(cm^2\,s)})$ bei ihrem Schwingen in Wasser $\left(\varrho_1 c_1 = 1{,}5 \cdot 10^6\ \mathrm{g/(cm^2\,s)}\right)$ $Q_a \approx 10$. Schwingt sie dagegen in Luft $\left(\varrho_1 c_1 = 4{,}5\ \mathrm{g/(cm^2\,s)}\right)$, ist $Q_a \approx 3 \cdot 10^5$. Zur akustischen Güte reeller Systeme muß man aber zwei Bemerkungen machen. Erstens befindet sich die reale Platte in einer Fassung, in einem Halter, wohin natürlich auch Abstrahlung erfolgt, so daß die Güte der eingeklammerten Platte stark fallen kann. Deshalb wird in Anordnungen, wo eine hohe Güte gefordert wird, die Platte in den Knotenebenen befestigt (wie dies teilweise in Abb. 55c) gezeigt wird). Zweitens wird in der Formel (8.54) ein idealer Kontakt zwischen Platte und äußerem Medium angenommen, der zum Beispiel zwischen einem festen Körper und einer ihn gut be-

[1] Für Platten aus solchen Materialien hoher Güte wie Quarz, Korund u. a. sind die Strahlungsverluste schon bei Schwingungen in Luft weit größer als die inneren Verluste.

netzenden Flüssigkeit verwirklicht werden kann. Die Praxis zeigt, daß die Güte immerhin in der Größenordnung von Eins liegt, selbst wenn die Platte aus festem Material sich in zweiseitigem Kontakt sogar mit demselben Material befindet. Dieser Kontakt wird durch irgendwelche Zwischenschichten verwirklicht, die dann die Güte erhöhen. Deshalb ist das Erhalten einer niedrigen Güte ein anderes technisches Problem der Ultraakustik, das mit der Ausdehnung der Bandbreite verbunden ist (s. später).

8.7. Erzwungene Schwingungen. Resonanz

Auf ein mechanisches System möge eine äußere Kraft F wirken, die sich periodisch mit der Zeit ändert: $F = F_{\max} \sin \omega t$. Die Bewegungsgleichung eines Massepunktes auf der Feder wird dann die Form

$$m_0 \frac{\mathrm{d}^2\xi}{\mathrm{d}t^2} + r \frac{\mathrm{d}\xi}{\mathrm{d}t} + K\xi = F_{\max} \sin \omega t$$

oder

$$\frac{\mathrm{d}^2\xi}{\mathrm{d}t^2} + 2\delta_0 \frac{\mathrm{d}\xi}{\mathrm{d}t} + \omega_0{}^2\xi = F'_{\max} \sin \omega t \tag{8.55}$$

haben; $\delta_0 = r/(2m_0)$, $\omega_0{}^2 = K/m_0$; $F' = F/m_0$ ist die Kraft, bezogen auf die Einheitsmasse. Solch eine Gleichung mit äquivalenten Parametern r, K und m_0 kann man auch für ein akustisches System aufschreiben, indem man F durch die mechanische Spannung (Druck) und die Fläche ausdrückt, auf die diese Spannung wirkt: $F = pS$. Wenn man (8.55) nach t differenziert, erhält man eine analoge Gleichung für die Verschiebungsgeschwindigkeit $v = \mathrm{d}\xi/\mathrm{d}t$. Da die Ableitung von $\sin \omega t$ gleich $\omega \cos \omega t$ ist, wird die

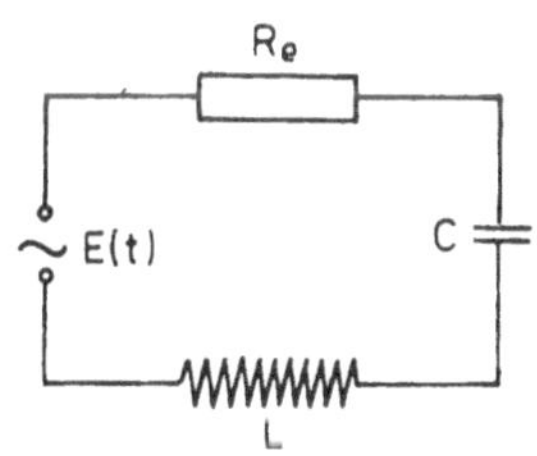

Abb. 56

Größe $F'_{\max}$ in diesem Fall gleich $\omega F_{\max}/m_0$. Was die Anfangsphase der erzwingenden Kraft angeht, so nehmen wir sie immer als Null an. Wir machen keinen Unterschied zwischen den Funktionen $\sin \omega t$ und $\cos \omega t$.

Die Rolle der Kraft im elektrischen Stromkreis spielt die elektromotorische Kraft (EMK) $E(t) = E_{\max} \sin \omega t$. Das analoge elektrische Schaltbild für den Fall erzwungener Schwingungen ist in Abbildung 56 dargestellt. Das Ohmsche Gesetz liefert dafür die Gleichung

$$L \frac{\mathrm{d}^2q}{\mathrm{d}t^2} + R_e \frac{\mathrm{d}q}{\mathrm{d}t} + \frac{q}{C} = E_{\max} \sin \omega t$$

oder

$$\frac{d^2q}{dt^2} + 2\delta_0 \frac{dq}{dt} + \omega_0^2 q = E'_{max} \sin \omega t, \tag{8.56}$$

wo $\delta_0 = R_e/(L)$ ist, $\omega_0 = (LC)^{-1/2}$ und $E'_{max} = E^2_{max}/L$. Analog wird die Gleichung für den Strom I, nur daß an Stelle von E_{max} der mit ω multiplizierte Wert steht. Man kann die Gleichungen (8.55) und (8.56) von neuem zu einer mit der willkürlichen Variablen x vereinen:

$$\frac{d^2x}{dt^2} + 2\delta_0 \frac{dx}{dt} + \omega_0^2 x = F'_{max} \sin \omega t, \tag{8.57}$$

wobei man aber berücksichtigen muß, daß die Größe F'_{max} verschiedene Werte in Abhängigkeit von der Bedeutung der Variablen x haben wird. Wenn $x = q$, dann ist $F'_{max} = F_{max}/L$; wenn $x = I$, dann ist $F'_{max} = \omega F_{max}/L$; wenn $x = \xi$, dann gilt $F'_{max} = F_{max}/m_0$; wenn $x = v$ ist, ist $F'_{max} = \omega F_{max}/m_0$; wenn $x = a$ (Beschleunigung) ist, dann gilt $F'_{max} = \omega^2 F_{max}/m_0$ usw. Natürlich werden die Resultate die gleichen werden; wenn also aus der Gleichung für ξ eine Verschiebungsamplitude $\xi_{max} = A$ gefunden wird, dann wird selbstverständlich die Geschwindigkeitsamplitude $v_{max} = \omega A$ werden.

Die Lösung der inhomogenen Differentialgleichung (8.57) ist die Summe aus allgemeiner Lösung der entsprechenden homogenen Gleichung ($F'_{max} \sin \omega t = 0$) und spezieller Lösung der inhomogenen Gleichung $x_1(t)$: $x(t) = x_1(t) + A_0 \exp(-\delta_0 t) \sin \omega t$. Der erste Term beschreibt die erzwungene Schwingung, der zweite die freie Schwingung, die nur durch die Anfangseinwirkung bestimmt wird, später dann durch die Parameter des Systems. Die freien Schwingungen werden früher oder später gedämpft (in Abhängigkeit von der Größe δ_0).

Es sollen nun nur noch die erzwungenen stationären Schwingungen analysiert werden, die sich im System nach dem Zeitabschnitt $t > \tau_0 = \delta_0^{-1}$ herausgebildet haben, wenn die Eigenschwingungen verschwunden sind. Die Lösung für $x_1(t)$ werden wir in der Form harmonischer Funktionen suchen:

$$\varkappa_1(t) = x_{max} \sin(\omega t + \beta_0), \tag{8.58}$$

Die unbekannten Größen x_{max} und β_0, d. h. Amplitude und Anfangsphase der erzwungenen Schwingungen, finden wir durch Einsetzen der Formel (8.58) in (8.57), was ergibt

$$x_{max} = F'_{max}/\sqrt{4\omega^2\delta_0^2 + (\omega_0^2 - \omega^2)^2}, \tag{8.59}$$

$$\beta_0 = \arctan 2\delta_0\omega/(\omega^2 - \omega_0^2). \tag{8.60}$$

Die Lösung für die erzwungenen Schwingungen wird dann folgendermaßen aussehen:

$$x_1(t) = \frac{F'_{max}}{\sqrt{4\omega^2\,\delta_0^2 + (\omega_0^2 - \omega^2)^2}} \sin\left(\omega t + \arctan\frac{2\delta_0\omega}{\omega^2 - \omega_0^2}\right).$$

Aus dieser allgemeinen Lösung folgt, daß beim Zusammenfallen von Anregungsfrequenz (ω) und Eigenfrequenz des Schwingungssystems (ω_0) die Amplitude der erzwungenen Schwingungen ein Maximum erreicht, $(x_{max})_{Res} = F'_{max}/(2\omega_0\delta_0)$, was der Resonanzbedingung entspricht. Die Resonanzamplitude hängt vom Dämpfungskoeffizienten δ_0

ab, und bei $\delta_0 \to 0$ geht $(x_{max})_{Res} \to \infty$. Natürlich ist das nicht möglich, da selbst bei sehr kleiner innerer Reibung (Widerstand) die Dämpfung bei sehr großen Verschiebungsgeschwindigkeiten (oder Strömen) infolge der nichtlinearen Effekte wächst. Was die Anfangsphase der erzwungenen Schwingungen angeht, so hat es nur Sinn, darüber zu sprechen, wenn man diese Schwingungen mit anderen vergleicht, also zum Beispiel mit Verschiebungsschwingungen. Im Fall der Resonanz ($\omega = \omega_0$) ist der Phasenunterschied zwischen anregender Kraft und Verschiebung (oder EMK und den Schwingungen der Ladung auf dem Kondensator) genau 90°, unabhängig von der Größe δ_0. Dagegen wächst die Phasendifferenz auf 180° an bei Änderung der Frequenz von Null auf Unendlich. Die Frequenzabhängigkeit von β_0 ist in Abbildung 57 für einen idealisierten ($\delta_0 = 0$) und einen realen ($\delta_0 \neq 0$) Fall dargestellt. Im Fall $\delta_0 = 0$ geht bei $\omega = \omega_0$ ein Phasensprung von Null auf π vor sich (s. (8.60)). In der Realität ändert sich die Phase in den gleichen Grenzen in einem mehr oder weniger breiten Frequenzgebiet (in Abhängigkeit von δ_0), obwohl die Hauptänderung ebenfalls bei der Resonanz-

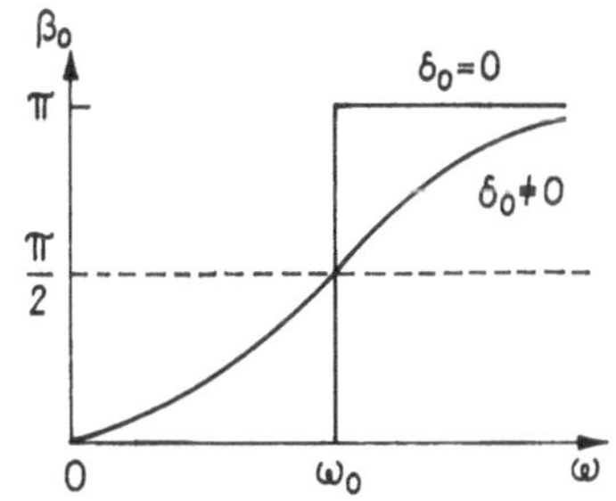

Abb. 57

frequenz erfolgt. Die Phasendifferenz zwischen anregender Kraft und Verschiebungsgeschwindigkeit (oder EMK und Strom) ist in der Resonanz gleich Null, zwischen Kraft und Beschleunigung wieder $\pi/2$ usw. Im beliebigen Fall macht sie in einem ausreichend großen Frequenzgebiet eine Änderung um π durch. All dies muß man im Auge haben, wenn man die Phasen der Ultraschallschwingungen mit der Phase der elektrischen Spannung vergleichen will, die einen Ultraschallwandler bei verschiedenen Frequenzen nahe seiner Resonanzfrequenz anregt. In anderen Fällen spielt die Anfangsphase der erzwungenen Schwingungen β_0 keine Rolle, und man kann sie als Null annehmen.

Wir analysieren nun die Frequenzabhängigkeit der Amplitude der erzwungenen Schwingungen bei unterschiedlichen Werten der Variablen x.

1. Es sei $x \equiv q$. Dann ist $F'_{max} = F_{max}/L$, und (8.59) liefert

$$q_{max} = E_{max}/\left\{\omega \sqrt{R_e^2 + [1/(\omega C) - \omega L]^2}\right\}. \quad (8.61)$$

Bei $\omega \to \infty$ geht $q_{max} \to 0$, bei $\omega \to 0$ strebt $q_{max} \to E_{max}C$. Letzteres entspricht der statischen Ladung im Kondensator, q_{stat}. Bei $\omega = \omega_0$ ist $(q_{max})_{Res} = E_{max}/(\omega_0 R_e)$ und das Verhältnis $(q_{max})_{Res}/q_{stat} = 1/(\omega_0 R_e C) = Q_e$, d. h. gleich der Güte des Schwingkreises.

2. Es sei $x \equiv \xi$. Dann gilt $F_{max} = F_{max}/m_0$. Das Ergebnis für die Verschiebungsamplitude kann man erhalten, wenn man in der Formel (8.61) alle Größen durch die

äquivalenten ersetzt:

$$A = F_{max}/\{\omega\sqrt{[r^2 + (K/\omega - \omega m_0)^2]}\}.$$

Bei $\omega \to \infty$ geht $A \to 0$, bei $\omega \to 0$ strebt $A \to A_{stat} = F_{max}/K$ (HOOKEsches Gesetz). Bei $\omega = \omega_0$ ist $A_{Res} = F_{max}/(\omega_0 r)$ und das Verhältnis $A_{Res}/A_{stat} = K/(\omega_0 r) = Q_a$, d. h., für die zweiseitig befestigte Platte ist

$$A_{Res}/A_{stat} = Q_a \approx \varrho c/(\varrho_1 c_1).$$

Somit kann man leicht die Amplitude der Schwingungen einer Platte, die Ultraschall unter Resonanzbedingungen abstrahlt, berechnen, wenn man ihre Güte und die statische Deformation, zum Beispiel infolge des reziproken piezoelektrischen Effektes, kennt. Die akustische Güte der abstrahlenden Platte ist einfach aus dem Verhältnis der spezifischen Wellenwiderstände des Plattenmaterials und des äußeren Mediums bestimmbar.

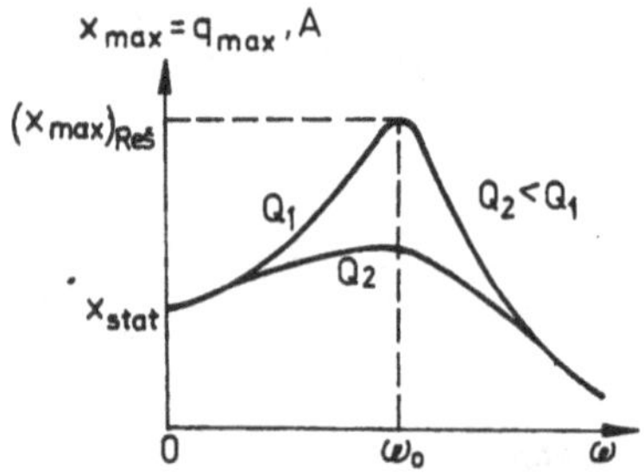

Abb. 58

Die allgemeine Form der Frequenzabhängigkeit der Größen q und A ist in Abbildung 58 für verschiedene Güten dargestellt (bei kleineren Güten verschiebt sich das Maximum x_{max} etwas nach links von der Resonanzfrequenz ω_0).

3. Es sei $x \equiv I$. Dann ist $F'_{max} = F_{max}\omega/L$ und $I_{max} = E_{max}/\sqrt{R_e^2 + [1/(\omega C) - \omega L]^2}$. Der Ausdruck in der Wurzel ist die elektrische Impedanz des Schwingkreises, die den Strom bei gegebener EMK bestimmt. Im Resonanzfall ($\omega = \omega_0$) ist $(I_{max})_{Res} = E_{max}/R_e$ nur durch den Ohmschen Widerstand bestimmt. Bei $\omega \to 0$ und $\omega \to \infty$ geht $I_{max} \to 0$.

4. Analog gilt, wenn $x \equiv v(F'_{max} = F_{max}\omega/m_0)$,

$$v_{max} = \omega A = F_{max}/\sqrt{r^2 + (K/\omega - \omega m_0)^2}. \tag{8.62}$$

Die Größe $Z_m = \sqrt{r^2 + (K/\omega - \omega m_0)^2}$, die die Amplitude der Schwingungsgeschwindigkeit bei gegebener Amplitude der Anregungskraft bestimmt, kann mechanische Impedanz genannt werden. Mit Hilfe der äquivalenten Parameter r, K und m_0 kann man sie in die akustische Impedanz der Platte (Schicht) Z_a überführen, mit der wir es schon früher zu tun hatten. Bei der Resonanzfrequenz der Platte ist

$$(v_{max})_{Res} = \frac{F_{max}}{r} \approx \frac{F_{max}}{2\varrho_1 c_1 S} = \frac{p2S}{2\varrho_1 c_1 S} = \frac{p}{\varrho_1 c_1}.$$

Die Amplitude der Schwingungsgeschwindigkeit bei $r = 2\varrho_1 c_1 S$ wird durch den wirksamen spezifischen Wellenwiderstand des Mediums bestimmt. Dieses Resultat erhielten wir schon früher auf anderem Wege aus der Analyse der Lösungen der Wellengleichungen.

Wenn man die Resonanzfrequenz verläßt ($\omega \to 0$, $\omega \to \infty$), geht $v_{\max} \to 0$. Für die Schwingungsgeschwindigkeit (wie auch für die Ströme im elektrischen Schwingkreis) wird eine Frequenzabhängigkeit erhalten, wie sie qualitativ in Abbildung 59 dargestellt ist.

Aus Formel (8.62) ist klar, daß eine Vergrößerung des Wirkwiderstandes nicht nur zu einem Abfall der Resonanzamplitude führt, sondern auch zu einer Verbreiterung der Resonanzkurve. Wendet man (8.62) an, so kann man aber auch quantitative Beziehungen zwischen den Parametern dieser Kurve und den Charakteristika der

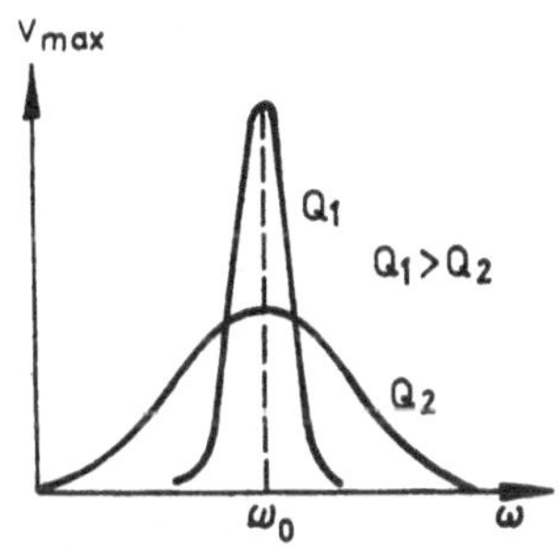

Abb. 59

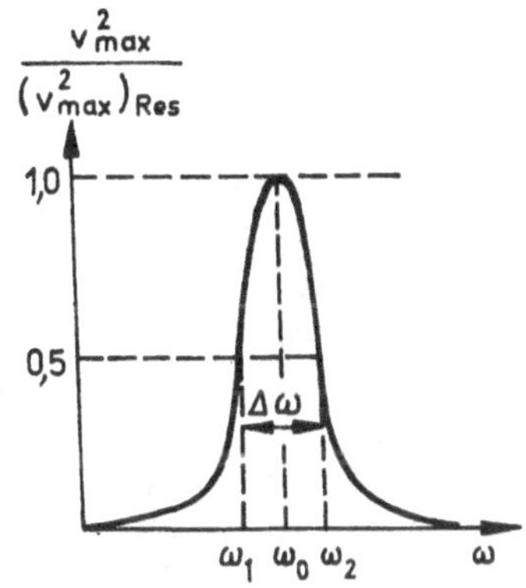

Abb. 60

Dämpfung finden. Die einfachste, für die praktische Anwendung aber sehr wichtige und nützliche Beziehung wird zwischen der Güte des Systems und der Breite der energetischen Kurve der Frequenzabhängigkeit, d. h. der Resonanzkurve für das Amplitudenquadrat der Schwingungsgeschwindigkeit $v_{\max}^2$, erhalten. Wir konstruieren die angeführte Kurve für das Verhältnis $v_{\max}^2/(v_{\max}^2)_{\text{Res}}$ (Abb. 60). Da $(v_{\max})_{\text{Res}} = F_{\max}/r$ ist, so gilt

$$\frac{v_{\max}^2}{(v_{\max}^2)_{\text{Res}}} = \frac{r^2}{r^2 + (K/\omega - \omega m_0)^2}. \tag{8.63}$$

Wenn man die Definition der Güte $Q = \omega_0 m_0/r = K/(\omega_0 r)$ anwendet, so kann man (8.63) in die Form

$$\frac{v_{\max}^2}{(v_{\max}^2)_{\text{Res}}} = \frac{(\omega/\omega_0)^2}{(\omega/\omega_0)^2 + Q[(\omega/\omega_0)^2 - 1]^2} \tag{8.64}$$

umwandeln. Wir wählen auf der Resonanzkurve die Frequenz ω_1 aus, bei der $v_{\max}^2/(v_{\max}^2)_{\text{Res}} = 1/2$ ist. Für diese Frequenz erhalten wir aus (8.64)

$$Q = \left|\frac{\omega_1\omega_0}{\omega_1^2 - \omega_0^2}\right|. \tag{8.65}$$

Es wird der Absolutwert genommen, weil $Q > 0$ ist. Aus (8.64) ist zu entnehmen, daß, wenn die rechte Seite gleich 1/2 ist (oder einem anderen konstanten Wert) bei der Frequenz ω_1, sie diesem Wert auch bei einer anderen Frequenz ω_2 gleich ist, für die

$(\omega_2/\omega_0) = (\omega_1/\omega_0)^{-1} = \omega_0/\omega_1$ ist, woraus folgt $\omega_1\omega_2 = \omega_0^2$. Setzt man diesen Wert ω_0^2 in (8.65), so erhält man

$$Q = \frac{\omega_0}{|\omega_1 - \omega_2|} = \frac{\omega_0}{|\Delta\omega|} = \frac{\nu_0}{|\Delta\nu|}. \tag{8.66}$$

Das Intervall $\Delta\omega$ (oder $\Delta\nu$), in dem per Definition die Schwingungsenergie die Hälfte der Energie im Resonanzfall (d. h. bei der Frequenz ω_0) beträgt, nennt man die Breite der Resonanzkurve. Somit ist die Güte eines Schwingungssystems gleich dem Verhältnis seiner Eigenfrequenz zur Breite der energetischen Resonanzkurve, wonach natürlich die Güte (und zusammen mit ihr auch andere Charakteristika der Dämpfung) experimentell leicht bestimmt werden kann aus der Frequenzabhängigkeit irgendeiner akustischen Größe. Wenn die Intensität des Ultraschalls (die Energiedichte, die Leistung usw.) gemessen wird, dann wird die Güte unmittelbar aus der erhaltenen Kurve der Frequenzabhängigkeit gefunden. Wenn die gemessene Größe beispielsweise die Druckamplitude ist (Schwingungsgeschwindigkeit, Verschiebung usw.), dann muß man für die Anwendung der Formel (8.66) die erhaltene Frequenzabhängigkeit der gegebenen Größe in die Frequenzabhängigkeit des Quadrates dieser Größe umrechnen. Andererseits bestimmt die Güte des Systems seine Trennschärfe bezüglich der Frequenz oder die Bandbreite, d. h. jenes Frequenzintervall, in dem die Energie der erzwungenen Schwingungen nicht weniger als 50% der Energie bei der Resonanzfrequenz beträgt. Das bedeutet, daß zum Beispiel eine Platte mit der Güte Q_a, die als Wandler angewendet wird, Ultraschall mit einer Intensität von mehr als 50%, bezogen auf den Maximalwert, in einem Frequenzband $\Delta\nu = \nu_0/Q_a$ abstrahlen kann. Das bedeutet auch, daß eine planparallele Platte, auf die ebene Ultraschallwellen fallen, einen Transmissionskoeffizienten d_I von mehr als 0,5, bezogen auf den Maximalwert, im Frequenzintervall ν_0/Q_a besitzt. Da die Güte einer belasteten Schicht in der Grundfrequenz ihrer Schwingungen durch das Verhältnis der Wellenwiderstände der Schicht und des äußeren Mediums bestimmt wird, $\varrho c/(\varrho_1 c_1)$, ergibt sich für die Durchlaßbreite der Schicht nah der Grundfrequenz $\Delta\nu_1 = \nu_0\varrho_1 c_1/(\varrho c) = \nu_0 l$.

Das gleiche Resultat würden wir selbstverständlich auch für die Kurven erhalten, die in Abbildung 49 dargestellt sind, indem wir die Formel (8.5) für verschiedene Frequenzen analysieren würden. Der Weg dorthin wäre aber schwieriger.

8.8. Abstrahlung ebener Wellen. Schallfeld

Bisher haben wir ideal ebene Wellen betrachtet, die bei harmonischen Schwingungen einer unendlich ausgedehnten ebenen Oberfläche angeregt wurden. Reelle Strahler ebener Ultraschallwellen haben endliche Abmessungen. Dies führt zur Interferenzstruktur des Feldes in der Nahzone solcher Strahler und zur Diffraktion des Ultraschallbündels.

Ein runder Zylinderstrahler mit dem Radius R, der in einen unendlich ausgedehnten Schirm eingebettet sei, möge in positiver Richtung der x-Achse, die mit dem Zentrum des Strahlers zusammenfällt (Abb. 61), abstrahlen. Das Geschwindigkeitspotential φ_A in einem willkürlichen Beobachtungspunkt A (x, y, z), der um die Strecke r von einem Oberflächenelement dS einer beliebigen Quelle mit der Fläche S entfernt ist, kann man

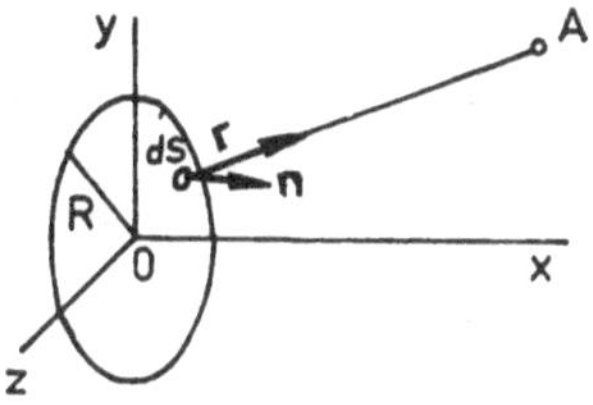

Abb. 61

mit Hilfe der bekannten RAYLEIGH-Formel [1]

$$\varphi_A = -\exp(i\omega t)/(2\pi) \int_S (\partial\varphi/\partial n)_S [\exp(-ikr/r)] \, dS$$

ausrechnen, wo n die Normale zur Strahleroberfläche ist und $\partial\varphi/\partial n$ die Amplitudenverteilung der Schwingungsgeschwindigkeit auf der Oberfläche S. Nimmt man diese Verteilung als gleichmäßig an, was den Grenzbedingungen

$$\begin{aligned} -(\partial\varphi/\partial n)_{x=0} &= v_{\max 0} = \text{const} \quad \text{bei} \quad y, z \leqq R, \\ \partial\varphi/\partial n &= 0 \quad \text{bei} \quad y, z > R \end{aligned} \tag{8.67}$$

entspricht, so erhält man, wenn man den Zeitfaktor wegläßt,

$$\varphi_A = \frac{v_{\max 0}}{2\pi} \int_S \frac{\exp(-ikr)}{r} \, dS. \tag{8.68}$$

Die Größe $d\varphi = v_{\max 0}/(2\pi) [\exp(-ikr/r)] \, dS$ stellt das Potential einer Punktquelle dar, die in den Raumwinkel 2π strahlt. Somit bedeutet Formel (8.68) die Summation der Potentiale $d\varphi$ im Punkt A von den einzelnen Punktquellen, die über die Fläche S unter Berücksichtigung der Phasenverzögerung (Faktor $\exp(-ikr)$) verteilt sind, d. h., sie drückt das HUYGENS-FRESNEL-Prinzip aus. Entsprechend diesem Prinzip formiert sich bei $S \to \infty$ in beliebiger Entfernung von der Quelle eine ideal ebene Welle mit gleichmäßiger Verteilung der Amplituden. Im Fall einer begrenzten Fläche S, zu dem das Integral (8.68) gehört, wird die Amplituden- und Phasenverteilung der Schwingungen in der Ebene y, z in verschiedenen Entfernungen x uneinheitlich, obwohl aus den allgemeinen Darstellungen klar ist, daß die Wellenfront um so mehr einer ideal ebenen nahe kommt, je größer der Durchmesser der Quelle im Vergleich zur ausgestrahlten Wellenlänge wird.

Die Formel (8.68) mit den Randbedingungen (8.67) bezieht sich auf ideale „Kolbenschwingungen" einer ebenen Quelle, die von einem unendlich ausgedehnten, unbeweglichen, ebenen Schirm umgeben ist. Reale Ultraschallquellen können ohne Schirm abstrahlen. Die Amplitudenverteilung einer realen Quelle pflegt in der Regel nicht streng gleichmäßig zu sein infolge verschiedener Ursachen, zu denen die Inhomogenität der an den Piezowandler angelegten elektrischen Spannung, der Einfluß von Inhomogenitäten der mechanischen Eigenschaften des Wandlermaterials, seine Befestigung und Resonanzen parasitärer Scher- oder Biegeschwingungen zählen. Außerdem berücksichtigt Formel (8.68) nicht die Dämpfung der Schwingungsamplitude auf der Strecke r bis zum Beobachtungspunkt, d. h., sie bezieht sich auf ein ideales Medium. Aber selbst unter diesen idealisierten Bedingungen, zu denen die Formel gehört, ist eine Berechnung der Charakteristika des Feldes in der Nahzone des Strahlers mit großen mathematischen Schwierigkeiten verbunden. Eine Ausnahme stellt die Ermittlung des Feldes auf der Achse des Strahlers dar, wobei sich grundlegende Besonderheiten der Feldstruktur eines realen, ebenen Wandlers offenbaren. Wenn man eine laufende Koordinate y einführt und als ein Oberflächenelement des Strahlers dS einen Ring mit dem Radius y und der Breite dy auswählt (Abb. 62), so erhält man auf der Grundlage der Formel (8.68) für

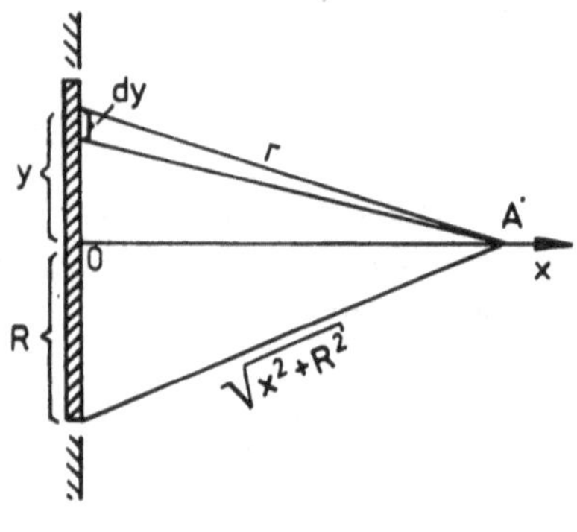

Abb. 62

den Druck auf der Achse x sofort

$$p(x) = \varrho \frac{\partial \varphi_A}{\partial t} = i\omega\varrho \frac{v_{\max 0}}{2\pi} \int\limits_0^R \frac{\exp\left(-ik\sqrt{x^2+y^2}\right)}{\sqrt{x^2+y^2}} 2\pi y \, dy$$

$$= v_{\max 0}\varrho c\left[\exp(-ikx) - \exp\left(-ik\sqrt{x^2+y^2}\right)\right], \tag{8.69}$$

wo ϱ und c Dichte und Geschwindigkeit des Schalls im Medium sind. Wir führen die Bezeichnung

$$\alpha \equiv \sqrt{x^2+R^2} - x = x\left(\sqrt{1+R^2/x^2} - 1\right) \approx R^2/(2x) \quad \text{bei} \quad x \gg R \tag{8.70}$$

ein. Dann haben wir entsprechend (8.69) für die Druckamplitude bei $x \gg R$

$$p_{\max}(\alpha) = \operatorname{Re} p(x) = v_{\max 0}\varrho c \left|(1 - \cos k\alpha + i \sin k\alpha) \exp(ikx)\right|$$

$$= 2\varrho c v_{\max 0} \left|\sin(k\alpha/2)\right|. \tag{8.71}$$

Im Zentrum des Strahlers auf seiner Oberfläche ($x = 0$) ist $\alpha = R$ und $p_{\max 0} = 2\varrho c v_{\max 0} \sin |(kR/2)|$, d. h., die Druckamplitude im Zentrum des Strahlers ändert sich in Abhängigkeit vom Wert $kR = 2\pi R/\Lambda$ von Null bis zum Wert $2\varrho c v_{\max 0}$, der dem doppelten Wert des Druckes in der ebenen Welle mit der Geschwindigkeitsamplitude $v_{\max 0}$ entspricht. Wenn $kR = 2\pi n$, d. h. $R = n\Lambda$ ($n = 0, 1, 2, 3, \ldots$), dann ist $p_{\max 0} = 0$; wenn $kR = (2n+1)\pi$, d. h. $R = (2n+1)\Lambda/2$, dann ist $p_{\max 0} = 2\varrho c v_{\max 0}$.

Die Druckamplitude $p_{\max}(x)$ längs der x-Achse wird auch, wie aus Formel (8.71) folgt, eine Reihe maximaler Werte erreichen, die gleich $2\varrho c v_{\max 0}$ bei

$$k\alpha = (2n+1)\pi \quad \text{oder} \quad \alpha = (2n+1)\Lambda/2 \tag{8.72}$$

sind, und minimale Werte, die gleich Null sind bei

$$kx = 2n\pi \quad \text{oder} \quad \alpha = n\Lambda. \tag{8.73}$$

In allen Fällen entsprechen offensichtlich die minimalen Werte des Druckes dem Fall, daß auf der Oberfläche des Strahlers eine gerade Anzahl von Fresnel-Ringzonen Platz findet und ihre Wirkung sich im Beobachtungspunkt gegenseitig aufhebt, wogegen den maximalen Werten des Druckes eine ungerade Anzahl von Fresnel-Zonen entspricht.

Aus den Beziehungen (8.72), (8.73) und (8.70) finden wir die Lagen der Maxima und Minima relativ zum Zentrum des Strahlers

$$x_m = R[R/(m\Lambda) - (m/4)(\Lambda/R)], \tag{8.74}$$

wo $m = 2n + 1$ für die Maxima gilt und $m = 2n$ für die Minima, $n = 0, 1, 2, 3, \ldots$ Das entfernteste Maximum wird für $m = 1$, d. h. $n = 0$ erhalten, dann ist $x_1 = R^2/\Lambda - \Lambda/4$.

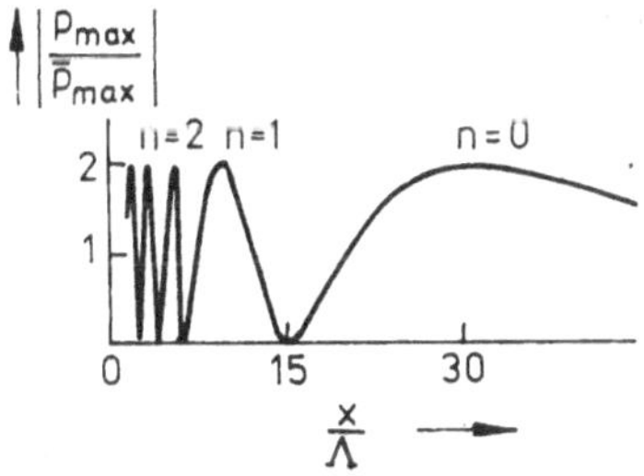

Abb. 63

Im Ultraschallfrequenzbereich wird praktisch immer die Bedingung $R \gg \Lambda$ erfüllt. Die Lage des letzten Interferenzmaximums im Feld eines kreisförmigen Zylinderstrahlers wird dabei durch die einfache Beziehung

$$x_1 = R^2/\Lambda \tag{8.75}$$

bestimmt. Vor diesem letzten Maximum sind noch eine gewisse Anzahl Maxima und Minima angeordnet. Aus (8.74) ist zu sehen, daß die positiven Werte x_m für die Minima unter der Bedingung $R^2/(2n\Lambda) - 2n\Lambda/4 > 0$, d. h. $n < R/\Lambda$ erhalten werden. Daraus folgt, daß die Zahl der Minima in der Interferenzzone gleich einer ganzen Zahl ist, die kleiner als R/Λ ist. Der Abstand zwischen ihnen (auch den Maxima) wird mit Entfernung vom Strahler kontinuierlich größer, wie aus Abbildung 63 zu erkennen ist. Darin ist die Verteilung der Druckamplitude längs der Achse eines kreisförmigen Zylinderstrahlers für einen Wert von $R/\Lambda = 30$ in Abhängigkeit vom relativen Abstand x/Λ dargestellt.

Die Beziehung (8.75) bestimmt die Ausdehnung der Interferenzzone, der sogenannten Nahzone eines ebenen Strahlers. Sie wird auch Fresnel-Zone genannt. In dieser Zone hat das Ultraschallbündel eine Form, die sehr einem Zylinder ähnelt. Das bedeutet, daß die Wellenfront in etwa eben bleibt. Das Gebiet des Bündels, in dem $x > x_1$ ist, wird Fernzone genannt oder auch Fraunhofer-Zone. Die Berechnung des akustischen Druckes in dieser Zone stellt auch kein besonderes Problem dar, da man dazu im Nenner der Formel (8.68) $r = \text{const}$ setzen kann für einen beliebigen Beobachtungspunkt unter dem Winkel ϑ. Dann führt eine einfache Rechnung zu folgendem Ausdruck für die Druckamplitude als Funktion des Winkels ϑ [3]:

$$p_{\max}(\vartheta) = \omega\varrho \frac{\pi R^2 v_{\max 0}}{2\pi r} \left[2 \frac{J_1(kR \sin\vartheta)}{kR \sin\vartheta} \right]; \tag{8.76}$$

J_1 ist die Bessel-Funktion erster Ordnung. Der Ausdruck in den eckigen Klammern der Formel (8.76) hat ein Maximum, nämlich Eins, bei $\vartheta = 0$, d. h. in Achsenrichtung. Er geht das erste Mal gegen Null bei einem Wert des Argumentes von $kR \sin\vartheta_0 = 3{,}83$, d. h. bei

$$\sin\vartheta_0 = 3{,}83/(kR) = 0{,}61\Lambda/R. \tag{8.77}$$

Bei $kR \sin\vartheta = 5{,}33$ hat die Größe $p_{\max}(\vartheta)$ ihr erstes Nebenmaximum. Seine Amplitude beträgt etwa 13% von der des Hauptmaximums. Die Intensität ist ungefähr um den Faktor 60 geringer als auf der Achse. Es werden dann weitere Nebenmaxima mit weiter abnehmender Amplitude auftreten. Insgesamt wird das Bild der Amplitudenverteilung nach den Winkeln identisch dem bekannten Fraunhofer-Bild für die Lichtdiffraktion

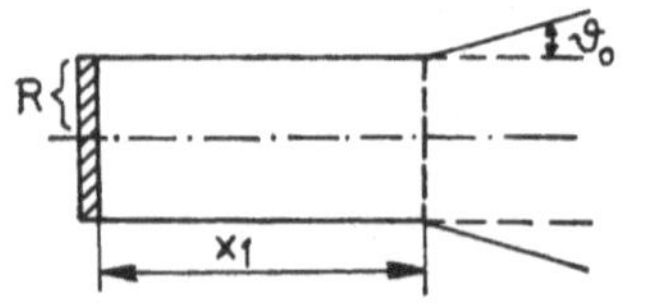

Abb. 64

an einer kreisförmigen Blende sein. Die gesamte Energie der Welle in der Fraunhofer-Zone wird in einem Konus mit dem Öffnungswinkel nach Formel (8.77) konzentriert sein. Die Wellenfront ist in dieser Zone sehr ähnlich der einer Kugelwelle. Die Amplitude wird deshalb längs der x-Achse nach den Gesetzmäßigkeiten für die Ausbreitung einer Kugelwelle abnehmen (dies wird im nächsten Kapitel behandelt). Insgesamt kann man das Feld eines kreisförmigen Ultraschallzylinderstrahlers schematisch so darstellen, wie es Abbildung 64 zeigt. Die Ausdehnung der Nahzone x_1 wird durch Formel (8.75) bestimmt, der Öffnungswinkel in der Fernzone durch Formel (8.77). Analoge Formeln werden auch für einen Strahler mit Rechteckform erhalten. So gilt für einen quadratischen Strahler mit der Seitenlänge $2R$ für den Öffnungswinkel die Beziehung $\sin\vartheta_0 = 0{,}5\Lambda/R$. Allgemein wird die Ausdehnung der Fresnel-Zone um so größer und der Öffnungswinkel um so kleiner, je größer das Verhältnis von Querabmessung des Strahlers zur Wellenlänge ist. Im Ultraschallfrequenzbereich beträgt dieses Verhältnis etwa 10 bis zu einigen 100. Die Ausdehnung der Nahzone beträgt zum Beispiel bei 10 MHz für einen piezoelektrischen Ultraschallstrahler mit einem Durchmesser von 2 cm, der in Wasser strahlt ($R/\Lambda \approx 100$), laut (8.75) $x_1 \approx 1000$ cm. Das ist also bedeutend größer als alle Abmessungen, mit denen man es in der physikalischen Ultraakustik zu tun hat.

Wie wir sehen, wird die Struktur des Ultraschallfeldes in der Nahzone durch Interferenzinhomogenitäten charakterisiert. Diese existieren natürlich nicht nur längs der Achse des Ultraschallbündels, sondern auch in Querrichtung. Die Berechnung des Integrals (8.68) für einen beliebigen Querschnittspunkt des Nahfeldes ist aber ein komplizierteres Problem, das mit Hilfe komplizierter Reihen lösbar ist. Numerische Berechnungen für konkrete Werte kR sind aber dann möglich. Diese zeigen nun, daß in einem beliebigen Querschnitt des Bündels in der Nahzone die Druckamplitude (wie auch die Intensität) durch eine Reihe von Maxima und Minima läuft, obwohl die Wellenfronten, d. h. die Oberflächen gleicher Phasen, nahezu eben sind. Der mittlere Druck über verschiedene Querschnitte des Bündels bleibt dabei ausreichend stabil. Reale Ultraschallempfänger registrieren gerade den mittleren Druck. Dieser ist mathematisch durch $\overline{p} = (1/S') \int\limits_{S'} p_A \, \mathrm{d}S'$ definiert. S' ist die effektive Empfängerfläche. p_A ist der lokale Druck im Beobachtungspunkt A, der in der Ebene S' liegt. Die Rechnung zeigt, daß sich bei $S' = S$ der mittlere Druck in der Nahzone vom Druck in einer idealen, ebenen Welle um nicht mehr als 10 bis 15% unterscheidet. Mit Verringerung von S' werden sich die Interferenzeffekte natürlich stärker äußern. Bei der Anwendung von Empfängern mit ausreichend großer Fläche treten diese aber praktisch nicht in Erscheinung. Dies wird im Experiment bestätigt und durch theoretische Analysen bewiesen. Bei Absorptions-, ja selbst Geschwindigkeitsmessungen, können diese Interferenzeffekte und die Ultraschalldiffraktion aber zu beträchtlichen Fehlern führen. Man muß sie deshalb unbedingt berücksichtigen, indem man entsprechende Korrekturen einführt [71].

9. Sphärische Wellen

9.1. Wellengleichung für sphärische Wellen

Neben den ebenen Wellen spielen in der Ultraakustik auch die sphärischen Wellen häufig eine wichtige Rolle. Wir haben mit diesem Wellentyp schon bei der Betrachtung der Ultraschallstreuung an kugelförmigen Teilchen, bei der Analyse von Kavitationsprozessen und beim Strahlungsdruck Bekanntschaft gemacht. Sphärische Wellen bilden sich im Fernfeld realer ebener Ultraschallstrahler sowie im Nahfeld von Kugelstrahlern. Wir werden deshalb in diesem Kapitel detailliert die Charakteristika und Besonderheiten der Ausbreitung von sphärisch-symmetrischen Wellen betrachten, d. h. solcher Wellen, deren akustische Parameter von der Entfernung zu einem gewissen Zentrum abhängen.

Die Wellengleichung für sphärische Wellen erhalten wir aus der allgemeinen Wellengleichung (2.32), indem in dieser der LAPLACE-Operator für das Geschwindigkeitspotential $\Delta\varphi$ in Kugelkoordinaten geschrieben wird. Da φ im vorliegenden Fall nur die Funktion einer Polarkoordinate r ist, wird im Ausdruck (2.36) für $\Delta\varphi$ in Kugelkoordinaten nur das erste Glied von Null verschieden werden. Die linearisierte Gleichung (2.32) hat dann für diesen Fall folgende Form:

$$\frac{1}{r^2}\frac{\partial}{\partial r}\left(r^2\frac{\partial\varphi}{\partial r}\right) = \frac{1}{c_0{}^2}\frac{\partial^2\varphi}{\partial t^2}. \tag{9.1}$$

(Der Index Null entspricht der linearisierten Näherung.) Führt man die Umwandlung

$$\frac{1}{r^2}\frac{\partial}{\partial r}\left(r^2\frac{\partial\varphi}{\partial r}\right) = \frac{1}{r}\left(r\frac{\partial^2\varphi}{\partial r^2} + 2\frac{\partial\varphi}{\partial r}\right) = \frac{1}{r}\left(\frac{\partial^2 r\varphi}{\partial r^2}\right)$$

durch, so kann man die Gleichung (9.1) in folgender Art schreiben

$$\frac{\partial^2(r\varphi)}{\partial r^2} = \frac{1}{c_0{}^2}\frac{\partial^2(r\varphi)}{\partial t^2}. \tag{9.2}$$

In dieser Gestalt ist die Gleichung (9.2) identisch mit der Wellengleichung (2.37) für eindimensionale ebene Wellen mit dem Unterschied, daß die Koordinate x hier durch die Koordinate r ersetzt ist und das Geschwindigkeitspotential φ durch das Produkt $r\varphi$. Die Lösung der Gleichung (9.2) wird deshalb eine Form haben, die analog (2.41) ist, d. h.

$$r\varphi = f_1(c_0t - r) + f_2(c_0t + r)$$

oder

$$\varphi(r, t) = (1/r)\, f_1(c_0t - r) + (1/r)\, f_2(c_0t + r).$$

Das erste Glied dieser Lösung beschreibt eine auslaufende Welle, die sich mit der Geschwindigkeit c_0 in alle Richtungen von irgendeinem Zentrum bei $r = 0$ ausbreitet. Das zweite Glied beschreibt eine in dieses Zentrum einlaufende Welle. Wir betrachten nur eine dieser Wellen, die auslaufende mit dem Geschwindigkeitspotential

$$\varphi = (1/r)\, f(c_0 t - r). \tag{9.3}$$

9.2. Monochromatische sphärische Wellen

Die Form der Anregung, die durch die Funktion f in (9.3) beschrieben wird, ist willkürlich. Bei sinusförmiger Anregung mit der Frequenz ω wird das Geschwindigkeitspotential in der auslaufenden Kugelwelle die Form

$$\varphi = \varphi_{\max 0} \sin \omega(t - r/c_0) = \frac{\varphi_{\max 0}}{r} \sin (\omega t - kr) \tag{9.4}$$

haben oder in komplexer Schreibweise

$$\varphi = \varphi_{\max 0} \exp [\mathrm{i}(\omega t - kr)], \tag{9.5}$$

wo $k = \omega/c_0 = 2\pi/\Lambda$ die Wellenzahl ist und $\varphi_{\max 0}$ die Anfangsamplitude des Geschwindigkeitspotentials, die durch die Grenzbedingungen gegeben ist. Druck und Schwingungsgeschwindigkeit in der sphärischen Welle finden wir aus ihrem Zusammenhang mit dem Geschwindigkeitspotential in Form der Beziehungen (2.7) und (2.9), die für den beliebigen dreidimensionalen Fall gültig sind, $p = \varrho_0\, \partial\varphi/\partial t$, $v = -\operatorname{grad} \varphi = -\partial\varphi/\partial r$. Nach Differentiation von Gleichung (9.4) nach Zeit und Ort erhalten wir

$$p = \frac{\varrho_0 \varphi_{\max 0} \omega}{r} \cos (\omega t - kr) = \frac{p_{\max 0}}{r} \cos (\omega t - kr), \tag{9.6}$$

$$v = -\frac{\partial\varphi}{\partial r} = \frac{\varphi_{\max 0}}{r^2} \sin (\omega t - kr) + \frac{\varphi_{\max 0} k}{r} \cos (\omega t - kr). \tag{9.7}$$

Vergleicht man die Beziehungen (9.6) und (9.7), so findet man

$$\begin{aligned} v &= \frac{\varphi_{\max 0}}{r^2} \sin (\omega t - kr) + \frac{p}{\varrho_0 c_0} \\ &= \frac{\varphi_{\max 0}}{r^2} \sin (\omega t - kr) + \frac{p_{\max 0}}{\varrho_0 c_0} \cos (\omega t - kr). \end{aligned} \tag{9.8}$$

In der ebenen Welle hat der Zusammenhang zwischen Druck und Schwingungsgeschwindigkeit die Form (s. Kap. 2) $v = p_{\max}/(\varrho_0 c_0) \cos (\omega t - kx) = p/(\varrho_0 c_0)$, was mit dem zweiten Term in (9.8) übereinstimmt. Ein Unterschied besteht nur darin, daß die Druckamplitude in der Kugelwelle, $p_{\max}$, mit der Entfernung nach einer $1/r$-Abhängigkeit abnimmt. Jetzt erscheint ein neuer Term, der bei großen r gegen Null geht (da er mit $1/r^2$ abnimmt), wenn sich also die Form der Front der Kugelwelle der einer ebenen Welle nähert. Die Existenz dieses Terms kennzeichnet den Phasenunterschied zwischen Schwingungsgeschwindigkeit und Druck in der Kugelwelle. Wenn die Koeffizienten in beiden Summanden der Gleichung (9.7) gleich wären, würden sich beide in der Phase um $\pi/2$ unterscheiden. Da die Koeffizienten unterschiedlich sind, wird der Phasenunterschied zwischen $\pi/2$ und Null liegen. Er wird sich mit der Entfernung ändern, da die Koeffizienten unterschiedlich von r abhängen.

Berücksichtigt man, daß $\varphi_{\max} = p_{\max}/(\varrho_0\omega)$ ist, so kann man den Ausdruck (9.8) in folgender Art darstellen:

$$v = \frac{p_{\max}}{\varrho_0 c_0 \cos\beta} \cos(\omega t - kr - \beta) = v_{\max} \cos(\omega t - kr - \beta), \tag{9.9}$$

wo

$$\cos\beta = kr(1 + k^2r^2)^{-1/2}, \qquad \sin\beta = (1 + k^2r^2)^{-1/2}, \qquad \tan\beta = (kr)^{-1},$$

$$v_{\max} = p_{\max}/(\varrho_0 c_0 \cos\beta) \tag{9.10}$$

gilt.

Wenn $kr \ll 1$ ist, d. h. $r \ll \Lambda$, dann geht $\tan\beta \to \infty$, $\beta \to \pi/2$, $\cos\beta \to kr$, und (9.9) nimmt die Form

$$v = \frac{p_{\max}}{\varrho_0 c_0 kr} \cos\left(\omega t - kr - \frac{\pi}{2}\right) = \frac{p_{\max 0}}{\varrho_0 c_0 kr^2} \cos\left(\omega t - kr - \frac{\pi}{2}\right)$$

an. Hieraus folgt, daß bei kleinem r die Welle der Schwingungsgeschwindigkeit in der Phase um $\pi/2$ gegenüber der Druckwelle zurückbleibt. Die Geschwindigkeitsamplitude nimmt mit der Entfernung wie $1/r^2$ ab, während gleichzeitig die Druckamplitude mit $1/r$ fällt.

Wenn $kr \gg 1$ ist, d. h. bei $r \gg \Lambda$, dann geht $\tan\beta \to 0$, $\cos\beta \to 1$, und wir haben $v = p_{\max}/(\varrho_0 c_0) \cos(\omega t - kr)$, $p_{\max} = v_{\max}\varrho_0 c_0$, d. h. Beziehungen, die charakteristisch für eine ebene Welle sind, nur mit dem Unterschied, daß die Amplitudenwerte aller akustischen Größen umgekehrt proportional zur Entfernung abnehmen: $p_{\max} = p_{\max 0}/r$, $v_{\max} = v_{\max 0}/r$, $A = A_0/r$ usw.

9.3. Intensität sphärischer Wellen

Die Existenz eines Phasenunterschiedes zwischen Druck und Geschwindigkeit in der Kugelwelle führt zu Besonderheiten in den Ausdrücken für ihre Intensität. Die Intensität der Welle kann man als mittlere Arbeit, die von den Kräften des akustischen Druckes auf die Einheitsoberfläche in der Zeiteinheit ausgeführt wird, berechnen, d. h., $I = \bar{A} = \overline{pv}$. Wir haben

$$v = p_{\max 0}/(r\varrho_0 c_0 \cos\beta) \cos(\omega t - kr - \beta);$$

$$p = (p_{\max 0}/r) \cos(\omega t - kr).$$

Somit ist

$$A = pv = \frac{p_{\max 0}^2}{r^2 \varrho_0 c_0 \cos\beta} \cos(\omega t - kr) \cos(\omega t - kr - \beta).$$

Wenn man die Bezeichnungen $\gamma \equiv \omega t - kr$ und $C \equiv p_{\max 0}/(\varrho_0 c_0 r^2)$ einführt, kann man diesen Ausdruck folgendermaßen umwandeln:

$$A = C \frac{\cos \gamma}{\cos \beta} (\cos \gamma \cos \beta + \sin \gamma \sin \beta) = C(\cos^2 \gamma + \sin \gamma \cos \gamma \tan \beta).$$

Mit den Beziehungen $2 \cos^2 \gamma = 1 + \cos^2 2\gamma$; $2 \sin \gamma \cos \gamma = \sin 2\gamma$ erhalten wir

$$A = \frac{C}{2} + \frac{C}{2} \cos 2(\omega t - kr) + \frac{C}{2} \sin 2(\omega t - kr) \tan \beta. \tag{9.11}$$

Bei einer zeitlichen Mittelung über eine Periode gehen der zweite und dritte Summand in dieser Gleichung gegen Null, so daß folgt

$$I = \bar{A} = p_{\max 0}^2/(2r^2 \varrho_0 c_0) \tag{9.12}$$

oder, da $p_{\max 0}/r = p_{\max}$,

$$I = p_{\max}^2/(2\varrho_0 c_0). \tag{9.13}$$

Vergleicht man dieses Resultat mit (3.21), so sehen wir, daß die Intensität einer sphärischen Welle genauso durch den Druck ausgedrückt wird wie in der ebenen Welle. Im Unterschied zur ebenen Welle nimmt aber die Druckamplitude in der Kugelwelle mit der Entfernung nach $1/r$ ab und folglich auch die Intensität der Kugelwelle reziprok zum Quadrat der Entfernung. Die Leistung bleibt dagegen unverändert, da die Fläche, auf der diese verteilt ist, mit $4\pi r^2$ anwächst.

Die Druckamplitude in der Kugelwelle ist mit der Amplitude der Schwingungsgeschwindigkeit durch (9.10) verbunden, d. h., $p_{\max} = v_{\max} \varrho_0 c_0 kr(1 + k^2 r^2)^{-1/2}$. Setzen wir dies in (9.13) ein, so erhalten wir

$$I = \frac{\varrho_0 c_0}{2} \frac{k^2 r^2}{1 + k^2 r^2} v_{\max}^2, \tag{9.14}$$

wo $v_{\max} = v_{\max 0}/r$ ist. Der Ausdruck für die Intensität einer Kugelwelle in Abhängigkeit von der Schwingungsgeschwindigkeit unterscheidet sich von dem für eine ebene Welle, da zwischen Druck und Geschwindigkeit in der Kugelwelle ein Phasenunterschied herrscht. Berücksichtigt man diesen, kann man (9.14) in die Form

$$I = (p_{\max} v_{\max} \cos \beta)/2 \tag{9.15}$$

umschreiben. (9.15) stimmt mit der Formel für die Leistung des Wechselstromes in einem Kreis mit Blindwiderstand überein. In der Kugelwelle ist diese Phasenverschiebung aber eine Funktion des Abstandes, d. h., $\cos \beta = f(r)$, und sie verschwindet für $kr \gg 1$. Dabei wird dann $\cos \beta = 1$, und die Formeln (9.15) und (9.14) gehen in die Ausdrücke für die Intensität einer ebenen Welle mit abnehmender Amplitude über.

Wir wollen die Entfernungen vom Zentrum der Kugelwelle abschätzen, bei denen eine Phasenverschiebung zwischen Druck und Schwingungsgeschwindigkeit in der Kugelwelle wirksam werden kann. Zur Abschätzung verwenden wir $r = \Lambda$. Dann ist $kr = 2\pi$, $\beta = \operatorname{arc} \tan (2\pi)^{-1} \approx 9°$ und $\cos \beta \approx 0{,}988$. Der Winkel β nimmt demzufolge sehr schnell mit der Entfernung ab. Der wesentliche Unterschied zwischen sphärischen und ebenen Wellen ist somit nur auf das Nahfeld des Strahlers bezogen ($r < \Lambda$), dessen Abmessungen die Länge der abgestrahlten Welle nicht übersteigen. Im MHz-Bereich beträgt die Ultraschallwellenlänge einige Millimeter oder Bruchteile von Millimetern bei ziemlich großen Durchmessern der realen Strahler. In Verbindung damit ist die Frage nach Besonderheiten des Nahfeldes eines realen Strahlers von sphärischen Ultraschallwellenschwingungen hoher Frequenz nicht wichtig. Bei niedrigen Frequenzen des Ultraschallbereiches kann aber die Bedingung $kr < 1$ realisiert sein, z. B. bei der Neuabstrahlung von Ultraschall durch kleine suspendierte Teilchen und Kavitationsblasen. Deshalb werden wir im folgenden Abschnitt kurz bei der Abstrahlung von Ultraschall durch pulsierende Kugeln verweilen

9.4. Abstrahlung sphärischer Wellen durch eine pulsierende Kugel

Wir betrachten eine Kugel mit dem Radius R, deren Oberfläche geringe radiale (pulsierende) Schwingungen ausführt, die gleichphasig und einheitlich bezüglich der Amplitude sind. Offensichtlich wird als akustisches Feld dieser pulsierenden Kugel ein Feld symmetrischer, gleichartiger Kugelwellen ohne Interferenzknoten entstehen. Solche Strahler nennt man Strahler erster Ordnung.

Die Geschwindigkeit der radialen Verschiebungen auf der Kugeloberfläche, d. h. bei $r = R$, möge in komplexer Form lauten

$$v(R) = v_{\max 0} \exp(i\omega t). \tag{9.16}$$

Wir finden ein Geschwindigkeitspotential in komplexer Form (9.5) mit einer gewissen Anfangsphase β_0: $\varphi = (\varphi_{\max 0}/r) \exp[i(\omega t - kr + \beta_0)]$, und berücksichtigen, daß $v(R) = -(\partial\varphi/\partial r)_{r=R}$ ist. Differenzieren wir dieses Potential und setzen $r = R$, so erhalten wir $\beta_0 = kR$ und

$$\varphi(R) = (1/R)\,[R^2 v_{\max 0}/(1 + ikR)] \exp(i\omega t). \tag{9.17}$$

Wir berechnen nun den Schalldruck auf der Kugeloberfläche, der infolge der Reaktion des Mediums auf die Kugelbewegung entsteht. Das liefert uns auch die Ausgangsdruckamplitude $p_{\max 0}$, die dann mit der Entfernung abnimmt. Den Druck finden wir nach der allgemeinen Definition

$$p(R) = \varrho_0 \left.\frac{\partial \dot{\varphi}}{\partial r}\right|_{=R},$$

wo ϱ_0 die Dichte des umgebenden Mediums ist. Nach Differentiation von (9.17) nach der Zeit finden wir

$$p(R) = \varrho_0 \frac{i\omega R v_{\max 0}}{1 + ikR} \exp(i\omega t) = \varrho_0 c_0 \frac{ikR}{1 + ikR} v_{\max 0} \exp(i\omega t). \tag{9.18}$$

Die Druckkraft, die auf die Kugel wirkt, d. h. die Reaktionskraft des Mediums, ist gleich dem Produkt des Druckes $p(R)$ mit der Fläche $S_0 = 4\pi R^2$. Offensichtlich wirkt mit der gleichen Kraft auch die Kugel auf das Medium und ruft in ihm einen Schwingungsprozeß mit der Verschiebungsgeschwindigkeit $v(R)$ hervor. Unabhängig davon, wie Druck und Geschwindigkeit miteinander verbunden sind, bestimmt das Verhältnis der Druckkraft zur Geschwindigkeit den vollständigen akustischen Widerstand des

Mediums (im Unterschied zum spezifischen Widerstand, der auf die Einheitsfläche bezogen ist) oder die akustische Impedanz des Mediums $\tilde{Z}$. Dividieren wir (9.18) durch (9.16) und multiplizieren mit der Kugelfläche, so erhalten wir

$$\tilde{Z} = \frac{S_0 p}{v} = \varrho_0 c_0 S_0 \frac{\mathrm{i}kR}{1 + \mathrm{i}kR}. \tag{9.19}$$

Selbstverständlich wird der Ausdruck für die Impedanz im Feld der Kugelwelle bei beliebiger Entfernung vom Zentrum der Quelle, $r > R$, analog $\tilde{Z} = \varrho_0 c_0 S \mathrm{i}kr/(1 + \mathrm{i}kr)$, wo $S = 4\pi r^2$ die Fläche der Kugelwellenfront mit dem Radius r ist. Für eine bessere Anschaulichkeit wollen wir das erhaltene Resultat bezüglich der Oberfläche der Quelle

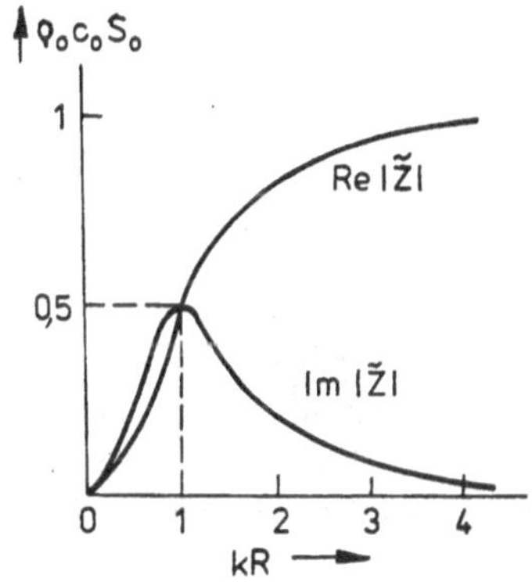

Abb. 65

des Ultraschallstrahlers analysieren. Der Radius der Quelle sei der minimal mögliche Wert r. Der Ausdruck (9.19) wird in Real- und Imaginärteil zerlegt,

$$\frac{\mathrm{i}kR}{1 + \mathrm{i}kR} = \frac{k^2R^2}{1 + k^2R^2} + \mathrm{i}\frac{kR}{1 + k^2R^2} \equiv X + \mathrm{i}Y,$$

und kann in die Form $\tilde{Z} = \varrho_0 c_0 S(X + \mathrm{i}Y)$ umgeschrieben werden. Die Größe $\operatorname{Re} \tilde{Z} = \varrho_0 c_0 S_0 X$ stellt den Wirkanteil des Wellenwiderstandes dar, wogegen $\operatorname{Im} \tilde{Z} = \varrho_0 c_0 S_0 Y$ den Blindanteil widerspiegelt. Beide Teile hängen von kR ab, aber in unterschiedlicher Weise bei Änderung des Verhältnisses zwischen Durchmesser der Kugel und Schallfrequenz. Bei $kR \gg 1$, d. h. bei $R \gg \Lambda$, ist $X = 1$, $Y = 0$, $\tilde{Z} = Z_0 = \varrho_0 c_0 S_0$, es bleibt nur der Realteil der Impedanz übrig. Dieser stellt den gesamten Strahlungswiderstand dar. Bei $kR \ll 1$ ist $X = 0$ und $Y = 0$. Bei $kR < 1$ wächst Y schneller mit Vergrößerung von kR als X. Bei $kR = 1$ ist $X = Y$, und danach, bei $kR > 1$, beginnt das erste Glied zu überwiegen, das bis zu Eins anwächst, während gleichzeitig Y gegen Null geht. Die allgemeine Abhängigkeit von Real- und Imaginärteil der Impedanz der pulsierenden Kugel vom Parameter kR ist graphisch in Abbildung 65 dargestellt.

Um die Bedeutung des erhaltenen Resultates zu erhellen, berechnen wir die Strahlungsleistung der pulsierenden Kugel. Dazu multiplizieren wir den früher erhaltenen Ausdruck für die Intensität der Kugelwelle (9.14) mit der Kugelfläche $4\pi R^2$:

$$D = 4\pi R^2 \left(\varrho_0 c_0 \frac{k^2r^2}{1 + k^2r^2} \frac{v_{\max}^2}{2}\right)_{r=R}.$$

Bei $v_{\max r}|_{r=R} = v_{\max 0}$ gilt dann

$$D = \varrho_0 c_0 S_0 X v_{\max 0}^2/2. \tag{9.20}$$

Diese Leistung bleibt demzufolge für beliebige r (natürlich mit Ausnahme der Verluste infolge von Absorption im Medium) unverändert, da $S(r) \sim r^2$ und $v_{\max}(r) \sim r^{-2}$ sind. Die Größe dieser Leistung ist entsprechend (9.20) proportional dem Wirkwiderstand des Mediums $\varrho_0 c_0 S_0 X$, der von kR abhängt. Folglich hängt die Effektivität der Abstrahlung einer pulsierenden Kugel vom Verhältnis des Kugelradius zur Wellenlänge der abgestrahlten Welle, d. h. der Frequenz des Ultraschalls, ab. Bei geringen Werten kR ist die Strahlungseffektivität wenig von der Schwingungsamplitude der Quelle abhängig. In diesem Fall spielt der Blindanteil der Impedanz eine wichtige Rolle, der wie immer den Energieanteil der Quelle bestimmt, der im Verlauf einer Schwingungshalbperiode durch das Medium zurückgegeben wird. Dies kann man leicht erkennen, wenn man den Ausdruck (9.11) nicht über die gesamte Periode, sondern über einen Teil der Periode integriert. Dann werden in diesem Ausdruck das zweite und dritte Glied von Null verschieden. Sie liefern für die Strahlungsleistung in einer Viertelperiode den zusätzlichen Summanden $(1/2)\, M v_{\max 0}^2$. M ist dabei eine gewisse Konstante mit der Dimension der Masse, die die Bedeutung einer Mediummasse hat, die durch die pulsierende Kugel verdrängt worden ist und angelagerte Masse genannt wird. Für die folgende Viertelperiode erweist sich der Wert der zusätzlichen Leistung als gleich, aber mit entgegengesetztem Vorzeichen. Dies bedeutet, daß die kinetische Energie, die durch die angelagerte Masse in der Viertelperiode aufgenommen wurde, danach wieder dem Strahler abgegeben wird.

Somit ist die Leistung, die mit dem Imaginärteil der Impedanz gekoppelt ist, analog der Leistung, die durch eine Spule im Wechselstromkreis verbraucht wird. Der Imaginärteil $\operatorname{Im} \tilde{Z}$ selbst ist dem induktiven Widerstand der Spule analog. Der Realteil $\operatorname{Re} \tilde{Z} = \varrho_0 c_0 S_0 R$ bestimmt die Leistung, die der Quelle irreversibel durch Abstrahlung in das Medium verlorengeht. Er ist dem Wirkwiderstand eines elektrischen Kreises äquivalent. Man kann deswegen ein äquivalentes Schema der akustischen Impedanz einer pulsierenden Kugel durch parallel angeordnete Spule und Ohmschen Widerstand darstellen.

Mit Vergrößerung von kR nimmt der Imaginärteil der Impedanz schnell ab. Der Realteil wächst und mit ihm die Effektivität der Abstrahlung einer pulsierenden Kugel. Wie aus Abbildung 65 zu erkennen ist, erreicht schon bei Werten von $kR = 1$ der Realteil von $\tilde{Z}$ den Imaginärteil. Bei $kR = 3 \cdots 4$ verschwindet der Imaginärteil fast vollständig. Der Wert $kR = 1$ wird beispielsweise bei der Ultraschallabstrahlung von 1 MHz in Wasser ($\Lambda = c_0/\nu = 1{,}5$ mm) bei $R = 1/k = \Lambda/2\pi \approx 0{,}25$ mm erreicht. Deshalb spielen, wie schon bemerkt wurde, die angelagerte Masse und der Blindwiderstand der pulsierenden Kugel bei Ultraschallfrequenzen gewöhnlich keine Rolle. Deshalb sei hier diese Problematik nicht weiter betrachtet und auf die spezielle Literatur verwiesen [72].

10. Ultraschallausbreitung im isotropen Festkörper

10.1. Wellengleichung für den unbegrenzten Festkörper

Im Unterschied zu Flüssigkeiten und Gasen, die praktisch nur Volumenelastizität besitzen, ist dem festen Körper auch eine Scherelastizität (Formelastizität) eigen. Die Existenz dieser Scherelastizität, die wir wie immer anfangs als ideal annehmen, führt dazu, daß sich im Festkörper neben den schon früher betrachteten Longitudinalwellen auch noch Scherdeformationen in Form sogenannter Transversal- (Scher-) Wellen ausbreiten. Die Ausbreitungsgesetze beider Wellentypen unterscheiden sich im unbegrenzten Medium in nichts von den in früheren Kapiteln betrachteten, die sich auf ideale Medien mit idealer Elastizität bezogen, so daß ein großer Teil der früher erhaltenen Resultate in gleichem Maße auch auf Transversalwellen zutrifft. Besonderheiten bei der Ausbreitung elastischer Wellen im isotropen Festkörper erscheinen in erster Linie an den Grenzen des Körpers, zum Beispiel im Auftreten verschiedener Arten von Oberflächenwellen, im Erscheinen gemischter Deformationen, in der Transformation von Wellen bei der Reflexion an Grenzen usw. Wir betrachten deshalb im vorliegenden Kapitel nach der Ableitung und Analyse der Wellengleichung für den isotropen Festkörper nur grundlegende Fragen, die die Ausbreitung von Ultraschallwellen in begrenzten Festkörpern betreffen, sowie einige Besonderheiten der Ausbreitung von Ultraschallwellen endlicher Amplitude in diesen Festkörpern.

Die Ausbreitungsgesetze elastischer Wellen in Festkörpern ergeben sich aus den allgemeinen Bewegungsgleichungen, wie sie in Kapitel 1 erhalten worden sind. In linearisierter Form, die für Wellen unendlich kleiner Amplitude gültig ist, haben diese Gleichungen die Form des Ausdruckes (1.11), d. h.

$$\partial\sigma_{ik}/\partial x_k = \varrho\; \partial^2 u_i/\partial t^2, \tag{10.1}$$

σ_{ik} sind die Komponenten des Spannungstensors (1.6) und u_i die Verschiebungskomponenten längs der Koordinatenachsen $x_k = x, y, z$ $(i, k = 1, 2, 3)$. Der Index Null an der Dichte, der der linearen Näherung entspricht, wird weggelassen; hier wie im weiteren wird unter ϱ die Gleichgewichtsdichte verstanden. Um die Gleichungen (10.1) auf eine Variable zu bringen, drückt man die Spannungen σ_{ik} durch die entsprechenden Deformationen ε_{ik} aus, indem das HOOKEsche Gesetz (1.15) für den isotropen Festkörper ausgenutzt wird:

$$\sigma_{ik} = \lambda\Theta\delta_{ik} + 2\mu\varepsilon_{ik}; \tag{10.2}$$

Θ ist die Volumenausdehnung, die gleich der Summe der Längsdehnungen ist, δ_{ik} das KRONECKER-Symbol, und λ und μ sind LAME-Konstanten. Letztere stellen selbst zwei unabhängige Elastizitätsmoduln dar, die vollständig die elastischen Eigenschaften des isotropen Festkörpers bestimmen.

Die Volumenausdehnung Θ ist laut Definition

$$\Theta = \varepsilon_{11} + \varepsilon_{22} + \varepsilon_{33} = \frac{\partial u_1}{\partial x_1} + \frac{\partial u_2}{\partial x_2} + \frac{\partial u_3}{\partial x_3} = \operatorname{div} \boldsymbol{u}. \tag{10.3}$$

Erinnern wir uns, daß (10.3) der mathematische Ausdruck für die Homogenität eines Mediums ist und selbst die linearisierte Kontinuitätsgleichung darstellt. Berücksichtigt man diese Beziehung, aber auch die Definition der Komponenten kleiner Deformation $\varepsilon_{ik} = (\partial u_i/\partial x_k + \partial u_k/\partial x_i)/2$ und differenziert die Gleichung (10.2) nach x_k, dann erhält man nach Zurückführung ähnlicher Glieder $\partial \sigma_{ik}/\partial x_k = (\lambda + \mu)(\partial \Theta/\partial x_i) + \mu \Delta u_i$, wo Δ der LAPLACE-Operator ist. Setzt man dieses Resultat in die Bewegungsgleichung (10.1) ein, so erhält man drei Gleichungen für die drei Verschiebungskomponenten u_i: $(\lambda + \mu)(\partial \Theta/\partial x_i) + \mu \Delta u_i = \varrho(\partial^2 u_i/\partial t^2)$. Diese kann man in eine Vektorgleichung für den Verschiebungsvektor $\boldsymbol{u}$ vereinigen:

$$(\lambda + \mu) \operatorname{grad} \operatorname{div} \boldsymbol{u} + \mu \Delta \boldsymbol{u} = \varrho\, \partial^2 \boldsymbol{u}/\partial t^2. \tag{10.4}$$

Bei beliebiger Orientierung des Vektors $\boldsymbol{u}$ relativ zur Koordinatenachse läßt er sich als Summe zweier Vektoren darstellen:

$$\boldsymbol{u} = \boldsymbol{u}_l + \boldsymbol{u}_t. \tag{10.5}$$

Einer ($\boldsymbol{u}_l$) entspricht einer Längsdeformation, der andere ($\boldsymbol{u}_t$) einer reinen Scherdeformation. Die Längsdeformation ist durch das Fehlen einer Tangentialkomponente charakterisiert, und es gilt deshalb für sie

$$\operatorname{rot} \boldsymbol{u}_l = 0. \tag{10.6}$$

Für die Scherdeformation ist $\operatorname{rot} \boldsymbol{u}_t \neq 0$, aber dafür

$$\operatorname{div} \boldsymbol{u}_t = 0. \tag{10.7}$$

Berücksichtigt man die Ausdrücke (10.5) bis (10.7) und wendet nacheinander die Operationen rot und div auf die Gleichung (10.4) an, so findet man entsprechend für die Längsverschiebungen

$$\Delta \boldsymbol{u}_l (\lambda + 2\mu)/\varrho = \partial^2 \boldsymbol{u}_l/\partial t^2 \tag{10.8}$$

und

$$\Delta \boldsymbol{u}_t \mu/\varrho = \partial^2 \boldsymbol{u}_t/\partial t^2 \tag{10.9}$$

für die Scher- (Tangential-) Verschiebungen.

Somit zerfällt die Gleichung (10.4) in zwei identische Gleichungen (10.8) und (10.9), die die uns bekannte Form der Wellengleichung haben. Die erste von ihnen beschreibt die Ausbreitung einer reinen Longitudinalwelle mit der Geschwindigkeit

$$c_l = [(\lambda + 2\mu)/\varrho]^{1/2} \tag{10.10}$$

und die zweite die Ausbreitung einer reinen Scherwelle mit der Geschwindigkeit

$$c_t = (\mu/\varrho)^{1/2}. \tag{10.11}$$

Der Unterschied der Ausbreitungsgeschwindigkeiten dieser Wellen ist, wie wir sehen, nur durch den Unterschied in den elastischen Charakteristika gegeben. Diese könnten durch die Steife des Mediums im Verhältnis zum vorhandenen Typ der dynamischen Deformationen bestimmt sein. Wir können deshalb den verallgemeinerten Begriff der effektiven Steife einführen, der mit der Ausbreitungsgeschwindigkeit der entsprechenden Welle durch die Beziehung

$$\mathscr{E} = \varrho c^2 \tag{10.12}$$

bzw.

$$c = (\mathscr{E}/\varrho)^{1/2} \tag{10.13}$$

verbunden ist. Für die Transversalwelle, die sich mit der Geschwindigkeit c_t ausbreitet, ist die Größe $\mathscr{E}$ gleich dem Schermodul

$$\mathscr{E} = \varrho c_t^2 = G = (c_{11} - c_{12})/2. \tag{10.14}$$

Für die Longitudinalwelle ist

$$\mathscr{E} = \varrho c_l^2 = \lambda + 2\mu = c_{11}, \tag{10.15}$$

wo c_{11} und c_{12} die Elastizitätsmoduln sind (s. Tab. 1, S. 29). Gleichzeitig führten wir mit diesen Moduln und LAMÉ-Konstanten im Kapitel 1 (Abschn. 1.6.) andere Charakteristika der Elastizität ein: den YOUNG-Modul E, den POISSON-Koeffizienten ν_0 und den Kompressionsmodul K. Nutzt man die dort angeführten Beziehungen aus sowie die Formeln (10.14) und (10.15), dann kann man die effektive Steife $\mathscr{E} = \varrho c^2$ für Longitudinal- und Scherwellen durch unterschiedliche Paare unabhängiger Moduln ausdrücken. Eine Zusammenstellung der entsprechenden Ausdrücke ist in Tabelle 10 dargestellt, aus der insbesondere folgt

$$c_t/c_l = \sqrt{(1 - 2\nu_0)/(2 - 2\nu_0)}. \tag{10.16}$$

Somit dient als Maß für das Verhältnis der Geschwindigkeiten von Transversal- und Longitudinalwellen in einem gegebenen Medium der POISSON-Koeffizient ν_0. Sein maximaler Wert $\nu_0 = 0{,}5$ entspricht der Flüssigkeit, für die $c_t = 0$ ist, wogegen die effektive Steife der Kompressionsmodul K ist, der durch die Geschwindigkeit der Longitudinalwelle bestimmt wird. Der Wert $\nu_0 = 0$ entspricht dem maximalen Verhältnis der Geschwindigkeiten $(c_t/c_l)_{\max} = 2^{-1/2}$. Folglich übersteigt in einem beliebigen Medium die

Tabelle 10. Die Darstellung der effektiven Steifen für Longitudinal- und Transversalwellen durch verschiedene elastische Konstanten

Effektive Steife	c_{11}, c_{12}	λ, μ	μ, K	μ, E	ν_0, E	ν_0, K
ϱc_l^2 (Longitudinalwellen)	c_{11}	$\lambda + 2\mu$	$K + \frac{4}{3}\mu$	$\frac{\mu(4\mu - E)}{3\mu - E}$	$\frac{E(1-\nu_0)}{(1+\nu_0)(1-2\nu_0)}$	$\frac{3K(1-\nu_0)}{1+\nu_0}$
ϱc_t^2 (Scherwellen)	$\frac{c_{11}-c_{12}}{2}$	μ	μ	μ	$\frac{E}{2(1+\nu_0)}$	$\frac{3K(1-2\nu)}{2(1+\nu_0)}$

Tabelle 11. Akustische Charakteristika einiger isotroper Festkörper

Stoff	T °C	$\varrho \cdot 10^{-3}$ kg/m³	ν_0	$c_l \cdot 10^{-3}$ m/s	$c_t \cdot 10^{-3}$ m/s	$\varrho c_l \cdot 10^{-5}$ kg/(m² s)	$\varrho c_t \cdot 10^{-5}$ kg/(m² s)
Aluminium	20	2,7	0,34	6,26	3,08	169	83,2
Wismut	20	9,8	0,33	2,18	1,10	214	108
Wolfram	20	19,1	0,35	5,46	2,62	1042	500
Eisen	20	7,8	0,28	5,85	3,23	456	252
Gold	20	19,3	0,42	3,24	1,20	626	232
Cadmium	20	8,6	0,30	2,78	1,50	240	129
Konstantan	20	8,8	0,33	5,24	2,64	460	232
Messing	20	8,1	0,35	4,43	2,12	361	172
Manganin	20	8,4	0,33	4,66	2,35	393	197
Kupfer	20	8,9	0,35	4,70	2,26	418	201
Nickel	20	8,8	0,31	5,63	2,96	495	260
Zinn	20	7,3	0,33	3,32	1,67	242	122
Platin	20	21,4	0,39	3,96	1,67	846	357
Blei	20	11,4	0,44	2,16	0,70	246	80
Silber	20	10,5	0,38	3,60	1,59	380	167
Zink	20	7,1	0,25	4,17	2,41	296	171
Silikatglas (geschmolzener Quarz, SiO_2)	17	2,21	0,17	6,02	3,78	133	83
Borglas (B_2O_3)	17	1,8	—	3,47	1,25	62	23
Germaniumglas (GeO_2)	17	3,63	—	3,61	2,21	130	80
Chalkogenidglas As_2S_3	17	3,27	—	2,58	1,49	85	50
As_2Se_3	17	4,62	—	2,23	1,29	103	100
Glasförmiges Selen	17	4,28	—	1,84	0,96	79	41
Berylliumfluorid	17	4,70	—	4,70	3,90	221	183
Kronglas	20	2,5	0,22	5,66	3,42	141	86
Flintglas	20	3,6	0,22	4,26	2,56	154	92
Schweres Flintglas	20	4,6	0,24	3,76	2,22	173	102
Plexiglas	20	1,18	0,35	2,67	1,12	32	13
Gips	20	2,26	0,34	4,79	2,37	110	58
Eis	0	1,0	0,33	3,98	1,99	32	20
Polystyren	20	1,06	0,32	2,35	1,12	23	12
Porzellan	20	2,41	0,23	5,34	3,12	129	75
Hartgummi	20	1,2	—	2,40	—	29	—

Ausbreitungsgeschwindigkeit der Longitudinalwellen die der Scherwellen um nicht weniger als den Faktor $\sqrt{2} \approx 1,4$. Gewöhnlich liegt der Wert von ν_0 für feste Materialien zwischen 0,3 und 0,25. Dann beträgt der Unterschied der Geschwindigkeiten c_l und c_t 50 bis 70%. Die Werte c_l und c_t sind für einige unbegrenzte, isotrope Festkörper in Tabelle 11 für Zimmertemperatur aufgeführt. Dort sind auch die POISSON-Koeffizienten ν_0 für diese Medien, ihre Dichten und die Wellenwiderstände ϱc_l und ϱc_t genannt.

Kehren wir zur Analyse der Wellengleichungen zurück. Unter Berücksichtigung der Beziehungen (10.10) bis (10.13) kann man die Gleichungen (10.8), (10.9) in der einheitlichen Form

$$\Delta \boldsymbol{u} = c^{-2}\, \partial^2 \boldsymbol{u}/\partial t^2 . \tag{10.17}$$

darstellen. Demzufolge unterscheiden sich die Ausbreitungsgesetze der Scherwellen im unbegrenzten isotropen Körper in nichts von den in früheren Abschnitten betrachteten allgemeinen Ausbreitungsgesetzen longitudinaler Wellen. Die Wellengleichung (10.17) beschreibt dabei die Ausbreitung sowohl rein longitudinaler Wellen mit der Geschwindigkeit c_l als auch reiner Scherwellen mit der Geschwindigkeit c_t. Die Gleichung (10.4) bezieht sich auf eine willkürliche Orientierung des Verschiebungsvektors $\boldsymbol{u}$. Im allgemeinen Fall kann man in ihm sowohl longitudinale wie auch Scherkomponenten vorfinden, wobei diese Komponenten $u_i = u_x, u_y, u_z$ aufeinander senkrecht stehen. Die Lösung der Gleichung (10.4), bezogen auf ein rechtwinkliges Koordinatensystem $x_i = x, y, z$ ist dann eine ebene Welle mit willkürlicher Orientierung des Verschiebungsvektors $\boldsymbol{u}$ bezüglich dieser Koordinaten:

$$\boldsymbol{u} = \boldsymbol{u}_{\max} \exp \{i[\omega t \mp \boldsymbol{k}\boldsymbol{r}]\}; \tag{10.18}$$

$\boldsymbol{u}_{\max}$ ist die Vektoramplitude, die nicht von den Orts- und Zeitkoordinaten abhängt; ω stellt die Kreisfrequenz dar, die durch die Quelle gegeben wird; $\boldsymbol{r}(x_i)$ ist der Radiusvektor und $\boldsymbol{k}$ der Wellenvektor. Das Minuszeichen gehört zur auslaufenden Welle, das Pluszeichen zur einlaufenden. Laut Definition (Abschn. 3.1.) ist $\boldsymbol{k} = k\boldsymbol{n} = \boldsymbol{n}\omega/c$, wo $\boldsymbol{n}$ der Einheitsvektor der Normalen zur Wellenfront ist, der durch die Ausbreitungsrichtung der Welle bestimmt wird, und $\boldsymbol{k} \cdot \boldsymbol{r} = k\boldsymbol{n} \cdot \boldsymbol{r} = k(xn_x + yn_y + zn_z)$, wo $n_i = n_x, n_y, n_z$ die Projektionen der Einheitsnormalen auf die Koordinatenachsen sind, d. h. die Richtungskosinus. In Übereinstimmung mit dem Gesagten kann man eine Welle mit der willkürlichen Verschiebung (10.18) als Summe zweier Wellen darstellen: einer longitudinalen Welle mit Verschiebung längs der Wellennormalen $\boldsymbol{n}$ ($\boldsymbol{u}_l \parallel \boldsymbol{n}$, d. h., $\boldsymbol{u}_l \times \boldsymbol{n} = 0$), die sich mit der Geschwindigkeit c_l ausbreitet, und einer transversalen Welle mit einer Verschiebung in der Ebene, die senkrecht zu $\boldsymbol{n}$ ist ($\boldsymbol{u}_t \perp \boldsymbol{n}$, d. h., $\boldsymbol{u}_t \cdot \boldsymbol{n} = 0$), d. h. in der Ebene der Wellenfront. Die Ausbreitungsgeschwindigkeit dieser Welle ist c_t. Sie hängt im isotropen Körper nicht von der Richtung der Teilchenverschiebung in der Frontebene ab. Man kann anders sagen, daß sich in einem Festkörper in beliebiger Richtung zwei Wellen ausbreiten können: eine longitudinale mit der Geschwindigkeit c_l und eine transversale mit der Geschwindigkeit c_t, die nicht von der Polarisierung abhängt.

Im eindimensionalen Problem des unbegrenzten Körpers kann man die x-Achse immer längs der Richtung des Wellenvektors $\boldsymbol{k}$ anordnen. Dann sind $n_y = n_z = 0$, $|n_x| = 1$, und die longitudinale Verschiebung wird eine Verschiebung längs der x-Achse, d. h., $u_x = \xi$. Der Vektor der Transversalverschiebung u_t wird in der y,z-Ebene liegen und die Komponenten $u_y = \eta$ und $u_z = \zeta$ haben. Für diesen Fall zerfällt die Wellengleichung (10.4) in zwei eindimensionale Gleichungen: Für die longitudinale Welle gilt

$$\frac{\partial^2 \xi}{\partial x^2} = \frac{1}{c_l^2} \frac{\partial^2 \xi}{\partial t^2}$$

und für die Komponenten des Verschiebungsvektors in der Scherwelle $u_t(\eta, \zeta)$

$$\frac{\partial^2 \eta}{\partial x^2} = \frac{1}{c_t^2} \frac{\partial^2 \eta}{\partial t^2}; \quad \frac{\partial^2 \zeta}{\partial x^2} = \frac{1}{c_t^2} \frac{\partial^2 \zeta}{\partial t^2}.$$

Lösung dieser Gleichungen ist eine ebene eindimensionale Welle der Form $u_i = u_{i\max} \times \exp[i(\omega t - kx)]$, wo $k = k_l = \omega/c_l$ ist für die Longitudinalwelle und $k = k_t = \omega/c_t$ für die Scherwelle.

Analoge Lösungen kann man für ein Kugel- oder Zylinderkoordinatensystem erhalten. Sie bringen aber nichts wesentlich Neues [73].

10.2. Reflexion, Brechung und Transformation von Schallwellen

Im Unterschied zu dem im Kapitel 7 betrachteten Bild der Reflexion und Brechung von Ultraschall in Flüssigkeiten und Gasen, in denen nur Longitudinalwellen existieren können, geht an der Grenze von Festkörpern eine Änderung des Wellencharakters vor sich. Eine auf die Trennungsgrenze zweier Festkörper einfallende reine longitudinale oder transversale Welle erzeugt im allgemeinen sowohl Längs- wie auch Tangentialverschiebungen. Infolgedessen entstehen in beiden Medien sowohl longitudinale als auch transversale Wellen, die unterschiedliche Ausbreitungsgeschwindigkeiten haben und deshalb unter verschiedenen Winkeln reflektiert und gebrochen werden. Somit erfolgt an der Grenzschicht von Festkörpern eine Transformation von Wellen eines Typs in Wellen eines anderen Typs. Dank dieses Effektes entstehen an der Grenze im allgemeinen zwei reflektierte und zwei gebrochene Wellen, die sich in unterschiedlichen Richtungen ausbreiten. Eine Ausnahme stellen nur zwei Fälle dar. Einmal ist das der normale Einfall einer ebenen Welle beliebigen Typs auf eine ebene Trennungsgrenze. Zum zweiten passiert das bei beliebigem Einfall einer Transversalwelle, die senkrecht zur Einfallsebene polarisiert ist, d. h. mit einer Verschiebung parallel zur Trennungsgrenze.

Die Trennungsgrenze zweier fester Medien 1 und 2 möge in der y,z-Ebene senkrecht zur x-Achse bei $x = 0$ angeordnet sein. In einer ebenen Welle, die sich längs der x-Achse ausbreitet, bleibt der Charakter der Verschiebung an der Grenze erhalten. Es ändert sich nur ihre Ausbreitungsgeschwindigkeit c, d. h. ihre Wellenzahl $k_x = \omega/c$. Der Reflexionskoeffizient einer beliebigen Welle wird bei Normaleinfall durch die frühere Beziehung (7.14), $\varrho_I = [(\varrho_2 c_2 - \varrho_1 c_1)/(\varrho_2 c_2 + \varrho_1 c_1)]^2$, bestimmt. Diese Beziehung bleibt, wie schon im Kapitel 7 erwähnt wurde, für longitudinale wie auch Scherwellen gültig. In letzterem Falle stellt die Größe $\varrho c_t = z_t$ den spezifischen Wellenwiderstand des Mediums hinsichtlich einer Scherwelle dar. Wenn dieses Medium eine Flüssigkeit ist, gilt für ihren Schermodul $G = \mu = 0$, $c_t = 0$, d. h., es ist $z_t = 0$ und $\varrho_I = 1$. Eine Scherwelle wird vollständig an der Grenze mit Flüssigkeit (Gas) reflektiert. Dabei kann der Reflexionskoeffizient einer longitudinalen Welle an der Grenze mit der gleichen Flüssigkeit klein sein.

Es möge auf diese Trennungsgrenze ($x = 0$) in der x,y-Ebene unter dem Winkel θ_1 zur x-Achse eine Scherwelle mit Verschiebung längs der z-Achse einfallen. Solch eine Welle erzeugt keine anderen Verschiebungskomponenten an der Grenze. Sie wird folglich in Form von zwei reinen Scherwellen mit gleicher Verschiebung reflektiert und gebrochen. Für den energetischen Reflexionskoeffizienten solch einer Welle bleibt die Beziehung (7.39) in Kraft:

$$\varrho_I = \left(\frac{z_{t1} \cos \theta_2 - z_{t2} \cos \theta_1}{z_{t1} \cos \theta_2 + z_{t2} \cos \theta_1}\right)^2; \tag{10.19}$$

θ_1 ist der Einfallswinkel (der gleich dem Reflexionswinkel θ_1' ist), θ_2 ist der Brechungswinkel (s. Abb. 40). z_{t1} und z_{t2} sind die Wellenwiderstände in bezug auf die Scherwellen im ersten und zweiten Medium. Wenn das zweite Medium eine Flüssigkeit ist, dann gilt für dieses $z_{t2} = 0$, und die Scherwelle wird vollständig an der Grenze reflektiert, bei beliebigem Einfallswinkel. Wenn das zweite Medium ein festes ist, dann entsteht in ihm eine gebrochene Scherwelle, die sich unter dem Brechungswinkel θ_2 ausbreitet. θ_2 wird durch die Beziehung (7.37) bestimmt: $\sin\theta_2/\sin\theta_1 = c_{t2}/c_{t1} = n_t$.

Betrachten wir nun den allgemeineren Fall des schrägen Einfalls einer longitudinalen Welle oder einer beliebig polarisierten Scherwelle. Der Einfachheit halber werden wir den ebenen Fall betrachten, indem wir annehmen, daß die Welle auf die Trennungsgrenze bei $x = 0$ in der x,y-Ebene unter dem Winkel θ_1 zur x-Achse fällt (Abb. 66). Das bedeutet, daß die Welle von Null verschiedene Komponenten des Wellenvektors $k_x = kn_x = k\cos\theta_1$ und $k_y = kn_y = k\sin\theta_1$ hat, wogegen $k_z = 0$ ist. Die Verschiebung $\boldsymbol{u}_l$ in der longitudinalen Welle hat in diesem Fall zwei Komponenten: $u_x = \xi$ und $u_y = \zeta$. Die Verschiebung $\boldsymbol{u}_t$ in einer beliebig polarisierten Scherwelle hat im allgemeinen Fall alle drei Komponenten $u_x = \xi$, $u_y = \eta$ und $u_z = \zeta$. Übrigens können wir,

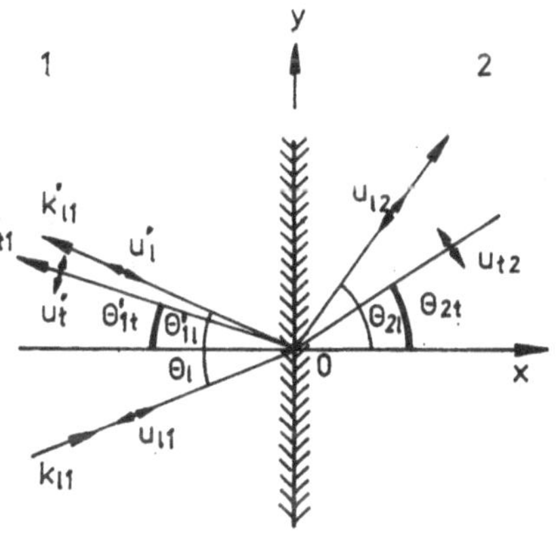

Abb. 66

ohne das Allgemeine des Dargelegten zu verlieren, die Transversalwelle mit der Verschiebung $\boldsymbol{u}_t$ in der Einfallsebene x, y mit den Verschiebungskomponenten ξ und η betrachten. Die Komponente ζ gehört nämlich zum früher betrachteten speziellen Fall einer Scherwelle, die senkrecht zur Einfallsebene polarisiert ist. Der Wert der Komponente ζ in den reflektierten und gebrochenen Wellen kann deshalb aus (10.19) gefunden werden und zu den Werten der Verschiebung in den entsprechenden Scherwellen hinzugefügt werden.

Die Komponenten ξ und η erzeugen an der Trennungsgrenze der festen Medien entsprechend Normal- und Tangentialspannungen. Infolgedessen entstehen auf beiden Seiten der Grenze longitudinale und transversale Wellen. Sie breiten sich in beiden Medien mit unterschiedlichen Geschwindigkeiten aus, d. h. unter verschiedenen Reflexions- und Brechungswinkeln. Allgemeine Bedingung für das Auffinden dieser Winkel ist die Konstanz der Projektion des Wellenvektors $\boldsymbol{k}$ auf die Trennungsebene y, z (im vorliegenden Fall auf die y-Achse), d. h. der Komponente k_y für die Wellen, die sich von beiden Seiten der Trennungsgrenze aus ausbreiten. Diese Bedingung ist analog der Gleichheit der Spuren dieser Wellen an der Grenze und ist schon im Kapitel 7 für die Bestimmung des Reflexions- und Brechungswinkels ausführlich betrachtet und angewendet worden. Sie setzt natürlich voraus, daß keine Inhomogenität des Mediums vorhanden ist. Diese Bedingung ergibt sich aber auch aus der Überlegung, daß die

Trennungsgrenze senkrecht zur x-Achse (im gegebenen Fall) orientiert ist und unendliche Ausdehnung längs der y- und z-Achse hat. Folglich beeinflußt sie in der auf die Grenze auftreffenden Welle mit dem Wellenvektor $\boldsymbol{k}$ nur die Komponente des Wellenvektors k_x, wogegen die Komponenten k_y und k_z unverändert bleiben. Nun ist $k_z = 0$, aber $k_y = (\omega/c) \sin \theta$ für eine beliebige Welle. Die Frequenz ω ist durch die Ultraschallquelle gegeben, d. h., sie hängt nicht von den Grenzen ab. Deshalb wird aus der Bedingung $k_y = \text{const}$ sofort die allgemeine Beziehung erhalten, die den Reflexions- und Brechungswinkel θ^* für eine beliebige der vier reflektierten und gebrochenen Wellen bestimmt, die die Ausbreitungsgeschwindigkeit c^* haben:

$$\sin \theta^*/\sin \theta_1 = c^*/c_1; \tag{10.20}$$

θ_1 und c_1 sind der Einfallswinkel und die Ausbreitungsgeschwindigkeit der einfallenden Welle.

Es sei zum Beispiel die in die y,z-Ebene einfallende Welle eine longitudinale, die die Geschwindigkeit c_{l1} haben soll. Dann gilt für die reflektierte longitudinale Welle

$$\sin \theta'_{l1} = (c_{l1}/c_{l1}) \sin \theta_1, \qquad \theta'_{l1} = \theta_1, \tag{10.21}$$

d. h., der Reflexionswinkel der longitudinalen Welle θ'_{l1} ist gleich dem Einfallswinkel θ_1.

Für die reflektierte transversale Welle, die die Ausbreitungsgeschwindigkeit c_{t1} hat, erhalten wir auf der Grundlage der allgemeinen Beziehung (10.20)

$$\frac{\sin \theta'_{1t}}{\sin \theta_{l1}} = \frac{c_{t1}}{c_{l1}}, \qquad \sin \theta'_{1t} = \frac{c_{t1}}{c_{l1}} \sin \theta_{l1}. \tag{10.22}$$

Da für ein und dasselbe Medium $c_t < c_l$ ist, wird $\theta_{1t} < \theta'_{1t}$, d. h., die transversale Welle wird unter einem geringeren Winkel zur Normalen (zur x-Achse) reflektiert. Dieser Fall ist auch in Abbildung 66 dargestellt.

Für die gebrochene longitudinale Welle gilt

$$\sin \theta_{2l}/\sin \theta_{l1} = c_{l2}/c_{l1}. \tag{10.23}$$

(In Abbildung 66 ist der Fall dargestellt, der einer größeren Geschwindigkeit der longitudinalen Welle im zweiten Medium entspricht.)

Schließlich haben wir für den Transversalanteil der gebrochenen Welle

$$\sin \theta_{2t}/\sin \theta_{1t} = c_{t2}/c_{t1}. \tag{10.24}$$

Es möge nun umgekehrt die einfallende Welle eine transversale sein. Unabhängig von ihrer Polarisation (die in der reflektierten und gebrochenen Transversalwelle infolge der Isotropie des betrachteten Mediums erhalten bleibt) wird der Reflexionswinkel θ'_{1t} und der Brechungswinkel θ_{2t} durch die folgende Beziehung bestimmt:

$$\theta'_{1t} = \theta_{1t}, \qquad \sin \theta_{2t}/\sin \theta_{1t} = c_{t2}/c_{t1}. \tag{10.25}$$

Wenn die einfallende Transversalwelle in eine longitudinale Welle transformiert wird, dann haben wir auf der Basis der Beziehung (10.20) für den Reflexionswinkel θ_{l1} und den Brechungswinkel θ_{2l} dieser longitudinalen Wellen

$$\sin \theta'_{l1}/\sin \theta_{1t} = c_{l1}/c_{t1} > 1 \tag{10.26}$$

für die reflektierte Welle und

$$\sin \theta_{2l}/\sin \theta_{1t} = c_{l2}/c_{t1} \qquad (10.27)$$

für die gebrochene Welle. Dabei kann der Brechungswinkel θ_{2l} sowohl größer als auch kleiner als der Einfallswinkel θ_{1t} sein, je nach dem Verhältnis der Geschwindigkeiten c_{l2} und c_{t1}.

Die Ausdrücke (10.21) bis (10.27) lassen mehr Varianten für die vollständige innere Reflexion im Vergleich zu dem im Kapitel 7 beschriebenen Fall der Reflexion rein longitudinaler Wellen zu. Die Erscheinung der vollständigen inneren Reflexion kann dann vor sich gehen, wenn der Brechungswinkel den Einfallswinkel übersteigt, d. h., wenn die Geschwindigkeit der gebrochenen Welle größer als die Geschwindigkeit der einfallenden Welle ist. Wenn die Geschwindigkeit der einfallenden Welle kleiner als die Ausbreitungsgeschwindigkeiten der beiden gebrochenen Wellen im zweiten Medium ist, nämlich der longitudinalen und der transversalen, dann entsteht in diesem Fall der Effekt der vollständigen inneren Reflexion bei zwei Einfallswinkeln θ_1, die der Bedingung

$$\sin (\theta_{1\mathrm{kr}})_1 = c_1/c_{l2}, \qquad \sin (\theta_{1\mathrm{kr}})_2 = c_1/c_{t2} \qquad (10.28)$$

genügen; c_1 ist die Geschwindigkeit der einfallenden Welle. Solch eine Situation wird in der Regel beim Einfall einer longitudinalen Welle aus einer Flüssigkeit auf die Grenze mit einem Festkörper realisiert. In diesem Fall kann man, wenn man die reflektierende Grenze der festen Probe bezüglich des einfallenden Ultraschallbündels dreht, zwei aufeinanderfolgende Intensitätszunahmen im reflektierten Bündel bei Winkeln beobachten, die die Bedingung (10.28) befriedigen. Das sind dann solche Einfallswinkel, bei denen anfangs die longitudinale gebrochene Welle und später die transversale gebrochene Welle in der Untersuchungsprobe verschwindet. Auf diese Art kann man die Ausbreitungsgeschwindigkeit von longitudinalen und transversalen Wellen in isotropen Festkörpern messen. In der Regel gewährleistet dieses Verfahren keine hohe Genauigkeit der Messungen infolge des Fehlers bei der Winkelbestimmung. Es ist jedoch recht günstig für die Messung in stark absorbierenden Materialien (zum Beispiel in festen Polymeren), und es erfordert keine Anwendung von Wandlern zur Anregung von Scherwellen.

10.3. Reflexionskoeffizient bei schrägem Welleneinfall

Um den Reflexionskoeffizienten an einer Festkörpergrenze zu berechnen, d. h. das Verhältnis der Energie von reflektierter Welle zur Energie der einfallenden Welle, ist es notwendig, alle Wellengleichungen unter Berücksichtigung der Ausbreitungsrichtung aller existierenden Wellen aufzustellen sowie die Grenzbedingungen zu berücksichtigen. Letztere bestehen darin, daß an der Trennungsgrenze Äquivalenz der Verschiebungen und Gleichheit der Spannungen, im vorhandenen Fall sowohl von Normal- als auch von Tangentialspannungen, existieren muß. Vom Standpunkt der praktischen Realisierung ist dabei der Einfall einer Ultraschallwelle auf eine Festkörpergrenze von seiten einer Flüssigkeit oder eines Gases am wichtigsten. Der direkte, vollständige akustische Kontakt zwischen zwei Festkörpern wird im Ultraschallbereich relativ selten verwirklicht.

Gewöhnlich wird er mit Hilfe dieser oder jener Zwischenschichten, hauptsächlich Flüssigkeiten, erreicht. An der Grenze mit einer Flüssigkeit wird eine Ultraschallscherwelle bei allen Einfallswinkeln praktisch vollständig reflektiert. An der Grenze mit einem Gas (Vakuum) werden sowohl Scher- als auch Longitudinalwelle vollständig reflektiert. In dieser Beziehung ist die vollständige Reflexion einer elastischen Welle im Festkörper an einer freien Grenze der allgemeinere Fall. Wir betrachten ihn deshalb auch in erster Linie. Später werden wir aber dann auch die Möglichkeit des „Überganges" einer longitudinalen Komponente in die Kontaktflüssigkeit in Form einer gebrochenen longitudinalen Welle berücksichtigen.

Nun kann man andererseits eine Scherwelle, die in beliebiger Art bezüglich der Einfallsebene polarisiert ist,[1] immer als Summe zweier Scherwellen mit zueinander senkrechten Verschiebungen darstellen. Eine der Verschiebungen liegt in der Einfallsebene, die andere senkrecht dazu, d. h. parallel zur reflektierenden Oberfläche. Der letztere Teil erzeugt keine longitudinalen Verschiebungen in der Grenze und wird von ihr ohne Besonderheiten reflektiert. Deshalb werden wir uns auf die reflektierte Scherwelle beschränken, die in der Einfallsebene polarisiert ist.

Es möge nun auf die freie Grenze eines isotropen Festkörpers[2], der bei $x = 0$ angeordnet sei, unter dem Winkel θ zur x-Achse eine ebene Ultraschallscherwelle einfallen, die in der Einfallsebene polarisiert ist, d. h. in der x,y-Ebene (Abb. 67a)). Da ein Medium betrachtet wird, lassen wir den Index 1 für die einfallenden und reflektierten Wellen weg. Die Bedeutung der übrigen Bezeichnungen behalten wir aber bei: alle Größen, die zu longitudinalen Wellen gehören, kennzeichnen wir mit dem Index l, alle die, die zu Scherwellen gehören, mit t; die Charakteristika der reflektierten Wellen bezeichnen wir wie früher mit einem Strich. Die Wellenvektoren von einfallenden und reflektierten Wellen nehmen dann folgende Form an: $\boldsymbol{k}_t = \boldsymbol{n}_t\omega/c_t$ für die einfallende Scherwelle, $\boldsymbol{k}_t' = \boldsymbol{n}_t'\omega/c_t$ für die reflektierte Scherwelle und $\boldsymbol{k}_l' = \boldsymbol{n}_l'\omega/c_l$ für die reflektierte Longitudinalwelle. Die entsprechenden Einheitsvektoren kann man als $\boldsymbol{n}_t = \cos\theta + \sin\theta$, $\boldsymbol{n}_t' = -\cos\theta_t' + \sin\theta_t' = -\cos\theta + \sin\theta$, $\boldsymbol{n}_l' = -\cos\theta_l' + \sin\theta_l'$ schreiben. θ ist der Einfallswinkel (der gleich dem Reflexionswinkel des Scherwellenanteils θ_t' ist), θ_l' ist der Reflexionswinkel des Longitudinalwellenanteils, der mit dem Einfallswinkel über die Beziehung (10.26) verbunden ist. Die Verschiebungen in der einfallenden und der reflektierten Welle bezeichnen wir auch entsprechend mit $\boldsymbol{u}_t$, $\boldsymbol{u}_t'$ und $\boldsymbol{u}_l'$, ihre Amplituden mit A_t, A_t' und A_l'. Dann kann man die Gleichungen der drei betrachteten Wellen aufschreiben. Für die einfallende Scherwelle gilt

$$\begin{aligned}\boldsymbol{u}_t &= [-\boldsymbol{n}_0 \times \boldsymbol{n}_t]\, A_t \exp\{i[\omega t - \boldsymbol{k}_t \cdot \boldsymbol{r}]\}\\ &= A_t(\cos\theta - \sin\theta)\exp\{i\omega[t - (x\cos\theta + y\sin\theta)/c_t]\},\end{aligned} \tag{10.29}$$

wo $\boldsymbol{n}_0$ der Einheitsvektor der reflektierenden Oberfläche ist. Für die reflektierte Scherwelle, die natürlich in der gleichen Einfallsebene polarisiert bleibt, haben wir

$$\boldsymbol{u}_t' = A_t'(\cos\theta + \sin\theta)\exp\{i\omega[t - (-x\cos\theta + y\sin\theta)/c_t]\} \tag{10.30}$$

[1] Erinnern wir uns, daß unter Einfallsebene einer Welle auf irgendeine Oberfläche die Ebene verstanden wird, die durch den Wellenvektor und die Normale zu dieser Ebene gebildet wird. Unter Polarisationsebene einer Transversalwelle wird in der Akustik die Ebene verstanden, in der der Verschiebungsvektor liegt.

[2] Hinsichtlich Scherwellen kann man unter freier Grenze eine Grenze sowohl zum Vakuum (Gas) als auch zur Flüssigkeit verstehen.

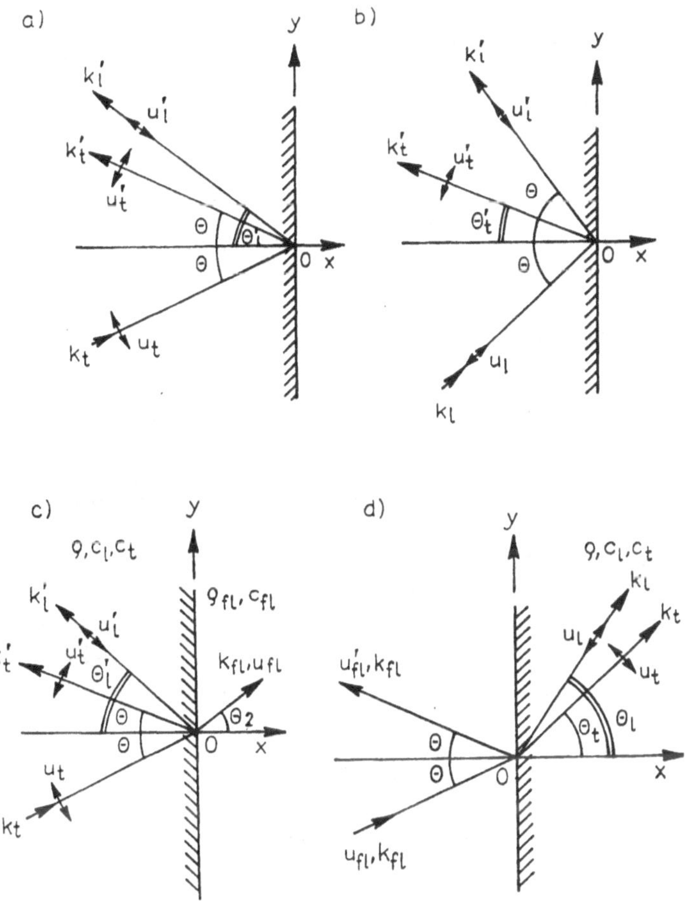

Abb. 67

und für die reflektierte longitudinale Welle

$$\boldsymbol{u}_l' = A_l'(-\cos\theta_l' + \sin\theta_l') \exp\{i\omega[t - (-x\cos\theta_l' + y\sin\theta_l')/c_l]\}. \tag{10.31}$$

Wenn man alle drei Wellen addiert, dann erhält man ein summarisches Feld der Verschiebungen in allen Körperpunkten:

$$\boldsymbol{u} = \boldsymbol{u}_t + \boldsymbol{u}_t' + \boldsymbol{u}_l'. \tag{10.32}$$

Uns interessieren die Reflexionskoeffizienten an der Grenze, d. h. die Beziehungen $\varrho_{At} = A_t'/A_t$ und $\varrho_{Al} = A_l'/A_t$. Um diese Beziehungen aufzufinden, ist es notwendig, die Grenzbedingungen anzuwenden. Im gegebenen Fall bestehen sie darin, daß an der Grenze, d. h. bei $x = 0$, beide Komponenten des Spannungstensors — die Normal- wie die Tangentialkomponente — gleich Null sein müssen:

$$\sigma_{xx}|_{x=0} = 0, \qquad \sigma_{xy}|_{x=0} = 0. \tag{10.33}$$

Die Spannungen im isotropen Festkörper sind mit den Deformationen ε_{ik} über die Beziehung (10.2) miteinander verbunden. Die LAMÉ-Konstanten in (10.2) müssen nun passend durch die Mediumdichte und die Geschwindigkeiten der Scher- und Longitudinalwellen ausgedrückt werden. Unter Berücksichtigung von (10.10) und (10.11) ergibt dies

$$\sigma_{ik} = \varrho(c_l^2 - 2c_t^2)\,\Theta\delta_{ik} + 2\varrho c_t^2\varepsilon_{ik}. \tag{10.34}$$

Wendet man auf diese Gleichung die Grenzbedingungen (10.33) an, so haben wir (bei $x = 0$)

$$\left.\begin{aligned} (\varrho c_l^2 - 2\varrho c_t^2)\left(\frac{\partial\xi}{\partial x} + \frac{\partial\eta}{\partial y}\right) + 2\varrho c_t^2\,\frac{\partial\xi}{\partial x} &= 0 \\ \varrho c_t^2\left(\frac{\partial\xi}{\partial y} + \frac{\partial\eta}{\partial x}\right) &= 0 \end{aligned}\right|_{x=0}, \tag{10.35}$$

wo ξ und η die Projektionen der veränderlichen Verschiebungen $\boldsymbol{u}$ auf die Koordinatenachsen sind: $\xi = |\boldsymbol{u}|_x$ und $\eta = |\boldsymbol{u}|_y$. Führt man nun in der Gleichung (10.32) unter Berücksichtigung von (10.29) bis (10.31) die notwendigen Differentiationen zur Ermittlung der Deformationen durch, setzt in diese $x = 0$ ein und läßt den Zeitfaktor $\exp(i\omega t)$ weg, so erhält man mit Hilfe der Grenzbedingungen (10.35) zwei Gleichungen, aus denen man analog dem Modus in Kapitel 7 die gesuchten Beziehungen A_t'/A_t und A_l'/A_t, d. h. die Amplitudenreflexionskoeffizienten, findet:

$$\varrho_{At} = \frac{A_t'}{A_t} = \frac{c_t^2 \sin 2\theta \sin 2\theta_l' - c_l^2 \cos^2 2\theta}{c_t' \sin 2\theta \sin 2\theta_l' + c_l^2 \cos^2 2\theta}, \tag{10.36}$$

$$\varrho_{Al} = \frac{A_l'}{A_t} = \frac{2c_l c_t \sin 2\theta \cos 2\theta}{c_t^2 \sin 2\theta \sin 2\theta_l' + c_l^2 \cos^2 2\theta}. \tag{10.37}$$

Die Winkel θ und θ_l' sind über die Beziehung $\sin\theta_l'/\sin\theta = c_l/c_t$ miteinander verbunden.

Um den Reflexionskoeffizienten bezüglich der Energie zu finden, kann man den Vektor der Energiestromdichte (der Ultraschallintensität) in der Form von zwei Anteilen darstellen: einem parallel und einem senkrecht zur Trennungsgrenze. Die parallele Komponente verändert sich nicht bei der Reflexion, wogegen sich die Normalkomponente auf die Intensitäten der longitudinalen und transversalen Welle aufteilt. Die Scherwelle wird unter einem Winkel reflektiert, der gleich dem Einfallswinkel ist. Deshalb ist das Verhältnis der Normalkomponente der Intensität der reflektierten Scherwelle zur Normalkomponente der Intensität der einfallenden Welle, d. h. der Reflexionskoeffizient der Scherwelle für die Intensität

$$\varrho_{It} = (A_t'/A_t)^2. \tag{10.38}$$

Das analoge Verhältnis für eine longitudinale reflektierte Welle, die unter einem Winkel $\theta_l' \neq 0$ reflektiert worden ist, nimmt die Form

$$\varrho_{Il} = \frac{c_l \cos\theta_l'}{c_t \cos\theta}\left(\frac{A_l'}{A_t}\right)^2 \tag{10.39}$$

an. Selbstverständlich wird dabei der Energieerhaltungssatz erfüllt, d. h., $\varrho_{lt} + \varrho_{ll} = 1$. Man kann sich leicht durch Einsetzen der Formeln (10.36) und (10.37) davon überzeugen.

Eine Analyse dieser Formeln zeigt, daß bei einem gewissen Einfallswinkel θ, der die Bedingung

$$c_t^2 \sin 2\theta \sin 2\theta_l' - c_l^2 \cos^2 2\theta = 0 \tag{10.40}$$

befriedigt, die reflektierte Scherwelle verschwindet, d. h. die einfallende Scherwelle vollständig in eine longitudinale Welle transformiert worden ist. Man kann sich aber leicht davon überzeugen, daß diese Bedingung nur von solchen Medien erfüllt wird, in denen das Verhältnis der Geschwindigkeiten $c_l/c_t \geqq \sqrt{3}$ ist. Da laut (10.16) $c_l/c_t = [(2 - 2\nu_0)/(1 - 2\nu_0)]^{1/2}$ ist, kann die Bedingung (10.40) nur in solchen Medien erfüllt werden, wo der POISSON-Koeffizient den Wert $\nu_0 \leqq 0{,}25$ nicht übersteigt.

Weiterhin ist aus (10.36) und (10.37) zu sehen, daß die einfallende Scherwelle überhaupt nicht umgewandelt wird (d. h. $\varrho_{Al} = 0$ und $\varrho_{At} = 0$), wenn Normaleinfall ($\theta = 0$) vorliegt, ja selbst beim Einfallswinkel von 45°. Der Einfallswinkel von 45° übersteigt aber den Wert des kritischen Einfallswinkels, bei dem der Reflexionswinkel der longitudinalen Welle $\pi/2$ wird. Dieser kritische Winkel wird durch die Beziehung

$$\sin \theta_{kr} = c_t/c_l \tag{10.41}$$

bestimmt.

Aus (10.16) folgt, daß das Verhältnis der Geschwindigkeiten c_t/c_l die Größe $1/\sqrt{2}$ nicht übersteigen kann. Somit ist für ein beliebiges Medium $\theta_{kr} = \arcsin (c_t/c_l) \leqq 45°$. θ_{kr} wird gleich 45° nur im Falle einer Flüssigkeit, für die $\nu_0 = 0{,}5$ ist. In Flüssigkeiten kann sich keine Scherwelle ausbreiten. Demzufolge ist faktisch θ_{kr} immer kleiner als 45°. Die Werte für den kritischen Winkel werden demzufolge für verschiedene Medien in Übereinstimmung mit den Beziehungen (10.41) und (10.16) durch den Wert des POISSON-Koeffizienten bestimmt. Gewöhnlich beträgt der kritische Winkel bei den einfachen Festkörpern $\approx 30 \cdots 35°$, da ν_0 etwa 0,3 ist. Bei Einfallswinkeln $\theta \geqq \theta_{kr}$ findet schon eine vollständige innere Reflexion der Transversalwelle statt: Die reflektierte longitudinale Welle fehlt. Bei $\theta = \theta_{kr}$ ist $\theta_l' = 90°$, d. h., die longitudinale Welle breitet sich parallel zur reflektierenden Grenze aus. Dabei ist entsprechend (10.36) und (10.37) $\varrho_{At} = -1$, wogegen $\varrho_{Al} = (2 \sin \theta \sin 2\theta)/\cos 2\theta$ ist. Der Reflexionskoeffizient dieser Welle bezüglich der Intensität ist natürlich Null, was aus (10.39) folgt. Das Minuszeichen beim Amplitudenreflexionskoeffizienten der Scherwelle bedeutet (s. Kap. 7), daß sie mit einer Phasenänderung um 180° reflektiert wird, d. h. mit dem Verlust einer Halbwelle. Bei Einfallswinkeln $\theta > \theta_{kr}$ werden wir ein Bild haben, das analog jenem ist, das wir schon im Kapitel 7 hinsichtlich gebrochener Longitudinalwellen in Flüssigkeiten unter gleichen Bedingungen betrachtet haben. Bei $\theta > \theta_{kr}$ wird $\sin \theta_l'$ größer als Eins. Das bedeutet, daß der Winkel θ_l' imaginär wird und jener Teil des Verschiebungsfeldes, der einer longitudinalen Deformation entspricht, in eine inhomogene longitudinale Oberflächenwelle entartet. Ihre Amplitude nimmt mit Entfernung von der reflektierenden Oberfläche ab (d. h. in Richtung $-x$), und zwar nach einem exponentiellen Gesetz mit einem Exponenten, der proportional $\cos \theta_l'$ ist. Dabei wird der Reflexionskoeffizient der Transversalwelle ϱ_{At} eine komplexe Größe, deren Betrag gleich Eins ist und deren Phase von $\cos \theta_l'$ abhängt, d. h. vom Einfallswinkel θ. Die Transformation einer einfallenden Scherwelle in eine longitudinale ist somit nur in einem begrenzten Einfallswinkelbereich möglich, der in den Grenzen $0° < \theta < \arcsin [(1 - 2\nu_0)/(2 - 2\nu_0)]^{1/2}$ liegt, d. h. praktisch bis zum Wert $\theta = 30\cdots35°$.

Es möge nun auf die freie, ebene Grenze eines Festkörpers unter dem Winkel θ zur x-Achse eine rein longitudinale Welle mit der Verschiebung $\boldsymbol{u}_l$ und dem Wellenvektor $\boldsymbol{k}_l = k_l\boldsymbol{n}_l = \boldsymbol{n}_l\omega/c_l$ einfallen (s. Abb. 67b)). Die Gleichung der einfallenden Welle mit der Verschiebungsamplitude A_l ist

$$\begin{aligned}\boldsymbol{u}_l &= A_l\boldsymbol{n}_l \exp\{i[\omega t - k_l\boldsymbol{n}_l \cdot \boldsymbol{r}]\}\\ &= A_l(\cos\theta + \sin\theta)\exp\{i\omega[t - (x\cos\theta + y\sin\theta)/c_l]\}.\end{aligned} \tag{10.42}$$

Die Gleichungen der reflektierten longitudinalen Welle mit der Verschiebungsamplitude A_l' und der Transversalwelle mit der Amplitude A_t' werden die gleiche Form haben wie (10.31) und (10.30), nur daß man die Bezeichnungen der Reflexionswinkel austauschen muß: $\theta \to \theta_t'$ und $\theta_l' \to \theta$. Jetzt wird nämlich die longitudinale Welle unter dem Einfallswinkel reflektiert. Die reflektierte Scherwelle wird natürlich in der Einfallsebene polarisiert sein, so daß die auf die Grenze einfallende longitudinale Welle keine Verschiebung längs der z-Achse erzeugt. Die Gleichungen der reflektierten ongitudinalen und transversalen Welle haben somit die Form

$$\boldsymbol{u}_t' = A_t'(\cos\theta_t' + \sin\theta_t')\exp\{i\omega[t - (-x\cos\theta_t' + y\sin\theta_t')/c_t]\}, \tag{10.43}$$

$$\boldsymbol{u}_l' = A_l'(-\cos\theta + \sin\theta)\exp\{i\omega[t - (-x\cos\theta + y\sin\theta)/c_l]\}. \tag{10.44}$$

Das gesamte Verschiebungsfeld im Medium ist

$$\boldsymbol{u} = \boldsymbol{u}_l + \boldsymbol{u}_l' + \boldsymbol{u}_t'. \tag{10.45}$$

Die Grenzbedingungen bleiben ebenfalls wie früher in der Form (10.35) bestehen. Führt man in ihnen die entsprechenden Differentiationen durch und löst die erhaltenen Gleichungen für $x = 0$ bezüglich A_l'/A_l und A_t'/A_t, so findet man die Amplitudenreflexionskoeffizienten für die longitudinalen und Scherwellen:

$$\begin{aligned}\varrho_{Al} &= \frac{A_l'}{A_l} = \frac{c_t^2\sin 2\theta\sin 2\theta_t' - c_l^2\cos^2 2\theta_t'}{c_t^2\sin 2\theta\sin 2\theta_t' + c_l^2\cos^2 2\theta_t'},\\ \varrho_{At} &= \frac{2c_lc_t\sin 2\theta\cos 2\theta_t'}{c_t^2\sin 2\theta\sin 2\theta_t' + c_l^2\cos^2 2\theta_t'}.\end{aligned} \tag{10.46}$$

Dabei ist $\sin\theta_t'/\sin\theta = c_t/c_l$. Für den Reflexionskoeffizienten bezüglich der Intensität erhalten wir entsprechend $\varrho_{Il} = (A_l'/A_l)^2$ und $\varrho_{It} = c_t\cos\theta_t'/(c_l\cos\theta)\,(A_t/A_l)^2$. Diese Ausdrücke zeigen auch, daß bei einem gewissen Einfallswinkel θ, der der Bedingung

$$c_t^2\sin 2\theta\sin 2\theta_t' - c_l^2\cos^2 2\theta_t' = 0 \tag{10.47}$$

entspricht, die einfallende longitudinale Welle vollständig in eine Transversalwelle transformiert wird. Dabei wird die Bedingung (10.47) wie auch die Bedingung (10.40) nur für eine begrenzte Zahl von Medien erfüllt, für die $c_l/c_t \geqq \sqrt{3}$, d. h. $\nu_0 \leqq 0{,}25$ ist. Entsprechend (10.46) fehlt die Transformation der einfallenden longitudinalen Welle bei $\theta = 0$ (Normaleinfall), aber auch bei einem gewissen Einfallswinkel θ, der der Refle xion einer Scherwelle unter dem Winkel $\theta_t' = 45°$ entspricht. Solch ein Fall kann aber nicht realisiert werden, da in Übereinstimmung mit dem vorher Dargelegten ihm ein Einfallswinkel von $\theta > 90°$ entsprechen würde. Da nun $c_t < c_l$ ist, ist im betrachteten Fall auch eine vollständige innere Reflexion der einfallenden Welle unmöglich.

Betrachten wir nun den Fall des Kontaktes eines festen Körpers mit einer Flüssigkeit. Auf die ebene Grenze mit einer Flüssigkeit möge aus einem Festkörper unter dem Winkel θ zur x-Achse eine Scherwelle fallen, die in der Einfallsebene polarisiert ist (für eine Welle, die in senkrechter Richtung polarisiert ist, ist immer $\varrho_{At} = 1$) (s. Abb. 67c)). Für die Wellen, die sich im Festkörper ausbreiten, behalten wir alle früheren Bezeichnungen bei. Das gesamte Verschiebungsfeld im Festkörper wird die gleiche Form (10.32) wie auch im Fall der freien Oberfläche haben, d. h., $\boldsymbol{u} = \boldsymbol{u}_t + \boldsymbol{u}_t' + \boldsymbol{u}_l'$, wo $\boldsymbol{u}_t$, $\boldsymbol{u}_t'$ und $\boldsymbol{u}_l'$ die vektoriellen Verschiebungen in der einfallenden transversalen, der reflektierten transversalen und der reflektierten longitudinalen Welle sind. In der Flüssigkeit kann nur eine longitudinale Welle vorkommen. Ihre Charakteristika sind mit dem Index fl ausgestattet. Die Gleichung für die gebrochene longitudinale Welle in dem Fall, der Abbildung 67 c) entspricht, kann man in der Form

$$\boldsymbol{u}_{fl} = A_{fl}(\cos\theta_2 + \sin\theta_2) \exp\{i\omega[t - (x\cos\theta_2 + y\sin\theta_2)/c_{fl}]\} \tag{10.48}$$

schreiben.[1] θ_2 ist der Brechungswinkel, der die allgemeine Bedingung (10.20) befriedigt, d. h., $\sin\theta_2/\sin\theta = c_{fl}/c_t$.

Unter der Bedingung eines vollständigen akustischen Kontaktes an der Grenze zwischen Festkörper und Flüssigkeit muß man die Kontinuität der Änderung der Normalkomponenten von Spannung und Verschiebung beachten. Was die Tangentialkomponente des Spannungstensors betrifft, so muß sie kontinuierlich sein. Da aber in Flüssigkeiten Scherspannungen fehlen, bleibt für die Tangentialkomponente der Spannung die Bedingung an der Grenze wie früher, d. h., sie ist Null bei $x = 0$. Die Spannungskomponenten werden durch die Deformation und die Schallgeschwindigkeit über die Gleichungen (10.34) dargestellt. Für die Flüssigkeit ist $c_t = 0$ und die Normalkomponente der Spannung („der negative Druck") $\sigma_{xx} = (-p) = \varrho_{fl}c_{fl}^2\, \partial\xi/\partial x$. Somit führt die Identität der Spannungskomponenten an der Grenze des Festkörpers mit der Flüssigkeit zu den Grenzbedingungen in der Ebene $x = 0$

$$\begin{aligned} &(\varrho c_l^2 - 2\varrho c_t^2)\left(\frac{\partial\xi}{\partial x} + \frac{\partial\eta}{\partial y}\right) + 2\varrho c_t^2 \frac{\partial\xi}{\partial x} = \varrho_{fl}c_{fl}^2 \left(\frac{\partial\xi}{\partial x}\right)_{fl}, \\ &\varrho c_t^2 \left(\frac{\partial\xi}{\partial y} + \frac{\partial\eta}{\partial x}\right) = 0. \end{aligned} \tag{10.49}$$

Außerdem muß an der Grenze die Gleichheit der Normalkomponenten der Verschiebung erfüllt werden, was

$$|\boldsymbol{u}|_x = \xi_{fl} = \xi_t + \xi_t' + \xi_l' \tag{10.50}$$

[1] Früher, im Kapitel 7, haben wir die Gleichung der longitudinalen Welle in der Flüssigkeit durch ein skalares Potential φ beschrieben. Dieses Potential ist mit dem Vektor der Verschiebungsgeschwindigkeit (oder mit dem Verschiebungsvektor, aus dem die Schwingungsgeschwindigkeit durch Differentiation nach der Zeit bestimmt wird) durch die Beziehung $\boldsymbol{u} = -\operatorname{grad}\varphi$ verbunden. Analog kann man für Scherwellen ein Vektorpotential einführen. Der großen Anschaulichkeit halber werden wir aber unmittelbar das Verschiebungsfeld betrachten.

liefert. ξ_t, ξ_t' und ξ_l' sind dabei die x-Komponenten der Verschiebungen in der einfallenden und reflektierten transversalen und longitudinalen Welle im Festkörper, die durch die Gleichungen (10.29) bis (10.31) beschrieben werden, ξ_{fl} ist die Normalkomponente der Welle der longitudinalen Verschiebung in der Flüssigkeit (10.48).

Die Grenzbedingungen (10.49), (10.50) liefern drei Gleichungen für die unbekannten Amplituden der reflektierten Wellen (A_t' und A_l') und der gebrochenen Welle (A_{fl}). Löst man diese Gleichungen bezüglich A_t'/A_t, A_l'/A_t und A_{fl}/A_t, so erhält man die Formeln für die Reflexionskoeffizienten (ϱ_{At} und ϱ_{Al}) und den Transmissionskoeffizienten (d_A) der Scherwelle, die auf die Grenze des Festkörpers mit der Flüssigkeit fällt [64]:

$$\varrho_{At} = \frac{A_t'}{A_t} = -\frac{\varrho_{fl}c_{fl}/\cos\theta_2 + (\varrho c_l \cos^2 2\theta)/\cos\theta_l' - (\varrho c_t \sin^2 2\theta)/\cos\theta}{\varrho_{fl}c_{fl}/\cos\theta_2 + (\varrho c_l \cos^2 2\theta)/\cos\theta_l' + (\varrho c_t \sin^2 2\theta)/\cos\theta}, \tag{10.51}$$

$$\varrho_{Al} = \frac{A_l'}{A_t} = -\frac{c_l}{c_t}\frac{\cos 2\theta}{\sin 2\theta_l'}(1 + \varrho_{At}), \tag{10.52}$$

$$d_A = \frac{A_{fl}}{A_t} = \frac{c_t \cot\theta_2}{c_{fl} 2\sin^2\theta}(1 + \varrho_{At}). \tag{10.53}$$

Dabei sind die Winkel θ, θ_l', θ_2 untereinander durch die Beziehungen $\sin\theta_l'/\sin\theta = c_l/c_t$, $\sin\theta_2/\sin\theta = c_{fl}/c_t$ verbunden. Die Größen $\varrho c = z$ in (10.51) stellen die spezifischen Wellenwiderstände der betrachteten Medien hinsichtlich einer longitudinalen oder Scherwelle dar. Die Größen $\varrho c/\cos\theta$ beziehen sich auf den Richtungskosinus der entsprechenden Wellen. Wenn man Normalwellenwiderstände mit den Bezeichnungen $\varrho_{fl}c_{fl}/\cos\theta_2 = z_{fl}^n$, $\varrho c_l/\cos\theta_l' = z_l^n$, $\varrho c_t/\cos\theta = z_t^n$ einführt, kann man (10.51) in etwas kompakterer Form aufschreiben:

$$\varrho_{At} = \frac{A_t'}{A_t} = -\frac{z_{fl}^n + z_l^n\cos^2 2\theta - z_t^n \sin^2 2\theta}{z_{fl}^n + z_l^n\cos^2 2\theta + z_t^n \sin^2 2\theta}.$$

Es möge nun aus einem Festkörper auf die Grenze mit einer Flüssigkeit unter dem Winkel θ eine longitudinale Ultraschallwelle fallen. Das Verschiebungsfeld im Festkörper wird durch (10.45) in Verbindung mit den Gleichungen für die einfallende und die reflektierten Wellen (10.42) bis (10.44) beschrieben. Die Gleichung der gebrochenen Welle in der Flüssigkeit hat die frühere Form (10.48). Die Grenzbedingungen bleiben dieselben wie früher, und wir erhalten

$$\varrho_{Al} = \frac{A_l'}{A_l}\frac{z_{fl}^n + z_t^n \sin^2 2\theta_t' - z_l^n\cos^2 2\theta_t'}{z_{fl}^n + z_t^n \sin^2 2\theta_t' + z_l^n\cos^2 2\theta_t'}, \tag{10.54}$$

$$\varrho_{At} = \frac{A_t'}{A_l} = \frac{c_t}{c_l}\frac{\sin 2\theta}{\cos 2\theta_t'}(1 - \varrho_{Al}), \tag{10.55}$$

$$d_A = \frac{A_{fl}}{A_l} = \frac{\cos\theta}{\cos\theta_2 \cos^2 2\theta_t'}(1 - \varrho_{Al}). \tag{10.56}$$

Dabei sind $\sin\theta_t'/\sin\theta = c_t/c_l$ und $\sin\theta_2/\sin\theta = c_{fl}/c_l$.

Berücksichtigt man die Beziehungen zwischen den Winkeln, so kann man sehen, daß bei $z_{fl} = 0$ diese Formeln in die früher erhaltenen Fälle der freien Grenze des isotropen Festkörpers übergehen. Bei $\theta = 0$ (Normaleinfall) ergeben im Falle einer einfallenden Scherwelle die Formeln (10.51) bis (10.53) $\varrho_{At} = -1$ und $\varrho_{Al} = d = 0$. Wenn auf die Trennungsgrenze des Festkörpers mit der Flüssigkeit eine longitudinale Welle normal auffällt, dann ist entsprechend den Beziehungen (10.54) bis (10.56) $\varrho_{Al} = (z_{fl} - z_l)/(z_{fl} + z_l)$ und $\varrho_{At} = 0$, $d_A = 2z_l/(z_{fl} + z_l)$. Dies ist gleich dem Resultat, das im Kapitel 7 für den Normaleinfall einer ebenen longitudinalen Welle auf die Trennungsgrenze zweier Medien erhalten wurde.

Zum Abschluß betrachten wir das umgekehrte Problem: die Brechung einer longitudinalen Welle, die aus einer Flüssigkeit auf die ebene Grenze mit einem Festkörper fällt. Früher, im Kapitel 7, lösten wir dieses Problem beispielsweise für zwei Flüssigkeiten. Das Resultat, das dabei für den Reflexionskoeffizienten und den Brechungskoeffizienten in der Form der Beziehungen (7.39) und (7.40) erhalten worden ist, ergibt sich unmittelbar aus den Formeln (10.54) bis (10.56), wenn man in ihnen $c_t = 0$ (und $z_t = 0$) setzt. Wenn eine longitudinale Welle aus der Flüssigkeit auf die Oberfläche eines Festkörpers unter einem bestimmten Winkel zu dieser Oberfläche fällt, dann erzeugt sie in ihm sowohl longitudinale als auch Scherverschiebungen. In deren Resultat entstehen im Festkörper zwei gebrochene Wellen, die sich mit den Geschwindigkeiten c_l und c_t unter den Winkeln θ_l und θ_t ausbreiten (Abb. 67d)). Wie sehen nun Reflexions- und Durchlässigkeitskoeffizient dieser Welle aus?

Das Verschiebungsfeld in der Flüssigkeit ist $\boldsymbol{u} = \boldsymbol{u}_{fl} + \boldsymbol{u}'_{fl}$, das Feld im Festkörper $\boldsymbol{u}_f = \boldsymbol{u}_l + \boldsymbol{u}_t$. Die Kontinuitätsbedingung der Normalkomponenten der Verschiebungen ist im gegebenen Fall

$$u_{flx} + u'_{flx} = u_{lx} + u_{tx}|_{x=0}. \tag{10.57}$$

Die Kontinuitätsbedingungen der Normal- und Tangentialkomponenten der Spannungen an der Grenze werden in der früheren Form beibehalten, d. h. in der Form der Gleichungen (10.49), die für $x = 0$ gültig sind. Drei Grenzbedingungen, (10.49) und (10.50), liefern drei Gleichungen, aus denen der Reflexionskoeffizient ϱ_A und die Durchlässigkeitskoeffizienten d_{Al} und d_{At} der aus der Flüssigkeit einfallenden longitudinalen Welle gefunden werden. Die entsprechenden Rechnungen liefern

$$\varrho_A = \frac{A'_{fl}}{A_{fl}} = \frac{z_l^n \cos^2 2\theta_t + z_t^n \sin 2\theta_t - z_{fl}^n}{z_l^n \cos^2 2\theta_t + z_t^n \sin 2\theta_t + z_{fl}^n}, \tag{10.58}$$

$$d_{Al} = \frac{A_l}{A_{fl}} = \frac{2z_{fl}^n \cos 2\theta_t}{z_l^n \cos^2 2\theta_t + z_t^n \sin 2\theta_t + z_{fl}^n} \frac{\cos\theta}{\cos\theta_l}, \tag{10.59}$$

$$d_{At} = \frac{A_t}{A_{fl}} = -\frac{2z_{fl}^n \sin 2\theta_t}{z_l^n \cos^2 2\theta_t + z_t^n \sin 2\theta_t + z_{fl}^n} \frac{\cos\theta}{\cos\theta_t} \tag{10.60}$$

mit $\sin\theta_l/\sin\theta = c_l/c_{fl}$ und $\sin\theta_t/\sin\theta = c_t/c_{fl}$.

Somit zerfällt eine longitudinale Ultraschallwelle, die unter einem beliebigen Winkel aus der Flüssigkeit auf die Grenze mit einem Festkörper fällt, im Festkörper in eine longitudinale und eine Scherwelle. Infolgedessen erweist sich der Reflexionskoeffizient der einfallenden Welle an einer Festkörperoberfläche als kleiner als der Reflexionskoeffizient an der Grenze mit einer Flüssigkeit, die den Wert $\varrho_{fl}c_{fl} = z_l$ haben soll, der gleich dem Wellenwiderstand des gegebenen Festkörpers in bezug auf rein longitudinale

Wellen sein soll. Tatsächlich gilt für die Flüssigkeit $c_t = 0$, $z_t = 0$, und die Formel für den Reflexionskoeffizienten (10.58) geht mit einer Genauigkeit bis auf den Phasenfaktor (−1) in den Ausdruck für den Reflexionskoeffizienten an einem Medium, das nur Volumenelastizität besitzt, über, d. h. in (7.39). Man kann sich leicht überzeugen, daß der spezifische Wellenwiderstand der Grenze des Festkörpers $z_f = z_l^n \cos^2 2\theta_t + z_t^n \sin^2 2\theta_t$, der durch die Erzeugung von longitudinalen und transversalen Wellen im Festkörper entsteht und der den Reflexionskoeffizienten nach Formel (10.58) bestimmt, kleiner als der spezifische Widerstand $z_{fl} = z_l^n = z_l/\cos\theta_l$ ist, den die Flüssigkeit mit gleichem z_l wie auch der Festkörper besitzen würde und der den Reflexionskoeffizienten in der Flüssigkeit bestimmt. Es ist

$$\frac{z_f}{z_{fl}} = \cos^2 2\theta_t + \frac{z_t^n}{z_l^n} \sin^2 2\theta_t = 1 - \left(1 - \frac{c_t}{c_l}\frac{\cos\theta_l}{\cos\theta_t}\right) \sin^2 2\theta_t .$$

Da nun aber immer $c_l > c_t$ ist und $\theta_l > \theta_t$, d. h. $\cos\theta_l < \cos\theta_t$, so ist $z_f/z_{fl} < 1$, d. h., der Reflexionskoeffizient an der Oberfläche eines Festkörpers ist kleiner als der an der Oberfläche einer Flüssigkeit. Folglich würde die Scherelastizität des reflektierenden Mediums zu einer Verringerung der akustischen Steife seiner Grenze führen. Das gleiche kann man auch über longitudinale Wellen sagen, die aus dem Festkörper auf eine Grenze mit Flüssigkeit fallen und die in reflektierte longitudinale und transversale Welle zerfallen. Man kann dies insbesondere aus Gleichung (10.54) sehen. Wenn man in ihr $z_t = 0$ setzt, dann vergrößert sich bei gleichem z_l der Reflexionskoeffizient der longitudinalen Welle. Übrigens ergibt sich solch ein Resultat auch aus energetischen Betrachtungen. Wenn ein Medium, in dem sich eine einfallende longitudinale Welle ausbreitet, Scherelastizität besitzt, dann geht ein Teil der Energie in der reflektierten Welle in die Scherwelle über.

Die Transformation der Wellen im Festkörper bei schrägem Einfall einer longitudinalen Welle auf die Grenze zwischen Flüssigkeit und Festkörper führt somit zu einem wesentlichen Unterschied der Resultate im Vergleich zu denen, die im Kapitel 7 für die Trennungsgrenze zweier Medien erhalten wurden, die nur Volumenelastizität besitzen. Bei einem bestimmten Einfallswinkel θ der longitudinalen Welle aus der Flüssigkeit auf die Grenze mit einem Festkörper kann diese Transformation 100% erreichen. Wie aus (10.59) und (10.60) zu entnehmen ist, existiert eine solche Situation, wenn der Brechungswinkel der Scherwelle $\theta_t = 45°$ beträgt. Die Formeln (10.58) bis (10.60) nehmen dabei folgende Form an:

$$\begin{aligned} \varrho_A &= \frac{z_t \cos\theta - z_{fl}\cos\theta_t}{z_t\cos\theta + z_{fl}\cos\theta_t}, \quad d_{Al} = 0, \\ d_{At} &= -\frac{2z_{fl}\cos\theta}{z_t\cos\theta + z_{fl}\cos\theta_t}. \end{aligned} \tag{10.61}$$

Dem Brechungswinkel der Scherwelle von $\theta_t = 45°$ entspricht der Einfallswinkel

$$\theta = \arcsin\left[(c_{fl}/c_t)\sqrt{1/2}\right]. \tag{10.62}$$

Da fast immer $c_{fl}/c_t < \sqrt{2}$ ist, wird die Bedingung (10.62) für die überwiegende Anzahl aller Kompositionen von Flüssigkeiten und Festkörpern erfüllt. Das passiert im Unterschied zu der schon vorher betrachteten vollständigen Transformation einer Welle, die aus dem Festkörper einfällt. So wird beispielsweise an der Grenze Wasser—Eis die vollständige Transformation einer longitudinalen Welle in eine Scherwelle bei 0 °C beim Einfallswinkel $\theta = 30°$ realisiert. An der Grenze Wasser—Aluminium passiert dies bei 20 °C für $\theta = 20{,}5°$ usw. Dieser Umstand kann zur Anregung reiner Scherwellen im Festkörper mit Hilfe eines Wandlers, der in die Flüssigkeit longitudinale Wellen aussendet, ausgenutzt werden. Der Reflexionskoeffizient der longitudinalen Welle hat dabei aber immer noch einen beträchtlichen Wert, da in der ersten der Formeln (10.61) fast immer $\theta_t > \theta$ und $z > z_{fl}$ ist, so daß $\varrho_A > 0$ gilt (gewöhnlich 0,4⋯0,6).

Eine vollständige Transformation longitudinaler Wellen in Schwerwellen wird im Festkörper auch bei Einfallswinkeln $\theta \geqq \theta_{kr} = \arcsin(c_{fl}/c_l)$ realisiert, d. h. im Fall der vollständigen inneren Reflexion der longitudinalen Welle. Der Einfall erfolgt von der Flüssigkeitsseite. Dies ist ebenfalls bei fast allen Flüssigkeits- und Festkörperkompositionen der Fall, da fast immer $c_l > c_{fl}$ und $\theta_l > \theta$ gilt (s. Abb. 67d)). Bei $\theta = (\theta_{kr})_1$ breitet sich die gebrochene longitudinale Welle im Festkörper parallel zu seiner Grenze aus. Bei Einfallswinkeln $\theta > (\theta_{kr})_1$ wird der Winkel θ_l komplex. Dem entspricht, wie bekannt ist, eine inhomogene longitudinale Welle (im Festkörper), die exponentiell bei Entfernung von der Grenze gedämpft wird. Schließlich wird bei $\theta \geqq (\theta_{kr})_2 = \arctan(c_{fl}/c_t)$ das gleiche auch mit der Scherwelle passieren. Danach wird der Reflexionskoeffizient der auf den Festkörper einfallenden longitudinalen Welle bei allen Einfallswinkeln hinsichtlich der absoluten Größe Eins werden. Die Spezifik der Reflexion einer Ultraschallwelle am Festkörper im Vergleich zur Reflexion an der Trennungsgrenze zweier Flüssigkeiten geht verloren.

Alle Resultate, die im Kapitel 7 erhalten worden sind, behalten ihre Gültigkeit auch im Fall des Normaleinfalls einer ebenen Ultraschallwelle aus der Flüssigkeit auf die Grenze mit einem Festkörper bei. In diesem Fall ($\theta = \theta_l = \theta_t = 0$) ergeben die Formeln (10.58) bis (10.60)

$$\varrho_A = \frac{z_l - z_{fl}}{z_l + z_{fl}}\, d_A = \frac{2z_{fl}}{z_l + z_{fl}}.$$

Dies stimmt mit den entsprechenden Ausdrücken (7.8) und (7.9) überein, die für Normaleinfall einer ebenen Welle aus einem weniger harten Medium auf die Grenze mit einem härteren Medium erhalten worden sind. Offensichtlich ergibt sich auch nichts Neues bei Normaleinfall einer ebenen Ultraschallwelle aus einer Flüssigkeit auf eine planparallele Schicht. Alle Formeln, die in Abschnitt 7.1. erhalten worden sind, sind auch in diesem Fall gültig.

10.4. Rayleigh-Wellen

Im vorhergehenden Abschnitt, wie auch im Kapitel 7, haben wir dem Wesen nach den Einfluß der Grenzen auf die Ausbreitung von Volumenwellen innerhalb des Mediums betrachtet. Jetzt wollen wir den Charakter der Anregungen und der Ausbreitung dieser Anregungen in unmittelbarer Nähe einer freien Grenze des isotropen Festkörpers aufklären [120, 121]. Von vornherein ist klar, daß bei beliebigen Deformationen die Spannung auf der freien Grenze Null ist. Bei Entfernung von der Grenze wächst sie bis zu einem bestimmten Wert an, der durch das HOOKEsche Gesetz (10.34) bestimmt wird. Dann wird sich die effektive Steife der grenznahen Schicht von der im Volumen des elastischen Mediums unterscheiden. Somit werden sich auch der Charakter der elastischen Anregungen in dieser Schicht und die Ausbreitungsgeschwindigkeit der Anregungen nah der freien Grenze von der im Volumen unterscheiden. Ein quantitatives Bild der Ausbreitung solcher Oberflächenanregungen kann man erhalten, wenn man von der allgemeinen Wellengleichung ausgeht, die für das gesamte Volumen des elastischen Mediums gültig ist, und ihre Lösung für Punkte, die entlang der freien Grenze angeordnet sind, findet.

Es möge die Grenze des eindimensionalen isotropen Festkörpers wie früher in der y,z-Ebene liegen und die x-Achse ihre äußere Normale sein. Das bedeutet, daß das betrachtete Medium den Halbraum mit den Werten $x < 0$ einnimmt. Die allgemeine Wellengleichung für solch ein Medium kann man in der Form (10.17) darstellen, d. h.

$$\Delta \boldsymbol{u} = \frac{1}{c^2} \frac{\partial^2 \boldsymbol{u}}{\partial t^2}. \tag{10.63}$$

Unter $\boldsymbol{u}$ versteht man beliebige Verschiebungen $\boldsymbol{u}_l$ oder $\boldsymbol{u}_t$, unter c die entsprechenden Ausbreitungsgeschwindigkeiten c_l und c_t. Zieht man die Besonderheit in Richtung der x-Achse in Betracht, d. h. die Existenz einer freien Grenze, so kann man die Lösung der Gleichung (10.63) in folgender Form aufschreiben: $\boldsymbol{u} = f(x) \exp\{i(\omega t - \boldsymbol{k}y)\}$. Dabei ist der von x abhängige Teil abgetrennt worden und nur ein ebenes Verschiebungsbild betrachtet. Setzt man diese Lösung in (10.63) ein, so erhält man eine Gleichung für die Funktion $f(x)$:

$$\partial^2 f(x)/\partial x^2 - \left(k^2 - \frac{\omega^2}{c^2}\right) f(x) = 0. \tag{10.64}$$

c ist je nach Vereinbarung die Ausbreitungsgeschwindigkeit der longitudinalen oder transversalen Volumenwelle und $\boldsymbol{k}$ der Wellenvektor der betrachteten Welle. Wenn $\omega^2/c^2 > k^2$ ist, wird die Lösung der Gleichung (10.64) eine Sinusfunktion von x. Die Gleichung (10.64) liefert dann eine gewöhnliche ebene Welle (longitudinale oder Scherwelle) für alle Werte x. Das bedeutet, daß die Gleichung (10.64) für den Fall interessant ist, wenn $\omega^2/c^2 < k^2$ ist. Dann stellt diese Lösung eine Exponentialfunktion mit dem Exponenten $\pm x \sqrt{(k^2 - \omega^2/c^2)}$ dar. Die Lösung mit dem negativen Vorzeichen bedeutet ein unbegrenztes Anwachsen von $\boldsymbol{u}$ in Richtung des Körperinneren ($x < 0$) und hat keinen physikalischen Sinn. Real ist folglich die Funktion $f(x) = f_0 \exp\left\{x \sqrt{(k^2 - \omega^2/c^2)}\right\}$, und wir gelangen zu folgender Lösung der Wellengleichung (10.63):

$$\boldsymbol{u} = f_0 \exp(\chi x) \exp[i(\omega t - k_R y)]; \tag{10.65}$$

f_0 ist eine bestimmte Konstante, die nicht zeit- und ortsabhängig ist, $\chi \equiv \sqrt{(k_R{}^2 - \omega^2/c^2)}$. Die Lösung entspricht einer Welle, die sich längs der y-Achse ausbreitet und exponentiell in negativer x-Richtung (ins Innere des Körpers) gedämpft wird, d. h. einer Welle, die in einer dünnen Oberflächenschicht des Festkörpers existiert. Solche Wellen werden Oberflächen- oder RAYLEIGH-Wellen genannt, da die ersten Rechnungen dazu von RAYLEIGH [1] ausgeführt worden sind.

Erinnern wir uns, daß die in die Lösung (10.65) über den Parameter χ eingehende

Geschwindigkeit c für unterschiedliche Verschiebungskomponenten verschieden ist. Der Komponente $\boldsymbol{u}_l$ entspricht die Geschwindigkeit c_l, der Scherkomponente $\boldsymbol{u}_t$ die Geschwindigkeit c_t. Im Volumen eines Festkörpers können sich diese Komponenten unabhängig voneinander mit den entsprechenden Geschwindigkeiten ausbreiten, d. h., die Volumenwellen können sowohl rein longitudinal als auch rein transversal sein. In einer Oberflächenwelle ist dank der Existenz einer freien Grenze die Verschiebung $\boldsymbol{u}$ immer eine gemischte. In ihr sind verschiedene Komponenten vorhanden, die allgemein gesprochen die Bedeutung longitudinal und transversal verlieren. Die entsprechende Berechnung unter Ausnutzung der Grenzbedingungen zeigt, daß die Verschiebungsbahnen der Teilchen in der Oberflächenwelle Ellipsen darstellen. Die Hauptachse der Ellipse ist dabei senkrecht zur Oberfläche gerichtet, die Nebenachse parallel zur Oberfläche in Ausbreitungsrichtung der Oberflächenwelle, das bedeutet im vorhandenen Fall längs der y-Achse. Das Verhältnis zwischen den Achsen hängt vom Verhältnis

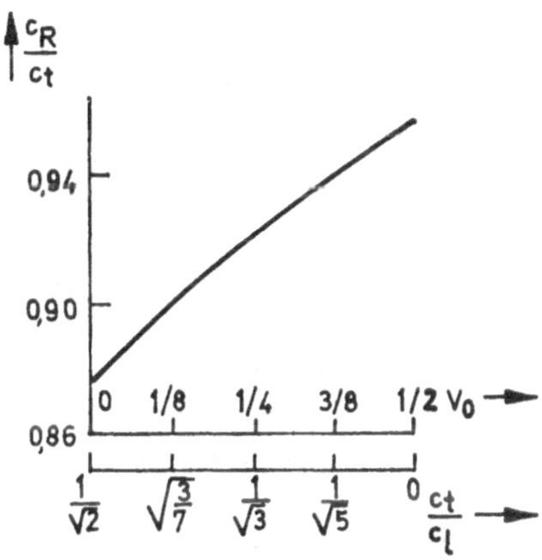

Abb. 68

zwischen den Geschwindigkeiten c_l/c_t, d. h. vom POISSON-Koeffizienten ab. Beim Wert $\nu_0 = 0{,}3$ beträgt dieses Verhältnis für Teilchen auf der Oberfläche ($x = 0$) $\approx 1{,}5$. Die Ausbreitungsgeschwindigkeit der RAYLEIGH-Oberflächenwelle $c_R = \omega/k_R$ hängt ebenfalls vom Verhältnis c_l/c_t, d. h. von ν_0, ab und nicht von der Frequenz ω.

Es ist interessant festzustellen, daß man zu diesen Resultaten auch auf der Grundlage der Beziehungen gelangen kann, die im vorhergehenden Abschnitt erhalten worden sind. Dazu werden die RAYLEIGH-Wellen als entarteter Fall der Reflexion ebener Wellen betrachtet, bei dem der Reflexionskoeffizient der einfallenden Welle an der freien Oberfläche gegen Unendlich geht. Da Reflexion und Brechung von Wellen an einer Mediumgrenze physikalisch durch die Abstrahlung der schwingenden Grenze verursacht werden, entspricht der aufgezeigten Bedingung ($\varrho_A = \infty$) ein Wellenprozeß, der sich längs der Grenze ohne einfallende Welle ausbreitet, d. h. eine freie Oberflächenwelle. Ihre Ausbreitungsgeschwindigkeit c_R kann man als Geschwindigkeit der Spur der reflektierten Welle finden bei einem Reflexionskoeffizienten, der gleich Unendlich ist. Zum Beispiel gilt für eine reflektierte Scherwelle $c_R = c_t/\sin\theta_t^\infty$ bei $\varrho_{At} = \infty$. Nimmt man in (10.51) für den Reflexionskoeffizienten einer Scherwelle $z_{tl} = 0$ an und setzt den Nenner Null, so erhält man die Gleichung $(c_l/\cos\theta_l)\cos^2\theta_t + (c_t/\cos\theta_t)\sin^2 2\theta_t = 0$. Aus dieser Gleichung kann man dann unter Berücksichtigung der Beziehung zwischen den Winkeln θ_l und θ_t ($\sin\theta_t/\sin\theta_l = c_t/c_l$) relativ leicht die Werte $\sin\theta_t^\infty$ berechnen, die die Geschwindigkeit der RAYLEIGH-Wellen als Funktion des Verhältnisses c_t/c_l für ein gegebenes Medium bestimmen, d. h. als Funktion des POISSON-Koeffizienten, da nach (10.16) $c_t/c_l = \{(1 - 2\nu_0)/[2(1 - \nu_0)]\}^{1/2}$ gilt. Die Resultate solch einer Rechnung sind in Abbildung 68 angeführt. Es ist zu sehen, daß bei Änderung von ν_0 zwischen den zwei Grenzwerten 0 und 1/2 die Geschwindigkeit der RAYLEIGH-Wellen für verschiedene Medien zwischen $0{,}874c_t$ und $0{,}955c_t$ schwankt, d. h. sich nur relativ wenig von der Geschwindigkeit der Volumenscherwellen unterscheidet.

Oberflächenultraschallwellen unterschiedlichen Typs, insbesondere RAYLEIGH-Wellen, spielen eine wichtige Rolle in der heutigen technischen und physikalischen Ultraakustik. Ihnen sind eine Reihe von Monographien und Übersichtarbeiten gewidmet, auf deren Studium verwiesen sei (siehe [74] bis [76]).

10.5. Love-Wellen

Die eben betrachteten RAYLEIGH-Wellen können sich längs der freien Oberfläche eines Festkörpers ausbreiten. Für die physikalische Ultraakustik ist noch der Fall interessant, daß sich auf der Oberfläche eines Festkörpers eine dünne Schicht eines anderen festen Materials mit anderen akustischen Charakteristika befindet. In solch einer Schicht können sich unter bestimmten Bedingungen elastische Wellen eines besonderen Typs ausbreiten, unter denen von größtem Interesse die sogenannten LOVE-Wellen sind, Scherwellen mit einer Verschiebung, die parallel zur Trennungsgrenze erfolgt. Als Analogon dieses Falles wollen wir eine planparallele Schicht mit der Dicke d, die auf der Oberfläche eines festen Halbraumes liegt, betrachten. Die Charakteristika des Halbraumes sollen mit dem Index 1 versehen sein, die der Schicht sollen keinen Index haben. Wir bringen die x-Achse senkrecht zur Schicht ins Innere des Halbraumes gerichtet und die y-Achse längs der Trennungsgrenze an. Es soll die Lösung der Wellengleichung (10.4) für beide Medien mit von Null verschiedenen Verschiebungskomponenten $u_z = \zeta$, die nicht von z abhängen, gesucht werden, indem angenommen wird, daß bei $x \to \infty$ die Verschiebung verschwindet. Für solche Verschiebungen erhalten wir aus (10.4) entsprechend für die Schicht und den Halbraum

$$\frac{\partial^2\zeta}{\partial x^2} + \frac{\partial^2\zeta}{\partial y^2} = \frac{1}{c_t^2}\,\frac{\partial^2\zeta}{\partial t^2}, \qquad \frac{\partial^2\zeta_1}{\partial x^2} + \frac{\partial^2\zeta_1}{\partial y^2} = \frac{1}{c_{1t}^2}\,\frac{\partial^2\zeta_1}{\partial t^2}; \tag{10.66}$$

c_t und c_{1t} sind die Ausbreitungsgeschwindigkeiten der Scherwellen in der Schicht und im Halbraum. Als Grenzbedingung nehmen wir an, daß an der freien Grenze der Schicht, d. h. bei $x = -d$, keine Spannungen vorliegen sollen, und daß an der Grenze der Schicht mit dem Halbraum, d. h. bei $x = 0$, Verschiebungen und Spannungen gleich sein sollen. Diese Bedingungen liefern

$$\begin{aligned} &\partial\zeta/\partial x = 0 \quad \text{bei} \quad x = -d, \\ &\zeta = \zeta_1, \quad \varrho c_t^2\,\frac{\partial\zeta}{\partial x} = \varrho_1 c_{1t}^2\,\frac{\partial\zeta_1}{\partial x} \quad \text{bei} \quad x = 0; \end{aligned} \tag{10.67}$$

ϱ und ϱ_1 sind die Dichten der Schicht und des Halbraumes. Wie vorher werden wir die Lösung der Gleichung (10.66) in Form von ebenen Sinuswellen mit der Frequenz ω

suchen, wobei der ortsabhängige Faktor abgetrennt wird,

$$\zeta = f(x) \exp [i(\omega t - ky)]; \qquad \zeta_1 = f_1(x) \exp [i(\omega t - ky)]; \tag{10.68}$$

$k = \omega/c_L$ ist die Wellenzahl der gesuchten Welle, c_L ihre Ausbreitungsgeschwindigkeit. Setzt man (10.68) in (10.67) ein, so erhält man

$$\frac{\partial^2 f(x)}{\partial t^2} + k^2 \alpha f(x) = 0, \qquad \frac{\partial^2 f_1(x)}{\partial t^2} - k^2 \beta^2 f_1(x) = 0, \tag{10.69}$$

wo $\alpha \equiv \sqrt{(c_L^2/c_t^2 - 1)}$ und $\beta \equiv \sqrt{(1 - c_L^2/c_{1t})}$ ist. Es ist unschwer zu erkennen, daß reelle Wurzeln der Gleichungen (10.69) bei Erfüllung der Ungleichung $c_t < c_L < c_{1t}$ vorliegen. Diese Ungleichung schließt in sich die Bedingung $c_t < c_{1t}$ ein, d. h., daß die Geschwindigkeit der Scherwellen im Material der Schicht kleiner als in dem der Unterschicht ist. Aus der Gleichung (10.69) haben wir für die Funktionen $f(x)$ und $f_1(x)$

$$\begin{aligned} f(x) &= A \sin (\alpha k x) + B \cos (\alpha k x), \\ f_1(x) &= C \exp (-\beta k x) + D \exp (\beta k x). \end{aligned} \tag{10.70}$$

Für die Beschränktheit der Lösung $f_1(x)$ muß man unbedingt $D = 0$ annehmen, so daß $f_1(x) = C \exp (-\beta k x)$ ist. Aus den Grenzbedingungen (10.67) folgt

$$B = C, \qquad A = -C \varrho_1 c_{1t}^2 (\varrho c_t^2) (\beta/\alpha). \tag{10.71}$$

Setzt man diese Resultate in die allgemeinen Lösungen der Wellengleichung (10.68) ein, so erhält man schließlich

$$\begin{aligned} u_z = \zeta &= C \left[\cos (\alpha k x) - \frac{\varrho_1 c_{1t}^2}{\varrho c_t^2} \frac{\beta}{\alpha} \sin (\alpha k x) \right] \exp [i(\omega t - ky)]; \\ \zeta_1 &= C \exp [-\beta k x + i(\omega t - ky)]. \end{aligned}$$

Diese Lösung beschreibt eine LOVE-Welle, die sich in Richtung der y-Achse mit der Geschwindigkeit c_L ausbreitet und mit einer Verschiebung parallel zur Schichtgrenze und senkrecht zur Ausbreitungsrichtung. Die Geschwindigkeit dieser Welle findet man leicht aus (10.70) unter Berücksichtigung der ersten Grenzbedingung (10.67) und der Beziehungen (10.71), die $-C \varrho_1 c_{1t}^2/(\varrho c_t^2) (\beta/\alpha) \cos (\alpha k d) + C \sin (\alpha k d) = 0$ liefern. Daraus folgt

$$\tan (\alpha k d) = \varrho_1 c_{1t}^2 \beta/(\varrho c_t^2 \alpha). \tag{10.72}$$

Da $k = \omega/c_L$ ist, bestimmt dieser Ausdruck auch die Geschwindigkeit der LOVE-Wellen als Funktion der Schichtdicke und des Verhältnisses zwischen den Dichten und den Ausbreitungsgeschwindigkeiten gewöhnlicher Scherwellen in der Schicht und der Unterlage. Da sich die Energie der LOVE-Wellen nah der Oberfläche der Unterlage konzentriert, sind diese Wellen, wie auch die RAYLEIGH-Wellen, schwach gedämpft. Sie können sich demzufolge in große Entfernungen ausbreiten. Ihre Ausbreitungsgeschwindigkeit hängt aber entsprechend (10.72) von der Frequenz ab. Das bedeutet, daß die LOVE-Wellen im Gegensatz zu den RAYLEIGH-Wellen Dispersion zeigen. Ein anderer Unterschied besteht darin, daß die LOVE-Wellen rein transversal sind, also jeder longitudinale Anteil in ihnen fehlt. Deshalb ist die Wirkung einer Flüssigkeit auf der freien Grenze der Schicht auf die Wellenausbreitung nicht nachweisbar, im Unterschied zu den RAYLEIGH-Wellen. Diese Flüssigkeit sei dabei als ideal angenommen. In einer realen Flüssigkeit entstehen aber, wie wir wissen, bei Scherverschiebungen viskose Spannungen in der Grenzschicht, was zu einer Änderung der Grenzbedingungen auf der freien Grenze führt. Da LOVE-Wellen sehr empfindlich auf die Grenzbedingungen reagieren, muß das Vorhandensein eines Kontaktes mit der Flüssigkeit zu einer Änderung ihrer Ausbreitungsgeschwindigkeit führen. LOVE-Wellen können deswegen bei der Untersuchung der Schercharakteristika von Flüssigkeiten ausgenutzt werden. Das ist eine wichtige Aufgabe der Molekularakustik.

LOVE-Wellen können sich auch in einer freien Schicht (einer Platte) ausbreiten [64]. In Schichten und Platten können noch andere Wellentypen mit unterschiedlicher Polarisation existieren, die in der Ultraschalltechnik für verschiedene Zwecke eingesetzt werden. Mit der Analyse dieser Wellen, die verallgemeinert LAMB-Wellen genannt werden, kann man sich in den Arbeiten [64, 74, 76, 77] vertraut machen.

10.6. Geometrische Dispersion des Schalls in Stäben

Betrachten wir nun die Ausbreitung von Volumenultraschallwellen im isotropen Festkörper, der längs des Ultraschallbündels begrenzt ist, d. h. im eindimensionalen Stab. Eine strenge Analyse longitudinaler Stabschwingungen wird in der Elastizitätstheorie auf der Basis des HAMILTON-Prinzips durchgeführt [73]. Sie ist mit aufwendigen Rechnungen verknüpft. In niederfrequenter Näherung, wenn die Länge der Schallwelle erheblich die Querabmessungen des Stabes übertrifft, kann man aber die Elastizität des Stabes bezüglich seiner Dehnung und Kompression durch den YOUNG-Modul E charakterisieren. Das Problem der Ausbreitung eindimensionaler, longitudinaler Wellen im dünnen Stab (im Vergleich mit der Wellenlänge) ist dann leicht lösbar.

Wir werden die x-Achse längs des Stabes mit der Querschnittsfläche S legen und in ihm ein Volumenelement mit der Dicke $\mathrm{d}x$ wählen. Die Deformation im Punkt x ist $\partial\xi/\partial x$. Nach dem HOOKEschen Gesetz ist $\partial\xi/\partial x = F_x/(ES)$, wo $F_x = ES\, \partial\xi/\partial x$. An der gegenüberliegenden Grenze mit der Koordinate $x + \mathrm{d}x$ wirkt die Kraft $F_{x+\mathrm{d}x}$, die man in linearer Näherung in der Form $F_{x+\mathrm{d}x} = F_x + (\partial F_x/\partial x)\, \mathrm{d}x$ darstellen kann. Somit ist die resultierende Kraft auf ein herausgegriffenes Volumenelement infolge der Deformation des Stabes

$$F = F_{x+\mathrm{d}x} - F_x = \frac{\partial F_x}{\partial x}\, \mathrm{d}x = \frac{\partial}{\partial x}\left(ES\,\frac{\partial\xi}{\partial x}\right) \mathrm{d}x. \tag{10.73}$$

Diese Kraft vermittelt dem Element mit der Masse m die Beschleunigung $\partial^2\xi/\partial t^2$. Setzen wir die Kraft $m\partial^2\xi/\partial t^2$ gleich der rechten Seite der Gleichung (10.73) und nehmen $S = \mathrm{const}$ an, so erhalten wir die Wellengleichung für einen unendlich langen, dünnen Stab mit der Dichte $\varrho = m/(S\,\mathrm{d}x)$ (der Index Null wird weggelassen): $E\, \partial^2\xi/\partial x^2 = \varrho\, \partial^2\xi/\partial t^2$ oder

$$\partial^2\xi/\partial x^2 = c_{\mathrm{St}}^{-2}\, \partial^2\xi/\partial t^2, \tag{10.74}$$

mit

$$c_{\mathrm{St}} = \sqrt{E/\varrho}. \tag{10.75}$$

Gleichung (10.74) beschreibt die Ausbreitung einer eindimensionalen Dehnungswelle längs des Stabes mit der Geschwindigkeit c_{St}. Diese Geschwindigkeit wird durch (10.75) bestimmt, in der die Rolle der effektiven Steife im gegebenen Fall der YOUNG-Modul E spielt (natürlich der dynamische). Es sei übrigens bemerkt, daß (10.75) in gleichem Maße auch für einen Stab gilt, der aus einem anisotropen Material in einer gewissen Richtung herausgeschnitten worden ist, in der seine Elastizität durch einen gegebenen Wert des Moduls E bestimmt wird.

Vergleichen wir das erhaltene Resultat (10.75) für die Schallgeschwindigkeit im Stab mit der Ausbreitungsgeschwindigkeit longitudinaler Wellen im unbegrenzten Festkörper, die durch den YOUNG-Modul ausgedrückt sei. Entsprechend Tabelle 11 ist diese Geschwindigkeit gleich

$$c_l = \sqrt{\frac{E}{\varrho}\,\frac{(1-\nu_0)}{(1+\nu_0)\,(1-2\nu_0)}}, \tag{10.76}$$

wo ν_0 der POISSON-Koeffizient ist. Da $\nu_0 < 1/2$ ist, erweist sich die effektive Steife in diesem Fall um den Faktor $[(1-\nu_0)/(1+\nu_0)\,(1-2\nu_0)] > 1$ größer. Somit ist die Schallgeschwindigkeit im unbegrenzten Medium größer als im dünnen Stab. Da gewöhnlich $\nu_0 = 0{,}25\cdots0{,}30$ ist, beträgt diese Erhöhung die noch beträchtliche Größe von etwa 10%. Für reale Körper bedeutet die Bedingung der Unbegrenztheit, daß die Wellenlänge des Ultraschalls Λ viel kleiner als die Querabmessungen des gegebenen Körpers ist. Folglich gehört die Schallgeschwindigkeit c_l, die durch (10.76) bestimmt wird, zur Hochfrequenzgrenze ($\omega \to \infty$), während gleichzeitig die Größe c_{St} nach (10.75) zur Niederfrequenzgrenze ($\omega \to 0$), bei der die Wellenlänge viel größer als die Querabmessungen des Stabes wird, gehört. Somit existiert in Stäben eine Dispersion der Schallgeschwindigkeit, die im gegebenen Fall geometrische Dispersion genannt wird, da sie mit den Abmessungen des Körpers verbunden ist.

Die physikalische Ursache des Unterschiedes der Grenzwerte c_{St} und c_l ist leicht zu verstehen, wenn man berücksichtigt, daß dieser Unterschied mit dem POISSON-Koeffizienten verbunden ist. Dieser bestimmt die Verkürzung der Querabmessungen eines Stabes bei seiner Verlängerung. Im Fall eines dünnen Stabes tritt kein Widerstand von Seiten des äußeren Mediums bei der Änderung seiner Querabmessungen infolge longitudinaler Deformation auf. Dies ist einer geringeren effektiven Steife im Vergleich mit dem unbegrenzten Körper bei $\nu_0 \neq 0$ äquivalent. Andererseits bedeutet die Existenz von Querpulsationen bei der Ausbreitung von longitudinalen Wellen in dünnen Stab, daß seine Querabmessungen, d. h. die Fläche S, von den Koordinaten x abhängt. Dies wurde bei der Ableitung der Gleichung (10.74) nicht berücksichtigt. Die Berücksichtigung dieses Umstandes, von RAYLEIGH [1] für einen kreisförmigen Stab mit dem Durchmesser R ausgeführt, führt zu einer Abnahme der Geschwindigkeit c_{St} mit Vergrößerung der Frequenz bei $R < \Lambda$. Die physikalische Ursache dieser Erscheinung besteht darin, daß die Anregung von Radialschwingungen bei longitudinaler Deformation des Stabes zu einer größeren kinetischen Energie der schwingenden Teilchen im Vergleich zu rein longitudinalen Schwingungen führt. Dies ist einer größeren schwingenden Masse gleich, d. h. einer kleineren effektiven Steife für longitudinale Wellen. Wenn die Wellenlänge Λ mit dem Stabdurchmesser vergleichbar wird, ruft der Quereffekt radiale Resonanzschwingungen hervor. Im Resonanzgebiet wird eine anomale Dispersion beobachtet: die Geschwindigkeit der Longitudinalwellen fällt auf Null, um später bei weiterer Vergrößerung der Frequenz aus dem Unendlichen zurückzukehren und zu einem neuen, hochfrequenten Grenzwert $c(\infty) = c_l$ zu streben, der durch (10.76) bestimmt wird. Das allgemeine Bild der geometrischen Dispersion ist qualitativ in Abbildung 69 dargestellt. Es stimmt gut mit experimentellen Daten überein [12]. Das Gesamtgebiet der vorhandenen Dispersion ist in diesem Bild in einem kleinen Frequenzbereich angesiedelt, das einer Änderung der Wellenlänge um $\pm$ (30···40)% bezüglich des Stabradius entspricht. Wie aber der Versuch zeigt, macht sich die geometrische Dispersion bei exakten Messungen der Ausbreitungsgeschwindigkeit von Ultraschallwellen in stabförmigen Proben auch dann bemerkbar, wenn die Querabmessungen des Stabes die Länge der Ultraschallwellen um das Zehn- bis Hundertfache übertreffen [78].

Sei es nun so oder so, fern vom Dispersiongebiet wird die Geschwindigkeit der longitudinalen Wellen in Stäben durch die Formel (10.76) bestimmt bei $\Lambda \ll R$ oder durch Formel (10.75) bei $\Lambda \gg R$. Im Ultraschallfrequenzgebiet werden praktisch immer Werte von c mit größerer oder geringerer Genauigkeit gemessen, die im Grenzfall dem un-

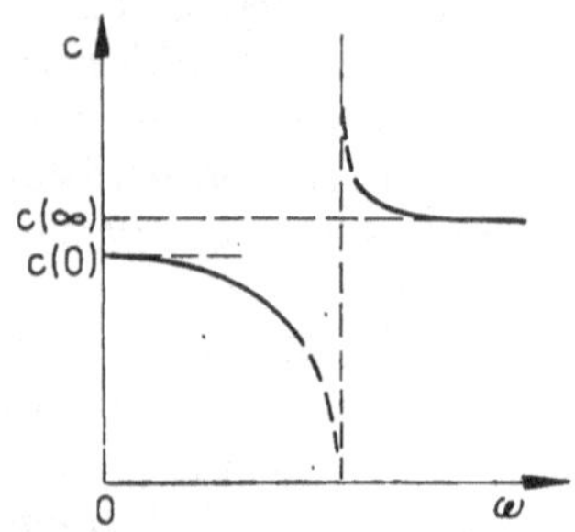

Abb. 69

begrenzten Medium entsprechen. Diese Werte sind auch im vorliegenden Buch in allen Tabellen angegeben, die sich auf Festkörper beziehen. Die Werte c_{St} können aus ihnen leicht auf der Basis von (10.76) bei bekanntem POISSON-Koeffizienten berechnet werden.

Abschließend sei bemerkt, daß die Eigenfrequenzen der Schwingungen einer planparallelen Schicht der Dicke d aus festem Material offensichtlich durch die frühere Formel (8.24) bestimmt werden. Diese wurde für ein transversal unbegrenztes Medium, d. h. $\omega_n = n\pi c/d$ oder $\nu_n = nc/(2d)$ erhalten, wo $n = 1, 2, 3, \ldots$ ist. Für longitudinale Wellen ist aber infolge der begrenzten Querabmessungen der Schicht die Größe der Schallgeschwindigkeit, die in diese Formel eingeht, von der Wellenlänge, die der gegebenen Frequenz ν_n entspricht, auf Grund der geometrischen Dispersion abhängig. Für die Grundfrequenz ($n = 1$) ist die Wellenlänge der fortlaufenden Welle gleich der zweifachen Schichtdicke $2d$; der Dispersionssprung der Schallgeschwindigkeit in einer zylindrischen Probe mit dem Radius R liegt im Gebiet $\Lambda \approx R$. Folglich wird sich eine zylindrische Schicht, deren Längsabmessungen größer als die Querabmessungen sind, bezüglich der Grundfrequenz der longitudinalen Eigenschwingungen wie ein Stab verhalten. Eine Schicht, deren Dicke kleiner als die Querabmessungen ist, verhält sich dagegen wie eine Platte im akustisch-geometrischen Sinn dieses Wortes. Das bedeutet, daß im ersten Fall die Frequenz des Grundtones durch den Wert der Geschwindigkeit c_{St} bestimmt wird, im zweiten Fall dagegen durch den Hochfrequenzwert $c(\infty) = c_l$. Selbstverständlich ändern sich diese Verhältnisse bei der Anregung in Oberschwingungen zugunsten des letzteren Wertes.

10.7. Grundlagen der nichtlinearen Akustik fester Körper

Wenn man sich bei Ultraschallausbreitung in Festkörpern nicht auf unendlich kleine Deformationen beschränkt, dann muß man den Deformationstensor ε_{ik} in der vollständigen Form (1.5) schreiben, d. h.

$$\varepsilon_{ik} = \frac{1}{2}\left(\frac{\partial u_i}{\partial x_k} + \frac{\partial u_k}{\partial x_i} + \frac{\partial u_l}{\partial x_i}\frac{\partial u_l}{\partial x_k}\right).$$

Der Spannungstensor σ_{ik} kann, wie im Kapitel 1 ausgeführt wurde, bei adiabatischen Prozessen durch die innere Energie U mit Hilfe der Beziehung (1.20), $\sigma_{ik} = \partial U/\partial(\partial u_i/\partial x_k)$, ausgedrückt werden. Die innere Energie des isotropen Körpers ist invariant gegenüber einer Koordinatentransformation. Auf der anderen Seite ist sie nur eine Funktion der Deformation des Körpers (dissipative Prozesse berücksichtigen wir nicht, indem wir die Deformation als ideal elastisch annehmen). Demzufolge darf die innere Energie nur von den Invarianten des Deformationstensors abhängen. Als diese Invarianten werden im gegebenen Fall die Größen [6, 19, 79]

$$J_1 = \Theta = \varepsilon_{ll}, \quad J_2 = (\varepsilon_{ll}^2 - \varepsilon_{ik}^2)/2,$$
$$J_3 = [\varepsilon_{ik}\varepsilon_{il}\varepsilon_{kl} - (3/2)\,\varepsilon_{ik}^2\varepsilon_{ll} + (1/2)\,\varepsilon_{ll}^2]/3$$

wirken. Da die Deformationen immer klein sind, kann man die innere Energie wie früher in eine Reihe zerlegen. Die innere Energie ist dabei nicht sehr verschieden von der Energie des nichtdeformierten Zustandes. Wenn man Gleichgewicht annimmt und Glieder dritter Ordnung beibehält, erhält man

$$U = \frac{\lambda}{2}\,\varepsilon_{ll}^2 + \mu\varepsilon_{ik}^2 + \frac{A}{3}\,\varepsilon_{ik}\varepsilon_{il}\varepsilon_{kl} + B\varepsilon_{ik}^2\varepsilon_{ll} + \frac{C}{3}\,\varepsilon_{ll}^3. \tag{10.77}$$

Im Vergleich zum früheren Ausdruck (1.21), der für den Fall linearer Elastizität erhalten worden ist, die durch zwei Moduln λ und μ charakterisiert wird, erscheinen hier noch drei Konstanten A, B und C. Da diese Konstanten in die Zerlegung der Energie bei den kubischen Gliedern eingehen, nennt man sie Elastizitätsmoduln dritter Ordnung oder nichtlineare Moduln. Somit wird in erster Näherung die Elastizität eines isotropen Festkörpers durch insgesamt fünf Konstanten charakterisiert. Die folgenden Näherungen würden die Einführung von weiteren vier Moduln vierter Ordnung, fünf Moduln fünfter Ordnung usw. erfordern. Im weiteren beschränken wir uns auf die Grundlagen der Fünf-Konstanten-Theorie, d. h. der ersten Näherung.

Setzt man in (10.77) die Komponenten des Deformationstensors (1.5) ein und führt an Stelle der LAMÉ-Konstanten den Kompressionsmodul $K = \lambda + (2/3)\,\mu$ und den Schermodul $G = \mu$ ein, so erhält man mit einer Genauigkeit bis zu Größen dritter Ordnung

$$U = \frac{G}{4}\left(\frac{\partial u_i}{\partial x_k} + \frac{\partial u_k}{\partial x_i}\right)^2 + \left(\frac{K}{2} - \frac{G}{3}\right)\left(\frac{\partial u_l}{\partial x_l}\right)^2 + \left(G + \frac{A}{4}\right)\frac{\partial u_i}{\partial x_k}\frac{\partial u_l}{\partial x_i}\frac{\partial u_l}{\partial x_k}$$
$$+ \left(\frac{B+K}{2} - \frac{G}{3}\right)\frac{\partial u_l}{\partial x_l}\left(\frac{\partial u_i}{\partial x_k}\right)^2 + \frac{A}{12}\frac{\partial u_i}{\partial x_k}\frac{\partial u_k}{\partial x_l}\frac{\partial u_l}{\partial x_k}$$
$$+ \frac{B}{2}\frac{\partial u_i}{\partial x_k}\frac{\partial u_k}{\partial x_i}\frac{\partial u_l}{\partial x_l} + \frac{C}{3}\left(\frac{\partial u_l}{\partial x_l}\right)^3. \tag{10.78}$$

Unter Verwendung dieses Ausdrucks können wir für die Komponenten des Spannungstensors entsprechend der Definition (1.19) schreiben

$$\begin{aligned}\sigma_{ik} = & G\left(\frac{\partial u_i}{\partial x_k} + \frac{\partial u_k}{\partial x_i}\right) + \left(K - \frac{2}{3}G\right)\frac{\partial u_l}{\partial x_l}\delta_{ik} \\ & + \left(G + \frac{A}{4}\right)\left(\frac{\partial u_l}{\partial x_i}\frac{\partial u_l}{\partial x_k} + \frac{\partial u_k}{\partial x_l}\frac{\partial u_i}{\partial x_l} + \frac{\partial u_l}{\partial x_k}\frac{\partial u_i}{\partial x_l}\right) \\ & + \left(\frac{K}{2} - \frac{G}{3} + \frac{B}{2}\right)\left[\left(\frac{\partial u_l}{\partial x_j}\right)^2\delta_{ik} + 2\frac{\partial u_i}{\partial x_k}\frac{\partial u_l}{\partial x_l}\right] + \frac{A}{4}\frac{\partial u_k}{\partial x_l}\frac{\partial u_l}{\partial x_i} \\ & + \frac{B}{2}\left(\frac{\partial u_l}{\partial x_i}\frac{\partial u_j}{\partial x_l}\delta_{ik} + 2\frac{\partial u_k}{\partial x_i}\frac{\partial u_l}{\partial x_l}\right) + C\left(\frac{\partial u_l}{\partial x_l}\right)^2\delta_{ik},\end{aligned} \tag{10.79}$$

wo δ_{ik} das KRONECKER-Symbol ist.

Es ist leicht zu erkennen, daß bei Vernachlässigung der quadratischen Glieder der Ausdruck (10.79) in das lineare HOOKEsche Gesetz für den isotropen Festkörper, d. h. (10.2), übergeht. In der ersten nichtlinearen Näherung wird die Korrelation zwischen den Spannungen und den Deformationen bedeutend komplizierter, selbst für den isotropen Festkörper.

Setzt man nun die Ausdrücke für die Spannungen (10.79) in die Bewegungsgleichung für den isotropen Festkörper (10.1) ein, so erhält man diese in der Form

$$\begin{aligned}& \varrho_0\frac{\partial^2 u_i}{\partial t^2} - G\frac{\partial^2 u_i}{\partial x_k^2} - \left(K + \frac{G}{3}\right)\frac{\partial^2 u_i}{\partial x_l\,\partial x_i} \\ & = \left(G + \frac{A}{4}\right)\left(\frac{\partial^2 u_l}{\partial x_k^2}\frac{\partial u_l}{\partial x_i} + \frac{\partial^2 u_l}{\partial x_k^2}\frac{\partial u_i}{\partial x_l} + 2\frac{\partial^2 u_i}{\partial x_k^2}\frac{\partial u_l}{\partial x_k}\right) \\ & \quad + \left(K + \frac{G}{3} + \frac{A}{4} + B\right)\left(\frac{\partial^2 u_l}{\partial x_i\,\partial x_k}\frac{\partial u_l}{\partial x_k} + \frac{\partial^2 u_k}{\partial x_l\,\partial x_k}\frac{\partial u_i}{\partial x_l}\right) \\ & \quad + \left(K - \frac{2}{3}G + B\right)\frac{\partial^2 u_i}{\partial x_k^2}\frac{\partial u_l}{\partial x_l} + \left(\frac{A}{4} + B\right)\left(\frac{\partial^2 u_k}{\partial x_l\,\partial x_k}\frac{\partial u_l}{\partial x_i}\right. \\ & \quad \left. + \frac{\partial^2 u_l}{\partial x_i\,\partial x_k}\frac{\partial u_k}{\partial x_l}\right) + (B + 2C)\frac{\partial^2 u_k}{\partial x_i\,\partial x_k}\frac{\partial u_l}{\partial x_l}.\end{aligned} \tag{10.80}$$

Die Gleichung (10.80) ist zusammen mit den Rand- und Anfangsbedingungen die Grundgleichung der nichtlinearen Elastizitätstheorie (Fünf-Konstanten-Theorie). Ihre Nichtlinearität ist durch zwei Ursachen bedingt. Das ist erstens eine rein geometrische Nichtlinearätät, die mit der Nichtlinearität des Deformationstensors (1.5) zusammenhängt. Zweitens ist dies eine Nichtlinearität, die mit der Abweichung der Elastizität des gegebenen Körpers vom HOOKEschen Gesetz verbunden ist, d. h. eine „physikalische" Nichtlinearität. Die physikalische Nichtlinearität wird durch die Moduln dritter Ordnung charakterisiert, d. h. A, B und C. Man kann sie aus der Abhängigkeit der Ausbreitungsgeschwindigkeit von Ultraschallwellen unterschiedlicher Polarisation von unterschiedlichen statischen Spannungen bestimmen [19, 80]. Diese Messungen der

Moduln dritter Ordnung sind in der heutigen Festkörperphysik wichtig, da die physikalische Nichtlinearität von Festkörpern mit Strukturbesonderheiten gekoppelt ist. Bis jetzt sind aber solche Messungen nur für eine sehr begrenzte Anzahl isotroper Festkörper und einige hochsymmetrische Kristalle ausgeführt worden [80]. Zum Abschluß sei bemerkt, daß die Fünf-Konstanten-Theorie nur Größen zweiter Ordnung berücksichtigt und somit für die Lösung der Bewegungsgleichung (10.80) natürlich die Methode der kleinsten Parameter (s. 4.8.) angewendet werden kann. Das bedeutet, daß man an Stelle des Verschiebungsvektors $\boldsymbol{u}$ den Vektor $\boldsymbol{u} = \boldsymbol{u}' + \boldsymbol{u}'' + \cdots$ setzt, wo $\boldsymbol{u}'$ der Verschiebungsvektor in erster (linearer) Näherung ist und $\boldsymbol{u}''$ der Verschiebungsvektor in zweiter Näherung, der klein im Vergleich zu $\boldsymbol{u}'$ ist. Dann erhalten wir aus (10.80) die Gleichung erster Näherung

$$\varrho_0 \frac{\partial^2 u_i'}{\partial t^2} - G \frac{\partial^2 u_i'}{\partial x_k^2} - \left(K + \frac{G}{3}\right) \frac{\partial^2 u_i'}{\partial x_l \, \partial x_i} = 0 \tag{10.81}$$

und die Gleichung zweiter Näherung

$$\varrho_0 \frac{\partial^2 u_i''}{\partial t^2} - G \frac{\partial^2 u_i''}{\partial x_k^2} - \left(K + \frac{G}{3}\right) \frac{\partial^2 u_i''}{\partial x_l \, \partial x_l} =: f_i'; \tag{10.82}$$

$f_i' = f_i'(\boldsymbol{u}')$ ist der gesamte rechte Teil der Gleichung (10.80) als Funktion des linearen Teils des Verschiebungsvektors $\boldsymbol{u}'$. Aus der Form der Gleichung (10.82) folgt, daß die Größen zweiter Ordnung, wie auch im Fall der Flüssigkeiten, unter Einfluß der Kräfte entstehen, die durch Verschiebungen erster (linearer) Näherung hervorgerufen werden.

Differenziert man die Gleichung (10.82) nach x_1 bei $i = 1$, nach x_2 bei $i = 2$ und x_3 bei $i = 3$ und summiert, so erhält man

$$\varrho_0 \frac{\partial^2 (\nabla \cdot \boldsymbol{u}'')}{\partial t^2} - \left(K + \frac{4}{3} G\right) \Delta (\nabla \cdot \boldsymbol{u}'') = \nabla \cdot \boldsymbol{f}'.$$

Analog ist

$$\varrho_0 \frac{\partial^2 (\nabla \times \boldsymbol{u}'')}{\partial t^2} - G \Delta (\nabla \times \boldsymbol{u}'') = \nabla \times \boldsymbol{f}'.$$

In diesen Gleichungen ist die longitudinale Komponente zweiter Ordnung, für die $\nabla \cdot \boldsymbol{u}'' \neq 0$ gilt, von der Transversalkomponente, für die $\nabla \cdot \boldsymbol{u}'' \neq 0$ gilt, getrennt. Somit gelangen wir zu zwei linearen Wellengleichungen, die in zweiter Näherung die Ausbreitung von Ultraschallwellen endlicher Amplitude im isotropen Festkörper beschreiben und die entsprechend zu den longitudinalen und transversalen Verschiebungskomponenten zweiter Ordnung gehören. Darin besteht eigentlich der grundlegende Unterschied der nichtlinearen Akustik des Festkörpers zu dem ausführlich in Kapitel 4 betrachteten Bild der Ausbreitung von Wellen endlicher Amplitude in Flüssigkeiten und Gasen, wo nur longitudinale Wellen möglich sind.

11. Ultraschallausbreitung in Kristallen

11.1. Allgemeine akustische Gleichungen für Kristalle

Der Kristall ist ein anisotropes Medium. Die Bewegungsgleichung in linearer Näherung sollte für ihn deshalb in der allgemeinen Form (1.11) erhalten bleiben. Man kann in dieser Näherung die Spannungen σ_{ik} durch die Deformationen mit Hilfe der Beziehung (1.13c) ausdrücken:

$$\sigma_{ik} = c_{iklj} \varepsilon_{lj}. \tag{11.1}$$

In dieser Gleichung müssen die Elastizitätsmoduln c_{iklj} mit vier Indizes ($i, k, l, j = 1, 2, 3$) geschrieben werden. Berücksichtigt man, daß entsprechend der Definition (1.2) für kleine Deformationen $\varepsilon_{lj} = (1/2)\,(\partial u_j/\partial x_l + \partial u_l/\partial x_j)$ ist, und setzt (11.1) in die Bewegungsgleichung (1.11) ein, so gelangt man zu einer Unbekannten in Form des Verschiebungsvektors:

$$\varrho_0 \frac{\partial^2 u_i}{\partial t^2} = \frac{1}{2}\, c_{iklj} \left(\frac{\partial^2 u_j}{\partial x_k\, \partial x_l} + \frac{\partial^2 u_l}{\partial x_k\, \partial x_j} \right). \tag{11.2}$$

Wenn man im Ausdruck $c_{iklj}\, \partial^2 u_l/\partial x_k\, \partial x_j$ die Bezeichnung der stummen Indizes l in j und j in l verändert, so erhält man $c_{ikjl}\, \partial^2 u_j/\partial x_k\, \partial x_l$. Der Tensor c_{ikjl} ist bezüglich des zweiten Indexpaares symmetrisch. Folglich sind beide Summanden in den Klammern der Gleichung (11.2) einander gleich, und die Bewegungsgleichung in Komponenten des Verschiebungsvektors $\boldsymbol{u}$ nimmt folgende Form an:

$$\varrho_0 \frac{\partial^2 u_i}{\partial t^2} = c_{iklj} \frac{\partial^2 u_j}{\partial x_k\, \partial x_l}. \tag{11.3}$$

Dieser Ausdruck beinhaltet wie früher drei Gleichungen für die Verschiebungskomponenten $u_i = u_1, u_2, u_3$ (d. h. ξ, η und ζ), und in jeder Gleichung wird eine Summation über die Indizes k, l und j durchgeführt.

Für ebene monochromatische Wellen kann der Verschiebungsvektor in der Form

$$\boldsymbol{u} = \boldsymbol{u}_{\max} \exp \{\mathrm{i}[\omega t - \boldsymbol{k} \cdot \boldsymbol{r}]\} \tag{11.4}$$

geschrieben werden. $\boldsymbol{u}_{\max}$ ist die vektorielle Verschiebungsamplitude (die nicht von den Ortskoordinaten wie von der Zeit abhängt), $\boldsymbol{r}(x_1, x_2, x_3)$ ist der Lagevektor und $\boldsymbol{k}$ der Wellenvektor. Entsprechend der Definition ist $\boldsymbol{k} = k\boldsymbol{n} = \boldsymbol{n}\omega/c_0$, $\boldsymbol{n}$ ist der Einheitsvektor der Normalen zur Wellenfront mit den Komponenten entlang den Achsen rechtwinkliger Koordinaten (Richtungscosinus) $n_1 = n_x$, $n_2 = n_y$ und $n_3 = n_z$. Somit hat der Wellenvektor $\boldsymbol{k}$ die Komponenten $k_i = k_1, k_2, k_3 = kn_1, kn_2, kn_3 = n_i\omega/c_0$. Wir berücksichtigen dies und führen die zweifache Differentiation in der Gleichung (11.3) aus. Berücksichtigt man, daß $\boldsymbol{k} \cdot \boldsymbol{r} = \sum_j k_j r_j$ ist und daß deshalb die Differentiation der Gleichung (11.4) nach x_j einer Multiplikation dieser Gleichung mit $-jk_j = -jn_j\omega/c_0$ äquivalent ist, daß ebenfalls die Differentiation nach der Zeit einer Multiplikation mit j gleich ist, so erhält man für jede i-te Verschiebungskomponente

$$\varrho_0 c_0^2 u_i = c_{iklj} n_k n_l u_j . \tag{11.5}$$

Unter Verwendung des KRONECKER-Symbols

$$\delta_{ij} \begin{vmatrix} = 1 & \text{für} & i = j, \\ = 0 & \text{für} & i \neq j \end{vmatrix}$$

und mit u_i in der Form $u_i = \delta_{ij} u_j$ kann man der Gleichung (11.5) noch eine solche Form geben, die der linearen Näherung entspricht:

$$(\varrho c^2 \delta_{ij} - c_{iklj} n_k n_l)\, u_j = 0 \qquad (j = 1, 2, 3). \tag{11.6}$$

Die Indizes Null sind wieder weggelassen worden. Man kann diese Gleichung günstiger durch einen gewissen Tensor Γ_{ij} in der Form

$$(\varrho c^2 \delta_{ij} - \Gamma_{ij})\, u_j = 0 \tag{11.7}$$

mit

$$\Gamma_{ij} \equiv c_{iklj} n_k n_l \tag{11.8}$$

darstellen.

Die Gleichungen (11.5) bis (11.7) stellen ein System dreier homogener Gleichungen ersten Grades bezüglich der unbekannten Größen $u_i = u_x, u_y, u_z$ dar. Solch ein System hat von Null verschiedene gemeinsame Lösungen, wenn die Determinante, deren Elemente die Koeffizienten bei u_j sind, gleich Null ist, d. h.

$$|\Gamma_{ij} - \varrho c^2 \delta_{ij}| = 0. \tag{11.9}$$

Das ist eine Gleichung dritten Grades bezüglich c^2, die allgemein gesprochen drei Wurzeln hat, die von der Ausbreitungsrichtung der ebenen Welle abhängen. Die Größe c^2 in den Gleichungen (11.5) bis (11.9) ist nach ihrer Definition das Quadrat der Schallgeschwindigkeit, d. h. Ausbreitungsgeschwindigkeit einer vorliegenden Verschiebung u_i. Demzufolge kann in einer ebenen Welle, die sich im Kristall in beliebiger Richtung ausbreitet, die resultierende Verschiebung als Summe von drei Komponenten u_i dargestellt werden, von denen jede durch eine unterschiedliche Ausbreitungsgeschwindigkeit charakterisiert wird (die Komponenten sind laut Definition ebenfalls alle senkrecht zueinander). Anders gesprochen kann man sagen, daß für jede Richtung im Kristall drei unabhängige Wellen mit unterschiedlichen Phasengeschwindigkeiten und zueinander senkrechten Verschiebungen existieren. Dabei sind die Verschiebungskomponenten u_i im allgemeinen Fall, wie aus den Gleichungen (11.5) bis (11.9) folgt, nicht als längs der Normalen zur Wellenfront oder parallel zur Front wie im isotropen Festkörper gelegen erklärt. Das bedeutet, daß im elastisch-isotropen Medium die Richtung des Wellenvektors im allgemeinen nicht mit der Normalen der Wellenfront zusammenfällt. Das heißt, daß sich die ebene Welle im Medium unter einem bestimmten Winkel zur Strahlrichtung ausbreitet. Dabei ist solch eine Welle im allgemeinen Fall sowohl keine rein longitudinale (in der die Verschiebung mit der Wellennormalen zusammenfällt) als auch keine rein transversale. In vielen Fällen kann man aber in der Praxis in dieser Welle eine der Komponenten u_i abtrennen, die einen kleinen Winkel mit der Normalen zur Wellenfront, $\boldsymbol{n}$, bildet. Dann bilden die restlichen zwei Komponenten einen kleinen Winkel mit der Ebene der Wellenfront. Die solchen Verschiebungen entsprechenden Wellen nennt man quasilongitudinale Wellen und quasitransversale Wellen.

Wie aber eine Analyse der Gleichungen (11.5) bis (11.9) zeigt, kann man in Kristallen auch solche Richtungen $\boldsymbol{n}$ aussuchen, längs deren eine der Komponenten des Verschiebungsvektors vollständig mit dem Wellenvektor zusammenfällt, d. h., dies entspricht dann einer rein longitudinalen Welle. Da die drei Verschiebungskomponenten senkrecht zueinander sind, werden in diesem Falle die zwei anderen Komponenten in der Ebene der Wellenfront liegen, was Scherwellen entspricht. Man kann somit in Kristallen Richtungen wählen, längs deren sich eine rein longitudinale und eine rein transversale Welle ausbreiten kann (mit einer Geschwindigkeit, die von der Polarisation abhängt). Diese Richtungen nennt man isonormal. Es können einige solcher Richtungen im gegebenen Kristall existieren. Gewöhnlich sind sie mit Achsen hoher Symmetrie verbunden. Es existieren noch andere Richtungen, längs deren sich in reiner Form nur eine Schwerwelle bestimmter Polarisation ausbreitet. Allgemein wird eine beliebige Richtung, längs deren sich eine reine Ultraschallwelle ausbreiten würde, singuläre Richtung genannt [81—87]. Offensichtlich werden sich die Ausbreitungsgesetze einer gegebenen Welle in der entsprechenden singulären Richtung des Kristalls nicht von den Ausbreitungsgesetzen einer Welle gleicher Polarisation im isotropen Festkörper unterscheiden. Man kann für sie ebenfalls die entsprechenden Gleichungen in skalarer Form aufschreiben. In der Literatur wird in Analogie zur Optik manchmal noch der Begriff akustische Achsen verwendet für solche Richtungen, längs deren die Phasengeschwindigkeiten zweier Scherwellen zusammenfallen [83, 84]. Im Unterschied zu den optischen Achsen gibt es aber im Kristall einige solche Richtungen. Die Ausbreitungsgeschwindigkeit der longitudinalen und transversalen Welle in verschiedenen Richtungen ist mit unterschiedlichen dynamischen Elastizitätsmoduln c_{iklj} verbunden. Letztere können andererseits durch Messungen der Ultraschallgeschwindigkeit in diesen oder jenen Scheiben des Kristalls bestimmt worden sein, d. h. in solchen Proben, deren Flächen senkrecht zu einer ausgewählten Richtung geschnitten sind [88, 89]. Ähnliche Messungen stellen eine der wichtigsten Aufgaben der Ultraakustik dar. Wir werden deshalb in den nächsten Paragraphen die Korrelation zwischen den Schallgeschwindigkeiten und den Elastizitätsmoduln in gängigen Schnitten für verschiedene kristallographische Gruppen, die in Tabelle 1 aufgeführt sind, betrachten [123].

11.2. Beziehungen zwischen den Elastizitätsmoduln und den Ultraschallausbreitungsgeschwindigkeiten in Kristallen

Für einen bequemeren Überblick schreiben wir die Gleichungen (11.5) bis (11.8) in entwickelter Form. Dazu ersetzen wir die Indizes i, k, l, j durch x, y, z, die vierwertigen Tensorenindizes an den Moduln durch zweiwertige Matrizenindizes $n = 1, 2, \ldots, 6$,

$m = 1, 2, \ldots, 6$, die in Kapitel 1 und Tabelle 1 angewendet wurden, und für die Verschiebungskomponenten u_x, u_y, u_z nehmen wir die früheren Bezeichnungen ξ, η, ζ. Es sei bemerkt, daß sich die Gleichungen (11.5) bis (11.7) in gleichem Maße sowohl auf die veränderlichen Verschiebungen als auch auf ihre Amplituden beziehen, da sich die veränderlichen Werte von den Amplitudenwerten nur durch einen Phasenfaktor $\exp \mathrm{i}(\omega t - \boldsymbol{k} \cdot \boldsymbol{r})$ unterscheiden, den man in den Gleichungen (11.5) bis (11.7) weglassen kann. Letzten Endes wird das Gleichungssystem in kompakter Form folgendes Aussehen haben:

$$\begin{aligned} \varrho c^2 \xi_{\max} &= \xi_{\max} \Gamma_{11} + \eta_{\max} \Gamma_{12} + \zeta_{\max} \Gamma_{13}, \\ \varrho c^2 \eta_{\max} &= \xi_{\max} \Gamma_{21} + \eta_{\max} \Gamma_{22} + \zeta_{\max} \Gamma_{23}, \\ \varrho c^2 \zeta_{\max} &= \xi_{\max} \Gamma_{31} + \eta_{\max} \Gamma_{32} + \zeta_{\max} \Gamma_{33}, \end{aligned} \tag{11.10a}$$

wo $\xi_{\max}$ $(= u_{x\max})$, $\eta_{\max}$ $(= u_{y\max})$ und $\zeta_{\max}$ $(= u_{z\max})$ die Verschiebungsamplituden u_i sind, wogegen man die Komponenten des Tensors Γ_{ij} entsprechend seiner Definition (11.8) in entwickelter Form als

$$\begin{aligned} \Gamma_{11} &= n_x^2 c_{11} + n_y^2 c_{66} + n_z^2 c_{55} + 2 n_y n_z c_{56} + 2 n_x n_z c_{15} + 2 n_x n_y c_{16}, \\ \Gamma_{22} &= n_x^2 c_{66} + n_y^2 c_{22} + n_z^2 c_{44} + 2 n_y n_z c_{24} + 2 n_x n_z c_{46} + 2 n_x n_y c_{26}, \\ \Gamma_{33} &= n_x^2 c_{55} + n_y^2 c_{44} + n_z^2 c_{33} + 2 n_y n_z c_{34} + 2 n_x n_z c_{35} + 2 n_x n_y c_{45}, \\ \Gamma_{13} &= \Gamma_{31} = n_x^2 c_{15} + n_y^2 c_{46} + n_z^2 c_{35} + n_y n_z (c_{45} + c_{46}) \\ &\quad + n_x n_z (c_{13} + c_{55}) + n_x n_y (c_{56} + c_{14}), \\ \Gamma_{23} &= \Gamma_{32} = n_x^2 c_{56} + n_y^2 c_{24} + n_z^2 c_{34} + n_y n_z (c_{23} + c_{44}) \\ &\quad + n_x n_z (c_{45} + c_{36}) + n_x n_y (c_{46} + c_{25}), \\ \Gamma_{12} &= \Gamma_{21} = n_x^2 c_{16} + n_y^2 c_{26} + n_z^2 c_{45} + n_y n_z (c_{46} + c_{25}) \\ &\quad + n_x n_z (c_{56} + c_{14}) + n_x n_y (c_{12} + c_{36}) \end{aligned} \tag{11.10b}$$

schreiben kann.

Gleichung (11.10a) gestattet es, die Relativwerte der drei zueinander senkrechten Verschiebungen in einer ebenen Welle, die sich in Richtung der Normalen $\boldsymbol{n}$ zur Wellenfront ausbreitet, zu finden. Wenn eine dieser Richtungen einer rein longitudinalen Welle entsprechen würde, dann müßte die vollständige Vektorverschiebung $\boldsymbol{u}$ parallel $\boldsymbol{n}$ sein. Die übrigen zwei Wellen müßten in diesem Falle Scherwellen sein. Die mathematische Bedingung für die Kollinearität der Vektoren $\boldsymbol{u}$ und $\boldsymbol{n}$ ist $\boldsymbol{u} \times \boldsymbol{n} = 0$. Dies liefert

$$\begin{aligned} \xi_{\max} n_y - \eta_{\max} n_x &= 0; \\ \eta_{\max} n_z - \zeta_{\max} n_y &= 0; \\ \zeta_{\max} n_x - \xi_{\max} n_z &= 0. \end{aligned} \tag{11.11}$$

Hieraus ergibt sich, daß die Komponenten des Verschiebungsvektors längs der Koordinatenachsen (insbesondere ihre Amplituden $\xi_{\max}$, $\eta_{\max}$ und $\zeta_{\max}$) sich zueinander wie die

Komponenten des Normalvektors $\boldsymbol{n}$ verhalten werden, d. h.

$$n_x : n_y : n_z = \xi_{\max} : \eta_{\max} : \zeta_{\max}. \tag{11.12}$$

Diese Beziehung gestattet es, in den Gleichungen (11.10) die Verschiebungskomponenten u_i durch die ihnen entsprechenden proportionalen Komponenten des Normalvektors n_i zu ersetzen.

Zusätzlich gilt für die Ausbreitung rein transversaler Wellen offensichtlich die Bedingung

$$\boldsymbol{u} \cdot \boldsymbol{n} = 0, \tag{11.13}$$

d. h.

$$\xi_{\max} n_x + \eta_{\max} n_y + \zeta_{\max} n_z = 0. \tag{11.14}$$

Die Beziehungen (11.11) bis (11.14) gestatten so, aus verschiedenen Lösungen des Systems (11.10a) solche auszuwählen, die durch diese Bedingungen befriedigt werden. Diese Bedingungen bestimmen ihrerseits jene Richtungen im gegebenen Kristall, längs deren sich rein longitudinale und rein transversale Ultraschallwellen ausbreiten können. Dabei schränkt die Anwesenheit von Symmetrieelementen die Zahl der unabhängigen und von Null verschiedenen Moduln c_{mn} ein, wobei Gleichung (11.10a) vereinfacht wird, d. h. ihre Lösung und das Auffinden singulärer Richtungen. Die einfachste Tabelle der Elastizitätsmoduln besitzen die Kristalle mit kubischer Geometrie. Für diese Kristalle führen wir auch ausführliche Rechnungen durch. Für Kristalle mit niedrigerer Symmetrie führen wir die Beziehungen an, die Schallgeschwindigkeit und Elastizitätsmoduln in optimalen Schnitten verbinden.

11.3. Kubische Kristalle

Entsprechend Tabelle 1 haben wir für den kubischen Kristall $c_{11} = c_{22} = c_{33}$, $c_{12} = c_{21} = c_{13} = c_{31} = c_{23} = c_{32}$, $c_{44} = c_{55} = c_{66}$. Das bedeutet, daß die Zahl der unabhängigen Moduln drei ist und die Gesamtzahl der von Null verschiedenen zwölf. Das Gleichungssystem (11.10a) nimmt nach Einführung der passenden Glieder im gegebenen Fall die Form

$$\begin{aligned}
(\varrho c^2 - c_{44})\,\xi_{\max} &= (c_{11} - c_{44})\,\xi_{\max} n_x^2 + (c_{12} + c_{44})\,\eta_{\max} n_x n_y \\
&\quad + (c_{12} + c_{44})\,\zeta_{\max} n_x n_z, \\
(\varrho c^2 - c_{44})\,\eta_{\max} &= (c_{12} + c_{44})\,\xi_{\max} n_x n_y + (c_{11} - c_{44})\,\eta_{\max} n_y^2 \\
&\quad + (c_{12} + c_{44})\,\zeta_{\max} n_y n_z, \\
(\varrho c^2 - c_{44})\,\zeta_{\max} &= (c_{12} + c_{44})\,\xi_{\max} n_x n_z + (c_{12} + c_{44})\,\eta_{\max} n_y n_z \\
&\quad + (c_{11} - c_{44})\,\zeta_{\max} n_z^2
\end{aligned} \tag{11.15}$$

an. Löst man dieses Gleichungssystem bezüglich $\xi_{\max}$, $\eta_{\max}$ und $\zeta_{\max}$, dann erhält man

$$\xi_{\max} = \frac{n_x}{A + B n_x^2}, \quad \eta_{\max} = \frac{n_y}{A + B n_y^2}, \quad \zeta_{\max} = \frac{n_z}{A + B n_z^2}.$$

wo $A \equiv (\varrho c^2 - c_{44})/c_{44}$ und $B = (c_{12} - c_{11} + 2c_{44})/c_{44}$ sind. Wendet man jetzt auf die gefundenen Verschiebungsamplituden die Isonormalbedingung (11.12) an, so findet man die Beziehungen für die Vektorkomponenten der Einheitsnormalen

$$n_x : n_y : n_z = \frac{n_x}{A + Bn_x^2} : \frac{n_y}{A + Bn_y^2} : \frac{n_z}{A + Bn_z^2}. \qquad (11.16)$$

Diese Beziehungen bestimmen auch alle möglichen Richtungen im Kristall, längs deren sich rein longitudinale (und rein transversale) Wellen ausbreiten können.

Es ist leicht zu zeigen, daß (11.16) insbesondere für beliebige n bei $B = 0$ erfüllt wird, d. h. unter der Bedingung $c_{44} = (c_{11} - c_{12})/2$, die die Isotropiebedingung ist. Infolge dessen ist die Größe

$$b \equiv 2c_{44}/(c_{11} - c_{12}) \qquad (11.17)$$

ein Maß für die Anisotropie des kubischen Kristalls und kann Anisotropiefaktor genannt werden. Dann ist $B = 2(1 - 1/b)$. Für den isotropen Körper ist $b = 1$ und $B = 0$. Somit sind im isotropen Medium alle Richtungen Isonormalen, das bedeutet, daß sich in beliebiger Richtung eine longitudinale Welle, bei Vorliegen von Scherelastizität auch eine transversale Welle ausbreiten kann. Die Geschwindigkeit der Scherwelle hängt dabei nicht von der Polarisation ab.

Wenn $B \neq 0$ ist, dann wird (11.16) durch folgende Bedingungen erfüllt:

$$\begin{gathered} n_x = 1,\ n_y = n_z = 0; \quad n_y = 1,\ n_x = n_z = 0; \quad n_z = 1,\ n_x = n_y = 0; \\ n_x = n_y,\ n_z = 0; \quad n_x = n_z,\ n_y = 0; \quad n_y = n_z,\ n_x = 0; \qquad (11.18) \\ n_x = n_y = n_z. \end{gathered}$$

Um diese Richtungen an kristallographische Achsen „anzubinden“, ist es notwendig, sich über ihre Auswahl zu verständigen. Die grundlegenden kristallographischen Achsen a, b, c sollen längs der Kanten der Elementarzelle des Kristalls führen. Auf diese werden die Einheitsabschnitte a_0, b_0, c_0 aufgebracht, die durch die Periode des Kristallgitters bestimmt werden [90—93]. Die Winkel zwischen den Achsen α, β und γ können sich von 90° unterscheiden. Außerdem wird ein rechtwinkliges Koordinatensystem X, Y, Z erforderlich (die Achsen, die mit dem Kristall verbunden sind, werden wir mit Großbuchstaben bezeichnen), dessen Koordinaten so ausgewählt worden sind, daß die Z-Achse ($\parallel c$) nach Möglichkeit mit der Symmetrieachse höchster Ordnung zusammenfällt und die anderen beiden mit den zwei oder wenigstens einer der Achsen a und b. Die allgemein üblichen Orientierungen der Achsen a, b, c und der rechtwinkligen „kristallographischen“ Achsen X, Y, Z sind für verschiedene krirtallographische Systeme in Abbildung 70a) bis e) angeführt. Dort sind auch die Symmetrieelemente, die diesen Achsen entsprechen, und die Charakteristika der Parameter der Elementarzellen aufgezeigt. In den gestrichelten Kreisen in der Abbildung sind die Symbole der Symmetrieelemente des Kristalls dargestellt, bezüglich deren die entsprechende Achse orientiert ist. Willkürliche Richtungen im Kristall bezüglich der kristallographischen Achsen werden in der MILLERschen Bezeichnung in Relativwerten der Projektionen der Elementarabschnitte in geschweiften Klammern angegeben.

Für Kristalle mit kubischer Symmetrie fallen die kristallographischen Achsen mit den Würfelkanten zusammen, d. h. mit den Symmetrieachsen 4. Ordnung C^4, und die Längen der Einheitsabschnitte a_0, b_0, c_0 sind untereinander gleich (s. Abb. 70a)). In Abbildung 71 sind jene kristallographischen Richtungen gezeigt, die den Bedingungen (11.18) entsprechen. Der ersten dieser Bedingungen entsprechen drei äquivalente

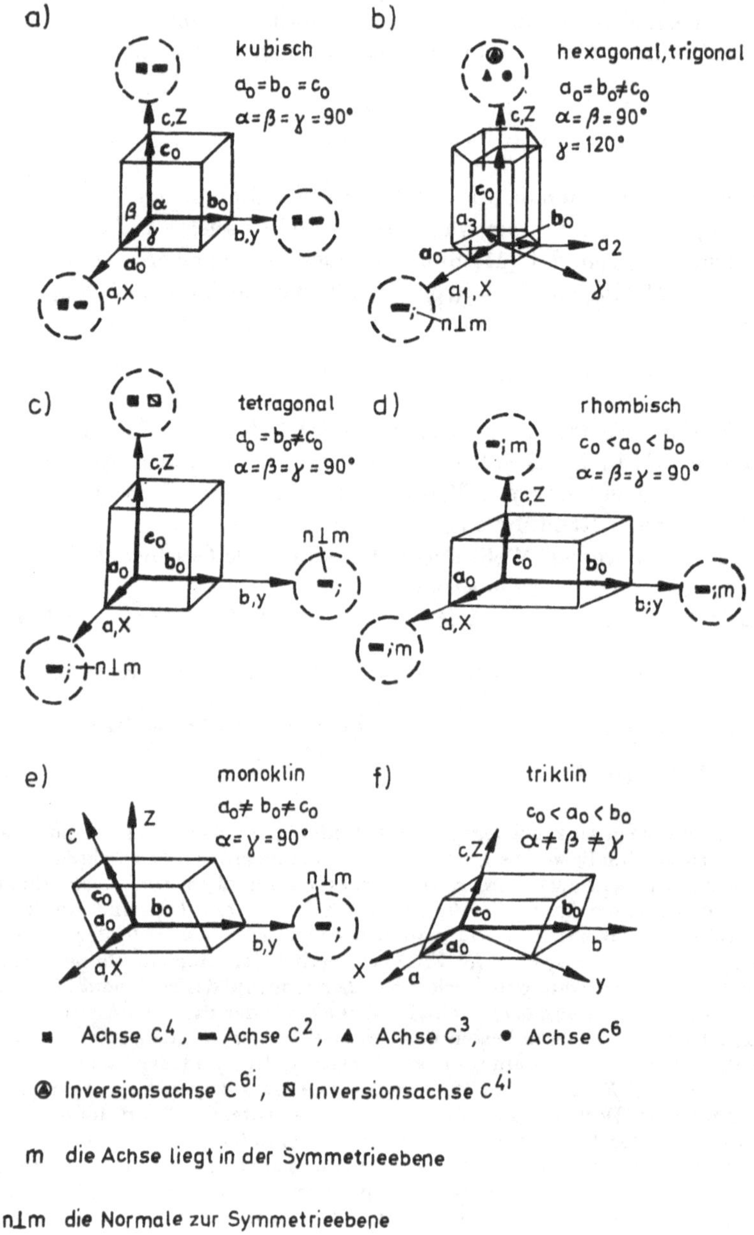
a)
kubisch
a0 = b0 = c0
α = β = γ = 90°
b)
hexagonal, trigonal
a0 = b0 ≠ c0
α = β = 90°
γ = 120°
c)
tetragonal
a0 = b0 ≠ c0
α = β = γ = 90°
d)
rhombisch
c0 < a0 < b0
α = β = γ = 90°
e)
monoklin
a0 ≠ b0 ≠ c0
α = γ = 90°
f)
triklin
c0 < a0 < b0
α ≠ β ≠ γ
Achse C4, Achse C2, Achse C3, Achse C6
Inversionsachse C6i, Inversionsachse C4i
m die Achse liegt in der Symmetrieebene
n⊥m die Normale zur Symmetrieebene

Abb. 70

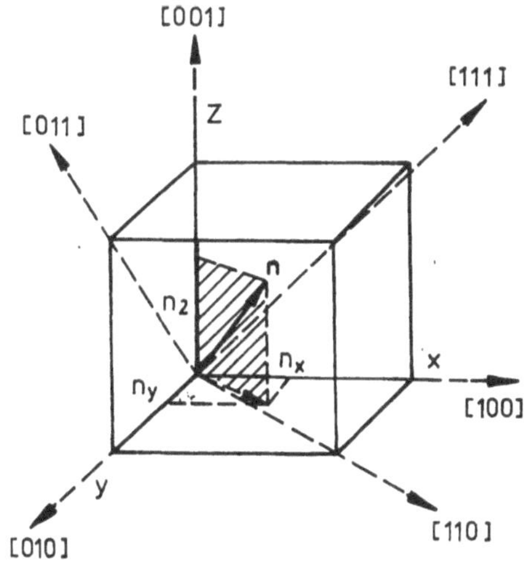

Abb. 71

Richtungen längs der Würfelkanten: [100], [010] oder [001], der zweiten entsprechen äquivalente Richtungen durch die Diagonalen der Grenzflächen des Würfels, d. h. die kristallographischen Richtungen [110], [101] oder [011]. Schließlich entsprechen der dritten Bedingung (11.18) drei äquivalente Richtungen längs der Diagonalen des Würfels ([111] usw.). Alle gezeigten Richtungen fallen mit den Symmetrieachsen der kubischen Kristalle zusammen und sind isonormal. Es ist leicht nachzuweisen, daß diese Richtungen auch die Ausbreitung rein transversaler Wellen zulassen. Tatsächlich ist die Bedingung für die Existenz reiner transversaler Wellen die Orthogonalität der Vektoren $\boldsymbol{n}$ und $\boldsymbol{u}$, d. h. die Bedingung (11.14). Wendet man sie auf die gefundenen Lösungen für die Verschiebungsamplituden (11.15) an, so erhält man die gleichen Richtungen, wie sie durch (11.18) bestimmt werden.

Für die Berechnung der Schallausbreitungsgeschwindigkeit in isonormalen Richtungen über die entsprechenden Elastizitätsmoduln muß man die erhaltenen Kombinationen der Komponenten n_i in die Gleichung (11.15) setzen und diese bezüglich ϱc^2 lösen. Die erhaltenen Beziehungen liefern Geschwindigkeitswerte für jede konkrete Richtung. Wir vereinbaren deshalb, mit dem unteren Index bei c die Ausbreitungsrichtung der vorhandenen Welle und mit dem oberen Index ihre Polarisation zu bezeichnen. Zum Beispiel wird die Kombination der Symbole $c_{[010]}^{[100]}$ die Ausbreitungsgeschwindigkeit einer transversalen Welle längs der Achse $[010] = Y$ mit der Verschiebung nach der Achse $[100] = X$ bezeichnen, was der Beschreibung $\sigma_Y{}^X$ äquivalent ist. Damit longitudinale Wellen leicht von transversalen zu unterscheiden sind, werden wir das obere Symbol durch den Index l ersetzen. Das untere bleibt erhalten. Wenn man also die erste Bedingung (11.18) in der allgemeinen Gleichung (11.15) verwertet und berücksichtigt, daß der Vektor $\boldsymbol{n}$ der Einheitsvektor der Normalen ist, so folgt

$$\varrho(c_{[100]}^{l})^2 = c_{11}. \tag{11.19}$$

Selbstverständlich läßt sich dieses Resultat auch auf eine beliebig andere der kubischen Achsen [010] und [001] beziehen.

Die zweite Bedingung (11.18), die der Ausbreitung einer longitudinalen Welle längs der Achsen [110], [101] oder [011] entspricht, ist $n_x = n_y$; $n_z = 0$. Da die Komponenten des Einheitsvektors der Normalen Richtungskosinus für die gegebene Ausbreitungsrichtung sind, d. h., $n_x = \cos\psi$, aber $n_y = \sin\psi$, wo ψ der Winkel zwischen dem Vektor $\boldsymbol{n}$ (der in der X,Y-Ebene liegt) und der X-Achse ist, gilt $n_x^2 + n_y^2 = 1$, so daß die zweite Bedingung $n_x = n_y = 1/\sqrt{2}$, $n_z = 0$ liefert. Setzt man diese Werte n_i in (11.15) ein, dann erhält man

$$\frac{1}{2}(c_{11} - c_{44})\,\xi_{\max} + \frac{1}{2}(c_{12} + c_{44})\,\eta_{\max} = (\varrho c^2 - c_{44})\,\xi_{\max},$$

$$\frac{1}{2}(c_{12} + c_{44})\,\xi_{\max} + \frac{1}{2}(c_{11} - c_{44})\,\eta_{\max} = (\varrho c^2 - c_{44})\,\eta_{\max}.$$

Setzt man die Determinante, die sich aus den Koeffizienten bei $\xi_{\max}$ und $\eta_{\max}$ in diesen Gleichungen zusammensetzt, gleich Null,

$$\begin{vmatrix} \frac{1}{2}(c_{11} + c_{44}) - \varrho c^2 & \frac{1}{2}(c_{12} + c_{44}) \\ \frac{1}{2}(c_{12} + c_{44}) & \frac{1}{2}(c_{11} + c_{44}) - \varrho c^2 \end{vmatrix} = 0, \tag{11.20}$$

so findet man die gesuchte Lösung für ϱc^2:

$$\varrho (c^1_{[110]})^2 = \frac{1}{2}(c_{11} + c_{12} + 2c_{44}). \tag{11.21}$$

Natürlich existiert noch eine zweite Lösung der quadratischen Gleichung (11.20). Sie gehört aber zu einer transversalen Welle.

Die dritte Bedingung (11.18) entspricht der Richtung [111]. Da $n_x^2 + n_y^2 + n_z^2 = 1$ ist, folgt aus der Gleichheit der Komponenten n_i

$$n_x = n_y = n_z = 1/\sqrt{3}. \tag{11.22}$$

Setzt man diese Werte n_i in (11.15) ein und löst sie hinsichtlich ϱc^2, so erhält man auf analoge Art

$$\varrho (c^1_{[111]})^2 = (c_{11} + 2c_{12} + 4c_{44})/3. \tag{11.23}$$

Für reine Scherwellen, deren Ausbreitungsbedingungen durch die gleichen Beziehungen (11.18) bestimmt werden, muß man noch die verschiedenen Verschiebungsrichtungen (die Polarisation) berücksichtigen. Diese müssen senkrecht zu einer gewählten Ausbreitungsrichtung sein, d. h. zum Vektor $\boldsymbol{n}$. So ist in der ersten Bedingung (11.18), die der Ausbreitung längs einer der Achsen vierter Ordnung bei $n_x = 1$, $n_y = n_z = 0$ entspricht, die Verschiebungskomponente $\xi_{\max} = 0$, wogegen von Null verschieden die Komponenten $\eta_{\max}$ oder $\zeta_{\max}$ sein können usw. In jedem beliebigen Fall verwandeln diese Bedingungen alle Summanden der rechten Seite der Gleichungen (11.15) zu Null, wogegen auf der linken Seite ein Glied mit von Null verschiedener Verschiebung übrigbleibt. Dies liefert für eine Scherwelle, die sich längs einer der kubischen Achsen ausbreitet,

$$\varrho(c^{t}_{[100]})^2 = c_{44} \tag{11.24}$$

bei beliebiger Richtung der Verschiebung. Somit hängt die Ausbreitungsgeschwindigkeit der Ultraschallscherwelle längs der Achsen vierter Ordnung im kubischen Kristall nicht von der Polarisation ab. Das bedeutet, daß sich die Ausbreitungsbedingungen von Transversalwellen in diesen Richtungen nicht von den Ausbreitungsbedingungen im isotropen Festkörper unterscheiden. Diese Richtungen gehören zu den früher erwähnten akustischen. Letztere schließen aber auch solche Richtungen ein, längs deren auch die Phasengeschwindigkeiten bei der Ausbreitung quasitransversaler Wellen zusammenfallen [84]. Deshalb werden wir die gefundenen Richtungen transversal-isotrop nennen und die Ausbreitungsgeschwindigkeit der Scherwellen in diesen Richtungen (die mit dem unteren Index gekennzeichnet sind) mit dem oberen Index t bezeichnen, wie auch für ein isotropes Medium. Als transversal-isotrope Richtung in kubischen Kristallen erweist sich auch die Richtung [111], was leicht nachzuweisen ist, indem man die Beziehung (11.22) berücksichtigt sowie (11.14) als Bedingung für die Transversalität der Verschiebung. Verwendet man diese Beziehungen in den Gleichungen (11.15), so erhält man für die Scherwelle, die sich längs der Richtung [111] mit beliebiger Polarisation ausbreitet,

$$\varrho(c^{t}_{[111]})^2 = \frac{1}{3}\,(c_{11} - c_{12} + c_{44}). \tag{11.25}$$

Betrachten wir schließlich die Ausbreitung reiner transversaler Wellen in der Richtung [110], die durch die Richtungskosinus $n_x = n_y = 1/\sqrt{2}$, $n_z = 0$ charakterisiert wird. Der Verschiebungsvektor $\boldsymbol{u}$ für diese Wellen liegt in der Ebene [110] und kann in verschiedenen Richtungen orientiert sein. Für eine Verschiebungsrichtung, zum Beispiel längs $[001] \parallel Z$, haben wir $\xi_{\max} = \eta_{\max} = 0$, $\zeta_{\max} \neq 0$. Die Gleichungen (11.15) liefern in diesem Fall $(\varrho c^2 - c_{44})\,\zeta_{\max} = 0$, d. h.

$$\varrho(c^{[001]}_{[110]})^2 = c_{44}, \tag{11.26}$$

wie auch bei der Ausbreitung von Transversalwellen längs der Richtung [001]. Für den Fall von Verschiebungen in der X, Y-Ebene (d. h. längs der Richtung [110]) ist $\zeta_{\max} = 0$, $\eta_{\max} = \xi_{\max}$, was ergibt[1]:

$$\varrho(c^{[1\bar{1}0]}_{[110]})^2 = \frac{1}{2}\,(c_{11} - c_{12}). \tag{11.27}$$

Wie wir sehen, wird der größte Unterschied der Ausbreitungsgeschwindigkeit von transversalen Wellen in gegebener Richtung eines kubischen Kristalls durch den früher eingeführten Anisotropiefaktor b (11.27) bestimmt. Für stark anisotrope Kristalle des kubischen Systems kann der Anisotropiefaktor Werte von $b = |2 \ldots 3|$ haben, was einem Unterschied der gezeigten Geschwindigkeiten bis zu 100% entspricht. Zum Beispiel ist für monokristallines KBr $c^{[110]}_{[110]} = 2300\ \mathrm{m\,s^{-1}}$, dagegen $c^{[001]}_{[110]}$ $(= c^{t}_{[001]}) = 1360\ \mathrm{m\,s^{-1}}$. Die Anisotropie der Geschwindigkeiten, die mit unterschiedlichen Ausbreitungsrichtun-

[1] Dieses Resultat wird auch als zweite Wurzel der Gleichung (11.20) erhalten.

gen korreliert ist, kann auch ziemlich groß sein. So ist in KBr $c^1_{[100]} = 3550\,\mathrm{m\,s^{-1}}$; $c^1_{[110]} = 3020\,\mathrm{m\,s^{-1}}$; $c^1_{[111]} = 1360\,\mathrm{m\,s^{-1}}$.

Die Ausdrücke (11.19), (11.21) und (11.23) bis (11.27) enthalten verschiedene Kombinationen von Elastizitätsmoduln. Die elastischen Eigenschaften eines kubischen Kristalls werden vollständig durch drei unabhängige Moduln charakterisiert: c_{11}, c_{12} und c_{44}. Zu ihrer Bestimmung ist es notwendig und ausreichend, die Ausbreitungsgeschwindigkeit von drei Typen von Ultraschallwellen zu messen, die sich in irgendwelchen der gefundenen Richtungen ausbreiten, wozu bestimmte Kristallschnitte ausgewählt worden sind. Diese Schnitte bezeichnen wir vereinbarungsgemäß mit den Symbolen jener Achsen oder Richtungen, zu denen sie senkrecht liegen: Zum Beispiel ist ein X-Schnitt ein Schnitt senkrecht zur X-Achse usw. Die Auswahl optimaler Schnitte zur Messung der Elastizitätsmoduln kann durch verschiedene Überlegungen bestimmt sein. Das kann einmal die Einfachheit der Beziehungen sein, die die Schallgeschwindigkeit mit den entsprechenden Moduln verbindet. Das kann aber auch die erreichbare

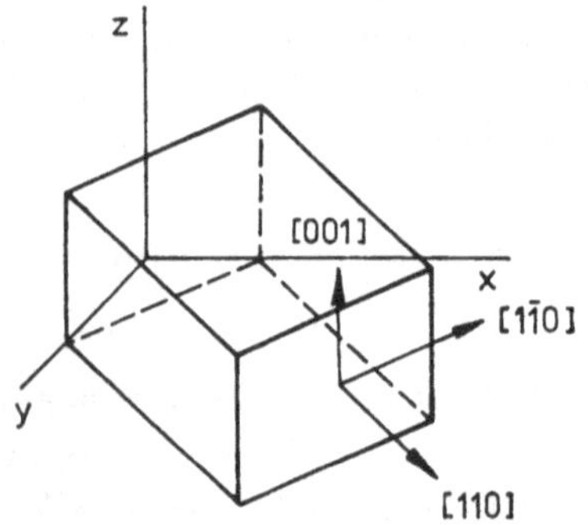

Abb. 72

Genauigkeit der Orientierung des Schnittes bezüglich dieser oder jener kristallographischer Achsen sein. Das kann aber auch durch die Existenz natürlicher Grenzen oder passender Gleitebenen, durch die Zahl unabhängiger Messungen, die man an ein und derselben Probe durchführen kann, und anderes bestimmt sein. Die allgemeinsten dieser Überlegungen sind bei der Auswahl optimaler Schnitte für die nachher betrachteten Kristalle verschiedener Symmetrie berücksichtigt worden.

Wie aus den erhaltenen Beziehungen folgt, werden die Elastizitätsmoduln c_{11} und c_{44} für den kubischen Kristall unmittelbar aus den gegebenen Messungen der Ausbreitungsgeschwindigkeit von longitudinaler und willkürlich polarisierter transversaler Welle längs der Achse vierter Ordnung C^4 bestimmt. Die Beziehung zwischen diesen Geschwindigkeiten und den Moduln c_{11} und c_{44} wird durch die Gleichungen (11.19) und (11.24) gegeben. Um den dritten unabhängigen Modul c_{12} zu finden, kann man einen 45°-Schnitt (unter dem Winkel von 45° zur X-Achse) verwenden und in ihm zum Beispiel die Ausbreitungsgeschwindigkeit einer longitudinalen Welle in der Richtung [110] messen (s. Abb. 72). Diese Geschwindigkeit ist mit einer effektiven Steife verbunden, die durch die Kombination aller drei Moduln, von denen zwei schon bekannt sind, bestimmt wird (siehe (11.21)). Man kann aber alle unabhängigen Elastizitätsmoduln des kubischen Kristalls mit Hilfe nur eines 45°-Schnittes bestimmen, indem man in ihm die Ausbreitungsgeschwindigkeit einer longitudinalen Welle in Richtung [110] und die Geschwindigkeiten zweier transversaler Wellen mit Verschiebungen in zueinander senkrechten Richtungen [001] und [110] mißt. Entsprechend (11.21), (11.26) und (11.27) sind diese Geschwindigkeiten

$$c^{\mathrm{l}}_{[110]} = \left(\frac{c_{11} + c_{12} + 2c_{44}}{2\varrho}\right)^{1/2},$$

$$c^{[001]}_{[110]} = \left(\frac{c_{44}}{\varrho}\right)^{1/2}, \quad c^{[1\bar{1}0]}_{[110]} = \left(\frac{c_{11} - c_{12}}{2\varrho}\right)^{1/2}.$$

Aus diesen Beziehungen werden alle drei Moduln c_{11}, c_{12}, und c_{44} gefunden. Zur Verringerung der Fehler, die mit der Ungenauigkeit der Orientierung der Grenzen [110] und der Polarisation der Scherwellen zusammenhängen, kann man in dieser Probe noch zwei Kontrollmessungen der Geschwindigkeit einer longitudinalen und einer beliebig

Tabelle 12. Der Zusammenhang zwischen den Ausbreitungsgeschwindigkeiten von Ultraschallwellen und den Elastizitätsmoduln für kubische Kristalle

Bezeichnung des Schnittes	Ausbreitungsrichtung	Wellentyp und Polarisation	Symbol der Schallgeschwindigkeit	ϱc^2
X; (100)	X; [100]	longitudinal	$c^{\mathrm{l}}_{[100]}$	c_{11}
(110)	[110]	longitudinal	$c^{\mathrm{l}}_{[110]}$	$\frac{c_{11} + c_{12}}{2} + c_{44}$
X; (100)	[100]	transversal	$c^{[1\bar{1}0]}_{[110]}$	$\frac{1}{2}(c_{11} - c_{12})$
(110)	[110]	transversal,	$c^{\mathrm{t}}_{[100]}$	c_{44}
		beliebig transversal	$c^{[001]}_{[110]}$	c_{44}

orientierten transversalen Welle in der Richtung [001] durchführen. Für diese Geschwindigkeiten haben wir entsprechend (11.19) und (11.24) $c^{\mathrm{l}}_{[001]} = (c_{11}/\varrho)^{1/2}$, $c^{\mathrm{t}}_{[001]} = (c_{44}/\varrho)^{1/2}$. Alle ausgewählten Richtungen im 45°-Schnitt des kubischen Kristalls sind in Abbildung 72 dargestellt. Die oben erhaltenen Gleichungen sind in Tabelle 12 zusammengefaßt. In Tabelle 13 sind die Meßergebnisse für die dynamischen Elastizitätsmoduln mit Ultraschallmethoden in kubischen Gittern angeführt, zugleich mit den entsprechenden Werten der Schallgeschwindigkeit. Detaillierte Daten über die Elastizitätsmoduln kubischer (und anderer) Kristalle, die bis 1960 untersucht worden sind, kann man noch im Übersichtsartikel [89] finden.

11.4. Kristalle geringerer Symmetrie

Für Kristalle anderer Symmetriearten wiederholen wir nicht die detaillierte Analyse aller Richtungen, in denen sich reine Wellen ausbreiten können. Wir werden uns auf eine Zusammenstellung der nützlichen Beziehungen beschränken, die es gestatten, die unabhängigen Elastizitätsmoduln zu bestimmen, mit einem Hinweis auf die entspre-

Tabelle 13. Elastizitätsmoduln und Ausbreitungsgeschwindigkeiten von Ultraschallwellen in Kristallen des kubischen Systems

Kristall	Chemische Formel	$\varrho \cdot 10^{-3}$	T	$c_{nm} \cdot 10^{-10}$ N/m²			$c \cdot 10^{-3}$ m/s					
		kg/m³	°C	c_{11}	c_{13}	c_{44}	$c^{l}_{[100]}$	$c^{t}_{[100]}$	$c^{l}_{[110]}$	$c^{[110]}_{[110]}$	$c^{l}_{[111]}$	$c^{t}_{[111]}$
	2	3	4	5	6	7	8	9	10	11	12	13
Diamant	C	3,51	20	107,6	12,5	57,6	17,5	12,8	18,3	11,6	18,6	12,0
Aluminium	Al	2,70	20	10,69	6,26	2,85	6,29	3,26	6,27	2,86	6,53	3,00
Galliumantimonid	GaSb	5,619	20	8,887	4,033	4,324	3,96	2,77	4,381	2,078	4,51	2,33
Indiumantimonid	InSb	5,789	20	6,72	3,67	3,02	3,39	2,29	3,80	1,61	3,88	1,84
Galliumarsenid	GaAs	5,31	20	11,88	5,38	5,94	4,71	3,34	5,24	2,47	5,40	2,79
Indiumarsenid	InAs	5,655	20	8,34	4,54	3,95	3,84	2,64	4,29	1,83	4,42	2,14
Natriumbromat	$NaBrO_3$	3,339	25	5,57	1,70	1,51	4,08	2,13	3,93	2,41	3,87	2,32
Ammoniumbromid	NH_4Br	2,436	20	3,38	0,91	0,685	3,72	1,68	3,41	2,25	3,30	2,08
Kaliumbromid	KBr	2,75	20	3,46	0,58	0,505	3,55	1,36	3,02	2,29	2,84	2,19
Natriumbromid	NaBr	3,20	20	3,87	0,97	0,97	3,48	1,74	3,26	2,13	3,18	2,01
Silberbromid	AgBr	6,47	20	5,63	3,30	0,72	2,95	1,05	2,83	1,34	2,79	1,25
Thalliumbromid	TlBr	7,57	20	3,78	1,48	0,756	2,23	0,999	2,12	1,23	2,07	1,16
Cäsiumbromid	CsBr	4,45	20	3,10	0,84	0,75	2,64	1,30	2,47	1,59	2,41	1,50
Vanadium	V	6,022	20	22,79	11,87	4,25	6,15	2,66	5,99	3,011	5,93	2,90
Wolfram	W	19,3	20	51,26	20,58	15,27	6,15	2,81	5,15	2,82	5,15	2,82
Germanium	Ge	5,32	20	12,92	4,79	6,70	4,92	3,55	5,41	2,75	5,56	3,04
α-Eisen	Fe	7,86	20	24,2	14,65	11,2	5,55	3,77	6,24	2,46	6,46	2,97
Gold	Au	19,32	20	18,6	15,7	4,20	3,10	1,47	3,33	0,87	3,39	1,10
Kaliumjodid	KJ	3,13	20	2,67	0,43	0,421	2,92	1,16	2,51	1,89	2,33	1,68
Natriumjodid	NaJ	3,6714	20	2,931	0,782	0,737	2,83	1,42	2,66	1,73	2,60	1,62
Cäsiumjodid	CsJ	4,52	20	2,45	0,71	0,62	2,33	1,17	2,21	1,39	2,16	1,32
Kalium	K	0,091	−83	0,457	0,374	0,263	2,24	1,70	2,73	0,68	2,88	1,13
Silicium	Si	2,33	20	16,57	6,39	7,96	8,43	5,85	9,13	4,67	9,35	5,09
Lithium	Li	0,55	−98	1,342	1,125	0,960	5,19	4,43	6,67	1,45	7,09	2,82
Lithium-Indium	LiIn	5,158	20	5,589	4,169	2,666	3,29	2,27	3,82	1,17	3,76	1,62
Kupfer	Cu	8,94	20	16,84	12,14	7,54	4,34	2,90	4,96	1,62	5,16	2,14
Molybdän	Mo	10,19	20	46,0	17,6	11,0	6,72	3,29	6,48	3,73	8,19	2,39
Natrium	Na	1,01	−63	0,615	0,496	0,592	2,44	2,41	3,31	0,84	3,58	1,55
Nickel	Ni	8,90	20	24,65	14,73	12,47	5,26	3,74	6,01	2,36	6,24	2,90
Bariumoxid	BaO	5,72	20	12,57	4,81	3,55	4,6921	2,4422	4,5326	2,60	4,61	2,57

Magnesiumoxid	MgO	3,58	20	28,6	8,70	14,8	8,94	6,43	9,66	5,27	9,89	5,68
Palladium	Pd	12,132	20	22,213	17,71	7,137	4,28	2,43	4,73	5,06	1,42	1,86
Blei	Pb	11,34	20	4,66	3,92	1,44	2,03	1,13	2,25	0,57	2,32	0,80
Zinkselenid	$ZnSe$	5,264	27	8,95	5,39	3,984	4,12	2,75	4,61	1,84	4,75	2,19
Silber	Ag	10,49	20	12,20	9,15	4,43	3,41	2,07	3,79	1,20	3,92	1,55
Silikateisen	Fe_3Si	7,191	20	23,2	15,6	13,5	5,68	4,33	6,76	2,30	7,09	3,13
Strontiumnitrat	$Sr(NO_3)_2$	2,986	20	4,73	2,18	1,46	3,98	2,21	4,05	2,07	3,79	2,12
Zinksulfid	ZnS	4,088	27	9,81	6,27	4,483	4,90	3,31	5,54	2,09	5,74	2,56
Quecksilbertellurid	$HgTe$	8,081	17	5,386	3,676	2,116	2,58	1,62	2,87	1,03	2,96	1,26
Cadmiumtellurid	$CdTe$	5,854	20	5,33	3,65	2,044	3,02	1,87	3,34	1,20	3,44	1,46
Strontiumtitanat	$SrTiO_3$	5,116	20	31,81	10,25	12,36	7,876	4,910	8,098	4,918	8,141	4,703
Cobaltzink-Ferrit	$Co_{0,23}Zn_{0,22}F_{2,2}O_4$	5,43	27	26,6	15,3	7,8	7,00	3,80	7,28	3,23	7,37	3,42
Flußspat	CaF_2	3,18	20	16,44	5,02	3,47	7,19	3,30	6,68	4,24	6,50	3,95
Lithiumflorid	LiF	2,60	20	11,44	4,26	6,28	6,63	4,91	7,37	3,71	7,60	4,16
Magnesiumflorid	MgF_2	3,98	20	17,54	—	5,52	6,64	3,72	—	—	—	—
Natriumchlorat	$NaClO_3$	2,49	20	4,99	1,41	1,17	4,47	2,17	4,18	2,68	4,09	2,52
Kaliumchlorid	KCl	1,984	20	3,98	0,62	0,625	4,48	1,78	3,85	2,91	2,61	2,59
Natriumchlorid	$NaCl$	2,168	20	4,87	1,24	1,26	4,74	2,41	4,72	2,90	4,73	2,45
Silberchlorid	$AgCl$	5,56	20	6,01	3,62	0,625	3,29	1,06	3,13	1,47	3,07	1,35
Cäsiumchlorid	$CsCl$	3,99	20	3,64	0,92	0,80	3,02	1,42	2,78	1,85	2,69	1,71
Chromit	$FeO \cdot Cr_2O_3$	4,32 bis 4,57	20	32,25	14,37	11,67	8,51	5,12	8,87	4,48	8,98	4,70
Spinell	$MgO \cdot 3{,}5(Al_2O_3)$	3,63	20	30,05	15,37	15,86	9,09	6,61	10,30	4,50	10,68	5,30

chenden Richtungen bezüglich der kristallographischen Achsen. Mit genaueren Ableitungen dieser Beziehungen kann man sich in der Originalliteratur vertraut machen [94–104].

Hexagonales und trigonales System

Für Kristalle mit hexagonaler und trigonaler Symmetrie werden gewöhnlich vier kristallographische Achsen ausgewählt: die Achse $c \parallel Z$, die mit der Achse der größten Symmetrie zusammenfällt, d. h. mit C^3, C^6 oder C^{6i}, und die Achsen a_j (a_1, a_2 und a_3) in drei symmetrischen Richtungen, die in einer Ebene senkrecht zur Hauptachse liegen (Abb. 70b)). Diese Richtungen können entweder Achsen zweiter Ordnung oder Normalen zu drei Symmetrieebenen oder Geraden, die parallel zu den Kristallkanten möglich sind, sein. Die X-Achse des rechtwinkligen Koordinatensystems fällt mit der a_1-Achse zusammen. Die Y-Achse wird so ausgewählt, daß sie senkrecht zu X und Z liegt und mit diesen ein Rechtssystem bildet.

In Kristallen des trigonalen Systems ist die Elementarzelle ein Rhomboeder. In vielen Fällen wird aber die Beschreibung eines trigonalen Gitters in hexagonalen Achsen durchgeführt. In dieser Variante wird das Rhomboeder durch eine hexagonale Zelle dreifachen Volumens ersetzt. Dann entspricht die Auswahl der Koordinatenachsen dem Fall des hexagonalen Kristalls.

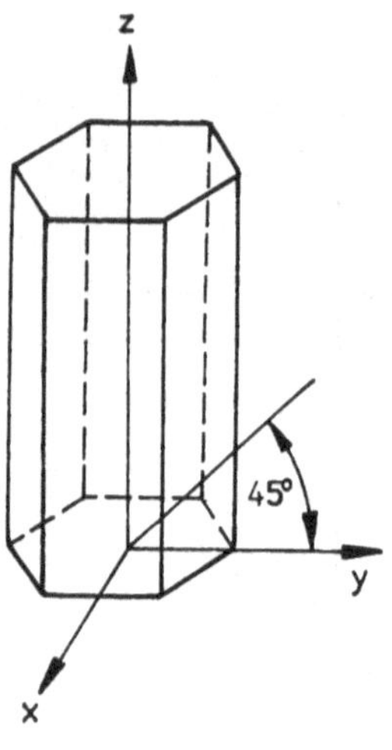

Abb. 73

Die einer solchen Auswahl der Koordinatenachsen entsprechende Tabelle der Elastizitätsmoduln von Kristallen des hexagonalen und trigonalen Systems ist im Kapitel 1 in Tabelle 1 angeführt. Verwendet man diese Tabelle in den Gleichungen (11.10a) und wiederholt die vorherige Prozedur, dann sind leicht alle Richtungen zu finden, in denen sich rein longitudinale oder transversale Ultraschallwellen ausbreiten können. Nach dem dargelegten Schema sind dann die effektiven Steifen, d. h. die Größen ϱc^2, die durch diese oder jene Kombination der Elastizitätsmoduln ausgedrückt werden, berechenbar. Wie aus Tabelle 1 zu sehen ist, werden die elastischen Eigenschaften der hexagonalen Kristalle durch fünf unabhängige Moduln bestimmt: $c_{11} = c_{22}$, $c_{13} = c_{23}$, c_{12}, c_{33} und $c_{44} = c_{55}$. Dabei ist $c_{66} = (c_{11} - c_{12})/2$. Zu ihrer Bestimmung ist es notwendig und ausreichend, fünf Messungen der Schallgeschwindigkeit in günstigen Schnitten durchzuführen. Diese sind in Abbildung 73 dargestellt und in Tabelle 14 angeführt. In Tabelle 14 sind die entsprechenden Schnitte bezüglich der Achsen, die in Abbildung 70b) dargestellt sind, aufgeführt. Ebenfalls werden die Ausbreitungsrichtungen der Wellen in MILLER-Indizes, die Wellentypen sowie die Verschiebungsrichtungen der Scherwellen (ihre Polarisation) angegeben.

In Tabelle 15 sind die Meßdaten von Elastizitätsmoduln hexagonaler Kristalle aufgeführt, die mit Ultraschallmethoden bestimmt worden sind. Gleichzeitig sind die Ausbreitungsgeschwindigkeiten der Longitudinal- und Transversalwellen in der Richtung [001] (d. h. längs der Z-Achse) aufgeschrieben.

Die Tabelle der Elastizitätsmoduln für Kristalle des trigonalen Systems, die zu den Klassen D_3, C_{3v}, D_{3d} gehören (s. Tab. 1, Gruppe VII), beinhaltet 18 von Null verschiedene Moduln, von denen sechs voneinander unabhängig sind: $c_{11} = c_{22}$, c_{12}, $c_{13} = c_{23}$, $c_{14} = c_{56} = -c_{24}$ und $c_{44} = c_{55}$. Ihr Zusammenhang mit den Ausbreitungsgeschwindigkeiten von Ultraschallwellen in optimalen Richtungen wird in Tabelle 16 gezeigt.

In der Tabelle der Elastizitätsmoduln für Kristalle des trigonalen Systems, die zu den Klassen C_3 und C_{3i} gehören, wird bei der gleichen Achsenorientierung noch ein

Tabelle 14. Der Zusammenhang zwischen den Ausbreitungsgeschwindigkeiten von Ultraschallwellen und den Elastizitätsmoduln hexagonaler Kristalle in optimalen Richtungen bezüglich der kristallographischen Achsen

Bezeichnung des Schnittes	Ausbreitungsrichtung	Wellentyp und Polarisation	Symbol der Schallgeschwindigkeit	ϱc^2
Z (00 · 1)	[00 · 1]	longitudinal, [00 · 1]	$c^{l}_{[00\cdot1]}$	c_{33}
		transversal, beliebig in der Ebene (00 · 1)	$c^{t}_{[00\cdot1]}$	c_{44}
X (12 · 0)	[10 · 0]	longitudinal, [10 · 0]	$c^{l}_{[10\cdot0]}$	c_{11}
		transversal [12 · 0] (Achse Y)	$c^{[12\cdot0]}_{[10\cdot0]}$	$\frac{1}{2}(c_{11} - c_{12})$
X'	45° bezüglich der X- und Z-Achse in der X,Z-Ebene	quasi-longitudinal	$c^{l}_{X'}$	$\frac{1}{4}(c_{11} + c_{33} + 2c_{44}) + \left\{\left[\frac{1}{2}(c_{11} - c_{33})\right]^2 + (c_{13} + c_{44})^2\right\}^{1/2}$

Tabelle 15. Die Elastizitätsmoduln und die Ausbreitungsgeschwindigkeiten von Ultraschallwellen in hexagonalen Kristallen ($T = 20\,°C$)

Kristall	Chemische Formel	$\varrho \cdot 10^{-3}$ kg/m²	$c_{nm} \cdot 10^{-10}$ N/m²					$c \cdot 10^{-3}$ m/s	
			c_{11}	c_{33}	c_{44}	c_{12}	c_{13}	$c^{l}_{[001]}$	$c^{t}_{[001]}$
Beryllium	Be	1,87	29,23	33,64	16,25	2,67	1,4	13,41	9,32
Blei-Vanadat-Germanat	$Pb_5(GeO_4)(VO_4)_2$	7,15	7,1	8,4	1,7	2,1	3,3	3,427	1,54
Blei-Vanadat-Silikat	$Pb_5(SiO_4)(VO_4)_2$	7,02	7,7	9,2	2,1	2,5	3,6	3,62	1,73
Lithiumjodat	α-$LiJO_3$	4,5	8,3	5,7	1,8	3,9	—	4,01	1,99
Yttrium	Y	4,477	7,79	7,69	2,431	2,85	2,1	4,14	2,33
Cadmium	Cd	8,64	12,1	5,13	1,85	4,81	4,42	3,74	1,46
Kankrinit	$(Na_2Ga)_4(AlSiO_4)_6CO_3(H_2O)_{0-3}$	2,42—2,48	5,2	8,26	2,38	0,86	1,24	5,81	3,12
β-Quarz (580 °C)	SiO_2	2,533	11,66	11,04	3,606	1,67	3,28	6,61	3,78
Kobalt	Co	8,836	30,7	35,81	7,55	16,50	10,30	5,91	2,93
Eis (—5 °C)	H_2O	0,94	1,38	1,50	0,319	0,707	0,581	3,83	1,84
Magnesium	Mg	1,79	5,97	6,17	1,64	2,62	2,17	5,84	3,06
Rhenium	Re	20,53	54,45	71,70	16,85	27,70	19,59	5,92	2,87
Ruthenium	Ru	12,1	57,63	64,05	18,92	18,74	16,74	7,28	3,95
Zinkselenid	ZnSe	5,558	11,81	3,82	1,17	4,75	3,2	2,62	1,45
Cadmiumsulfid	CdS	4,83	7,78	8,81	1,47	4,47	4,79	4,270	1,75
Zinksulfid	ZnS	4,091	13,12	14,08	2,86	6,63	5,09	5,818	2,627
Bariumtitanat	$BaTiO_3$	5,5	16,6	16,2	4,29	7,66	7,75	5,50	2,79
Zink	Zn	7,18	16,1	6,10	3,83	3,42	5,01	4,75	2,31
Zinkoxid	ZnO	5,7036	20,70	22,1	4,61	11,17	10,13	6,30	2,84

Tabelle 16. Die Beziehungen zwischen den Ausbreitungsgeschwindigkeiten von Ultraschallwellen und den Elastizitätsmoduln trigonaler Kristalle (Klassen D_3, C_{3v}, D_{3d})

Bezeichnung des Schnittes	Ausbreitungsrichtung	Wellentyp und Polarisation	Schallgeschwindigkeit	ϱc^2
X; $(12 \cdot 0)$	X; $[10 \cdot 0]$	longitudinal, $[10 \cdot 0]$	$c^{l}_{[10\cdot 0]}$	c_{11}
Z; $(00 \cdot 1)$	Z; $[00 \cdot 1]$	longitudinal, $[00 \cdot 1]$	$c^{l}_{[00\cdot 1]}$	c_{33}
		transversal, beliebige Polarisation	$c^{t}_{[00\cdot 1]}$	c_{44}
Y; $(01 \cdot 0)$	Y; $[12 \cdot 0]$	transversal, $[10 \cdot 0]$	$c^{[10\cdot 0]}_{[12\cdot 0]}$	$\frac{1}{2}(c_{11}-c_{12})$
Y'	45° zur Y- und Z-Achse in der Y, Z-Ebene	longitudinal	$c^{l}_{Y'}$	$\frac{1}{4}(c_{11}+c_{33}+2c_{44}-2c_{14})+\left[\frac{1}{4}(c_{11}-c_{33}-2c_{14})^2+(c_{13}+c_{44}-c_{14})^2\right]^{1/2}$
		transversal, $[10 \cdot 0]$	$c^{[10\cdot 0]}_{Y'}$	$\frac{1}{4}(4c_{14}+2c_{44}+c_{11}-c_{12})$

Tabelle 17. Elastizitätsmoduln von Kristallen des trigonalen Systems ($T = 20\,°C$)

Kristall	Chemische Formel	$\varrho \cdot 10^{-3}$ kg/m³	$c_{nm} \cdot 10^{-10}$ N/m²					
			c_{11}	c_{33}	c_{44}	c_{12}	c_{13}	c_{14}
Wismut	Bi	9,80	6,35	3,81	1,13	2,47	2.45	0,72
Quarz	α-SiO_2	2,6487	8,680	10,575	5,818	0,709	1,20	−1,805
Korund	Al_2O_3	3,97	49,7	49,8	14,7	16,4	11,1	−2,4
Lithiumniobat	$LiNbO_3$	4,644	20,16	25,17	6,01	5,68	7,50	−1,38
Vanadiumoxid	V_2O_3	4,87	21,6	33,2	8,0	7,1	14,8	1,5
Proustit	Ag_3AsS_3	5,6	5,70	3,64	0,90	3,18	—	—
Künstlicher Saphir	Al_2O_3	4,00	49,68	49,81	14,74	16,36	11,09	−2,35
Natürlicher Saphir	—	3,4 ÷ 3,6	46,5	56,3	23,3	12,4	11,7	10,1
Antimon	Sb	6,684	7,92	4,27	2,85	2,61	1,05	—
Lithiumtantalat	$LiTaO_3$	7,451	23,78	28,27	9,43	5,23	8,0	−2,23
Tellur	Te		3,59	7,64	3,41	0,90	2,75	1,37
Turmalin	—	2,90 ÷ 3,25	27,2	16,5	6,5	4,0	3,5	−0,68
Aluminiumphosphat	$AlPO_4$	2,566	10,5	13,4	2,31	2,93	6,93	−1,27

siebenter unabhängiger Modul c_{25} (s. Tab. 1, Gruppe VI) hinzugefügt. Für seine Ableitung muß man kompliziertere Beziehungen anwenden, die in den Arbeiten [95, 96, 99, 104] angeführt sind. In Tabelle 17 sind die Elastizitätsmoduln einer Reihe trigonaler Kristalle aufgeführt. Sie sind mit Ultraschallmethoden bei Zimmertemperatur gemessen worden.

Tetragonales System

In allen Kristallen des tetragonalen Systems, die zu den Klassen D_4, D_{2d}, C_{4v}, D_{4h} gehören, existiert eine einfache Achse 4. Ordnung C^4 oder eine Inversionsachse C^{4i}. Diese Achsen fangen mit der kristallographischen Achse c an, mit der die Z-Achse zusammenfällt. Die Achsen a und b sind in einer Ebene senkrecht zur c-Achse angeordnet. Sie bilden einen rechten Winkel untereinander. Diese Achsen werden entweder mit den Symmetrieachsen zweiter Ordnung vereinigt oder mit den Normalen zu den Symmetrieebenen, oder sie werden parallel zu möglichen Kristallkanten gelegt. Die X-Achse kann parallel zu den Achsen a oder b gerichtet sein. Man kann somit in tetragonalen Kristallen zwei Richtungen für die Achsen X und Y auswählen (Abb. 70c)). Die Tabelle der Elastizitätsmoduln, die zu solchen Achsen gehören (s. Tab. 1, Gruppe V), beinhaltet für die aufgeführten Klassen sechs unabhängige Moduln: $c_{11} = c_{22}$, c_{12}, $c_{13} = c_{23}$, c_{33}, $c_{44} = c_{55}$ und c_{66}. Zu ihrer Bestimmung können Richtungen und Beziehungen ausgenutzt werden, wie sie in Tabelle 18 angeführt werden. Für die Klassen C_4, S_4 und C_{4h} der tetragonalen Kristalle wird in der Tabelle der Elastizitätsmoduln, die zu den gleichen Koordinatenachsen gehören, noch ein nichtdiagonaler Modul c_{16} hinzugefügt (s. Tab. 1, Gruppe IV).

Tabelle 18. Die Beziehungen zwischen den Ausbreitungsgeschwindigkeiten von Ultraschallwellen und den Elastizitätsmoduln von Kristallen des tetragonalen Systems (Klassen D_4, D_{2d}, C_{4v}, D_{4h})

Bezeichnung des Schnittes	Ausbreitungsrichtung	Wellentyp und Polarisation	Symbol der Schallgeschwindigkeit	ϱc^2
Z; (001)	[001]	longitudinal, [001]	$c^{l}_{[001]}$	c_{33}
		transversal, beliebige Richtung in der Ebene (001)	$c^{t}_{[001]}$	c_{44}
X; (100)	[100]	longitudinal, [100]	$c^{l}_{[100]}$	c_{11}
		transversal, [010]	$c^{[010]}_{[100]}$	c_{66}
		transversal, [001]	$c^{[001]}_{[100]}$	c_{44}
(110)	[110]	longitudinal, [110]	$c^{l}_{[110]}$	$\frac{c_{11} + c_{12} + 2c_{66}}{2}$
		transversal, [1$\bar{1}$0]	$c^{[1\bar{1}0]}_{[110]}$	$\frac{c_{11} - c_{12}}{2}$
X'	45° zwischen den Achsen [100] (X) und [001] (Z)	quasilongitudinal	$c^{l}_{X'}$	$\{c_{11} + c_{33} + 2c_{44} + [(c_{11} - c_{33})^2 + 4(c_{13} + c_{44})^2]^{1/2}\}/4$
	45° zwischen den Achsen [100] (X) und [001] (Z)	quasitransversal, [101]	$c^{[101]}_{X'}$	$\{c_{11} + c_{33} + 2c_{44} - [(c_{11} - c_{33})^2 + 4(c_{13} + c_{44})^2]^{1/2}\}/4$

Tabelle 19. Elastizitätsmoduln von Kristallen mit tetragonaler Symmetrie ($T = 20\,°C$)

Kristall	Chemische Formel	$\varrho \cdot 10^{-3}$ kg/m³	$c_{nm} \cdot 10^{-10}$ N/m					
			c_{11}	c_{33}	c_{44}	c_{66}	c_{12}	c_{13}
Calciumwolframat	$CaWO_4$	6,120	14,3	12,8	3,40	4,49	5,54	5,04 ($C_{16} = 2,21$)
Eisendigermanid	$FeGe_2$	—	24,44	24,94	5,70	8,87	6,70	—
Kaliumhydroarsenat	KH_2AsO_4	2,867	5,31	3,7	1,2	0,7	−0,6	−0,2
Ammoniumdihydrophosphat (ADP),	$(NH)_4H_2PO_4$	1,803	6,89	3,35	0,856	0,595	0,40	1,89
deuteriertes	$(ND)_4D_2PO_4$	—	6,2	3,0	0,91	0,61	−0,5	1,4
Kaliumhydrophosphat,	KH_2PO_4	2,340	7,14	5,62	1,27	0,68	−0,49	1,29
deuteriertes	KD_2PO_4	—	7,04	—	—	0,607	0,46	—
Indium	In	7,31	4,45	4,44	0,655	1,22	3,95	4,05
Kalomel	$HgCl_2$	7,19	1,89	8,04	0,846	1,23	1,72	1,56
Calciummolybdat	$CaMoO_4$	4,5	14,4	12,6	3,69	4,61	6,48	4,48
Bleimolybdat	$PbMoO_4$	6,92	10,8	9,52	2,64	3,54	6,32	5,07 ($c_{16} = 1,58$)
Barium-Natrium-niobat	$Ba_2NaNb_5O_{15}$	5,3	23,9	13,5	6,5	7,6	10,4	5,0
Strontium-Kalium-Lithiumniobat	$Sr_4KLiNb_{10}O_{30}$	—	24,4	19,4	6,2	6,7	11,0	7,5
Nioboxid	NbO_2	5,90	43,3	38,8	9,4	5,7	9,3	17,1
Zinn	Sn	7,30	7,35	8,7	2,2	2,27	2,34	2,8
Paratellurid	TeO_2	6,0	5,6	10,51	2,70	6,68	5,16	2,72
Rutil	TiO_2	4,264	27,3	48,4	12,5	19,4	17,6	14,9
Bariumtitanat (150 °C)	$BaTiO_3$	5,5	27,5	17,81	5,43	11,3	18,65	14,16
Zirkonium	Zr	6,49	7,35	4,60	1,38	1,60	0,90	−0,54
Nickelzirkonid	$NiZr_2$	7,234	15,477	14,480	2,399	0,966	12,82	8,57

Die Ableitungen der entsprechenden Beziehungen für diesen komplizierten Fall kann man in den Arbeiten [95, 104] finden. In Tabelle 19 sind die bei Zimmertemperatur gemessenen Elastizitätsmoduln einiger tetragonaler Kristalle aufgeführt.

Rhombisches (orthorhombisches) System (Klassen D_2, C_{2v}, D_{2h})

Symmetrieelemente der Kristalle dieses Systems sind drei zueinander senkrechte Achsen zweiter Ordnung (der Klasse D_2), durch die drei zueinander senkrechte Symmetrieebenen (der Klasse D_{2h}) gehen können, oder eine Achse zweiter Ordnung und zwei sich auf ihr kreuzende, zueinander senkrechte Symmetrieebenen (der Klasse C_{2v}). Das bedeutet, daß die Symmetrieelemente in diesen Kristallen immer drei zueinander senkrechte Richtungen bilden, längs deren auch die Koordinatenachsen a, b und c und entsprechend X, Y und Z angeordnet sind (Abb. 70d)). Alle diese Kristalle haben die gleiche Tabelle der Elastizitätsmoduln (s. Tab. 1, Gruppe III), die zu gegebenen Koordinatenachsen gehören. Sie beinhaltet neun unabhängige Moduln: c_{11}, c_{12}, c_{13}, c_{22}, c_{23}, c_{33}, c_{44}, c_{55} und c_{66}. Zur Bestimmung dieser Größen mit akustischen Methoden ist es notwendig, eine Serie von Messungen der Ausbreitungsgeschwindigkeit von Ultraschallwellen in Richtungen durchzuführen, die in Tabelle 20 aufgeführt sind. Die Daten solcher Messungen für einige rhombische Kristalle sind in Tabelle 21 angegeben.

Tabelle 20. Die Beziehungen zwischen den Elastizitätsmoduln und den Ausbreitungsgeschwindigkeiten von Ultraschallwellen für Kristalle des rhombischen Systems

Bezeichnung des Schnittes	Ausbreitungs-richtung	Wellentyp und seine Polarisation	Symbol der Schall-geschwindigkeit	Die Beziehung zwischen (ϱc^2) und den Elastizitätsmoduln
X; (100)	X; [100]	longitudinal, [100]	$c^{l}_{[100]}$	c_{11}
Y; (010)	Y; [010]	longitudinal, [010]	$c^{l}_{[010]}$	c_{22}
Z; (001)	Z; [001]	longitudinal, [001]	$c^{l}_{[001]}$	c_{33}
Y; (010)	Y; [010]	transversal, [001]	$c^{[001]}_{[010]}$	c_{44}
Z; (001)	Z; [001]	transversal, [010]	$c^{[010]}_{[001]}$	c_{44}
X; (100)	X; [100]	transversal, [001]	$c^{[001]}_{[100]}$	c_{55}
Z; (001)	Z; [001]	transversal, [100]	$c^{[100]}_{[001]}$	c_{55}
X; (100)	X; [100]	transversal, [010]	$c^{[010]}_{[100]}$	c_{66}
Y; (010)	Y; [010]	transversal, [100]	$c^{[100]}_{[010]}$	c_{66}
X'	45° zur X- und Y-Achse in der X,Y-Ebene	quasilongitudinal, in der (001)-Ebene	$c^{l}_{X'}$	$c_{12} = 2\sqrt{\left[\frac{c_{66}+c_{22}}{2} - \varrho(c^{l}_{X'})^2\right]\left[\frac{c_{66}+c_{11}}{2} - \varrho(c^{l}_{X'})^2\right]} - 2c_{66}$
Y'	45° zur Y- und Z-Achse in der X,Z-Ebene		$c^{l}_{Y'}$	$c_{13} = 2\sqrt{\left[\frac{c_{55}+c_{11}}{2} - \varrho(c^{l}_{Y'})^2\right]\left[\frac{c_{55}+c_{33}}{2} - \varrho(c^{l}_{Y'})^2\right]} - 2c_{55}$
Z'	45° zur Y- und Z-Achse in der Y,Z-Ebene	quasilongitudinal, in der (100)-Ebene	$c^{l}_{Z'}$	$c_{23} = \sqrt{\left[\frac{2c_{44}+c_{22}}{2} - \varrho(c^{l}_{Z'})^2\right]\left[\frac{c_{44}+c_{33}}{2} - \varrho(c^{l}_{Z'})^2\right]} - 2c_{44}$

Tabelle 21. Elastizitätsmoduln von Kristallen des rhombischen Systems ($T = 20\,°C$)

Kristall	Chemische Formel	$\varrho \cdot 10^{-3}$ kg/m³	$c_{nm} \cdot 10^{-10}$ N/m²								
			c_{11}	c_{22}	c_{33}	c_{44}	c_{55}	c_{66}	c_{12}	c_{13}	c_{23}
Benzophenon	$(C_6H_5)CO$	1,219	10,70	10,00	7,10	2,03	1,55	3,58	5,5	1,69	3,21
Lithiumgermanat	Li_2GeO_3	3,5	13	12	15	5,9	5	3,6	3,6	4,2	4,9
Jodsäure	HJO_3	4,63	3,03	5,45	4,36	1,84	2,19	1,74	1,19	1,17	0,55
Kaliumpentaborat	$KB_5H_8 \cdot 4\,H_2O$	—	5,82	3,59	2,55	1,64	0,463	0,57	2,29	1,74	2,31
Lithiumammoniumtartrat	$LiNH_4C_4H_4O_6$	1,71	3,86	5,39	3,63	1,19	0,67	2,33	1,65	0,87	2,01
Magnesiumsulfitpeptahydrat	$MgSO_4 \cdot 7\,H_2O$	1,687	6,98	5,29	8,22	1,07	2,33	2,22	3,90	2,82	2,83
Natriumammoniumtartrat	—	1,587	3,68	5,09	5,54	1,06	0,303	0,87	2,72	3,08	3,47
Natriumtartrat	$Na_2C_4H_4O_6 \cdot H_2O$	1,818	4,61	5,47	6,65	1,24	0,31	0,98	2,86	3,20	3,52
Natriumammoniumselenatdihydrat	$NaNH_4SeO_4$	2,025	2,863	3,379	2,074	0,536	0,506	0,523	0,826	1,11	1,01
Resorzin	$C_6H_4(OH)_2$	1,272 ÷ 1,289	1,03	1,44	1,29	0,33	0,44	0,40	0,62	0,74	0,69
Schwefel	S	2,07	2,40	2,05	4,83	0,43	0,87	0,76	1,33	1,71	1,59
Strontiumformiat	—	2,25	4,39	3,48	3,74	1,54	1,07	1,72	1,04	−1,49	−0,14
Terpinmonohydrat	$C_{10}H_{18}(OH)_2 \cdot H_2O$	1,11	1,25	0,99	1,53	0,243	0,223	0,346	0,38	0,62	0,410
Topas	Al_2SiO_3	28,2	34,9	29,5	10,8	13,3	13,10	12,6	12,6	8,5	8,50
α-Uran	U	19,0	21,5	19,9	26,7	12,4	7,3	7,4	4,6	2,2	10,7
Zölestin	—	3,955	10,44	10,61	12,86	1,35	2,79	2,66	7,73	6,05	6,19
Zinksulfatpeptahydrat	$ZnSO_4 \cdot 7\,H_2O$	1,974	4,00	3,22	5,45	0,50	1,70	1,81	1,32	1,08	1,19
Seignettesalz	$NaKC_4H_4O_6 \cdot 4\,H_2O$	1,775	2,55	3,81	3,71	1,34	0,321	0,979	1,41	1,16	1,46
Olivin	—	3,324	32,4	19,8	24,9	6,67	8,10	7,93	5,9	7,9	7,8

Monoklines System

Monokline Kristalle haben eine einzige Symmetrieachse zweiter Ordnung (der Klasse C_2) oder eine Symmetrieebene (der Klasse C_s) oder beides gemeinsam (die Klasse C_{2h}). Für alle monoklinen Kristalle wird als Standard ein rechtwinkliges Koordinatensystem X, Y, Z ausgewählt. Es ist in Abbildung 70b) dargestellt. Die Symmetrieachse C^2 oder die Normale zur Symmetrieebene, die mit der Symmetrieachse zweiter Ordnung zusammenfällt, fängt mit der Achse b an, längs deren die Y-Achse gerichtet ist. Die X-Achse wird so gewählt, daß sie mit der kristallographischen Achse a zusammenfällt. Die Achsen a und c werden in einer Ebene senkrecht zur b-Achse ausgewählt. Die Tabelle der Elastizitätsmoduln, die zu diesen Achsen gehört, beinhaltet für alle drei Klassen monokliner Kristalle 14 unabhängige Moduln (s. Tab. 1, Gruppe II): c_{11}, c_{12}, c_{22}, c_{13}, c_{23}, c_{33}, c_{44}, c_{46}, c_{15}, c_{25}, c_{35}, c_{55}, c_{66}. Zu ihrer Bestimmung sind Messungen der Ausbreitungsgeschwindigkeit von Ultraschallwellen in sechs nichtäquivalenten kristallographischen Richtungen nötig, in den Richtungen [100], [010], [001], [110], [101], [011] (siehe [101]). In der Richtung [010] des monoklinen Kristalls sind alle drei elastischen Wellen, die sich längs dieser Richtung ausbreiten, reine Wellen. Außerdem ist längs der Richtungen [001], [101], [100] von drei Wellen eine, mit Polarisation längs der Achse [010], eine reine Scherwelle. Die effektive Steife wird für alle drei Wellentypen unmittelbar durch die Moduln c_{22}, c_{66} und c_{44} bestimmt. Die Berechnung der Beziehungen zum Auffinden aller Elastizitätsmoduln kann man in den Arbeiten [102, 103] finden. In Tabelle 22 sind die mit Ultraschallmethoden gemessenen Elastizitätsmoduln für einige Kristalle des monoklinen Systems aufgeführt.

Triklines System

In triklinen Systemen fehlt vollständig eine Symmetrieachse oder -ebene. Die rechtwinkligen Achsen X, Y, Z und ihre positiven Richtungen werden für jede Klasse des triklinen Systems auf eindeutige Weise bezüglich der Kanten der triklinen Elementarzelle ausgewählt (s. Abb. 70e)). Die positive Z-Richtung ist parallel zur positiven c-Achse und folglich parallel zu den Ebenen (100) und (010). Die X-Achse ist senkrecht zur c-Achse und liegt in der a,c-Ebene. Die Y-Achse ist senkrecht zur (010)-Ebene und bildet ein Rechtssystem mit den Achsen Z und X. Beide Symmetrieklassen des triklinen Kristallsystems haben einen vollständigen Satz unabhängiger Elastizitätsmoduln, d. h. 21 Moduln $c_{nm} \neq 0$. Die Beziehungen zwischen den Ausbreitungsgeschwindigkeiten der akustischen Wellen und den Moduln der triklinen Kristalle kann man in der Arbeit [96] finden.

Zum Abschluß sei bemerkt, daß im vorhergehenden nur die lineare Elastizität der Kristalle betrachtet worden ist und daß die Rede entsprechend von den Moduln zweiter Ordnung, d. h. den linearen Moduln, war. Zur Beschreibung der nichtlinearen Elastizität sind selbst für Kristalle kubischer Symmetrie 14 Elastizitätsmoduln dritter Ordnung erforderlich. Für ein triklines System erreicht diese Zahl sogar 56 [80]. Die Gleichungen der nichtlinearen Akustik von Kristallen werden gewöhnlich für besondere kristallographische Richtungen formuliert. In diesen Richtungen erlangen sie die Form der früher betrachteten nichtlinearen Elastizitätsgleichungen für den isotropen Festkörper mit dem entsprechenden Satz nichtlinearer Parameter. Diese Parameter, d. h. die Elastizitätsmoduln dritter Ordnung, werden auch über Ultraschallmessungen bestimmt

Tabelle 22. Elastizitätsmoduln von Kristallen des monoklinen Systems (T = 20 °C)

Kristall	Chemische Formel	$\varrho \cdot 10^{-3}$ kg/m³	$c_{nm} \cdot 10^{-10}$ N/m² c_{11}	c_{22}	c_{33}	c_{44}	c_{55}	c_{66}	c_{12}	c_{13}	c_{23}	c_{15}	c_{25}	c_{35}	c_{46}
Weinsäure	$C_4H_6O_6$	1,760	9,3	1,93	4,65	0,81	0,82	1,06	2,03	3,67	1,4	−1,2	−0,398	−0,0388	0,138
Dibenzyl	$C_6H_5CH_2{=}CH_2C_6H_5$	0,995	0,945	0,680	0,720	0,310	0,255	0,260	0,395	0,415	0,335	−0,24	2,08	0,07	0,08
Kaliumtartrat (DKT)	$K_2C_4H_4O_6 \cdot 1/2(H_2O)$	1,988	3,11	3,90	5,54	0,87	1,040	0,826	1,72	1,69	1,33	0,287	0,182	0,71	0,072
Lithiumsulfat-monohydrat	$Li_2SO_4 \cdot H_2O$	2,06	5,25	5,06	5,4	1,4	1,565	2,77	1,715	1,73	0,368	−0,196	0,571	−0,254	−9,054
Natriumthiosulfat	$Na_2S_2O_3$	1,667	3,31	3,02	4,57	0,57	1,11	0,60	1,83	1,84	1,68	0,25	1,04	−0,69	−0,27
Naphthalin	$C_{10}H_8$	1,168	0,78	0,99	1,19	0,33	0,21	0,415	0,230	0,340	0,445	−0,06	−0,27	0,29	−0,05
l-Ramnosamono-hydrat	—	1,471	3,82	2,19	1,98	0,537	0,502	0,911	1,60	1,66	0,888	−0,03	0,122	−0,118	0,022
Stilben	$C_6H_5CH{=}CHC_6H_5$	1,164	0,930	0,920	0,790	0,325	0,640	0,245	0,570	0,570	0,485	−0,03	−0,05	−0,05	0,05
Tolan	$C_6H_5C{=}CC_6H_5$	0,996	0,785	0,855	0,645	0,290	0,545	0,185	0,350	0,115	0,350	0,03	0,25	0,09	0,01
Triglyzinsulfat (TGS)	$(NH_2CH_2COOH)_3H_2SO_4$	1,68	4,55	3,21	2,63	0,95	1,11	0,62	1,72	1,98	2,08	−0,30	−0,036	−0,5	−0,026
Ethylendiamin-tartrat (EDT)	$CHH_{14}N_2O_6$	1,538	5,7	3,29	2,01	0,52	1,185	0,523	1,07	2,25	0,901	1,2	−0,064	0,668	−0,01

[80]. Solche Messungen sind noch wenig durchgeführt worden. Sie spielen aber für die Quantenakustik eine sehr wichtige Rolle. Dort gehen nichtlineare akustische Effekte wesentlich in die Beschreibung solcher Prozesse ein wie die Phonon-Phonon-Wechselwirkung, aber auch die Spin-Phonon-, Photon-Phonon- und andere Arten der Wechselwirkung [87]. Diese interessanten Fragen sprengen aber den Rahmen dieses Buches.

Nicht weniger kompliziert ist auch das Problem der Reflexion und Brechung von Ultraschallwellen an den Grenzen anisotroper Medien. Da sich in Kristallen in willkürlicher Richtung drei Wellen ausbreiten können, erlangen die allgemeinen Formeln für die Reflexions- und Brechungskoeffizienten sogar in bezug auf einen konkreten Kristall eine sehr umfangreiche Form. Probleme solcher Art sind deshalb nur für die einfacheren Teilfälle lösbar. Mit diesen kann sich der Leser in der Arbeit [83] vertraut machen.

Schließlich ist bei den vorhergehenden Betrachtungen nicht der Einfluß der piezoelektrischen Eigenschaften der Kristalle berücksichtigt worden. Dieser drückt sich darin aus, daß die Welle der elastischen Deformation in den Kristallen von der Welle eines elektrischen Feldes begleitet sein kann. Diese letztere ruft ihrerseits zusätzliche mechanische Spannungen hervor, was sich auf die effektive Steife für die entsprechende piezoaktive Welle auswirkt, d. h. auf die Geschwindigkeit ihrer Ausbreitung. Den piezoelektrischen Effekt zeigen alle Kristalle, die kein Symmetriezentrum haben, d. h. die überwiegende Mehrzahl aller Kristalle [105, 106]. Da der Piezoeffekt die Resultate der Messungen beeinflußt, d. h. die Messung der Elastizitätsmoduln mit Ultraschallmethoden, soll diese Frage im abschließenden Abschnitt kurz beleuchtet werden. Man kann ihn als Anlage zum letzten Kapitel betrachten.

11.5. Einfluß des piezoelektrischen Effektes auf die elastischen Eigenschaften von Kristallen

Den Einfluß des piezoelektrischen Effektes auf die Ausbreitungsgeschwindigkeit von Ultraschallwellen in Kristallen kann man zeigen, indem man jene zusätzliche Spannung berücksichtigt, die unter der Wirkung des durch den Schall induzierten elektrischen Feldes $\boldsymbol{E}$ entsteht. Wir wenden dazu die Gleichung des reziproken piezoelektrischen Effektes an [106]:

$$\sigma_{ik} = c^E_{iklj} \varepsilon_{lj} - f_{lik} E_l. \tag{11.28}$$

Die Koeffizienten f_{lik}, die sogenannten Piezokoeffizienten, die einen Tensor dritter Stufe bilden, bestimmen die gesuchte Größe der zusätzlichen mechanischen Spannung. Die Gleichung (11.28) kann man mechanische Zustandsgleichung eines Piezoelektrikums nennen. Es ist unschwer zu erkennen, daß beim Fehlen des Piezoeffektes, d. h. bei $f_{lik} = 0$, die Gleichung (11.28) in den Ausdruck des allgemeinen Hookeschen Gesetzes übergeht. Andererseits sind die Komponenten E_l des Spannungsvektors des elektrischen Feldes mit den Vektorkomponenten der elektrischen Induktion $\boldsymbol{D}$ über die bekannten elektrischen Zustandsgleichungen für einen piezoelektrischen Kristall, die den direkten Piezoeffekt berücksichtigen, verbunden:

$$D_i = \varepsilon^u_{il} E_l + f_{ilj} \varepsilon_{lj}; \tag{11.29}$$

ε^u_{il} ist der Tensor der Dielektrizitätszahl, ε_{lj} der Deformationstensor. Im Piezoelektrikum hängen die dielektrischen und elastischen Konstanten von den Bedingungen ab, unter denen sie gemessen werden. Deshalb sind die Größen c_{iklj} in (11.28) und ε_{il} in (11.29) mit oberen Indizes versehen, die kennzeichnen, daß in der ersten Gleichung Elastizitätsmoduln enthalten sind, die bei konstanter Spannung des elektrischen Feldes ($\boldsymbol{E}$ = const) gemessen worden sind, wogegen in der zweiten Gleichung Dielektrizitätszahlen enthalten sind, die bei konstanter Deformation ($\boldsymbol{u}$ = const) gemessen worden sind.

Löst man jetzt die Bewegungsgleichungen für ein anisotropes Medium (1.11), d. h. $\partial\sigma_{ik}/\partial x_k = \varrho\, \partial^2 u_i/\partial t^2$, gemeinsam mit den Gleichungen (11.28), (11.29) und den Maxwell-Gleichungen für einen nichtleitenden Kristall div $\boldsymbol{D} = 0$, rot $\boldsymbol{E} = 0$, dann erhält man

$$\varrho \frac{\partial^2 u_i}{\partial t^2} = c^E_{iklj} \frac{\partial \varepsilon_{lj}}{\partial x_k} - f_{lik} \frac{\partial E_l}{\partial x_k}, \tag{11.30}$$

$$\frac{\partial D_i}{\partial x_i} = 0 = f_{ilj} \frac{\partial \varepsilon_{lj}}{\partial x_i} + \varepsilon^u_{il} \frac{\partial E_l}{\partial x_i}, \tag{11.31}$$

$$\boldsymbol{E} = -\text{grad}\, \varphi_{\mathrm{E}};$$

φ_{E} ist das Potential des elektrischen Feldes. Die Lösung dieser Gleichungen werden wir wieder wie früher in Form einer ebenen monochromatischen Welle mit der Frequenz ω suchen: $u_i = u_{i\,\max} \exp\{i[\omega t - \boldsymbol{k}\cdot\boldsymbol{r}]\}$. Setzt man diese Lösung in die Gleichungen (11.30), (11.31) ein und eliminiert aus ihnen das Potential φ_{E}, so findet man ein Gleichungssystem für die Vektorkomponenten der elastischen Verschiebung $\boldsymbol{u}$:

$$u_j \left[c^E_{iklj} k_k k_l + \frac{(f_{lik} k_k k_l)\,(f_i l_j k_i k_l)}{\varepsilon^u_{il} k_i k_l} - \varrho\omega^2 \delta_{ij} \right] = 0.$$

Setzt man die Determinante dieses Systems Null und berücksichtigt, daß die Wellenzahl $k = \omega/c$ ist, wo c die Phasengeschwindigkeit des Schalls ist, so erhält man

$$|\varrho c^2 \delta_{ij} - \Gamma^*_{ij}| = 0, \tag{11.32}$$

mit

$$\Gamma^*_{ij} \equiv c_{iklj} k_k k_l + \frac{(f_{lik} k_k k_l)\,(f_{ilj} k_i k_l)}{\varepsilon^u_{il} k_i k_l}. \tag{11.33}$$

Vergleicht man dieses Resultat mit der Gleichung (11.7), so sieht man, daß es sich nur durch ein Zusatzglied zum Tensor Γ_{ij} unterscheidet, das proportional zum Quadrat des Piezokoeffizienten ist. In Kristallen mit schwachem Piezokoeffizienten ist dieses Zusatzglied gewöhnlich klein, und man kann es vernachlässigen. Bei starken Piezoelektrika, wie Seignettesalz, Niobat, Lithiumjodid und anderen, kann dagegen der zusätzliche Summand in (11.33) einen bedeutenden Wert haben. Da die Gleichung (11.32), wie wir wissen, die Ausbreitungsgeschwindigkeit von Ultraschallwellen in Kristallen bestimmt, bedeutet dies, daß der Piezoeffekt einen wesentlichen Einfluß auf die effektive Steife für jene elastische Wellen ausüben kann, die von einer longitudinalen Welle des elektrischen Feldes, das durch den Piezoeffekt hervorgerufen wurde, begleitet werden.

Als Beispiel betrachten wir den hexagonalen Kristall Lithiumjodid (α-$LiJO_3$), der einen starken Piezoeffekt besitzt [108]. In diesem Kristall werden zwei Transversalultraschallwellen — eine, die sich längs der Z-Achse mit Verschiebung nach der X-Achse ausbreitet, und die andere, die sich längs der X-Achse mit Verschiebung nach der Z-Achse ausbreitet, die beide die gleiche Deformation ε_{xz} erzeugen — entsprechend Tabelle 1 (Gruppe VIII) durch ein und dieselbe Elastizitätskonstante c_{44} charakterisiert. Die entsprechenden gemessenen Ausbreitungsgeschwindigkeiten dieser Wellen betragen aber $2{,}0 \cdot 10^3$ und $2{,}5 \cdot 10^3$ m/s. Das bedeutet, sie unterscheiden sich um zehn Prozent. Dieser Unterschied ist durch den Einfluß des Piezoeffektes bedingt. Die erste der Wellen ist nicht piezoaktiv, die zweite dagegen ist piezoaktiv. Entsprechend liefert die Ausbreitungsgeschwindigkeit der ersten Welle einen Wert des Elastizitätsmoduls c_{44}^E wie beim Fehlen des Piezoeffektes. Die Geschwindigkeit der zweiten liefert dagegen c_{44}^D. Die Differenz zwischen diesen Moduln bestimmt den Wert des sogenannten Koeffizienten der elektromechanischen Kopplung. Es sei bemerkt, daß dies ein wichtiges Charakteristikum des piezoelektrischen Kristalls ist. Dieser Koeffizient wie auch die piezoelektrischen Koeffizienten können durch rein akustische Messungen bestimmt werden. In Piezokristallen existieren natürlich neben besonderen auch solche Richtungen, längs deren jegliche Korrelation des elektrischen Feldes mit der Ultraschallwelle fehlt. Zum Beispiel erzeugt im gleichen Kristall α-$LiJO_3$ eine Transversalwelle, die sich längs der X-Achse mit Verschiebung zur Y-Achse ausbreitet, kein piezoelektrisches Feld, da gemäß der Symmetrie der piezoelektrischen Eigenschaften der entsprechende Piezokoeffizient für diese Welle Null ist [105].

Die Existenz des Piezoeffektes beeinflußt auch die Bedingungen für die Ausbreitung von Oberflächenwellen auf der freien Grenze eines Piezoelektrikums [74, 75]. Dabei zeigt sich, daß sich auf der Oberfläche eines piezoelektrischen Kristalls in bestimmten Richtungen besondere, rein transversale Oberflächenwellen ausbreiten können [109]. Diese spielen eine wichtige Rolle in der Akustoelektronik. Dieses Problem übersteigt aber auch den Rahmen dieses Buches.

12. Literaturverzeichnis

[1] RAYLEIGH, L., Theory of Sound. Macmillan, London 1877
[2] MORSE, F., Vibration and Sound. MacGraw-Hill, New York—Toronto—London 1947
[3] SKUDRZYK, E., Die Grundlagen der Akustik. Springer-Verlag, Wien 1954
[4] RŽEVKIN, S. N. (Ржевкин, С. Н.), Курс лекций по теории звука. Izd. MGU. Moskau 1960
[5] ISAKOVIČ, M. A. (Исакович, М. А.), Общая акустика. Nauka, Moskau 1973
[6] LANDAU, L. D., E. M. LIFSCHITZ, Lehrbuch der Theoretischen Physik, Bd. VII, Elastizitätstheorie. Akademie-Verlag, 4. Aufl., Berlin 1975 (Übersetzung aus dem Russischen)
[7] AMENZADE, JU, A. (Амензаде, Ю. А.), Теория упругости. Vysšaja škola, Moskau 1976
[8] NYE, J. F., Physical Properties of Crystals. Clarendon Press, Oxford 1957
[9] MICHAJLOV, I. G., V. A. ŠUTILOV (Михайлов, И. Г., В. А. Шутилов), Дифракция света на ультразвуковых волнах большой амплитуды. Akust. Žurn. 3 (1957) 2, 203—204
[10] ZAREMBO, L. K., V. V. ŠKLOVSKAJA-KORDI (Зарембо, Л. К., В. В. Шкловская-Корди), К вопросу о скорости распространения ультразвуковых волн конечной амплитуды в жидкостях. Akust. Žurn. 5 (1960) 1, 47—51
[11] GITIS, M. B., I. G. MICHAJLOV (Гитис, М. Б., И. Г. Михайлов), Распространение звука в жидких металлах. Akust. Žurn. 12 (1966) 2
[12] BERGMANN, L., Der Ultraschall und seine Anwendungen in Wissenschaft und Technik. Hirzel-Verlag, Stuttgart 1954
[13] MICHAJLOV, I. G., V. A. SOLOV'EV, Ju. P. SYRNIKOV (Михайлов, И. Г., В. А. Соловьев, Ю. П. Сырников), Основы молекулярной акустики. Nauka, Moskau 1964
[14] KORNFEL'D, M. I. (Корнфельд, М. И.), Упругость и прочность жидкостей. Gostechizdat, Moskau 1951
[15] KONSTANTINOV, B. P. (Константинов, Б. П.), О поглощении звуковых волн при отражении от твердой границы. Žurn. techn. fiz. 9 (1939) 3, 226—331
[16] ZAREMBO, L. K., I. P. ČUNČUZOV (Зарембо, Л. К., И. П. Чунчузов), Об особенностях звукового поля в вязкой среде вблизи границы пучка. Akust. Žurn. 23 (1977) 3, 466 bis 468
[17] ZEL'DOVIČ, JA. B., JU. P. RAJZER (Зельдович, Я. Б., Ю. П. Райзер), Физика ударных волн и высокотемпературных гидродинамических явлений. Nauka, Moskau 1966
[18] OSTROUMOV, G. A. (Остроумов, Г. А.), Основы нелинейной акустики. Izd. LGU, Leningrad 1967
[19] ZAREMBO, L. K., V. A. KRASIL'NIKOV (Зарембо, Л. К., В. А. Красильников), Введение в нелинейную акустику. Nauka, Moskau 1966
[20] BEYER, R., Nonlinear Acoustics, in: Physical Acoustics, Vol. III, Part. B, Chapt. IV. Ed. by W. P. MASON, Academic Press, New York—London 1965
[21] MICHAJLOV, I. G., V. A. ŠUTILOV (Михайлов, И. Г., В. А. Шутилов), Об искажении формы ультразвуковой волны конечной амплитуды в различных жидкостях. Akust. Žurn. 6 (1965) 3, 340—346
[22] ŠKLOVSKAJA-KORDI, V. V. (Шкловская-Корди, В. В.), Акустический метод определения внутреннего давления в жидкостях. Akust. Žurn. 9 (1963) 1, 107—111
[23] MICHAJLOV, I. G., V. A. ŠUTILOV (Михайлов, И. Г., В. А. Шутилов), Нелинейные акустические свойства водных растворов злектролитов. Akust. Žurn. 10 (1964) 4, 450—455
[24] BUROV, V. A., V. A. KRASIL'NIKOV (Буров, В. А., В. А. Красильников), Непосредственное наблюдение искажения формы интенсивных ультразвуковых волн в жидкости. Dokl. AN SSSR 118 (1958) 5, 920—923

[25] MICHAJLOV, I. G., V. A. ŠUTILOV (Михайлов, И. Г., В. А. Шутилов), Дифракция света на ультразвуковых волнах большой амплитуды. Akust. Žurn. 4 (1958) 2, 174—183
[26] ŠUTILOV, V. A. (Шутилов, В. А.), Оптические исследования формы ультразвуковой волны большой амплитуды в жидкости. Akust. Žurn. 5 (1959) 2, 231—240
[27] MICHAJLOV, I. G., V. A. ŠUTILOV (Михайлов, И. Г., В. А. Шутилов), Дифракция света на гармониках ультразвуковой волны, искаженной в процессе распространения в жидкости. Akust. Žurn. 5 (1959) 1, 77—79
[28] HIEDEMANN, E. A., K. L. ZANKEL, The study of ultrasonic waveform by optical methods. Acustica 11 (1961) 4, 213—223
[29] NAUGOL'NYCH, K. A. (Наугольных, К. А.), Поглощение волн конечной амплитуды, in: Мощные ультразвуковые поля. Hrsg. L. D. ROSENBERG (Л. Д. Розенберг). Nauka, Moskau 1968, Teil 1
[30] GOL'DBERG, Z. A. (Гольдберг, З. А.), О распространении плоских волн конечной амплитуды. Akust. Žurn. 3 (1957) 4, 322—328
[31] RUDENKO, O. V., S. I. SOLUJAN, R. V. CHOCHLOV (Руденко, О. В., С. И. Солуян, Р. В. Хохлов), Органиченные квазиплоские пучки периодических возмущений в нелинейной среде. Akust. Žurn. 19 (1973) 6, 871—876
[32] ZAREMBO, L. K. (Зарембо, Л. К.), К вопросу о температурной зависимости поглощения волн конечной амплитуды в вязких жидкостях. Akust. Žurn. 3 (1957) 2, 163—164
[33] ANDREEV, N. N. (Андреев, Н. Н.), О некоторых величинах второго порядка в акустике. Akust. Žurn. 1 (1955) 1, 3—11
[34] GOL'DBERG, Z. A. (Гольдберг, З. А.), Давление звука, in: Мощные ультразвуковые поля. Hrsg. L. D. ROSENBERG (Л. Д. Розенберг). Nauka, Moskau 1968, Teil 2
[35] KING, L. V., On the acoustic radiation pressure on spheres. Proc. Roy. Soc. (London) A 147 (1934) 212—240
[36] YOSIOKA, K., Y. KAWASIMA, Acoustic radiation pressure on a compressible sphere. Acustica 5 (1955) 3, 167—155
[37] GOR'KOV, L. P. (Горьков, Л. П.), О силах, действующих на малую частицу в акустическом поле в идеальной жидкости. Dokl. AN SSSR 140 (1961) 1, 88—91
[38] KANEVSKIJ, I. N. (Каневский, И. Н.), Постоянные силы, возникающие в звуковом поле: Обзор. Akust. Žurn. 7 (1961) 1, 3—17
[39] LAMB, H., Hydrodynamics. Dover, New York 1945
[40] DÖRR, W., Anziehende und abstoßende Kräfte zwischen Kugeln im Schallfeld. Acustica 5 (1955) 3, 163—166
[41] MEDNIKOV, E. P. (Медников, Е. П.), Акустическая коагуляция и осаждение аэрозолей. Izd. AN SSSR, Moskau 1963
[42] ZAREMBO, L. K. (Зарембо, Л. К.), Акустические течения, in: Мощные ультразвуковые поля. Hrsg. L. D. ROSENBERG (Л. Д. Розенберг). Nauka, Moskau 1968, Teil 3
[43] ZAREMBO, L. K., V. V. ŠKLOVSKAJA-KORDI (Зарембо, Л. К., В. В. Шкловская-Корди), Визуализация акустического течения на границе двух несмешивающихся жидкостей Akust. Žurn. 3 (1957) 4, 373—374
[44] GABRIAL, A. M., E. G. RICHARDSON, A study of acoustic streaming in liquids over a wide frequency range. Acustica 5 (1955) 1, 28—34
[45] ROJ, N. A. (Рой, Н. А.), Возникновение и развитие ультразвуковой кавитации. Akust. Žurn. 3 (1957) 1, 3—18
[46] PERNIK, A. D. (Перник, А. Д.), Проблемы кавитации. Sudostroenie, Leningrad 1966
[47] AKULIČEV, V. A. (Акуличев, В. А.), Пульсации кавитационных полостей, in: Мощные ультразвуковые поля. Hrsg. L. D. ROSENBERG (Л. Д. Розенберг). Nauka, Moskau 1968, Teil 4
[48] SIROTJUK, M. G. (Сиротюк, М. Г.), Экспериментальные исследования ультразвуковой кавитации, in: Мощные ультразвуковые поля. Hrsg. L. D. ROSENBERG (Л. Д. Розенберг). Nauka, Moskau 1968, Teil 4
[49] FLINN, H. G., Acoustic Cavitation, in: Physical Acoustics, Vol. I, Part. B, Chapt. 1. Ed. W. P. MASON. Academic Press, New York—London 1964
[50] ZEL'DOVIC, Ja. B. (Зельдович, Я. Б.), К теории образо ванияновой фазы. Кавитация. Žurn. eksp. i teor. fiz. 12 (1942) 11—12, 525
[51] ROSENBERG, L. D. (Розенберг, Л. Д.), Фокусирующие ультразвуковые излучатели, in:

Физика и техника мощного ультразвука. Источники мощного ультразвука. Hrsg. L. D. Rosenberg (Л. Д. Розенберг), Nauka, Moskau 1968, Teil 3

[52] Akuličev, V. A. (Акуличев, В. А.), Гидратация ионов и кавитационная прочность воды. Akust. Žurn. 12 (1966) 2, 160–166

[53] Michajlov, I. G., V. A. Šutilov (Михайлов, И. Г., В. А. Шутилов), О простом способе обнаружения кавитации. Akust. Žurn. 5 (1959) 3, 376–378

[54] Akuličev, V. A., V. I. Il'ičev (Акуличев, В. А., В. И. Ильичев), О спектральном признаке возникновения ультразвуковой кавитации в воде. Akust. Žurn. 9 (1963) 2, 158–161

[55] Chorošev, G. A. (Хорошев, Г. А.), О захлопывании паровоздушных кавитационных полостей. Akust. Žurn. 9 (1963) 3, 340–346

[56] Sirotjuk, M. G. (Сиротюк, М. Г.), О поведении кавитационных пузырьков при больших интенсивностях ультразвука. Akust. Žurn. 7 (1961) 4, 499–505

[57] Nolting, B. E., E. A. Neppiras, Cavitation produced by ultrasonics. Proc. Phys. Soc. 63B (1950) P 9, 674–685; 64 B (1951) P 12, 1032–1038

[58] Koul, R. (Коул, Р.), Подводные взрывы. Nauka, Moskau 1950

[59] Rosenberg, L. D. (Розенберг, Л. Д.), Кавитационная обл. in: Мощные ультразвуковые поля. Hrsg. L. D. Rosenberg (Л. Д. Розенберг). Nauka, Moskau 1968

[60] Kanevskij, I. N. (Каневский, И. Н.), Фокусирование звуковых и ультразвуковых волн. Nauka, Moskau 1977

[61] Smirnov, V. I. (Смирнов, В. И.), Курс высшей математики. Izd. GITTL, Moskau–Leningrad 1949, Teil 2

[62] Andersen, V. C., Sound scattering from a fluid sphere. J. Acoust. Soc. Amer. 22 (1950) 4, 426–431

[63] Zarembo, L. K., V. A. Krasil'nikov, V. V. Šklovskaja-Kordi (Зарембо, Л. К., В. А. Красильников, В. В. Шкловская-Корди), Об искажении формы ультразвуковой волны конечной амплитуды в жидкостях. Dokl. AN SSSR 109 (1956) 3, 485–488; О распространении ультразвуковых волн конечной амплитуды в жидкостях. Akust. Žurn. 3 (1957) 1, 29–36

[64] Brechovskich, L. M. (Бреховских, Л. М.), Волны в слоистых средах. Nauka, Moskau 1973

[65] Dianov, D. B. (Дианов, Д. Б.), Об излучении ультразвуковых волн через плоскопараллельные слои. Akust. Žurn. 5 (1959) 1, 31–37

[66] Tartakovskij, B. D. (Тартаковский, Б. Д.), Звуковые переходные слои. Dokl. AN SSSR 75 (1950) 1, 29–32

[67] Kul'bickaja, M. N., V. A. Šutilov (Кульбицкая, М. Н., В. А. Шутилов), Ультразвуковые исследования стекол. Akust. Žurn. 22 (1976) 6, 793–811

[68] Shaw, R. R., D. R. Uhlmann, Effect of phase separation on the properties of simple glasses: II. Elastic properties. J. Non. Cryst. Solids 5 (1971) 3, 237–263

[69] Strelkov, S. P. (Стрелков, С. П.), Введение в теорию колебаний. GITTL, Moskau–Leningrad 1951

[70] Olson, H. F., Dynamical Analogics. Springer, Berlin–Göttingen–Heidelberg 1944

[71] Gitis, M. B., A. S. Chimunin (Гитис, М. Б., А. С. Химунин), О дифракционных эффектах в ультразвуковых измерениях. Akust. Žurn. 14 (1968) 4, 489–513

[72] Furduev, V. V. (Фурдуев, В. В.), Электроакустика. Gostechizdat, Moskau 1948

[73] Sneddon, J. N., D. S. Berry, The Classical Theory of Elasticity. Springer, Berlin–Göttingen–Heidelberg 1958

[74] Viktorov, I. A. (Викторов, И. А.), Физические основы применения ультразвуковых волн Рэлея и Лэмба в технике. Nauka, Moskau 1966

[75] Поверхностные акустические волны: Устройства и применения: Тематический выпуск. — Труды Ин-та инженеров по электронике и радиоэлектронике. ТИИЭР 64 (1976) 5, 323

[76] Dransfeld, K., E. Salzmann, in: Physical Acoustics, Vol. VIII, Chapt. 4. Ed. W. P. Mason and R. Thurston. Academic Press, New York–London 1970

[77] May, J. E., in: Physical Acoustics, Vol. I, Part A, Chapt. 6. Ed. W. P. Mason. Academic Press, New York–London 1970

[78] Truell, R., C. Elbaum, B. B. Chick, Ultrasonic Methods in Solid State Physics. Academic Press, New York–London 1969

[79] Novožilov, V. V. (Новожилов, В. В.), Основы нелинейной теории упругости. Izd. GITTL, Moskau—Leningrad 1948

[80] Zarembo, L. K., V. A. Krasil'nikov (Зарембо, Л. К., В. А. Красильников), Нелинейные явления при распространении упругих волн в твердых телах. Usp. fiz. nauk **102** (1970) 4, 549—586

[81] Chatkevič, A. G. (Хаткевич, А. Г.), Об озобых направлениях для упругих волн в кристаллах. Kristallografija **9** (1964) 6, 690—694

[82] Fedorov, F. I. (Федоров, Ф. И.), Теория упругих волн в кристаллах. Nauka, Moskau 1965

[83] Aleksandrov, K. S. (Александров, К. С.), Акустическая кристаллография: Проблемы современной кристаллографии. Nauka, Moskau 1975

[84] Chatkevič, A. G. (Хаткевич, А. Г.), О классификации кристаллов по акустическим свойствам. Kristallografija **22**, (1977) 6, 1232—1239

[85] Merkulov, L. G., V. M. Merkulova (Меркулов, Л. Г., В. М. Меркулова), Лекции по физике ультразвука. Izd. TRTI, Taganrog 1976

[86] Musgrave, M. I., Crystal Acoustics. CA Holden-Day Inc., San Francisco 1976

[87] Tucker, J. W., V. W. Rempton, Microwave Ultrasonics in Solid State Physics. North-Holland Publ. Comp., Amsterdam 1972

[88] Mason, W. P., Physical Acoustics and Properties of Solids. Princeton, New Jersey, 1958

[89] Aleksandrov, K. S., T. R. Ryžova (Александров, К. С., Т. Р. Рыжова), Упругие свойства кристаллов. Kristallografija **6** (1961) 2, 289—314

[90] Šubnikov, A. V., E. E. Flint, G. G. Bokij (Шубников, А. В., Е. Е. Флинт, Г. Г. Бокий), Основы кристаллографии. Izd. AN SSSR, Moskau—Leningrad 1940

[91] Belov, N. V. (Белов, Н. В.), Структурная кристаллография. Izd. AN SSSR, Moskau—Leningrad. 1951

[92] Želudev, I. S. (Желудев, И. С.), Физика кристаллических диэлектриков. Nauka, Moskau 1968

[93] Sirotin, Ju. I., M. P. Šaskol'skaja (Сиротин, Ю. И., М. П. Шаскольская), Основы кристаллографии. Nauka, Moskau 1975

[94] Merkulov, L. G., L. A. Jakovlev (Меркулов, Л. Г., Л. А. Яковлев), Особенности распространения и отражения ультразвуковых лучей в кристаллах. Akust. Žurn. **8** (1962) 1, 99—106

[95] Borgnis, F. E., Specific directions of longitudinal wave propagation in anisotropic media. Phys. Rev. **98** (1955) 4, 1000—1005

[96] Neighbours, J. R., G. E. Schacher, Determination of elastic constants from sound-velocity measurements in crystals of general symmetry. J. Appl. Phys. **38** (1967) 13, 5366—5375

[97] Koga, I., M. Aruga, Theory of plane elastic waves in a piezoelectric crystalline medium and determination of elastic and piezoelectric constants of quartz. Phys. Rev. **109** (1958) 5, 1467—1473

[98] Klerk, J. de, Elastic constants of α-ZnS. J. Phys. Chem. Solids **28** (1967) 9, 1831—1837

[99] Mayer, W. G., P. M. Parker, Method for the determination of elastic constants of trigonal systems. Acta Cryst. **14** (1961) 7, 725—726

[100] Fisher, E. S., H. J. McSkimin, Adiabatic elastic moduli of single alpha-uranium. J. Appl. Phys. **29** (1958) 10, 1473—1484

[101] Verma, R. K., Elasticity of some high-density crystals. J. Geophys. Res. **65** (1960) 2, 757 bis 766

[102] Krupnyi, A. I., V. V. Al'čikov, K. S. Aleksandrov (Крупный, А. И., В. В. Альчиков. К. С. Александров), Расчет тензора упругости моноклинного кристалла с помощью ЭВМ. Kristallografija **16** (1971) 4, 801—805

[103] Aleksandrov, K. S. (Александров, К. С.), Определение модулей упругости моноклинного кристалла импульсным ультразвуковым методом. Kristallografija **3** (1958) 5, 623—626

[104] Parker, P. M., W. G. Mayer, Method for the determination of elastic constants for some crystallographic groups. Acta Cryst. **15** (1962) 334—336

[105] Cady, W. G., Piezoelectricity, Academic Press, New York—London 1946

[106] Mason, W. P., Piezoelectric Crystals and their Applications to Ultrasonic. Princeton, New Jersey 1950

[107] SOROKA, V. V. (Сорока, В. В.), О распространении упругих волн в пьезополупроводниках. Izv. vuzov, fizika 1969, Nr. 9 (88), 129–130

[108] ABRAMOVIČ, A. A., N. N. CHROMOVA, V. A. ŠUTILOV (Абрамович, А. А., Н. Н. Хромова, В. А. Шутилов), Применение кристалла иодата лития в качестве широкополосного преобразователя в ультразвуковом импульсно-фазовом интерферометре. Akust. Žurn. **22** (1976) 2, 278–280

[109] GULJAEV, JU. V. (Гуляев, Ю. В.), Поверхностные электрозвуковые волны в твердых телах. Pis'ma v ŽETF **9** (1969) 6, 202–205

Ergänzende Literatur

[110] GRIGOR'EV, S. B. I. G. MICHAJLOV (Григорьев, С. Б., И. Г. Михайлов), Высокомолекулярные соединения, **A 29** (1981) 9, 1907–1935

[111] NORTH, A. M., R. A. PETHRICK, Developments in Polymer Characterisation — 2. Ed. J. V. DAWKINS. Applied Science Publishers, Barking 1980

[112] GRIGORJEV, S. B., P. HAUPTMANN, JU. MANUČAROV, I. G. MICHAJLOV, B. ROTHE, Acta Polymerica **31** (1980) 6, 348–353

[113] EDMONDS, P. D., Methods of Experimental Physics, Vol. 19, Ultrasonics. Academic Press, New York–London 1981

[114] CRACKNELL, A. P., Ultrasonics. Wykeham, London 1980

[115] GOL'JAMINA, I. P. (Гольямина, И. П.), Ультразвук. Маленькая энциклопедия. Moskau 1979

[116] LAUTERBORN, W., Cavitation and Inhomogenities in Underwater Acoustics. Springer, New York 1980

[117] SEGHAL, C. M., S. Y. WANG, J. Am. Chem. Soc. **103** (1981) 22, 6606–6610

[118] BRECHOVSKICH, L. M., Waves in Layered Media, 2. Ed. Academic Press, New York — London 1980

[119] WEI, R., J. WU, J. Acoust. Soc. Am. **70** (1981) 5, 213–218

[120] HAUPTMANN, P., B. ROTHE, Acta Polymerica **32** (1981) 4, 215–221

[121] VIKTOROV, I. A. (Викторов, И. А.), Звуковые поверхностные волны в твердых телах. Nauka, Moskau 1982

[122] TEMKIN, S., Elements of Acoustics. J. Wiley and Sons, New York 1981

[123] ŠASKOL'SKIJ, M. P. (Шаскольский, М. П.), Акустические кристаллы. Nauka, Moskau 1982

[124] MERHAUT, I., Theory of Electroacoustics, McGraw-Hill, New York 1981

[125] OLINER, A. A., Topics in Applied Physics. Acoustic Surface Waves. Springer, New York 1978

13. Sachverzeichnis

FSC
www.fsc.org
MIX
Papier | Fördert
gute Waldnutzung
FSC® C083411

Zeitfracht Medien GmbH
Ferdinand-Jühlke-Straße 7
99095 Erfurt, Deutschland
produktsicherheit@kolibri360.de